冷戦後日本の
シビリアン・コントロールの研究

武蔵勝宏 著

成文堂

目　次

序　章 ……………………………………………………………… *1*

第1節　本研究における問題意識と本書の目的 ………………… *1*
　1．シビリアン・コントロールの概念と諸外国における運用 (*1*)
　2．シビリアン・コントロールの運用における問題点 (*9*)
　　1）官僚を主体とする統制 (*9*)
　　2）政治家を主体とする統制 (*16*)

第2節　本書における分析対象と分析の意義 …………………… *19*
　1．日本のシビリアン・コントロールの制度と運用 (*19*)
　　1）シビリアン・コントロールの制度的仕組み (*19*)
　　2）内閣による軍事統制 (*22*)
　　3）国会による行政統制 (*28*)
　2．立法過程におけるシビリアン・コントロールの実態分析の意義 (*31*)

第3節　本書の分析枠組みと検証の方法 ………………………… *34*

第1章　安全保障政策の立法過程における
　　　　 シビリアンと制服組の関与 ……………………… *44*

第1節　安全保障政策の法案の作成過程 ………………………… *44*
　1．防衛庁内での法案作成過程 (*44*)
　2．非軍事部門官庁による統制 (*48*)
　3．与党による統制 (*52*)
　4．首相のリーダーシップと制服組の補佐 (*54*)

第2節　安全保障政策に関する法案の国会審議・決定過程
　　　 ……………………………………………………………… *58*

第3節　安全保障政策の立法過程における制服組の
　　　 関与と影響力 ………………………………………………… *63*

第 2 章　周辺事態法の立法過程 ……… 65

はじめに ……… 65
第 1 節　日米防衛協力のための指針（新ガイドライン）の策定過程 ……… 65
  1．日米防衛協力のための指針見直しの議題設定（65）
  2．新ガイドラインの策定過程における政府内関係（68）
  3．与党による政治的統制（73）
    1）自民党安保調査会の積極的対応（73）
    2）社民党と新党さきがけの対応（74）
    3）連立与党ガイドライン問題協議会の設置（75）
    4）周辺事態協力検討40項目の突き合わせ（76）
    5）台湾問題の扱い（77）
    6）連立与党内の妥協と不一致（78）
  4．新ガイドライン策定過程におけるシビリアン・コントロール（79）
第 2 節　周辺事態法案の作成過程 ……… 80
  1．法案策定のための作業機関の設置（80）
  2．争点をめぐる政策調整過程（84）
    1）法形式の選択（84）
    2）周辺事態の認定基準と手続（87）
    3）活動可能範囲の線引き問題（89）
    4）憲法適合性の観点からの内閣法制局の統制（91）
    5）台湾問題（95）
    6）国会の関与の在り方（98）
  3．周辺事態法案の作成過程におけるシビリアン・コントロール（99）
第 3 節　周辺事態法案の国会審議・決定過程 ……… 102
  1．周辺事態法案の国会提出と法案審議における争点（102）
  2．自自公三党による法案修正協議と民主党の対応（110）
  3．周辺事態法案の国会審議・決定過程におけるシビリアン・コントロール（114）

第3章　テロ対策特措法の立法過程 ……………… 117

はじめに ………………………………………………… 117
第1節　テロ対策特措法案の作成過程 ……………………… 117
　1．特措法制定に向けての議題設定 (117)
　2．法案立案の政治過程 (122)
　　1）新法を制定する根拠を何に求めるか (123)
　　2）時限立法とするかどうか (124)
　　3）対応措置の内容と活動範囲 (124)
　　4）武器使用基準の見直し (130)
　　5）国会の関与をどうするか (131)
　　6）国家の重要施設の警護問題 (132)
　3．テロ対策特措法案の作成過程におけるシビリアン・
　　　コントロール (132)
第2節　テロ対策特措法案の国会審議・決定過程 ………… 136
　1．国会審議の主役—首相答弁の特徴 (136)
　2．国会質疑における政府・野党間の争点 (137)
　3．法案修正協議—民主党との調整 (140)
　4．テロ対策特措法案の国会審議・決定過程におけるシビリアン・
　　　コントロール (143)

第4章　有事関連法の立法過程 ……………………… 146

はじめに ………………………………………………… 146
第1節　有事法制の議題設定 ………………………………… 146
　1．政策の流れ—有事法制の研究 (146)
　2．問題の流れ—冷戦後の新しい脅威の出現 (148)
　3．政治の流れ—政府・与党の動き (150)
　4．有事法制の公式アジェンダへの設定の要因と法案作成の
　　　意思決定におけるシビリアン・コントロール (156)

第2節　有事関連法案の作成過程 …………………………… 160

1．法案立案のための政策決定アリーナと主要アクター（160）
2．争点をめぐる対立と調整（168）

1）基本法の制定か，第一分類・第二分類先行処理か（168）
2）有事関連法案にテロ，不審船対策を含めるか（174）
3）武力攻撃事態の定義の拡大（182）
4）自治体・指定公共機関への指示権（186）
5）国民の権利の制限・罰則規定と協力義務（190）
6）国民保護法制の先送り（196）
7）国会の関与（199）

3．有事関連法案の作成過程におけるシビリアン・コントロール（205）

第3節　有事関連法案の国会審議・決定過程 ……………… 209

1．国会による行政統制プロセス―第154回通常国会（2002年）（209）

1）武力攻撃事態の定義問題―周辺事態との併存（210）
2）地方公共団体・指定公共機関の協力義務と地方自治との関係（215）
3）国民の権利の制約と協力義務の導入（217）
4）国民保護法制の整備の遅れ（219）
5）国会との関係（220）
6）国会質疑による法解釈の明確化と行政運営へのコントロールは可能となったか（220）
7）第154回国会における与野党政治過程の展開（221）

2．政府・与党による合意調達過程―第155回国会（2002年）（234）

1）政府与党側の態勢立て直し（234）
2）野党・地方自治体等との交渉（238）
3）与党による国会対策の停滞（239）
4）政府による自治体・指定公共機関への説明（242）

3．与野党間の合意形成過程―第156回国会（2003年）（243）

1）民主党の変化と対案の作成（243）
2）与党と民主党の修正協議（246）
3）与野党修正合意と法案の成立（255）

4．有事関連法案の国会審議・決定過程におけるシビリアン・コントロール（257）

第5章　イラク復興支援特措法の立法過程 ………… 263

はじめに ………………………………………………………… 263
第1節　イラク特措法案の作成過程 ……………………………… 263
 1．特措法制定に向けての議題設定（263）
  1）内閣官房による水面下の作業と政治的判断（263）
 2．法案作成段階における争点の調整と選択（269）
  1）イラクへの自衛隊派遣の正当性（269）
  2）自衛隊派遣の必要性（270）
  3）非戦闘地域概念の援用と安全性の確保（272）
  4）武器使用基準の緩和（273）
  5）武器・弾薬の陸上輸送（274）
  6）国会の関与をどうするか（275）
 3．与党による事前審査（276）
 4．イラク特措法案の作成過程におけるシビリアン・コントロール（277）
第2節　イラク特措法案の国会審議・決定過程 ……………… 281
 1．民主党の対応―自衛隊派遣への反対（281）
 2．法案審議での政府との論争（283）
 3．法案審議における政府側答弁の主体（289）
 4．法案採決をめぐる与野党の攻防（290）
 5．イラク特措法案をめぐる民主党の対応の要因（292）
 6．イラク特措法案の国会審議・決定過程におけるシビリアン・コントロール（295）

結　章　冷戦後日本の安全保障政策の立法過程におけるシビリアン・コントロールの変容と民主的統制の強化 ………………………………… 297

第1節　統制主体の変化と制服組の影響力による
　　　　シビリアン・コントロールの変質 …………………… 297
　1．シビリアン・コントロールにおける統制主体の変化（297）
　2．間接的統制におけるシビリアン・コントロールの特徴（302）
　3．直接的統制におけるシビリアン・コントロールの特徴（305）
　4．抑制的統制から能動的統制へのシビリアン・コントロールの
　　　変質（312）
第2節　国会によるシビリアン・コントロール強化の
　　　　必要性 …………………………………………………… 317
　1．内閣の裁量権の拡大と制服組の影響力の増大（317）
　2．国会による行政統制機能の強化（324）
　3．シビリアン・コントロールにおける政府と国会の情報の共有（333）
　4．政党によるシビリアン・コントロールの在り方（338）
第3節　シビリアン・コントロールと民主主義 ……………… 340

参考文献 ……………………………………………………………… 345
初出一覧 ……………………………………………………………… 357
あとがき ……………………………………………………………… 358
事項索引 ……………………………………………………………… 361

序　章

第1節　本研究における問題意識と本書の目的

1．シビリアン・コントロールの概念と諸外国における運用

　シビリアン・コントロールの核心は，これまで軍の政治への介入を防ぎ，文民による政府の軍に対する優位を確立することにあるとされてきた。たとえば，ルイス・スミスは，不安定な国際環境のもとで，国家はその存立を維持するために，強力な軍事力を保持する必要に迫られているが，このような軍事力の保持は，国民の民主主義的な権利，自由に対して，重大な制約を加えるとして，こうした外敵に対する国家の保全と，国民の市民的自由との二律背反を調整するために，文民である大統領，議会，裁判所による軍事力を統制する役割を文民統制と位置づけた。そして，民主的なシビリアン・コントロールが成立するための条件として次の五つの基準を示した。

　すなわち，①政府の長が文民であり，国民の多数派の代表であること。国民に対して責任を負い，法的または政治的な手続きの通常の機能によって更迭されうること，②職業軍人たる軍の首脳は，憲法上も実効的にも，政府の文民の指揮のもとに統制されていること，③軍事機構の省庁による運営は，軍の計画のすべての段階を調整する文民の権威ある指示のもとに置かれ，その文民自身も政府の責任あるメンバーでなければならないこと，④国民によって選ばれた代表者が，戦争の決定や，軍事目的のための資金と人員について表決し，必要とされる非常時権限の付与などを含む一般的な政策を決定し，その政策の実施についての責任を有する人々に対し，究極的かつ一般的な統制を行使しうること，⑤裁判所は，軍に対して国民の基本的な民主的権利を保護する責任をもたせうる地位にあることを挙げている[1]。このようにスミスの示した条件は，軍に対する政府の統制権を分割し，相互の抑制・均

衡を働かせようとしていることに主眼がある。

スミスがモデルとしたアメリカ合衆国憲法は，連邦議会が，戦争の宣言，陸軍を徴募し財政的措置を講ずること，海軍を建設・維持すること，陸海軍の統制および規律に関する規則を定める（第1条8節）権限を持つのに対し，大統領は，合衆国の陸海軍および現役に召集されて合衆国の軍務に服している各州の民兵の総指揮官である（第2条2節）としている。つまり，議会が軍の徴募，維持する権限と戦争宣言の権限を持つのに対して，大統領は，議会の定めた範囲内において，軍の最高司令官としての権限を持つとするものであり，軍の統制についての権限を連邦議会と大統領に分割するという二元的統制にその特徴がある。

これに対して，米国のシビリアン・コントロールに影響を与えたイギリスでは，今日では，議院内閣制のもと，軍の統制権は首相が全責任を負い，内閣による一元的統制が行なわれているとされる[2]。一方，フランスでは，現在の第五共和制憲法において，大統領の権限を強化する半大統領制が採用されることとなった。大統領は軍隊の長であり，大統領は国防高等評議会および国防高等委員会を主宰（第15条）し，政府は軍隊を指揮する（第20条）権限を有する。閣議は大統領が主宰し（第9条），首相は国防について責任を負う（第21条）。これに対して，国会は，国防の一般組織の基本原則を法律で定め（第34条），宣戦は国会の承認を要する（第35条）としている[3]。

---

1) Louis Smith, *American Democracy and Military Power : A Study of Civil Control of the Military Power in the United States*, Chicago : University of Chicago Press, 1951, pp. 14-15. (L・スミス（佐上武弘訳）『軍事力と民主主義』法政大学出版局, 1954年, 43頁)。

2) 安部文司「第4章政軍関係：シビリアン・コントロールとは何か」木村昌人・水本和実・山口昇・安部文司・デーヴィッド・ウェルチ『日本の安全保障とは何か』PHP研究所, 1996年, 207〜211頁。1689年の権利章典第6条では「平時において王国内で常備軍を徴集し，維持することは国会の同意がない限り，法に反する」ことが規定され，この議会の統制がイギリスにおけるシビリアン・コントロールの確立に大きく寄与することとなったとされる。議院内閣制のもと，内閣は行政権の行使に関し議会に対して連帯責任を負うことで，イギリスでは防衛政策の最終決定権は内閣に委ねられることとなってきた（防衛法学会編『新訂世界の国防制度』第一法規出版, 1991年, 72頁）。

3) 深瀬忠一「文民統制の比較憲法的考察」『臨時増刊法律時報・憲法と平和主義』第47巻第12号, 1975年, 166頁, 畠基晃『憲法9条—研究と議論の最前線』青林書院, 2006年, 173〜174頁。

日本と同様に，戦後，侵略戦争を放棄したドイツ (旧西ドイツ) では，冷戦の緊張激化を受け，1956年，再軍備のために基本法を改正し，「連邦国防大臣は，軍隊に対する命令権および司令権を有する」(第65a条)，「防衛上の緊急事態の公布とともに，軍隊に対する命令権および司令権は，連邦総理大臣に移行する」(第115条b) とする規定が設けられ，連邦首相と連邦国務大臣は他の政策と同様に防衛政策についても，連邦議会に対して責任を負うこととされた (第65条，第67条)。また，国会は，防衛に関する専属立法権 (第73条)，予算確定権 (第110条)，防衛上の緊急事態確定権 (第115a条) を有している[4]。ドイツのシビリアン・コントロールにおいて特徴的なのは，連邦議会に防衛委員会 (第45a条) が設置されるとともに，軍人の基本権の保護および議会統制の行使における補助機関として，防衛受託者が任命され (第45b条)，これらを通じて，連邦軍に対する議会統制が行われている点である[5]。なお，1994年の連邦憲法裁判所判決は，武装した軍隊の出動一般について，1918年以来のドイツ憲法の伝統から，そのつど議会の同意を要することを判示し，今日に至っている[6]。

　こうした先進諸国のシビリアン・コントロールの制度的位置づけは，各国の歴史的背景や，統治機構の構造により，大統領と議会による二元的統制を採用する米国と，内閣のもとに一元的統制を採用するイギリス，内閣に権限を委ねながら，国会がその承認権限を持つことで二元的統制を確保しているフランスやドイツというようにそれぞれ異なることとなっている。しかし，欧米のシビリアン・コントロールに共通するものは，国民から政治的決定の行使を負託され，かつ国民に直接責任をとりうる政治家が主体となって文民統制を行使するということである。また，冷戦時においては，欧米諸国の文民統制は，その内容面においても，軍隊による国家の安全を保障することに重点が置かれる積極的統制 (ポジティブ・コントロール) が中心であった。

　こうした軍隊の役割強化は，スミスが指摘したように，国民の自由や権利

---

4) 畠・同 174〜176頁。
5) 防衛法学会編・前掲書 109〜112頁。
6) 国会図書館調査及び立法考査局『主要国における緊急事態への対処総合調査報告書 (調査資料 2003—1)』2003年，67〜68頁。

に対する制約をもたらし，軍隊からの国民の安全を確保することが必要となる。軍隊の政治への介入を排除するためには，たとえば，サミュエル・ハンチントンが指摘するように，近代の将校の特質を，暴力の管理に関する専門技術，国家の軍事上の安全保障に対する責任，将校がそれ以外の社会から区別された特殊な職業団体を形成しているという団体性の三要因によって構成されるプロフェッショナリズムであるとみなし，この軍のプロフェッショナリズムを極大化することによって，軍を政治的に中立化し，軍の政治への介入を極小化することができるとする考え方がある（ハンチントンは，これを客観的シビリアン・コントロールと名づけた[7]）。

これに対して，サミュエル・ファイナーのように，こうしたプロフェッショナリズムそのものが文民政府との衝突をもたらす事例が多く見られるとして，軍の政治介入を抑制するのは，プロフェッショナリズムではなく，その国の政治文化の度合いによるとし，政治文化が発達している国ほど，軍の政治介入の可能性は低下し，介入の形態も政治的影響力の行使などの間接的なものにとどまるとする考え方もある[8]。また，モーリス・ジャノヴィッツは，暴力の管理に関する専門技術は，軍事的安全保障における軍の影響力を強化し，軍の組織としての結束が強くなるほど，圧力団体としての影響力が高まるとする。さらに，国家の安全保障政策に対する使命感が強いほど，軍の政

---

[7] Samuel P. Huntington, *The Soldier and the State : The Theory and Politics of Civil-Military Relations*, Cambridge, Mass.：Belknap Press of Harvard University Press, 1957, pp. 83-85.（S・P・ハンチントン（市川良一訳）『軍人と国家（上）』原書房，1978年，83〜86頁）。

[8] Samuel E. Finer, *The Man on Horseback : The Role of the Military in Politics*, 2nd ed., Boulder：Westview Press, 1988, p126. ファイナーは，権力の委譲の手続についての一般の広範な承認とそれに違反する権力の行使は正統性を有しないという確信の存在，最高権力を構成するものは誰なのか，何であるのかについての一般の広範な認識とそれ以外の者または権力の中心は正統性を有しないという確信の存在，公衆が比例的に大きな役割を果たし，それらが十分に動員された教会，経済，労働，政党等の私的な諸団体の存在の三つの基準によって，政治文化の高低を評価し，世界の諸国家を①成熟した政治文化を持つ国，②発達した政治文化を持つ国，③低い政治文化の国，④最小限の政治文化の国に分類している（*Ibid.*, pp. 78-80.）。ハンチントンとファイナーの議論の比較に関しては，三宅正樹「文民統制の確立は可能か——政軍関係の基礎理論」『中央公論』第95年第11号，1980年9月，94〜106頁を参照せよ。

治介入の意欲は高まると批判する[9]。ゆえに，軍を社会から分離させるのではなく，軍人が文民と共通の価値観を持ち，軍を社会に統合させることが，もっとも有効な統制の手段であると主張する[10]。これらの論争が展開される中で，ハンチントンが指摘するプロフェッショナリズムの考え方が，軍隊の政治からの一定の自律性を認め，軍事への政治の介入を最小化するための論拠でもあることから，実際の多くの国の軍隊において，軍と政治の関係についての理解として定着するようになったとされる[11]。

こうした軍の政治への介入を抑止することをシビリアン・コントロールの核心とする考え方の一方で，シビリアン・コントロールとは，特に民主主義国家においては，統制する文民の側に問題がある場合に機能しないという捉え方がある。クラウゼヴィッツが，「戦争は異なる手段をもって継続される政治にほかならない」と指摘したように[12]，戦争は政治の延長であり，統制する主体である文民の側に，適切な判断能力や意思決定能力がなければ，シビリアン・コントロールは正常に機能しない。欧米諸国では，こうした文民の側の統制能力の強化のために，第二次世界大戦後，様々な改革が行なわれてきた。

---

9) Morris Janowitz, *The Professional Soldier : A Social and Political Portrait*, Glencoe : The Free Press, 1960. ジャノヴィッツの議論について，彦谷貴子「第11章冷戦後日本の政軍関係」添谷芳秀・田所昌幸編『現代東アジアと日本第1巻日本の東アジア構想』慶應義塾大学出版会，2004年，306頁を参照。
10) Janowitz, *op. cit.*, p. 440, 村井友秀「第7章政軍関係―シビリアン・コントロール」防衛大学校安全保障学研究会編著『最新版安全保障学入門』亜紀書房，2003年，159頁。
11) 彦谷・前掲書307頁。なお，ハンチントンは，冷戦終焉後の1996年の論文において，客観的シビリアン・コントロールの定義を，①高いレベルの軍のプロフェッショナリズムとそのプロフェッショナルな能力の限界を軍の将校たちが認識していること，②軍が外交政策及び軍事政策に関して，基本的な決定を行う文民政治指導者に対して完全に服従していること，③文民政治指導者層が，軍のプロフェッショナルな能力と自律の領域があることを認識し，これを受容すること，④その結果としての，軍の政治への介入の極小化と政治の軍への介入の極小化の4項目にまとめている。Samuel P. Huntington, "Reforming Military Relations," in Larry Diamond and Marc F. Plattner, eds., *Civil-Military Relations and Democracy*, Baltimore : Johns Hopkins University Press, 1996, pp. 3-4. (L・ダイアモンド，M・F・プラットナー編（中道寿一監訳）『シビリアン・コントロールとデモクラシー』刀水書房，2006年，41頁）。
12) クラウゼヴィッツ（篠田英雄訳）『戦争論（上）』岩波書店，1968年，58頁。

たとえば，米国においては，1947年の国家安全保障法に基づいて設立された国家安全保障会議（National Security Council）が，国家安全保障及び外交政策について大統領を助言し支援することや，政府内の政策調整を行うことで，大統領の外交・安全保障政策を支える重要な役割を担うこととなっている。また，1986年のゴールドウォーター・ニコルズ法（国防総省再編法）により，米軍の指揮系統は，大統領から国防長官を経て各統合軍司令官へ至るようになり，統合参謀本部議長は，大統領・国防長官・NSCに対する，軍事問題に関する第一順位の助言者に指定され，同議長にNSCにおける票決権が付与されることとなった[13]。

一方，第二次大戦後，軍の最高司令官としての資格において，大規模な軍事行動が議会の関与なしに，大統領の専決によって行われるようになった。こうした大統領の権限拡大に伴う議会の影響力の低下や行政府による軍事情報の独占が，ベトナム戦争の失敗の要因になったとの反省から，議会の側の権限を強化する1973年戦争権限法（War Powers Resolution）が制定されることとなった。同法により，大統領による軍隊の投入は米国または同国軍隊に対する攻撃によって生じた国家非常事態に限定し，その場合も48時間以内に議会に報告することが義務づけられることとなった。また，議会の戦争宣言や特別の制定法による授権なしに大統領が軍隊を使用した場合には，60日以内に軍隊のいかなる使用も終了させなければならないこととされた。この60日という制限については，展開した米軍の安全に関する不可避の軍事的必要があることを大統領が議会に立証した場合には30日を超えない期間延長することができる。ただし，議会は両院同意決議の通過によって，いかなる

---

[13] 田村重信・高橋憲一・島田和久『防衛法制の解説』内外出版，2006年，49頁。ゴールドウォーター・ニコルズ法に基づき，シビリアンで構成される国家安全保障会議に統合参謀本部議長が会議のメンバーとして審議に加わり，軍事専門家の立場から決定に関与することができるようになった。この制度改革は，建国以来の外交政策の決定の場から，軍人を隔離するというシビリアン・コントロールの原則を修正するものであった（Douglas Johnson and Steven Metz, "American Civil-Military Relations: A Review of the Recent Literature," in Don M Snider and Miranda A. Carlton-Carew, eds., *U.S. Civil-Military Relations in Crisis or Transition?*, Washington, D.C.: Center for Strategic and International Studies, 1995, pp. 207-209.）。

時期においても，軍隊の撤退を大統領に強制することができることとなった（議会拒否権[14]）。軍の最高司令官としての大統領の権限に対するこうした議会の制約は，冷戦期においては，行政府の側が議会との衝突をさけるために必要なものとして，実際の軍隊の派遣において考慮されることに作用することとなってきた[15]。

一方，イギリスにおいては，内閣委員会である「国防・海外政策内閣委員会」が1964年に設置され，内閣における安全保障政策の決定に際し重要な役割を担ってきた。同委員会では，首相以下の関係閣僚のメンバーに対して，国防参謀総長，各軍参謀総長が出席し，軍事専門的な観点からの助言を与える仕組みがとられている[16]。また，同じ内閣委員会として「情報活動内閣委員会」が設置され，内閣の直属の機関である合同情報委員会（Joint Intelligence Committee）が軍事情報に関して首相や担当閣僚を補佐する体制が整えられるようになっている[17]。このように，軍の政治への介入を防ぐための軍事組織の確立と，文民の側の統制能力の不断の強化が，文民優位を確保する手段となってきたといえる。

こうした欧米のシビリアン・コントロールのあり方は，冷戦下での東西対立を背景に，軍隊によって国家の安全保障を維持しつつ，同時に，文民統制をいかに確保できるかという問題認識に立脚したものであった。しかし，冷戦の終結は，こうした国家間の軍事的対立という前提条件を変え，外敵から

---

[14] 1973年戦争権限法の概要については次の文献を参照せよ。宮脇峯生『現代アメリカの外交と政軍関係―大統領と連邦議会の戦争権限の理論と現実』流通経済大学出版会，2004年，159〜192頁。なお，1983年6月に，連邦最高裁より，議会拒否条項を違憲とする判決（チャド判決）が出されたが，連邦議会は，戦争権限法自体の議会拒否権について判断されたわけではないとして，戦争権限法の両院同意決議に関する条項は改正されなかった（宮脇・同220〜222頁，川西晶大「アメリカ合衆国の戦争権限法（資料）」『レファレンス』592号，2000年5月，115頁）。

[15] 戦争権限法が施行されてから，1989年に冷戦が終結するまでの17年間において，戦争権限法が発動されたのは15件であったのに対し，同法が用いられなかったのは6件であった（Barry M. Blechman, *The Politics of National Security: Congress and U.S. Defense Policy*, New York: Oxford University Press, 1990, pp. 171-173.）。

[16] 防衛法学会編・前掲書72〜73頁。

[17] 第9回安全保障と防衛力に関する懇談会資料「政府の意思決定と関係機関の連携について」2004年9月6日，5頁。

の脅威が緩和されることによって，軍の国家安全保障に関する役割を相対的に低下させることとなった。代わって，国連平和維持活動などの新たな任務が軍において比重を高めたり，国防費の削減によって文民政府と軍の意見が対立したりするなど，欧米では，冷戦後の環境の変化が政軍関係を複雑化させることとなっている[18]。マイケル・デッシュは，冷戦の終結による国際的脅威の減少が文民指導者による文民統制を弱め，軍が冷戦期よりも政策論争に介入するようになったことを指摘している[19]。同様に，リチャード・コーンは，ゴールドウォーター・ニコルズ法により強化された統合参謀本部議長の権限の下で，コリン・パウエル統参本部議長の力が増大し，国防長官などの政治指導者の優位性が低下しているとの指摘を行っている[20]。こうしたシビリアンの優位性の低下は，1990年代半ばの米国において，政軍関係の危機として捉える見方もなされた。しかし，こうした冷戦終結後の変容過程においても，政治家を主体とする文民政府による軍に対する優位性を確立するというシビリアン・コントロールの考え方は不変であり，そのための改革が試みられてきた[21]。

18) 塚本勝也「第4章政軍関係とシヴィリアン・コントロール」山本吉宣・河野勝編『アクセス安全保障論』日本経済評論社，2005年，113～114頁。
19) Michael C. Desch, "Threat Environments and Military Missions," in Larry Diamond and Marc F. Plattner, eds., *op. cit.*, pp. 22-23. (ダイアモンド・プラットナー編・前掲書65～66頁)。デッシュの調査によれば，1938年から1997年までの間に生じた米国のシビリアンと軍の間の主な対立において，1938年の第二次世界大戦から1950年の冷戦前までの32件では，全ての事例においてシビリアンが優位であったのに対し，1950年から89年の冷戦期においては，26件でシビリアンが優位であり，軍の側が優位であったのは1ないし2件にすぎなかった。これが，1989年の冷戦終焉後から1997年までの間においては，シビリアンが優位であったのは4件であったのに対し，軍が優位であったのが7件と，その関係が逆転していることが示されている (Michael C. Desch, *Civilian Control of the Military : The Changing Security Environment*, Baltimore : Johns Hopkins University Press, 1999, pp. 135-139.)。
20) Richard H. Kohn, "Out of Control : The Crisis in Civil-Military Relations," *The National Interest*, No. 35, Spring 1994, pp. 9-13.

2．シビリアン・コントロールの運用における問題点
1）官僚を主体とする統制

こうしたシビリアン・コントロールの問題は，戦後の日本においても，国政における最大の関心事であった。それは，戦前の日本において，軍部の暴走を政治が抑制することができず，軍人が政治権力を掌握する軍国主義に陥ったことの反省が背景にあった[22]。

戦後制定された新憲法では，第9条1項で戦争を放棄し，同2項で，陸海空軍その他の戦力を保持せず，交戦権を否認することとなった。さらに，第66条2項で，「内閣総理大臣その他の国務大臣は，文民でなければならない」ことを規定した[23]。戦後の日本は，こうして軍隊を持たない国として，再出発することになった。しかし，1950年代に朝鮮戦争が勃発し，日本は再軍備の道をたどることとなる。警察予備隊の発足から，保安隊を経て，1954年に制定された自衛隊法によって，「自衛のための必要最小限度の実力[24]」を有する自衛隊（陸・海・空三自衛隊によって構成される）が発足することになった。自衛

---

[21] 米国では，ジョージ・W・ブッシュ政権の国防長官に就任したドナルド・ラムズフェルドによって，軍に対するシビリアンの優位性を確保するための国防総省の改革が試みられた（菊地茂雄「米国における統合の強化―1986年ゴールドウォーター・ニコルズ国防省改編法と現在の見直し論議」防衛研究所ブリーフィング・メモ，2005年7月）。なお，ゴールドウォーター・ニコルズ法後の国防総省の組織改革に関する提言について次の文献を参照せよ。Clark A Murdock, et al., *Beyond Goldwater-Nichols : Defense Reform for a New Strategic Era Phase 1 Report*, Washington, D. C. : Center for Strategic and International Studies, 2004. 邦語文献として，太田文雄「ゴールドウォーター・ニコルズを越えて―自衛隊統合の将来に向けてのさらなるステップ―」『国際安全保障』第34巻第4号，2007年3月，73~88頁。

[22] 戦前の明治憲法では，統帥権の独立を始め，軍隊の組織編制，宣戦・講和，戒厳令発布の権限に至るまで天皇の大権に属し，議会や内閣の関与は著しく制限されていた。また，軍部大臣現役武官制は，軍部の意向によって内閣の存立が左右される要因となった。こうした制度的欠陥を原因として，1931年の満州事変以降，敗戦に至るまで軍部による政治支配を招く結果となった（山田邦夫『シリーズ憲法の論点⑬文民統制の論点』国立国会図書館調査及び立法考査局，2007年3月，26~29頁）。

[23] この文民条項の追加に関しては，日本国憲法案の審議段階で，第9条2項にいわゆる芦田修正が加えられ，日本が自衛のための軍備を持てる可能性が生じることとなったことから，極東委員会（特に中国の代表）が，憲法に「文民条項」を付け加えることを要求し，貴族院の追加修正で第66条に2項が加えられたとされている（田中明彦『安全保障―戦後50年の模索』読売新聞社，1997年，30~33頁）。

隊法は，内閣総理大臣の自衛隊の最高指揮監督権のもとで（自衛隊法第7条），防衛庁長官による自衛隊の隊務の統括（第8条）を規定し，文民である国務大臣によるシビリアン・コントロールを明記している。また，自衛隊法は，自衛隊の主要編成，その権限，活動を法律事項とし，防衛出動等の国会承認を行うことを定め，国民を代表する国会が自衛隊の重要事項を法律・予算・承認の形で議決する仕組みが取り入れられた。このように，戦後の日本においては，政府がシビリアン・コントロールの説明として明示している「民主主義国家における軍事に対する政治優先又は軍事力に対する民主主義的な政治統制[25]」が，法制度として導入されることとなり，日本も欧米と同様に民主主義的な手続きによって選出された政治家を主体とするシビリアン・コントロールの条件が確保されたといえる。

しかし，こうした制度が，その規範どおりに，政治家による自衛隊の統制を実現してきたかについては，これまで，多くの論者によって否定的に論じられてきた。たとえば，廣瀬克哉は，日本の防衛庁中央機構が，内閣総理大臣のもとに防衛庁長官が位置し，その下に長官を全般的に補佐する参事官及び内局が存在し，統合幕僚会議ならびに各幕僚監部からなる軍事スタッフはこの文官スタッフの下に実質的にあるとして，日本のシビリアン・コントロールを文官優位型と位置づけている[26]。また，1980年代から90年代前半にかけての，防衛予算の編成過程，中期防衛力整備計画の策定過程，掃海艇派遣の決定過程の三つの事例の比較研究を行った権鎬淵は，防衛庁内局による統制は，防衛政策の性格にさほど影響されず，全般的によく機能しているのに対して，予算や中期防の事例では，政治家，特に，行政府に対する国会による統制がほとんど機能しておらず，日本のシビリアン・コントロールが官僚制組織による統制に偏りすぎているとの結論を示している[27]。さらに，戦後の

---

24) 政府は，公式見解として，自衛隊を憲法第9条2項が禁止する戦力とは認めていない。なお，小泉純一郎首相（当時）は，「法律上の問題でこれは戦力じゃないと規定しているのであって，多くの国民は自衛隊は戦力だと思っているのは，常識的に考えてそうだと思いますよ」として，この政府解釈についての自身の問題意識を示している（第154回国会衆議院武力攻撃事態への対処に関する特別委員会議録第3号（2002年5月7日））。
25) 防衛省編『平成20年版日本の防衛―防衛白書』ぎょうせい，2008年，93頁。
26) 廣瀬克哉『官僚と軍人』岩波書店，1989年，60〜63頁。

防衛政治過程を分析した佐道明広は，自衛隊発足後の 1960 年代に，政治家の関与の後退で，防衛官僚（内局）が実質的に防衛政策の形成の実権を握っていく仕組みが形成され，以後，1980 年代まで，防衛庁内局による文官優位システムが続いてきたことを指摘する[28]。防衛庁内局は，国民から直接に政治的決定の権限を負託されたわけではない官僚制組織であり，防衛政策を行う行政機構の一部分として，本来は，軍と同様に，政治的統制の客体にすぎないものである[29]。にもかかわらず，こうした内局の文官が，シビリアン・コントロールの主体となっていることから，佐道は，日本のそれを「政官軍関係」と呼ぶべきであるとの指摘をしている[30]。

　このように，日本のシビリアン・コントロールは，欧米におけるその統制主体が，国民から直接選挙された政治家やその政治的任用者からなるのに対して，官僚制組織である内局の文官によって主として担われてきたという点で，著しく異なる特質を持ってきたといえる。

　このような防衛庁内局による「文官統制」に対しては，文民統制とは軍事機構内の文官が制服組を統制することではなく，民主的な手続きを経て選出された政治家が，制服組と文官官僚のセットである軍事機構（防衛庁・自衛隊）を統制することであるとして，制服組から強い批判がなされてきた[31]。一方で，こうした内局による文官統制について，西岡朗は，事務系官僚がゼネラリストとして省庁の中枢を占め，技官などの技術系官僚はスペシャリストと

---

27) 権鎬淵『シビリアン・コントロールからみた，日本の防衛政策の決定過程』東京大学博士学位論文，1994 年。
28) 佐道明広『戦後日本の防衛と政治』吉川弘文館，2003 年，4〜9 頁。
29) 安部・前掲書 196 頁。
30) 佐道・前掲書 6 頁。
31) 中島信吾『戦後日本の防衛政策―「吉田路線」をめぐる政治・外交・軍事』慶應義塾大学出版会，2006 年，23 頁。最近では，2004 年 6 月 16 日の「防衛力のあり方検討会議」において，古庄幸一海上幕僚長より，防衛参事官制度の廃止と，事務次官の持つ自衛隊に対する監督権（内閣府設置法第 61 条）を改正して，部隊運用に関する監督機能を削除し，代わりに新設予定の統合幕僚長が自衛隊の運用に関する事務を所掌するよう明記するという文書が提案され，内局文官による統制の見直しを迫ったという（『朝日新聞』2004 年 7 月 4 日，纐纈厚『文民統制―自衛隊はどこへ行くのか』岩波書店，2006 年，1〜4 頁）。

して基本的政策決定の過程には関与できないという日本の行政カルチャーの普遍性が防衛分野にも等しく及んだ結果であり，事務系官僚が主流を占める防衛庁内局が，軍事専門分野のスペシャリストとしての自衛官に優位する仕組みは，他の省庁と変わらないと指摘する[32]。

しかし，内局が優位するとされる制服組に対する統制の実態に関しては，これまでの先行研究においても，以下のような問題点が指摘されてきた。まず，官僚制組織である防衛庁内局には，軍事専門情報を一元的に保有する自衛隊に対抗しうる統制能力が備わっているのかという問題である。たとえば，元防衛官僚の西川吉光は，1970年代までの防衛政策を例に，内局自らが原案を作成し，それを各幕に執行させるケースはほとんどなく，組織の規模も大きく，情報量の豊富な幕僚監部に対して，独自の情報網や執行組織を持たない内局の企画立案力はおのずと限界があることを指摘する[33]。その上で，法的権限を除いて企画立案能力に劣る内局が制服組に対抗するには，政治的配慮という組織外の事情を持ち込むか，制服組の勢力を殺ぐといった手法に頼らねばならないケースも多く，その実態は，統制よりも調整に近く，防衛政策に方向性や一貫性を付与できない消極的統制の側面があることを指摘している[34]。

また，防衛大綱の事例研究（1976年に決定）を行った廣瀬は，内局官僚は常に一定の政策選好を有しているわけではなく，直面している政治環境に適合的か否かという基準で政策を選択する傾向があり，これに対して，制服幕僚が立案する手段体系の内容は，政治状況の変化にかかわりなく，もっぱら組織的アイデンティティの核となる戦闘機能の充実という観点から選択される傾向が強いとする。両者のズレは，内局によって政治環境に適応するように調整されるが，政策目的と手段体系の整合性を実質的にチェックする意図も能力も内局には欠いているとしている[35]。

他方で，こうした文官統制は，代理人である官僚制組織の内局が本人であ

---

32) 西岡朗『現代のシビリアン・コントロール』知識社，1988年，154～156頁。
33) 西川吉光「戦後日本の文民統制（下）」『阪大法学』第52巻第2号，2002年8月，290頁。
34) 西川・同291頁。

る政治家に代わって，制服組を統制する間接的な委任であるという見方も可能であろう。彦谷貴子は，日本のシビリアン・コントロールの制度を国会から内閣，内閣から防衛庁内局へと委任の連鎖を通じて実施される「委任的シビリアン・コントロール」として位置づけている[36]。こうした政治家から官僚制への委任は，安全保障政策に限定されたものではなく，日本の政官関係においては，官僚制組織が政策に関する専門知識を独占し，これに対して政治家の側は，十分な情報を持たないという情報の非対称性問題が常に存在していた[37]。そのため，政治家が直接，制服組を監視するよりも，より監視コストの少ない官僚制への委任によって，自衛隊を統制するほうが合理的であるという側面もあったのである。しかし，こうした委任による監視の仕組みは，官僚制組織と制服組の間の内部監視にすぎず，そこでは，監視する側（内局）と監視される側（制服組）が結託し，情報を隠しあうおそれがある[38]。そうした結託行為を政治家が統制することは容易ではない[39]。

　これまでの文官統制では，内局と制服組の間の組織的な対抗関係を利用することで，政治家の側がそうした結託行為を防ぐことができたともいえる。しかし，内局と制服組の組織的利害が一致した場合[40]，そうした結託行為を監視することは容易ではなくなる。エージェンシー理論を用いて，本人である

---

35) 廣瀬は，制服組は，大綱別表の配備防衛力の一覧，防衛力整備内容事項，各年度の予算内容等の政策目的を具体的に軍事専門的に執行していく活動において，「対象環境」である軍事情勢への適応を指向する軍事専門的な立場から，内局の手段体系の欠如に乗じて戦略等を主導的に形成してしまう傾向を持つこともあることを指摘している（廣瀬・前掲書253〜263頁）。

36) 彦谷貴子「シビリアン・コントロールの将来」『国際安全保障』第32巻第1号，2004年6月，27〜30頁。

37) 情報の非対称性問題については次の論文を参照せよ。Randall L. Calvert, Mathew D. McCubbins, and Barry R. Weingast, "A Theory of Political Control and Bureaucratic Discretion", *American Journal of Political Science*, Vol. 33, No. 3, August 1989, pp. 588-611.

38) 建林正彦「第3章官僚制」平野勝・河野勝編『アクセス日本政治論』日本経済評論社，2003年，84頁。

39) 情報公開請求者のリスト作成問題や海上自衛隊補給艦の給油量取違え問題のように，市民団体やメディアによって問題が発覚するまで，首相や防衛庁長官などの政治家が情報を全く把握していなかったのは，その典型であろう。

文民政府と代理人である軍の関係を説明したピーター・フィーバーがポスト冷戦期のクリントン政権における政軍関係の危機に関して指摘したのと同様に[41]，政治家の側が進める政策と防衛庁・自衛隊が望ましいと考える政策の相違が大きい場合，さらに，防衛庁・自衛隊が政治家の側の政策に逆らっても制裁を受ける可能性が低い，もしくは制裁の影響が小さい場合は，防衛庁・自衛隊が政治家の政策に反対する可能性は高くなると考えられる。

このように，内局による文官統制には，おのずと限界があるにもかかわらず，それが継続されてきたのには，本来，政治家が果たすべき役割を行使しないために，官僚が政治家の役割を代替してきたという側面があろう[42]。長尾雄一郎は，日本の政治家が本来の利益集約機能よりも，圧力団体と同様の利益表出に役割を果たすことが多く，その結果，利益の集約機能は，官僚集団が代替することになったとして，それを「役割構造のズレ」と指摘している[43]。防衛政策の変更を伴う政策決定には，自衛隊法等の法律改正（もしくは予

---

40) 長尾は，他省庁からの出向者が内局の多数を占めていた時代に見られた内局文官と制服組の対立と比較して，防衛庁のプロパー採用の文官が多くを占めるようになった現在では，防衛庁・自衛隊員としての一体感が醸成されるようになったとしている（長尾雄一郎「内政の変動と政軍関係についての一考察」『新防衛論集』第24巻第1号，1996年6月，70頁）。また，業務の必要性に応じた背広組と制服組の相互の人事配置によって，人的ベースでは，内局と制服組の組織的利害の共通性を高めているといわれる。防衛庁・自衛隊創設後，厳格に制約されてきた自衛官の内局ポストへの配置は，90年代以降一般化し（長尾・同69頁），2008年2月時点では，内局に勤務する自衛官の数は69名（医官を除くと約50名）に達している（防衛省「防衛省改革会議（第5回）説明資料」2008年2月）。こうした人事配置は，適材適所によるものであり，文官（背広組）か制服組かの区別は，本人の能力以上の意味は持たないようになってさえいるという（防衛庁内局スタッフによる）。また，自衛隊の装備や管理，計画を中心としていた時代においては，内局が予算査定や人事，政策を通じて，制服組を統制する必要性も高かったが，自衛隊が海外に派遣されるなど，その活動範囲が拡大し，実際の実施・運用が必要になると，内局が制服組の組織的利害を代弁して，関係機関と調整したり，制服組の自律的なロビー活動を承認したりするようになっている（たとえば，地雷処理を目的とするアフガニスタンへの陸上自衛隊の派遣について消極的な制服組が政治家に対して根回しすることを内局は黙認した）。防衛庁内では，「内局の各幕化」または「各幕の内局化」といった相互関係の複雑化が見られるとの指摘もある（城山英明・細野助博編著『続・中央省庁の政策形成過程―その持続と変容』中央大学出版部，2002年，289頁）。

41) Peter D. Feaver, *Armed Servants : Agency, Oversight, and Civil-Military Relations*, Cambridge, Mass. : Harvard University Press, 2003, pp. 225-226.

算措置)が必要になるが，55年体制下においては，防衛政策に対する世論や野党の反対も強く，そうした利益集約のために必要な立法コストは少なくなかった。そのため，与党政治家は，そうした政策案の作成を自らが行うよりも，官僚制に委任する方法をとってきたともいえよう。また，1993年総選挙まで継続された中選挙区制による選挙制度は，同一政党間の候補者同士が競争する仕組みであったために，より具体的に地元に利益を還元できるかに，与党政治家の関心を向けさせ，防衛政策に関心を持つ政治家の再選を難しくしてきた[44]。

　また，防衛庁長官や首相は，法制度上も内閣における防衛政策の最高責任者である。しかし，歴代の防衛庁長官や首相には，防衛問題に強い政策的関心をもつ政治家が就任することは少なかった。積極的な立場をとる長官や逆に否定的な立場をとる長官が就任した場合であっても，その在任期間は，平均1年足らずときわめて短く，また，自らを補佐するスタッフを内局官僚以

---

42) 与党政治家の防衛政策に対する関心は，相対的に利益還元型の政策領域に比べて低かったが，憲法第9条の趣旨に基づいて自衛隊の運用をより制限的に抑止しようとするイニシアティブは，野党や与党のハト議員を通じて小さくなかった。冷戦期においても，1954年の海外派兵禁止の参議院本会議決議や，1967年の佐藤内閣による武器輸出三原則の表明，1968年の佐藤内閣における非核三原則に関する閣議決定及び1971年の非核三原則に関する衆議院本会議決議，1976年の三木内閣における防衛費のGNP1％以内の閣議決定などは，抑制的な観点からの重要な政策形成を政治家が主導して行ったケースである。

43) 長尾・前掲論文，65～66頁。

44) 永久寿夫『ゲーム理論の政治経済学―選挙制度と防衛政策』PHP研究所，1995年，233～235頁。岩井・猪口による1986年の時点における自民党議員の部会所属数の調査によれば，もっとも人気のある部会は，建設，農林，商工などの政治資金や選挙で有利な分野であり，これに対して，国防や外交はもっとも人気の少ない部会に属していた。その要因としては，国防部会は，イデオロギーがらみで，選挙で決定的にマイナスになる点が指摘されている（岩井奉信・猪口孝『「族議員」の研究―自民党政権を牛耳る主役たち』日本経済新聞社，1987年，132～135頁）。他方で，1980年から1993年の期間の自民党議員の部会選択の要因分析を行った建林は，国防部会の議員は選挙で強い議員，外交部会の議員は当選回数が多く，選挙に強く，都市部選出の議員という分析結果を示している（建林正彦『議員行動の政治経済学―自民党支配の制度分析』有斐閣，2004年，138頁）。こうした研究からは，冷戦期までの国防関係議員は，比較的当選回数が多い，防衛庁長官経験者らのベテラン議員が多くを占めていたということがいえよう。

外には持ち得なかった。結果的に，防衛庁長官のスタンスは，その補佐を受ける内局の大きな影響力のもとに形成されることとなってきたといえよう。こうした政治家不在のシビリアン・コントロールを補完する担い手として，防衛庁によって立案される政策案を外務省や大蔵省，内閣法制局などの非軍事部門の関連省庁が，それぞれの所管権限に基づいて統制する役割を果たしてきたという点も指摘できよう。しかし，それらの主体による統制の場は，それぞれの長である閣僚等によって構成される閣議や安全保障会議といった政治家主体のものであるよりも，その事前段階である各省協議や予算折衝，法令審査といった官僚制ベースでの事前調整で決着が図られてきたといえる。

2）政治家を主体とする統制

こうした1980年代までの防衛庁内局や非軍事部門官庁の官僚機構を統制の主体とし，政治家を主体とする統制機能の弱い日本のシビリアン・コントロールのあり方に，大きな変化を及ぼすこととなったのは，冷戦の終結による戦略環境の劇変であった。1990年に発生した湾岸危機で，日本政府は，巨額の経済支援を行ったものの，人的な貢献をしなかったことにより，国際社会からの信任を得られなかった。このことを受け，1992年に制定された国際平和協力法（以下，PKO協力法と略す）によって，自衛隊は初めて海外に派遣されることとなった。また，1994年の北朝鮮による核開発問題は，朝鮮半島有事の蓋然性を高め，日米安保条約の実効性が問われることとなった。さらに，2001年の9.11同時多発テロを受け，日本は，国際社会と協力してテロ対策に取り組むことが求められるようになった。テロや不審船，核・ミサイルなど日本の領土を直接，間接に脅かす事態が顕在化し，長らく放置されてきた有事法制の整備や，イラク戦争後のイラク再建のための人道復興支援も要請されるようになった。こうした日本をめぐる安全保障環境の大きな変化の中で，自衛隊に新たな任務と権限を付与するためには，自衛隊法を含む大幅な既存法制の変更が必要であった。

官僚制に安全保障政策の作成を委任し，その決定にもあまり大きな関心を払ってこなかった政治家にとって，こうした冷戦後の急激な戦略環境の変化は，もはや官僚制に対する委任と監視によって事なきを得てきた安全保障政

策の決定システムを根本から見直す必要性を迫ることとなった。自衛隊をいかに抑制するかに焦点があった冷戦期と異なり，冷戦後に求められた安全保障政策は，憲法や既存の国内法制との調整や，国際社会との協力や周辺諸国への配慮，国内の自治体や関係機関，世論からの合意調達といった，多大な立法コストを伴うものであり，官僚制組織による政策調整や決定に対する責任の範囲を超えるものであった。それは，本来，内閣の重要課題として政治家が取り組むべきものであったからである。

　橋本龍太郎首相による行政改革の結果，1990年代末に実現された内閣機能の強化は，そうした危機の時代において，政治リーダーである首相のイニシアティブによる政策立案を可能とする制度的装置を付与した。テロ対策特措法やイラク特措法は，小泉純一郎首相のトップダウンの指示に基づき，内閣官房によって作成されたものであった。従来から自衛隊の積極的活用論を強く主張してきたのは，自民党国防族などのタカ派議員であった。こうした国防族の主張は，冷戦期においては政府内での主流とはならなかった。しかし，冷戦の終焉後，90年代半ばの55年体制の崩壊を経て，首相や関係閣僚，与党幹部といった執政部レベルのアクターにおいて，安全保障政策の重要性に関する認識が強まっていくこととなった。その結果，官僚制への委任を特徴としてきた日本の安全保障政策の形成過程におけるシビリアン・コントロールは，限界が露呈した官僚制組織に代わって，政治家による直接的統制の要素を強めることとなった。

　一方で，冷戦後の安全保障をめぐる戦略環境の変化は，自衛隊の国内政治における存在感を増し，防衛庁長官や自民党国防族などの政治家への浸透を通じて，内局の補佐機能に代わって，制服組の影響力を高めることに作用したと考えられる。こうした政治家の安全保障政策への積極的関与や，制服組の相対的影響力の増加は，自衛隊を使わないことを前提に抑制的に運用する抑制的統制から，自衛隊を積極的に活用するために運用する能動的統制へと，シビリアン・コントロールの内容を転換させ，冷戦後の自衛隊の海外への派遣や国内での有事法制などの整備を促進することとなった。このことは，欧米のシビリアン・コントロールと異なる特質を持っていた日本のシビリアン・コントロールを欧米のそれにより近い形で運用することに帰結すること

となったといえる。

　政治家が安全保障政策に関心を持ち，その決定を主導すること自体は，文官統制に代わる本来のシビリアン・コントロールにより適合的なものである。しかし，政治家による能動的統制が強まり，官僚制組織内での抑制的統制が弱まることに伴い，制服組の影響力が相対的に増大するようになったとも考えられる。ハンチントンの指摘するような客観的シビリアン・コントロールは，確かに，日本においても，制服組のプロフェッショナリズムの確立と政治家による軍の政治的利用の抑制によって，これまで機能してきたといえる。しかし，制服組も組織である以上，その組織の利害に関わる政策の変更に対して，政治的な働きかけを排除することは不可能である。また，政治家（ないし省庁官僚制）の側も，自衛隊を政治目的の実現のための手段として利用しようとする誘因が働く場合もありえよう。ハンチントンは，軍のプロフェッショナリズムの極大化のアンチテーゼとして，軍を政治化し，より文民政府に近づけることにより軍を統制することを主観的シビリアン・コントロールと呼んだ[45]。こうした軍の政治化が極端なものとして作用し，政治家による自衛隊の恣意的な利用が，各主体間の権力対立的なものになった場合，自衛隊自体が政治家に対する圧力装置へと転化したり，制服組が政治に介入したりといった事態を生じさせかねない。それは，軍隊からの安全という観点からのシビリアン・コントロールを成り立たせないものとしてしまう。

　本書は，こうした問題意識に基づき，日本の安全保障政策を転換させることとなった周辺事態法からイラク特措法に至る重要な法律の立法過程を事例として，各法案の作成及び決定過程を主導または影響力を行使したアクターの所在及び統制主体と客体である制服組との影響力関係の検証によって，日本の立法過程におけるシビリアン・コントロールが，冷戦終焉後に抑制的統制から能動的統制にどのように変化したのかを分析し，そこで生じるにいたった問題点とそれを是正するための方途を問題提起することを目的とする。

---

45) Huntington, *The Soldier and the State*, pp. 80-81.（ハンチントン『軍人と国家（上）』80-81 頁）。

第2節　本書における分析対象と分析の意義

1．日本のシビリアン・コントロールの制度と運用
1）シビリアン・コントロールの制度的仕組み

　次に，本節では，日本におけるシビリアン・コントロールの制度的仕組みとその運用について概観し，本書が分析対象とする立法過程（法案の作成過程と国会審議・決定過程から構成される）におけるシビリアン・コントロールを分析する必要性とその意義について述べることとしたい。

　戦後の日本において，制服組によるシビリアン・コントロールの逸脱が大きな政治問題化したのは，1965年に社会党議員によって予算委員会で暴露された三矢研究（昭和38年度統合防衛図上演習）である。この問題を審議するために設置された衆議院予算委員会防衛庁図上研究問題等に関する小委員会に，政府は，「シビリアン・コントロールについて」と題する文書を提出し，以後の政府の公式見解の基本となってきた。1970年に，戦後初めて作成された防衛白書（昭和45年版）には，この政府見解を踏まえて，シビリアン・コントロールの項目が設けられ[46]，現在までほぼその記述は踏襲されている。2006年の閣議に報告された平成18年版の防衛白書においては，①国民を代表する国会が，自衛官の定数，主要組織などを法律・予算の形で議決し，防衛出動などの承認を行うこと，②国の防衛に関する事務は，一般行政事務として，内閣の行政権に完全に属していること，③内閣を構成する内閣総理大臣その他の国務大臣は，憲法上文民でなければならないこと，④内閣総理大臣は内閣を代表して自衛隊に対する最高の指揮監督権を有しており，自衛隊の隊務を統括する防衛庁長官は国務大臣をもって充てられること，⑤内閣には国防に関する重要事項などを審議する安全保障会議が置かれていること，⑥防衛庁では，防衛庁長官が自衛隊を管理し，運営している。その際，副長官と2人の長官政務官が政策と企画について長官を助けることとされているとして，厳格なシビリアン・コントロールの諸制度を採用していることを明記している[47]。2007年1月からの防衛省移行後も，こうしたシビリアン・コントロールに関する政府の公式見解には変更はなく，白書の記述も，国の防衛に専任

する主任の大臣である防衛大臣が自衛隊の隊務を統括することと，防衛大臣が国の防衛に関する事務を分担管理し，主任の大臣として，自衛隊を管理し，運営することことに書き改められたことにとどまる[48]。

46) 戦後初めて執筆された昭和45年版の防衛白書において，政府は，シビリアン・コントロールの原則について，以下の点を挙げている。①国会と自衛隊の関係についてみると，防衛に関する事務は，内閣が行なう一般行政事務として，内閣が国会に対して連帯して責任を負っている。したがって，自衛隊の人員，組織，予算等の重要事項は，法律，予算等の形で国会で議決されるほか，防衛に関する国政は各議院の調査を受けることになっている。また，防衛出動，治安出動など自衛隊の重要な行動については，国会の承認を得なければならないことになっている。②政府と自衛隊の関係については，防衛に関する事務は内閣の行政権に属し，完全にその統制下におかれている。すなわち，内閣総理大臣は，内閣を代表して自衛隊に対する最高の指揮権を有しており，文民たる国務大臣をもって充てられる防衛庁長官は，内閣総理大臣の指揮監督を受け，自衛隊の隊務を統括している。③国防に関する重要事項を審議する機関として，内閣に国防会議が置かれている。国防会議は，内閣総理大臣を議長とし，副総理，外務大臣，大蔵大臣，防衛庁長官および経済企画庁長官を議員として構成され，議長において必要あると認めるときは，関係の国務大臣等を会議に出席させることができる。国防の基本方針，防衛計画の大綱，防衛計画に関連する産業等の調整計画の大綱，防衛出動の可否など国防に関する重要事項については，国防会議にはからなければならないとされている。④旧憲法の下では，軍令事項と軍政事項とが区分されていたが，自衛隊については，この統帥事項（いわゆる軍令事項）も他の管理事項（いわゆる軍政事項）と区別することなく，すべて内閣総理大臣および防衛庁長官の権限とされている（防衛庁ホームページ http://jda-clearing.jda.go.jp/hakusho_data/1970/w1970_03.html）。

47) 防衛庁編『平成18年版日本の防衛―防衛白書』ぎょうせい，2006年，77頁。なお，防衛庁は，平成14年版までの防衛白書では，文民統制確保の項目として，基本方針の策定について，防衛庁長官を補佐する文官の参事官が置かれていることを明記していたが，石破防衛庁長官の命を受け，平成15年版からは，記述を「その他にも防衛庁長官による自衛隊の管理・運営を確実なものとするため，防衛庁長官を補佐する体制が整えられて」いるに変更されることとなった（中島・前掲書40頁）。なお，別項の自衛隊の組織に関する説明の箇所で，長官を補佐する機関として，防衛参事官の設置とともに，内部部局，陸・海・空幕僚監部及び統合幕僚会議が置かれていることが記述されていた。

48) 防衛省編『平成19年版日本の防衛―防衛白書』ぎょうせい，2007年，94～95頁。なお，改正前の自衛隊法第8条では，防衛庁長官が「内閣総理大臣の指揮監督を受け，」隊務を統括することについて規定していたが，この規定は，主任の大臣である内閣府の長としての内閣総理大臣の指揮監督権を確認的に規定しているものであった。防衛省移行に伴い，新たに防衛大臣が主任の大臣となることから，同条は，「防衛大臣は，この法律の定めるところに従い，隊務を統括する」に改正されることとなった（田村重信編著『防衛省誕生―その意義と歴史』内外出版，2007年，85頁）。

これまでの政府が行ってきた説明は，日本のシビリアン・コントロールが，国会と内閣，防衛庁長官（及びそれを補佐する内局）の三つの主体による多層的なものとして構成されていることを示している[49]。戦後の日本に，シビリアン・コントロールの概念を導入したのは米国であった。米国のシビリアン・コントロールの基本は，軍の統制についての権限を連邦議会と大統領に分割し，両者が立法と執行を分担して，シビリアン・コントロールを担う二元的統制がとられてきた。こうした米国型のシビリアン・コントロール観に立てば，日本政府が説明するシビリアン・コントロールの制度は，国会が，自衛隊の主要編成，その権限，活動を法律・予算の形で議決し，その根拠に基づき，内閣総理大臣の指揮監督のもと防衛庁長官が自衛隊を統括するという，「国会が決定し，内閣が執行する」という米国型の権力分立モデルとして捉えることができる。しかし，日本の統治機構の運用は，こうした権力分立モデルではなく，憲法が定める議院内閣制に基づき，議会多数党の与党が政府を構成し，内閣が予算編成権に加えて，立法発議権を行使することで，立法と予算を主導しているのが実態である[50]。戦後の国会において，重要な外交・安全保障政策に関する立法は，ほとんどすべてが政府によって提出された政府立法であり，国会議員による議員立法は皆無とされてきた[51]。立法権を持つ国会の役割は，自らが立法を行うよりも，むしろ審議・調査を通じての議決や承認行為というチェック機能に重点があったと考えられる[52]。法案の修正に関しても，防衛庁・自衛隊を創設するための防衛二法作成に関しての保守政党間の協議で，改進党などが中心になって三党合意を主導し，政党が強い影響力を持ったこともあった[53]。また，55年体制下においては，防衛政策は，

---

49) 小針司『防衛法概観』信山社，2002年，86頁。なお，小針は，国民による民主的統制を文民統制の種類に加えている。
50) 戦後の国会（第1回国会から第163回国会まで）に提出され成立した法律案の内，政府が法案を提出した政府立法が7804件であるのに対し，議員が法案を提出した議員立法は1353件にすぎない（大森政輔・鎌田薫『立法学講義』商事法務，2006年，138～139頁）。
51) 木村修三「独自の機能が低い国会―日本」日本国際交流センター編『アメリカの議会・日本の国会』サイマル出版会，1982年，278～279頁。
52) 国会による議決・承認行為は，内閣の提案に対して，民主的正統性を付与するという意味合いもある。

与野党間の最大の政策争点であり，予算委員会を始め外務委員会や内閣委員会において，激しい論争が展開された。しかし，そうした討議型の国会審議も，既に1960年代末頃から，与野党間で時間的な駆引きの材料にすぎない粘着型の審議様式になり[54]，予算委員会の総括審議などを除いて，防衛政策は表面的な対立とは裏腹に，実際には，与野党間の主要な政策争点ではなくなっていった。国会による外交・安全保障政策に関する立法活動も，冷戦期においては，野党による審議引き延ばしなどの反対行動が中心で，国会が議員立法を行ったり，法案を修正したりするという事例はほとんどなかった。

そうした点で，日本の統治機構は，「内閣が統治し，国会，特に野党が中心となって内閣をコントロールする」というイギリス型の権力融合モデル[55]に適合的であり，シビリアン・コントロールの制度的な基本は，内閣による軍事の統制と，こうした内閣の行為に対する国会による民主的統制にあるといえよう。

2）内閣による軍事統制

それでは，こうした内閣による軍事の統制と，国会による内閣に対する統制は，どのような制度のもとで，行なわれているのだろうか。まず，内閣総理大臣は，内閣を代表して自衛隊の最高指揮監督権を有し（自衛隊法第7条），防衛庁長官は，自衛隊の隊務を統括するが，自衛隊の部隊や機関に対する長官の指揮監督は，各自衛隊の幕僚長（現行法では統合幕僚長及び各自衛隊の幕僚長）を通じて行う（同第8条）としている[56]。このように，自衛隊に対する指揮監督権は，首相及び防衛庁長官によって行使され，戦前のような統帥権の独立は

---

53) 佐道明広『戦後政治と自衛隊』吉川弘文館，2006年，38〜41頁。
54) 福元健太郎『日本の国会政治——全政府立法の分析』東京大学出版会，2000年，179〜185頁。
55) 議会が立法し，政府がそれを執行するという権力分立の古典図式に対して，日本の統治機構を内閣による政策体系の遂行・実現と国会による内閣のコントロールと捉える議論に関して，高橋和之『国民内閣制の理念と運用』有斐閣，1994年，30〜43頁を参照せよ。
56) 第162回国会（2005年）における防衛庁設置法等の一部改正により，統合幕僚会議に代わって統合幕僚監部が新設され，自衛隊の運用に関する防衛庁長官の指揮は統合幕僚長を通じて行うとともに，自衛隊の運用に関する同長官の命令は，統合幕僚長が執行することとなった。

認められていない[57]。もっとも，こうした首相や長官の指揮監督は，それを補佐する組織がなければ機能しない。首相の指揮監督権は，内閣法第6条により，閣議にかけて決定した方針に基づいて，行政各部を指揮監督することと規定されている[58]。こうした内閣の合議制の機関である閣議に先立って，国防に関する重要事項等を審議する機関として，内閣には，安全保障会議が設置されている。この安全保障会議は，首相の諮問に基づき，国防の基本方針，防衛計画の大綱，武力攻撃事態等への対処に関する基本的方針及び重要事項，その他国防に関する重要事項，重大緊急事態への対処に関する重要事項などを審議し，これらの事項について，内閣総理大臣に意見具申することを任務としている[59]。メンバーは，首相を議長とし，外務，財務，内閣官房，防衛庁等の関係閣僚がその構成員となっている[60]。必要があると認めるときは，統合幕僚会議議長（現行法では統合幕僚長）その他の関係者を会議に出席させ，意見を述べさせることができることになっているが，実際には，防衛庁からの出席者の中で，防衛庁長官以外では，統合幕僚会議議長のみがメインテーブルに座っており，必要に応じて首相をはじめとする政策決定者に対する発言を行うなど，制服組トップが一定の役割を担うようになっている[61]。また同会議のもとには，2004年より，事態対処専門委員会（内閣官房長官が委員長を務

---

[57] 富井幸雄「わが国の公法学の文民統制に関する議論の一省察」『新防衛論集』第24巻第1号，19996年6月，95〜96頁。
[58] 政府解釈では，内閣法第6条の規定は，「憲法第65条，66条3項あるいは72条を総合した憲法の趣旨，要請を受けた規定である」とされている。なお，「内閣法6条のもとでもあらかじめ想定される事態に備えて内閣として基本的な方針を定めておくことにより，個別の事態についてその都度閣議決定により方針を決めなくとも適切な対応がなされる場合もあり得る」としている（大森政輔内閣法制局長の答弁・第142回国会参議院行財政改革・税制等に関する特別委員会会議録第12号（1998年6月5日））。
[59] 防衛省移行と併せて，国際平和協力活動等の本来任務化ともに，これらの活動の実施における安全保障会議の役割を明確化・強化することを通じて，シビリアン・コントロールを徹底するため，同会議の諮問事項に国際平和協力活動及び周辺事態への対処に関する重要事項が加えられることとなった（田村編著・前掲書79頁）。
[60] 安全保障会議の議員は，総理大臣（議長），総務大臣，外務大臣，財務大臣，経済産業大臣，国土交通大臣，内閣官房長官，国家公安委員会委員長，防衛庁長官，内閣法第9条の規定によりあらかじめ指定された国務大臣により構成される。
[61] 田村・高橋・島田・前掲書50頁。

表序-1 安全保障会議の開催回数 (1986年8月設置, 2003年改組)

暦年	87	88	89	90	91	92	93	94	95	96	97	98	99	00
内閣	竹下		海部		宮澤		細川	村山		橋本		小渕		森
安全保障会議	5	2	3	12	9	7	3	6	14	3	6	3	7	8
同議員懇談会	5	3	1	2	3	1	1	2	1	1	2	2	1	1

暦年	01	02	03	04	05	06	07
内閣		小泉				安倍	福田
安全保障会議	8	5	10	12	10	14	7
同議員懇談会	0	0	0	0	0	0	0

(資料) 朝雲新聞社編集局編『平成20年版防衛ハンドブック』朝雲新聞社, 2008年, 182頁。

める) が設置され, 内閣官房副長官, 同副長官補, 防衛庁防衛局長 (現防衛省防衛政策局長), 統合幕僚長とともに, 関係省庁の局長クラスの官僚が委員として, 平時からの分析・検討を行い, 安全保障会議を補佐する仕組みが構築されるようになっている。

　安全保障会議が設置された1986年から2006年までの各年の開催回数を比較したのが**表序-1**である。安全保障会議の開催数が年間10回を越えたのは, 1990〜91年, 1995年, 2003年〜2006年であり, それぞれ湾岸危機・湾岸戦争, 防衛大綱の決定, イラク人道復興支援, 新防衛大綱の決定, 在日米軍再編といった国防政策上の重要事項や緊急事態への対応が課題となった年であり, 安全保障会議が内閣の重要な意思形成において, 一定の関与をしたことを示唆している。

　もっとも, 安全保障会議は, 米国の国家安全保障会議 (NSC) をモデルにしたものであり, 米国のNSCが, ①国家戦略の作成, ②大統領を専門的知識によって補助し, 諮問的役割を果たす, ③扱いが難しい国防総省, 中央情報局, 財務省間の関係を調整するという三つの基本的役割を持っているのに対し, 日本の安全保障会議は, 防衛庁内局や内閣官房の作成した原案の審議機関にすぎないとも指摘されてきた[62]。一方, 首相及び首相官邸の安全保障・危機管理体制を強化するために, 2001年より安全保障・危機管理担当の内閣官房副長官補が任命され, 各省庁からの出向による内閣審議官, 内閣参事官等を含

---

[62] カート・キャンベル, マイケル・グリーン「私の視点・日本版NSC まずは国家安全保障戦略を」『朝日新聞』2006年11月6日。

む計97名からなるスタッフ組織が整備され，安全保障会議の事務局の機能や，法制度の検討，危機管理への対処などの役割を担うようになっている[63]。

こうした官邸の補佐機能の最近における強化によって，内閣総理大臣の自衛隊に対するシビリアン・コントロールも，官僚制への委任に基づく限定的なものから，首相による直接的な統制を可能とするような制度的な基盤の確立が目指されることになったといえる。

これに対して，防衛庁長官によるシビリアン・コントロールは，これまで，内局による補佐に基づいて行使されてきた。長官の補佐体制は，法制上，内局がいわゆる軍政部門に関して，政策的観点から政策の立案，法令の整備などを行って長官を補佐し，各幕僚長（現行法では統合幕僚長）が，いわゆる軍令部門に関して，軍事専門的観点から部隊に関する計画の立案，執行などの自衛隊の運用に関して長官を補佐することで，所掌を分担させている。

しかし，実際には，長官の命を受け，防衛庁の所掌事務に関する基本的方針の策定について長官を補佐する防衛参事官が置かれ（防衛庁設置法第9条2項，現防衛省設置法第7条2項），内局による補佐が制服組に対して優位する根拠となってきた。内局による文官統制の制度的根拠となってきたのは，この防衛庁の独特の制度である防衛参事官制度と，防衛庁設置法に規定された長官補佐権（文官統制補佐権とも呼ばれる），保安庁時代の1952年に定められ，防衛庁設置後も準用されてきた保安庁の長官官房及び各局と幕僚監部との事務調整に関する訓令（保安庁訓令第9号）である[64]。防衛参事官制度は，もともとは米国の国防次官補をモデルに，長官の政策ブレーントラストとして，局の垣根にとらわれず長官を補佐することを狙いとしていた。しかし，実際には，これまでスタッフ職である防衛参事官が，ライン職である内局の官房長及び各局の局長を兼務する運用が行われてきた[65]。

---

63) 第9回安全保障と防衛力に関する懇談会資料「政府の意思決定と関係機関の連携について」2004年9月6日，3頁。もっとも，この100名近いスタッフ組織の大半は，防衛庁や警察庁等の各省庁との併任であり，安全保障・危機管理の専任スタッフは名簿上で30名（信田智人『官邸外交―政治リーダーシップの行方』朝日新聞社，2005年，28頁），実質的な専従スタッフは約10人しかないとされる（『朝日新聞』2006年8月25日）。
64) 亀野邁夫「日本型シビリアン・コントロール制度」『レファレンス』第599号，2000年12月，70～75頁。

一方，内局の長官補佐権とは，防衛庁設置法によって，内局の官房長及び局長が，陸海空自衛隊に関する各般の方針及び基本的な実施計画の作成について長官が各幕僚長に対して行う指示，各自衛隊に関する事項に関して各幕僚長の作成した方針及び基本的な実施計画について長官の行う承認，統合幕僚会議の所掌する事項について長官の行う指示又は承認，各自衛隊に関し長官の行う一般的監督の各事項において，長官を補佐することを定めた規定を根拠とするものである（旧設置法第 20 条，改正設置法第 16 条，現防衛省設置法第 12 条[66]）。防衛参事官の内局局長ポストとの兼任は，内局がスタッフとラインの両面において，長官を補佐する権限と機能を持つこととなり，制服組に対する実質的な統制権を付与することとなってきた。

また，保安庁訓令第 9 号は，防衛庁の業務に関する方針や基本的実施計画案の作成について長官が幕僚長に指示する事項を内局が立案し，さらに，各幕僚監部が長官に提出する方針等の案を内局が審議する旨を定めるものであった。この訓令に基づき，国会，中央官公諸機関との連絡交渉を行うのは内局の専管事項とされ，幕僚監部の職員が国会等との連絡交渉を行うのは，長官の承認を得た場合または技術的事項に関する場合を除きできないこととされた[67]。防衛庁設置法上の長官補佐権や防衛参事官の制度は，本来は，長官を補佐するのみであって，制服組に対する指示・統制権は与えていない。しかし，この保安庁訓令が自衛隊設置後も，そのまま残されたため，内局が単

---

65) 防衛庁設置法第 11 条 3 項は「官房長及び局長は，防衛参事官をもつて充てる」と規定しており，これまで，防衛参事官（10 名）の内訳は，官房長，局長 4 名，無任所 5 名で，約半数がライン職を兼務していた。2006 年度からは，防衛参事官の定員が 2 名削減され，現在の防衛参事官 8 名の内，官房長，局長との兼務の割合はさらに高まることとなっている。

66) 第 162 回国会（2005 年）の防衛庁設置法等の一部改正により，旧防衛庁設置法第 16 条は，「官房長及び局長は，その所掌事務に関し，次の事項について長官を補佐するものとする。①陸上自衛隊，海上自衛隊，航空自衛隊又は統合幕僚監部に関する各般の方針及び基本的な実施計画の作成について長官の行う統合幕僚長，陸上幕僚長，海上幕僚長又は航空幕僚長（以下「幕僚長」という。）に対する指示，②陸上自衛隊，海上自衛隊，航空自衛隊又は統合幕僚監部に関する事項に関して幕僚長の作成した方針及び基本的な実施計画について長官の行う承認，③陸上自衛隊，海上自衛隊，航空自衛隊又は統合幕僚監部に関し長官の行う一般的監督」に改正された。

67) 亀野・前掲論文 67〜68，74〜75 頁。

に長官を補佐することにとどまらず，制度上も，制服組に対する統制権を持つこととなってきたのである[68]。内局は，こうした軍政のみならず軍令全般にわたる広範な長官補佐権を根拠に各幕案の事実上の採否・修正権を制度上有し[69]，防衛庁長官の自衛隊に対するシビリアン・コントロールは，実質的に内局の補佐の上に成り立ってきたとされる。そのため，事務次官を議長とする参事官会議（現在は防衛参事官・幕僚長等会議）が，制度的に公式なものではないにもかかわらず，内局官僚が主導する防衛庁の事実上の意思決定機関として位置づけられてきたのである[70]。

　しかし，内局の長官に対する補佐権限を通じた制服組への統制は，内局の企画立案能力の不足や，制服組との組織的利害の一体化などによって，必ずしも有効に作用してこなかったとの指摘があることは，前節において見たとおりである。こうした内局の制服組の優位は，橋本首相の指示による保安庁訓令第9号の廃止（1997年6月30日）により，制度上も，見直しされることとなった。防衛庁の実質的な意思決定機関であった参事官会議も，2001年に制服組をそれまでのオブザーバーから，その他事務次官が指定するものとしてメンバーに加えた防衛参事官等会議に改変された。さらに，大野功統防衛庁長官就任後は，2005年より防衛参事官・幕僚長等会議に名称が変更され，防衛参事官と幕僚長等による庁内の連絡調整の場としての会議に役割を変質させるようになっている[71]。また，防衛参事官等会議などの内局を中心とする会議体が，平時における政策形成・決定を所管するのに対し，周辺事態や武

---

68) 安部・前掲書235頁。
69) 西川吉光「戦後日本の文民統制（上）」『阪大法学』52巻1号，2002年5月，141頁。
70) 参事官会議における制服組の位置づけについて，中谷元衆議院議員は，衆議院安全保障委員会において，「昔は各陸海空の幕に人事部長だとか調査，防衛，装備，教訓の部長のポストがあったそうなのです。以前は内局の局長とほぼ同格の位置にあったそうなのです。しかし，年々，気がつけば全く相手にされない存在になってしまって，防衛庁の中に参事官会議というのがあるのですけれども，全くお呼びにあずからない。呼ばれるメンバーも陸海空の幕僚長がオブザーバーという形で呼ばれるというようなことで基本的にこういう内局の参事官になぜこういう自衛官がなれないのかという点も疑問に思っておりますけれども，こういった実態が今生じてきている」として，制服組に対する内局の優位を指摘している（第110回国会衆議院安全保障委員会議録第1号（1996年12月5日））。

力攻撃事態等の緊急時における防衛庁長官の自衛隊の行動等に係る指揮監督を補佐するためには，内局と制服の双方による補佐が不可欠である。そのため，防衛庁は，石破茂長官在任時の2004年に長官が迅速かつ的確な判断を行うのに必要な助言をする機関として，事務次官，防衛局長，運用局長等の内局幹部と各幕僚長，統合幕僚会議議長（現在は統合幕僚長）をメンバーとする防衛会議を設置するようになっている[72]。

3）国会による行政統制

次に，国会による内閣に対する行政統制を通してのシビリアン・コントロールを見てみたい[73]。国会において，政府を統制する主体は政党である。しかし，議院内閣制においては，国会における行政統制の役割は野党が担うことが一般的であり，特に，与党の事前審査制をシステム化している日本においては，その傾向が顕著である。与党の政府に対する統制機能は，この事前審査における部会等での政府案の事前審査や，関係省庁との調整などの過程において行使されるのが一般的である。その結果，国会における与党の役割は，政府を支える存在として，法案や予算の成立を促進することに重点が置かれ

---

71) 改組された防衛参事官・幕僚長等会議のメンバーは，事務次官，防衛参事官，衛生監，技術監，報道官，統合幕僚長，陸上幕僚長，海上幕僚長，航空幕僚長，防衛施設庁長官，その他事務次官が指定する者となり，制服組が内局と対等なメンバーとして位置づけられるようになっている（メンバー構成については，防衛省大臣官房広報課による）。

72) 大野防衛庁長官のイニシアティブで行われた防衛参事官制度の見直しに伴い，防衛庁の意思決定のプロセスについても，全庁的な重要事項について開催する庁議，自衛隊の行動等について重要事項に関して開催する防衛会議，連絡調整の場として全庁的な重要な事項について議論を行う（防衛）参事官・幕僚長等会議という仕分けを行うこととなった（「大野長官会見概要」2005年8月5日）。こうした内局と制服組幹部の合同による省内の常設の会議としては，その他に国際平和協力活動・関係幹部会議が2007年に設置されている。

73) ジラルドは，防衛分野における立法府の関与が，政策の決定についてのアカウンタビリティと質，透明性，そして正統性を強化するとした上で，立法府による軍の統制には，予算・立法の提案・議決に加えて，行政府の監視，軍幹部の任用人事，国内外における軍隊の展開の承認などを挙げ，特に議会の防衛委員会が軍の統制において中心的な役割を果たすことを論じている（Jeanne Kinney Girald, "Legislature and National Defence: Global Comparisons," in Thomas C. Bruneau and Scott D. Tollefson, eds., *Who Guards the Guardians and How : Democratic Civil-Military Relations*, Austin, Tex.: University of Texas Press, 2006, pp. 34-53.）。

る[74]。

　これに対して，野党は，法制度に根拠を持つ国会の統制権限に基づき，政府に対する統制と監視の役割を果たす。シビリアン・コントロールの手段としては，①立法権，財政監督権，外交監督権による行政コントロールと，②議院の決議，国会の承認・同意・議決及び国会報告，議員の質問・質疑，国政調査権などによる行政運営に関するコントロールがあり，最終的には，③内閣不信任決議や問責決議によって，内閣の責任を問うことができる[75]。また，本会議や委員会の議事運営を決める理事会が全会一致による決定ルールを慣行としていることから，野党は，議院運営委員会理事会や委員会の理事会で法案を審議するための審議時間（可処分時間）をコントロールし，政府・与党側から法案成立の交換条件としての譲歩を引き出す戦術を用いることも可能である。野党は，①から③の法的な権限に基づく手段と，インフォーマルな慣習や先例に基づく対抗手段を複合的かつ段階的に組み合わせることで，政府与党提出の法案や承認案件を一時的に棚上げしたり，修正を施したり，また，調査や質疑を通じて，政府側の答弁を引き出したりすることで，内閣の軍事に対する統制に，影響力を及ぼすことを可能としてきたのである。

　こうした国会（特に野党によって行使される）の持つ行政統制機能は，軍事に対するシビリアン・コントロールの観点から，次のような点で重要である。まず，法治国家である現代国家においては，法律による行政の原理が貫徹されなければならないが，実際には，行政側には，できるだけ執行段階での裁量を確保しておこうという動機が働く。それは，軍事的合理性が要求される安全保障政策においては，より大きな誘因を持つものである。しかし，こうした自由裁量が拡大すれば，法律による行政の原理は空洞化し，国会による統制の及ばない範囲での軍事の逸脱や濫用を招きかねない。本人である国会側の期待に反して，代理人である官僚機構（この場合は，特に防衛庁・自衛隊）は，国会側の監視が十分でない場合，組織独自の利益や目的のために勝手に行動

---

74) 与党が法案成立を促進する手段としては，多数党であることを利用して，委員長の職権や理事会の協議を通じて，法案の審議順序，委員会の議事日程，野党との修正協議などを主導することに重点が置かれる。
75) 上田章編『国会と行政』信山社，1998年，109～110頁。

し，両者の間に，「エージェンシー・スラック」が発生しやすい。こうしたエージェンシー・スラックを小さくするためには，法律において，命令以下の法規範に委任する程度を減らし，国会自らがより詳細な法制度の設計を行うことで，行政による実際の実施とのギャップを抑えることが必要となる。しかし，そうしたより詳細な法制度の設計のためには，政策立案のための十分な能力が要求され，スタッフの不足や，情報収集面での制約，政治的調整の困難さなどから，多大の立法コストが求められる。安全保障政策において，こうした立法コストを国会（特に野党）が負担することは現実的ではない。それらは，政府によって担われてきたといえる。

こうした立法コストと比較して，より少ないコストでエージェンシー・スラックを縮小させるには，国会による監視を強化することで，執行過程におけるギャップの発生を抑えることが考えられる。国会は，法案審査を通じて政府を監視し，法案の定義や不明確な箇所を，国会質疑を通じて解明し，明確化していく役割を持つ。こうした質疑による法律解釈の明確化によって，国会側の意思を施行段階で官僚に義務づけることが可能となる。そのもっとも明確なものが法案修正であり，ついで附帯決議，政府側からの答弁の順でより強い強制力を持つ。

もっとも，国会側の監視の範囲は，立法段階や，執行段階における国会承認に限定され，監視自体に多大なコスト（監視コスト）を伴うため，行政の行動にたえず目を光らせ，国会側の意向にそぐわない行動をしないかどうかを見張ることは難しい。そうした限界を補正するためには，行政監視を専門とする小委員会などを委員会に設置する必要があるが，日本の場合，そうした議会内制度化は遅れている[76]。日本の委員会制度においては，衆議院に安全保障委員会（1991年より），参議院に外交防衛委員会（1997年より）の各常任委員会が1990年代に設置され，冷戦後の安全保障関係の重要法案に関しては，特別委員会が設置される場合が多い。これらの委員会は，法律案の審査・議決，承認案件の審査・承認の他に委員会の所管事項に関する国政調査権を行使しうるが，実際には，法案や承認案件の審査に重点が置かれ，国政調査では十分な活動をしていないというのが実態であった。つまり，国会における行政統制を通じてのシビリアン・コントロールは，その制度的な仕組みが担保さ

表序-2　政策レベル（平時）別の安全保障政策に関与する各主体の権限配分

政策の レベル	防衛庁 （現防衛省）	内閣官房	外務省	財務省	内閣	国会
法律案	原案作成・閣議請議	原案作成・閣議請議	原案作成・閣議請議		閣議決定	議決
基本計画 実施計画	原案作成	原案作成			閣議決定	承認
予算	予算要求	予算要求		予算編成	閣議決定	議決
条約			条約締結		閣議決定	承認
行政協定			行政協定締結		閣議決定	
政令	原案作成・閣議請議	原案作成・閣議請議	原案作成・閣議請議		閣議決定	
防衛計画	原案作成				閣議決定	
府省令	原案作成・庁（省）議決定	原案作成・府議決定	原案作成・省議決定			
訓令	長官（大臣）命令					

れているにもかかわらず，その運用面では常に有効に作用してきたわけではないといえる。

---

76) 行政府によるエージェンシー・スラックに対して，国会が監視活動のコストを下げるためには，マカビンとシュオルツが指摘するように，国会が常に行政府の活動を事細かに監視する「パトロール型」の監視方法ではなく，行政府の逸脱行動に関する情報が提供された場合に出動するという「火災報知器型」の監視方法を採用することが考えられる（Mathew D. McCubbins and Thomas Schwartz, "Congressional Oversight Overlooked: Police Patrols versus Fire Alarms", *American Journal of Political Science*, Vol. 28, No. 1, February 1984, pp. 165-179.）。例えば，自衛隊の海外派遣の場合，その運用における憲法及び法律との適合性や，派遣に対する現地でのニーズなどに関して，実際に現地で活動をしているNGOや関連団体からの情報の提供を受けることによって，執行段階での問題点を知ることは可能である。こうした関連団体は，行政府の行動に対して，火災報知器のボタンを押す役割を果たし，国会は，監視のためのコストを下げることができる。また，野党は，国会の予算委員会や安全保障委員会を通じて，政府の逸脱した実施に対する責任を追及することで実質的な制裁を課すことも可能である。こうしたコストを下げることのできる監視方法の採用と，実質的な制裁機能を組み合わせることで，国会が，行政府に対して，安全保障政策の法領域においても，有効な統制を行使することが可能となるはずである。

2．立法過程におけるシビリアン・コントロールの実態分析の意義

以上，本節では，自衛隊の指揮監督権を有する首相と防衛庁長官によるシビリアン・コントロールと，そうした内閣の軍事に対する統制を国会が行政統制を通して行使するシビリアン・コントロールについての制度的枠組みとその運用の実態を概観した。これらの自衛隊に対する内閣や国会による統制は，有事においては，「既存のルール」のもとでの意思決定によって行使される。これに対して，有事と異なる平時においては，そうした内閣や国会による統制は，法律案，予算，条約・行政協定，防衛計画といった異なる政策レベルにおける「新たなルールの設定や変更」を通じて行使されることになるものである。

表序-2は，平時におけるそうした政策レベルごとのルールの決定に関与する主体間の権限配分を示したものである。ここでは，決定に関与する主体は，首相や防衛庁長官のような自衛隊に対する直接の指揮監督権者に限らず，行政府の各省庁や立法府の各政党といった広範なアクターが参加者として関与し，影響力を行使することになる。

こうした平時における軍の行動規範を規律するルールの中で，もっとも重要なものが，「法律」であることは，法治主義を採用する日本においては，当然のことであろう。特に，日本では，防衛庁設置法が「自衛隊の任務，自衛隊の部隊及び機関の組織及び編成，自衛隊に関する指揮監督，自衛隊の行動及び権限等については，自衛隊法の定めるところによる」（防衛庁設置法第7条，現防衛省設置法第5条）と規定し，自衛隊の編成を始め，その権限や活動範囲を法律事項としている[77]。丸茂雄一は，自衛隊の法的性格は，国内法上，行政機関であることから，国民の権利義務に関する行政機関の権限の行使は法律の根拠に基づくという近代行政法の原則（いわゆる侵害留保論）にならい，自衛隊の行動方式は限定列挙方式で定められており，自衛隊は法律に明記されていない活動は行なうことができないとする[78]。英米法体系の諸国の軍事法制が，

---

77) 諸外国では，軍隊の編成は法律事項とされておらず，予算を通じて議会の統制を受けるのに対して，自衛隊の主要編成を法律事項とする日本の形式は，文民統制を一歩進めているとの指摘もある（安田寛『防衛法概論』オリエント書房，1979年，90頁）。

78) 丸茂雄一『公益的安全保障―国民と自衛隊』大学図書，2006年，2～3頁。

法によって規制されていない事項に関しては，活動が可能なネガティブリスト方式であるのに対して，丸茂が指摘するように，日本の軍事法制は，法律に規定された事項についてのみ活動が可能なポジティブリスト方式が採用されている。つまり，自衛隊の権限や活動の範囲と限界は，法律以下の法体系の整備によって初めて可能となるものである[79]。

冷戦後，内外の戦略環境の変化によって急速に高まった自衛隊に対するニーズに対応するためには，既存の安全保障法制の規定を変更することが不可欠となった。テロ対策やイラクの人道復興支援のための特措法の制定は，法律の制定自体が自衛隊の派遣という政策を決定する意味を持ち，また，周辺事態法や有事法制のような恒久法の制定も，政策の方向性を決める内容を持つものである。そうしたことから，これらの立法を通じて，自衛隊にどのような権限を与え，活動を認めるかという政策決定自体が，この立法過程に参加する主体（組織またはアクター）による，自衛隊の行動を事前に統制するという，シビリアン・コントロールの作用を持つものであった[80]。つまり，立法のための政策決定は，日本の法システムにおいては，自衛隊に対するシビリアン・コントロールの重要な手段の一つと位置づけることができるのである[81]。当然のことながら，立法が安全保障政策を実質的に決定する以上，その実施組織である自衛隊は，立法段階から，その内容の形成に関与しようと影響力を行使しようとする誘因が働く。こうした立法をめぐる政策決定過程における文民である統制主体とその客体である制服組との影響力関係を分析す

---

79) こうした自衛隊の行動に対する法的制約に関して，吉原は，治安維持を任務とする警察予備隊の設立時に，警察法をベースとした法制が採用され，後の自衛隊への改組によって国家防衛が主任務になったにもかかわらず，軍事法制への転換がなされずに警察法の延長上で，法制，解釈，運用が継続されてきた点に原因があることを指摘している（吉原恒雄「有事法制と国際武力紛争法―グローバル・スタンダード導入の必要性」『海外事情』2002 年 6 月号，67〜68 頁）。
80) さらに，法律の決定ではないが，国会の論争や決議が自衛隊の活動範囲や防衛力の限界などを定めたことによって，事前的なコントロールを行なったとする解釈を提示するものとして，次の文献を参照せよ。Peter F. Cowhey, "The Politics of Foreign Policy in Japan and the United States," in Peter F. Cowhey and Mathew D. McCubbins, eds., *Structure and Policy in Japan and the United States*, Cambridge：Cambridge University Press, 1995, p216. 邦語文献としては，彦谷・前掲論文 31 頁。

ることは，シビリアン・コントロールの実態により近づくことを可能としよう。

そうした観点から，本書では，平時の政策レベルにおいてもっとも重要な意味をもつ法律の内，冷戦後日本の重要な安全保障立法を対象に，その立法過程（それは立法を通じての政策決定を意味する）に焦点を当て，そこにおける各主体によるシビリアン・コントロールとその客体である制服組織の影響力を分析することで，冷戦後の日本のシビリアン・コントロールの現状と変化について，その実態と問題点を明らかにすることが可能になると考えられる。

第3節　本書の分析枠組みと検証の方法

前節で指摘した立法過程における政策決定に参加する各主体によって行使されるシビリアン・コントロールの作用を分析する意義を踏まえ，本研究では，以下の枠組みのもとで，事例研究に基づく分析を実施することとする。

本研究の分析の中心は，冷戦後の日本の安全保障政策の立法過程において，どの統制主体（組織またはアクター）が政策形成・決定にイニシアティブを発揮し，または影響力を行使したのか，そして，そうした統制主体に対する客体である制服組とのどのような関係が，シビリアン・コントロールの内容を規定したかを解明することにある。そのため，本書では，冷戦後の安全保障政策の決定において重要な役割を果たした立法の事例研究を実施することとした。なお，事例研究の分析対象を本書では冷戦後に限定することとした。冷戦が終焉することとなったのは，1989年12月にマルタ島で開催された米ソ両首脳による冷戦終結宣言であるとするのが一般的である。この冷戦の終結に伴い，米ソの超大国間の核戦争を含む大規模な武力紛争の可能性は消滅することとなった。しかし，冷戦の終焉は，地域内での紛争やテロ，核・ミサ

---

81) シビリアン・コントロールは，比較法的に見ても，本来，立法過程よりも，むしろ予算や防衛計画の策定，組織や定員，兵器の配備，そして，軍の派遣や作戦計画などの実施段階におけるシビリアンと制服組の対立に焦点が当てられることが多い。特措法形式による自衛隊の海外派遣法制が恒久法化した際には，シビリアン・コントロールの手段は，立法行為よりもその実施過程に移行することになると考えられる。

イルなどの拡散による新たな脅威を惹起することとなり，日本に対しても，軍事面での国際貢献や，国内における緊急事態法制の整備を否応なく要求することとなった。その結果，自衛隊を活用するための既存政策の大幅な変更が，日本政府にとっての喫緊の政策課題となったのである。こうした冷戦後の日本の安全保障政策の転換点は，1990年8月のイラクのクウェート侵攻を原因とする湾岸危機であった。

そこで，本書が対象とする冷戦後の時期区分は，1990年の湾岸危機以降とすることとした。湾岸危機以降，日本が国際社会から求められた自衛隊の活用のための初めての立法は，自民党の小沢幹事長が主導して政府提案された国連平和協力法案であった。同法案は，戦時における多国籍軍への自衛隊（併任）の物資協力や平和協力業務を可能とすることを目的とし，既存法制を大幅に変更する内容を持つものであった。同法案は野党の強い抵抗にあい，1990年に廃案に終わることとなった[82]。代わって，自公民の三党合意にもとづいて提案されたPKO協力法は，平和維持軍（PKF）への参加を凍結する法案修正を行うことで，1992年に成立することとなった。同法の成立は，戦後，初めて自衛隊を組織として海外に本格的に派遣する道を開くものとなり，冷戦後の日本の安全保障政策を転換させる転機となった。しかし，同法は，国連PKOの枠組みのもとで，紛争終了後に自衛隊が国際平和協力業務に携わるもので，戦時ないしはそれに準じる事態において自衛隊が米軍や多国籍軍の後方支援活動を実施することを中心とする，後の周辺事態法以降の自衛隊の海外派遣法制とは法的位置づけが異なるものであった[83]。

周辺事態法以降の法律は，戦時（または準有事）において，自衛隊を海外に派遣し，実際に運用することを目的として法制化されたものであり，冷戦時においては，自衛隊の運用に消極的な政党や国内世論などによって，成立する可能性のないものであった。また，2003年に制定された武力攻撃事態対処法

---

[82] 佐々木芳隆『海を渡る自衛隊―PKO立法と政治権力』岩波書店，1992年，48～57頁。
[83] また，PKO協力法の立法過程においては，自衛隊とは別組織にすることに対して，制服組からの反発があったものの，自衛隊に対する社会党などの反対もあり，制服組が表立って立法過程に関与するということは見られなかった。そうした点から，本書ではPKO協力法についてはシビリアン・コントロールの分析の直接の対象とはしなかった。

表序-3 日本の立法過程におけるシビリアン・コントロールの枠組み

段階	機関	主体	客体	統制の根拠
法案作成過程	官僚機構	防衛庁内局	**自衛隊(制服組)**	法令作成権 長官補佐権(設置法16条) 保安庁訓令9号(1997年に廃止)
		(Ⅰ)内閣官房 (Ⅱ)外務省 (Ⅲ)内閣法制局	全省庁・**自衛隊** 防衛庁・**自衛隊** 防衛庁・**自衛隊**	総合調整・企画立案権 外交統制(条約・行政協定の締結) 憲法統制(法令審査権)
	内閣	(Ⅰ)首相	閣僚,官僚制,**自衛隊**	行政各部指揮監督権 閣僚の任免権
		(Ⅱ)防衛庁長官	防衛庁内局・**自衛隊**	指揮監督権,人事権
		(Ⅲ)関係閣僚	防衛庁・**自衛隊**	閣議・安全保障会議のメンバーとしての同意権
	与党	与党	内閣・省庁・**自衛隊**	法案事前審査制
国会審議・決定過程	国会	国会(与野党) 野党	行政府(**自衛隊**を含む) 政府(**自衛隊**を含む)・与党	立法権(法案・予算・条約議決権) 行政統制権(国会承認・国政調査) 質疑・質問権,全会一致ルールの慣行

は,1970年代から研究が開始されたものの冷戦下では日の目を見なかった有事法制を同時多発テロなどの事件を契機に改めて再構成したものであった。そこで,本書では,冷戦後において日本の安全保障政策の根幹を転換させることとなった,周辺事態法,テロ対策特措法,有事関連法,イラク特措法の4件の立法過程の事例を分析の対象とすることとした。これらの法律は,北朝鮮による核・ミサイルなどの脅威や大規模テロ,大量破壊兵器の拡散といった冷戦終結後の新たな国際環境の変化に直面した日本が,立法を通じて自衛隊に新たな役割を付与することとなったものである。そこでは,自衛隊の活用を求める統制主体に対して,客体である制服組によってその組織的な利害を反映させるための働きかけや影響力の行使が行われ,抑制的な観点からの日本のシビリアン・コントロールを大きく変容させることとなったと考えられる。

次に,本書では,以下の方法で各事例についての分析を進めることとした。まず,本分析における立法過程におけるシビリアン・コントロールの主体(組織またはアクター)としては,官僚機構,内閣,与党,国会の四つに区分し,さ

らに，それらを防衛庁内局と外務省，内閣官房，内閣法制局などの非軍事部門官庁，首相，防衛庁長官，関係閣僚，自民党，連立与党各党，野党各党などの細分化された主体に区分することとする（**表序-3**参照）。

　これらの主体に対する客体は，自衛隊がその対象の中心となる（**表序-3**の太字部分）。もっとも，統制の客体は，制服組から防衛庁内局，さらには，内閣を責任者とする行政府に対象が拡大していくという「攻守交代システム」によって捉えることが実態に即しているともいえる[84]。本分析では，こうした広義の意味でのシビリアン・コントロールの概念を排除しないものの，制服組（軍人）に対する政治家や文官による統制を対象とする狭義のシビリアン・コントロールの捉え方を中心としつつ分析を行なうこととする。

　表序-3は，こうした著者の定義設定に基づき，安全保障政策の立法過程において，シビリアン・コントロールの各主体とそれに対応する客体を示したものである。表に示したとおり，これらの各主体が対応する客体に対して，

---

84) シビリアン・コントロールを実施する主体と統制を受ける客体との関係については，「攻守交代システム」の概念で説明すると理解しやすい。攻守交代システムとは，日本の予算査定における特徴を説明する概念で，各省庁の予算要求者に対して，査定を担当する主計官が，要求者に代わってより上位の主計局次長に対する説明者となり，さらに，より上位の者に対して，今度は，主計局次長が説明者になるというように，守備側が攻撃側に交代しながら，より上位の段階に進んでいくというシステムである。そこでは，説明を受けた側が攻守を変えることによって，説明する側に転じることを通じて，所管省庁以外のものがその要求の内容について習熟していくというメリットがあるとされている（村松岐夫『行政学教科書（第2版）』有斐閣，2001年，127頁）。こうしたシステムは，日本の立法過程についても，適用することが可能である。すなわち，防衛庁内局による制服組に対するシビリアン・コントロールは，前者が主体であり，後者が客体であることを意味するが，こうした防衛庁内局を防衛庁長官や内閣官房，内閣法制局などの防衛庁以外の非軍事部門官庁が主体として統制するときには，内局が今度は，制服組に代わって，政策を説明する側（すなわち客体）になる。防衛庁長官や非軍事部門官庁を首相や内閣（閣議）が主体として統制する際には，同じく防衛庁長官や非軍事部門官庁の長が説明側として，客体になるのである。このような攻守交代システムは，与党の事前審査や国会における法案の審議・決定過程においても繰り返され，与党が主体となる統制においては，政府の責任者が説明する側として客体となり，国会において法案を審議・決定する際には，法案の審査にかかわった与党も提案者の政府とともに説明する側（客体）になるのである。こうしたことから，立法過程におけるシビリアン・コントロールの最終的な統制主体は，野党を中心とする国会（そこには，当然与党も含まれる）ということになる。

統制を行使する権限の根拠は，法令等に基づくものとインフォーマルなものに分類することができる。法案の作成段階においては，行政機構を中心とすることから，法令等に基づく手続に沿って，主体による統制が加えられていく。防衛庁内局が主体となって制服組を統制する場合には，法令作成権や長官補佐権が，非軍事部門官庁が主体となって防衛庁・自衛隊を統制する場合には，外交，予算，憲法などを通じての各省庁の所管権限が統制の根拠となる。また，首相が主体の場合には，防衛庁・自衛隊を含む行政機構に対する指揮監督権によって，さらに，防衛庁長官が主体の場合には，所管の大臣として，内局・自衛隊双方に対する直接の指揮監督権によって統制が行われる。関係閣僚が主体の場合には，閣議や安全保障会議といった会議における同意権が対応する客体に対する統制の根拠を付与している。さらに，国会が主体の場合には，立法議決権，国政調査権，不信任議決権などの行政監督権が対応する客体に対する統制の権限を付与している。政党に関しては，法制上の根拠を持つ存在でないため，こうした国会の持つ統制権限を背景に，与党による法案の事前審査制や，野党による国会での質疑・質問，そして，国会における抵抗の手段として野党が行使する全会一致ルールなどが，公式・非公式の統制の手段を付与することになっている。

　本書では，こうした統制権限や手段に基づく各主体と客体との関係において，各法案の作成過程と国会審議・決定過程の各段階において，①どのような争点に関して，②どの組織またはアクターが主体（とそれに対応する客体）として決定に参加し，③どのような影響力を及ぼしたか[85]を検証することによって，日本の立法過程におけるシビリアン・コントロールの統制主体の所在，統制主体と客体の間の影響力関係，及びシビリアン・コントロールの内容についての実態を分析することとする。その上で，④シビリアン・コントロールの統制主体の間で，政策形成や決定における権力の所在や影響力をもつ組

---

85) 各事例の分析に際しては，各アクターの間の主張・要求と交渉の過程をフォローし，最終的な決定における各アクター間の相対的影響力を位置づけることとする。なお，筆者と同様に，彦谷も，シビリアン・コントロールが機能しているか否かは，ある特定の制度の存否のみによって判断できることではなく，プロセス（運用）の問題であり，その程度も「防衛政策形成過程における，文民と軍人の相対的影響力」として理解した方が，現実に即しているとの指摘を行っている（彦谷・前掲書304頁）。

織やアクターにどのような変動があったのか，⑤こうした統制主体の力関係の変化とともに，各統制主体の政策選好や，制服組との間の組織的利害の一致度（制服組の影響力の強弱）が，シビリアン・コントロールの統制内容にどのように作用したのかを分析することとした[86]。

　シビリアン・コントロールの各統制主体に対する制服組の影響力の分析については，統制主体であるシビリアンと客体である制服組の間の組織的利害の一致度を基準に，以下の類型にパターン化した。まず，第一のパターンは，シビリアンと制服組の間の組織的利害はあまり共有されず，両者の関係は統制─服従関係にあり，シビリアンの側の指示または判断によって制服組の行動が規律される「**シビリアン主導型**」である。このパターンでは，制服組の統制主体に対する影響力は小さく，本来あるべきシビリアン・コントロールのパターンに近い文民優位が確保されていることを示している。このシビリアン主導型については，さらに，制服組が，主体との統制─服従関係を抵抗なく受け入れる場合（**シビリアン主導容認型**）と，結果的に受け入れざるを得なかった場合（**シビリアン主導強制型**）に細分化することができる。一般的に，首相や防衛庁長官などシビリアンと制服組の関係が指揮命令系統に属するなど上下関係にある場合で，かつ，制服組がその統制を受容しやすい内容である場合，シビリアン主導容認型になる傾向があり，これに対して，内閣法制局や政党などシビリアンと制服組の関係が，組織内の指揮命令系統に属さず，組織外部からの統制を受け，内容的にもその統制が制服組にとって受容しにくいものである場合，シビリアン主導強制型になる場合が多い[87]。第二は，シビリアンと制服組が組織的利害を共有または同一化し，シビリアンが制服組

---

86) 筆者の問題関心と説明変数は異なるが，冷戦終結後の日本の安全保障政策の選択を国際システムの要因とは別に，政党間の対立・競争関係と政党内部の対立・競争関係に着目して国内要因から論じたものとして，樋渡由美「第6章政権運営」樋渡展洋・三浦まり編『流動期の日本政治─「失われた十年」の政治学的検証』東京大学出版会，2002年，115〜134頁を参照せよ。

87) こうしたシビリアン主導強制型の場合，問題となるのは，統制の客体である制服組にとってその主体となるアクターが複数存在することによる「行政責任のジレンマ」である。特に，ある主体による統制の内容が制服組にとって受容しがたいものである場合，他の主体との連合を形成して統制の骨抜きを図ったり，本人の複数性を理由に，意図的なサボタージュを行なったりという問題が発生しかねないからである。

と共通する利害を要求したり、代弁したりする「**同一化型**」である。主体となるシビリアンは、防衛庁の組織内だけにとどまらず、他省庁や政党・政治家などの組織外部である場合もある。このパターンでは、制服組の統制主体に対する影響力が相対的に大きく、シビリアン・コントロールにおける文民優位が必ずしも確保されない場合も生じうる。第三のパターンは、シビリアンが制服組の組織的利害に拘束され、制服組がシビリアンの意向に反して、その利害を実現する「**逆転現象型**」である。このパターンは、制服組の影響力がシビリアンの統制能力を超え、シビリアンと制服組の主客が逆転し、文民優位の喪失によってシビリアン・コントロールにとっての危機を招くことになりかねない。この4つのパターンにおいては、シビリアン主導容認型においてもっとも文民優位（シビリアン・シュープレマシー）が保たれており、以下、シビリアン主導強制型、同一化型の順で文民の優位性は低下し、逆転現象型では、制服組が優越している状態を示している。もっとも、以上のパターンは、典型的なものを例示したものであり、実際には、それらの類型間の中間であったり、混合したものであったりする場合もあると考えられる[88]。

なお、この分析に用いる組織的利害については、省庁官僚制や制服組が自分たちの所属する組織の利害関係に基づいて行動するという前提に基づいている[89]。両者は、ともにキャリア・システムを採用しており、組織の影響力の追及を通じて、組織の利益を最大化するように行動する。瀬端孝夫は、日本の防衛政策では、組織内の人々は標準作業手続き（SOP）に従って行動することが多く、これらプレーヤーは組織の利益や使命によって影響を受けることを指摘している[90]。一般的に官僚組織は組織に必要な能力と使命を追求する

---

88) 本論文の主体・客体関係については、ファイナーが、軍の政治への介入の段階として示した四つのモード、すなわち、①軍が文民当局に対して、説得工作を通じて影響力を及ぼすにとどまる場合、②軍が文民当局に対して、圧力の行使ないしゆすり（blackmail）を行う場合、③軍が内閣ないしは支配者を他のものに差し替える場合、④軍が文民体制を一掃し、軍部支配の確立に置き換える場合の概念を参考にした（Finer, *op. cit.*, pp. 127-148. 三宅正樹『政軍関係研究』芦書房、2001年、57〜58頁）。本論文の3つのパターンは、ファイナーの提示した①の影響力から②の圧力の間に該当するといえる。

89) Morton H. Halperin, *Bureaucratic Politics and Foreign Policy*, Washington, D.C.: The Brookings Institution, 1974, pp. 26-28.（モートン・H・ハルペリン（山岡清二訳）『アメリカ外交と官僚―政策形成をめぐる抗争』サイマル出版会、1978年、27〜29頁）。

ため，独自の影響力と自治，資金を求め，組織の自己の利益や役割に関係する政策や変化に注目する傾向がある[91]。このように政府を構成する官僚機構（制服組を含む）は，独自の利益を持ち，予算を始め権限を維持・拡大することを組織の利益や使命としていることから[92]，個々のプレーヤーの行為の背景には，こうした省庁や各自衛隊単位の組織的利害が反映されているとみなすことが可能であろう。

　一方，防衛庁長官らの閣僚は，組織の長であると同時に，キャリア・システムの官僚や制服組とは異なり，首相によって任命されたポストでもある。そのため，その行動は，組織の利害に拘束される場合がある反面，自らの政策選好や，首相や所属政党の利害関係が優先される場合もある。後者の場合には，組織の長と官僚機構との間に摩擦や抵抗が生じる場合もありうる。また，首相や政党幹部などの政治家は，行政府の長または政党の幹部として，特定の組織の利害関係よりも，自らの政策選好や全体的な調整の観点に基づいて行動をする傾向がある。これに対して，政党に所属する個々の政治家は，最終的な行動を党議に拘束されるものの，政策形成段階までの行動は，自らの利害関係や政策選好に基づいて自由に行動することが可能である。グレアム・アリソンが政府内政治モデルとして指摘したように，これらの政治家の行動は，組織的利害に拘束される官僚制や閣僚に対して，所属組織の利益以外にも，各人固有の信条体系（政策選好）や，彼らの地位や役割に基づく政治的損得などの思惑によってその立場が規定されていると考えることができよう[93]。本書では，こうした自らの組織の利害関係に基づいて行動する省庁官

---

90) 瀬端孝夫『防衛計画の大綱と日米ガイドライン―防衛政策決定過程の官僚政治的考察』木鐸社，1998年，16～18頁。
91) ハルペリンは，官僚組織（政府機関）の本質に関して，組織はそれ自体の重要性を高めると構成員が信ずるような政策と戦略を支持する，組織は組織の実体にとって必要だと考える能力の確保に最大の努力を払う，必要な能力と使命の遂行のために，自治権と資金を追及する，組織はその組織の実体の一部をなすと見られる機能が失われるような動きに対して強く抵抗する，組織はその実体の一部でもなく，実体を保持するのに必要でもないとみなされるような機能に対して，しばしば無関心である，組織は組織内で大きくなりすぎる機能を全面的に追い出す動きを示すことがあることを挙げている（Halperin, *op. cit.*, pp. 39-40.（ハルペリン・前掲書39～41頁））。
92) 草野厚『政策過程分析入門』東京大学出版会，1997年，86頁。

表序-4 シビリアン・コントロールの変容に関する仮説モデル

	間接的統制＝官僚制主導　⇔	直接的統制＝政治家主導
抑制的統制＝自衛隊の運用を抑制	統制主体×制服組（シビリアン主導型） ↕	統制主体×制服組（シビリアン主導型） ↓
能動的統制＝自衛隊の運用を促進	統制主体＝制服組（同一化型）	統制主体＝制服組（同一化型）

僚制と，政治的地位や役割，政策選好に基づいて行動する政治家が，制服組の組織的利害とどの程度一致した立場決定を行っているかを通して，各統制主体に対する制服組の影響力を分析することとする。

　その上で，本書では，冷戦後の日本の安全保障政策の立法過程におけるシビリアン・コントロールが抑制的統制（自衛隊の運用を抑制することを内容とする統制を指す）から能動的統制（自衛隊の運用を促進することを内容とする統制を指す）に重点が変化した要因を以下の仮説に基づいて検証することとする。まず第一に，制服組が統制主体である各シビリアンに対して，その組織的利害の共有や同一化によって影響力を増加させるようになったこと，第二に，官僚制への委任に基づく間接的統制から首相や防衛庁長官，国防族らの政治家による直接的統制が行使される状況が増加したこと，第三に，首相らの政治リーダーの政策選好が自衛隊をどう用いるかの政策判断に反映されるようになったこと，そして，第四に，連立与党や野党などによる抑制的統制には一定の限界があったことなどの要因によって，自衛隊の活用や運用に消極的な抑制的統制よりも，自衛隊を積極的に用いようとする能動的統制がより強く作用

---

93) アリソンは，各プレーヤーの立場を決定するのは何か，プレーヤーが特定の立場を取る際の認知と利益を決定するのは何かという問いにどう答えるかは，プレーヤーの占める地位によって影響されるとする。そして，プレーヤーが望んでいるアウトカムに影響する目標と利益には，国家安全保障上の利益，組織的利益，国内的利益，個人的利益が含まれるとする。さらに，プレーヤーは，利害関係に照らして問題に対する立場を決定し，そうしたプレーヤーに立場を取らしめるのは最終期限と事件であるとしている (Graham T. Allison, *Essence of Decision : Explaining the Cuban Missile Crisis*, Boston : Little, Brown, 1971, pp. 166-168. （グレアム・T・アリソン（宮里政玄訳）『決定の本質―キューバ・ミサイル危機の分析』中央公論社，1977 年，193～195 頁））。

するようになったとするものである．以上の仮説モデルを示したのが，**表序-4**である．

　本書における各章の事例研究では，こうした仮説モデルに基づいて，イシューをめぐるシビリアン―制服組の関係（組織的利害の一致度を基準とする）の4つのパターンを各法案の立法過程において検証し，各統制主体のシビリアン・コントロールがどのように作用したかを検証することとする．

　こうした検証を踏まえ，本書では，立法政策決定過程における政治家や官僚制組織と統制の客体である制服組との間の組織的利害の一致が，シビリアン・コントロールを抑制的統制から能動的統制へと変質させ，結果として，冷戦後の新規立法や法改正において，行政府の自衛隊の運用に関する裁量権限の拡大と自衛隊自体の役割と権限の増大をもたらした問題点を指摘することとする．その上で，こうした軍事専門的見地からの軍事的合理性の優先に対して，シビリアン・コントロールの主体として行政府内における最終的な決定権限を持つ内閣に対して，行政権の行使に対するチェック機能を持つべき国会がどのような役割を担うべきかを結章において論じることとした[94]．

　なお，本書における各事例の検証の方法としては，各法案の立法過程に関する新聞記事，政党の公表文書，国会会議録等を一次資料として主に利用し，先行研究や雑誌記事などの二次資料や，関係省庁，政党，国会の立法スタッフ等に対して実施した補充的なインタビューを補足として用いることとした[95]．

---

[94] スミスは，議会による戦争の決定や，国防予算・人員等の表決，政策実施に対する監督権をシビリアン・コントロール成立の条件の一つとして挙げ，議会による民主的統制を重視している（Smith, *op. cit.*, pp. 14-15.（スミス・前掲書 43 頁））．これに対して，ハンチントンは，議会はシビリアン・コントロールを議会のコントロールに同一視しがちであるが，議会による統制は，文民と軍人の間というよりも行政府と立法部の間の権力の配分に関係しているとして，政治制度によるシビリアン・コントロールの限界を指摘している（Huntington, *The Soldier and the State*, p. 82.（ハンチントン『軍人と国家（上）』81～82 頁））．

[95] インタビューについては，1998 年から 2006 年にかけて，事例研究の対象となる各法案の成立後，1～3 年以内の時期において実施された．また，学者，シンクタンク研究者などからも，本研究の実施に当たり有益な示唆を得た．

第1章　安全保障政策の立法過程における シビリアンと制服組の関与

第1節　安全保障政策の法案の作成過程

　本章では，序章で述べた分析枠組みのもとで，安全保障政策の法案の作成過程と国会審議・決定過程の各段階において，シビリアンである各主体（組織またはアクター）がどのような制度や慣行のもとで立法をめぐる政策決定に参加し，行動しているのかについて説明する。そのうえで，制服組が法案の形成・決定過程において，各主体との間でどのような関与をするようになっているのかについて，制度と実態の面から総論的に概観することとする。

1．防衛庁内での法案作成過程

　日本の法案作成過程の大きな特徴は，内閣法第3条の分担管理原則によって，法案の作成に関する権限が，主任の大臣，すなわち，所管の各省庁に属し，首相や内閣よりも所管省庁が優位に立つ場合がある点にあった。安全保障政策においても，防衛庁は所管省庁として自衛隊法や防衛庁設置法などの法律の改正案や新規立法の発議権を専権的に行使してきた[1]。防衛庁内における法案の作成は，内部部局の専権事項として防衛官僚が担当する。法案作成の手順は，その他の省庁と同様に，立案の起案を担当するのは課単位の原局・原課であり，一般的な法令等の改廃の場合，「専ら内局がその制度及び改

---

1)　防衛庁は内閣府の外局であり，主任の大臣は内閣総理大臣である。しかし，実質的な法案の作成と閣議への提案はこれまでも防衛庁長官が担ってきた。2007年1月9日，防衛省設置法（防衛庁設置法等改正）が施行され，防衛庁は各省と並びの防衛省に移行し，国の防衛に関する主任の大臣は防衛大臣となり，法律の制定・改廃の閣議への請議も内閣総理大臣を通じて行う形式的な手続は不要となった。

廃の検討・実施を行っており，担当部員から，関係他部局への事務的調整が行われ，その後，内局において各局庶務課担当課（筆頭課）及び関係課の若手部員で構成される法令審査会議，庶務担当課長会議，参事官会議，庁議とあがっていく[2]」ボトムアップ方式がとられてきた（**表1-1**参照）。

防衛政策の法案作成過程において重要性を持つこうした庁内の諸会議の主たる調整役は内局が担当し，各部局間の具体的な調整の際には，内局が主として政策的・法律的立場から検討し，各幕僚監部は主として軍事専門的立場から内容について検討を行うという役割分担がなされてきた[3]。しかし，1990年代までは，制服組幹部は防衛庁の意思決定機関である参事官会議の正式メンバーではなく，局議以下の原局・原課段階での会議からも除外されてきた[4]。城山英明・細野助博は，省庁における新規の政策創発に基づく法案の作成過程を，官房・横割り政策局や，各局総務課からなる官房系統組織が政策のアイデアを主導して，原局・原課がそれに対応して立案作業を担当する官房主導型と，政策実施機関である現場を持つ原局・原課が政策のアイデアを主導し，官房系統組織の影響力は少ない現場主導型などに類型化を行っている[5]。防衛庁・自衛隊の組織をこの類型論に沿って比較した場合，内局は，他省庁の官房や横割り政策局の機能を持つ官房系統組織を中核とする組織であり，これに対して，自衛隊は実力部隊からなる現場型組織と考えられる。城山・細野らの防衛庁・自衛隊の政策形成過程に関する事例研究では，防衛政策に関する政策の創発に関して，内局の発意で行われるものと，各自衛隊の幕僚監部の発意で行われるもの（もしくは各自衛隊の現場部隊からの発意により幕僚監部経由で行われるもの）があるものの，実際には，自衛隊を跨ぐような基

---

2) 城山・細野・前掲書290頁。
3) 城山・細野・同290〜291頁。なお，防衛政策においても，重要な政策の立案に関しては，外部有識者による審議会が活用されており，1995年及び2004年の防衛大綱の策定に際しては，いずれも，内閣総理大臣の私的諮問機関が設置され，経済界，学界，官界を代表するメンバーによって提出された報告書がベースとなり，安全保障会議の審議を経て，新大綱が策定されている（防衛年鑑刊行会編集部『防衛年鑑（2005年版）』防衛メディアセンター，2005年，20〜21頁）。
4) 防衛庁の庁議や庶務担当課長会議には制服組幹部がメンバーとして参加していた。
5) 城山・細野・前掲書7〜9頁。田丸大「第4章官僚機構と政策形成」早川純貴・内海麻利・田丸大・大山礼子『政策過程論—「政策科学」への招待』学陽書房，2004年，137頁。

表 1-1　防衛庁における法案作成にかかわる主な会議

会議名	主宰者	開催頻度	メンバー（内局）	メンバー（制服組）
庁議	長官	随時	長官，副長官，政務官，次官，防衛参事官，施設機関等の長，技本長，契約本部長，施設庁長官	各幕僚長，統幕議長（現統合幕僚長）
防衛参事官等会議（2005年以降は防衛参事官・幕僚長等会議）	事務次官	週に一回	次官，防衛参事官その他事務次官が指定する者（施設庁長官）	その他事務次官が指定する者（統幕議長，各幕僚長）→現在は正式メンバーとして統合幕僚長と各幕僚長等が参加
庶務担当課長等会議	長官官房審議官	週に一回	官房審議官，官房文書課長，各局庶務担当課長	統幕室長，各幕総務課長
法令審査会議	文書課法令審査官	随時	文書課法令審査官，各局庶務担当課・関係課法令担当部員	
局議	各局長	随時	局長，官房審議官，各課室長	
企画官等会議	官房企画官	週に一回	官房企画官，秘書課，防衛政策課，運用企画課，人事第一課，会計課，管理課等	
先任部員会議	官房企画官	各局による	官房企画官，各課室先任部員	

（資料）城山英明・細野助博編著『続・中央省庁の政策形成過程—その持続と変容』中央大学出版部，2002年，288頁等に基づき作成。

本的な政策については，内局の発意であることが多いとしている。各幕僚監部を統合する統合幕僚会議事務局の権限・機能が弱いことから，幕僚監部は，各自衛隊ごとの組織として，全体の政策を統合する役割を持ちえず，これに対して，内局の局編成は，自衛隊の持つ各機能に対応する組織形態（部隊運用，人事，調達など）となっていることが，内局が政策を主導する要因であったという[6]。つまり，制度的な内局優位に加えて，こうした組織的な要因が，安全保障政策の法案作成に関しても，各幕僚監部などの政策実施の現場機関に対

---

6) 城山・細野・同289～291頁。

して，防衛局防衛政策課や，運用局運用企画課といった内局の官房系統組織（横割り政策局・課）が，政策のアイデアを主導する官房主導型をもたらしてきたと考えられる。

しかし，こうした内局が専管する防衛庁内での法案作成過程から除外されていた制服組幹部が，1990年代後半以降，防衛庁内外での政策形成の場に参加するようになり，内局と制服組の関係は大きく変化するようになった。制服組が安全保障政策の形成に実質的に関与するきっかけとなったのは，1970年代の日米防衛協力のための指針（旧ガイドライン）の策定であった。1990年代に見直された新ガイドラインの策定過程では，作戦計画面での軍事上の実務的な知識と経験を必要とすることから，旧ガイドラインと比較しても，幕僚監部の影響力がより増大することとなった[7]。法案作成のための各省庁との共同作業においても，1997年に保安庁訓令第9号が廃止され，制服組の関与が公式に認められることとなった。新ガイドラインを実効化するための周辺事態法案の作成のための関係省庁間の作業部会や，有事における事態対処法制を進めるための内閣官房の作業チームなどに制服組がメンバーとして参加し，その作成に実務的に関与するようになった[8]。

一方，内局が各幕に優位する組織的要因となってきた統合機能についても，1998年の防衛庁設置法改正により，国際協力や大規模災害などに関しての統合幕僚会議の統合機能が強化されることとなった。2001年には参事官会議が改組され，統合幕僚会議議長や各幕僚長がそれまでのオブザーバーからメンバーとして参加するようになり，防衛庁内での法案作成過程にも制服組がコミットする機会が増えた。有事法制を整備推進するための防衛庁の検討チームや，内閣官房が所管となったテロ対策特措法やイラク特措法の作成に

---

[7] 村田晃嗣「新ガイドラインの効用」『Voice』1997年9月号，178〜180頁，水島朝穂「普通の国へのセットアップ—新ガイドラインの内容と問題点」『法学セミナー』第518号，1998年2月，49頁，「新安保を問う周辺事態法案実務者インタビュー・山口昇陸幕防衛調整官」『朝日新聞』1998年6月24日。なお，マイク・モチヅキは，従来から，戦略面の政策形成での制服組の影響力が小さくなかったことを指摘し，ガイドラインの見直しの過程では，制服組の役割がインビジブルなものから，ビジブルなものに変わったということであろうとしている（マイク・モチヅキへのインタビューによる）。

[8] 西沢優・松尾高志・大内要三『軍の論理と有事法制』日本評論社，2003年，165頁。

おいても，防衛庁側の立場から法案作成に関与するなど[9]，防衛庁及び内閣官房の法案作成過程に制服組が参加することによって，自衛隊の組織的利害が反映される度合いがより大きくなることとなった。2002年には石破茂防衛庁長官による統幕と各幕僚長に対する指示に基づき，統合運用に関する検討成果報告書が制服組から提出され，自衛隊の運用に関する軍事専門的見地からの防衛庁長官の補佐の一元化，統合運用のための幕僚組織の設置等が盛り込まれた[10]。これを受けて，2005年の防衛庁設置法および自衛隊法改正を経て，2006年より統合幕僚監部の新設など統合運用体制への移行を実現することとなった。こうした制服組の政策決定過程への関与は，内局主導であった防衛庁の法案作成過程を現場である制服組の意見を反映させた現場主導型の要素がより強いものへと転換させることとなった。

防衛庁内の決定過程における制服組のプレゼンス強化への転換は，小泉内閣において防衛庁長官に任命された中谷元以降の石破茂，大野功統らの国防族出身の長官のイニシアティブによってもたらされたものでもあった。これらの長官にあっては，冷戦後，その役割を拡大した自衛隊の実際の運用を行う責任者として，内局とともに，制服組からの補佐を受ける強い必要性があった。こうした制服組と長官との組織的利害の一致は，防衛庁長官の統制スタイルを制服組寄りのものとしていくこととなったのである。

2．非軍事部門官庁による統制

一方，こうした分担管理原則に基づいて，安全保障政策の法案作成権限を防衛庁または外務省が所管していたのは，周辺事態法までである。テロ対策特措法や有事関連法，イラク特措法は，内閣官房が所管となり，防衛庁は自

---

9) 有事法制の作成過程では，内閣官房の法案作成チームへの参加に加えて，防衛庁にも対応する体制がつくられ，防衛局長を議長とする有事法制検討会議と，防衛局と各幕僚監部からの計26人（専任7人，兼任19人）で編成された作業部会が設置された。また，イラク特措法案の作成では，防衛局防衛政策課と，陸海空の各幕僚監部の防衛課が中心的に対応し，内閣官房をサポートすることとなった（信田智人『冷戦後の日本外交―安全保障政策の国内政治過程』ミネルヴァ書房，2006年，115頁）。

10) 防衛庁編『平成15年版日本の防衛―防衛白書』ぎょうせい，2003年，304～307ページ。

衛隊法改正のみを所管とした[11]。こうした法案所管権限の移行を可能としたのは，1999年の内閣法第12条の改正（第12条2項2号）によって，内閣官房が，各省庁の所管事項に関する政策に関しても自ら法案の企画立案ができるようになったことによるものである[12]。同時期に実施された内閣機能の強化では，2001年より，首相の直接選任による特別職として内閣官房副長官補を置くことが可能となり，安全保障・危機管理を担当する専任の副長官補が任命された。こうした内閣機能の強化が施行された時に，首相として就任したのが，小泉純一郎であった。小泉は首相就任後，官房長官の福田康夫を始め，事務の内閣官房副長官の古川貞二郎，政務の副長官の安倍晋三，官房副長官補の大森敬治（防衛庁出身）ら，前任の森喜朗首相時の内閣官房の主要メンバーをほぼ引き継ぐこととなった。古川らをリーダーとする内閣官房スタッフは，森内閣の時点から，既に有事法制に関する検討チームを立ち上げていた。しかし，政権の不人気が影響し，実質的な検討が進まないままであったときに転機となったのが，小泉の首相就任と2001年9月に発生した同時多発テロであった。同時多発テロ発生直後に，内閣官房の検討チームは，テロ対策特措法の法案作成のための特命的なチームとして再編成され，内閣官房の所

---

11) 防衛省への移行により，防衛省は，実施庁から国の防衛と安全保障の企画立案を担う政策官庁への脱皮を目指すこととなり，2007年に成立した米軍再編関連法案は，防衛省が主管となった（田村編著・前掲書152〜154頁）。

12) これに加えて，2002年5月30日には，内閣の総合調整機能を強化し，総合的な政策の迅速な形成を図ることのできるシステムを導入することを目的とする「政策調整システムの運用指針」が閣議決定された。同指針では，内閣官房及び内閣府は，総合的政策の機動的形成を図るため，①政府全体としての政策の方針を示し，戦略的かつ主導的に総合調整を行うこと，②関係府省からの申出を受けて，必要な総合調整を行うこと，③府省間相互の迅速かつ的確な政策調整を促すため，政策の方針の指示やハイレベルの者相互において直接調整を行うことの指示等により総合調整を行うこととされた。また，各府省は，内閣官房が内閣の下における最高かつ最終の調整機関であり，内閣府が特定の内閣の重要政策に関し内閣官房を助けて総合調整を行う機関であること，並びに内閣官房及び内閣府が行う総合調整は内閣が行政各部を統轄する高い立場から行われるものであることを十分踏まえて対応するとともに，内閣官房及び内閣府が迅速かつ的確な総合調整を行うために必要かつ十分な情報の提供等の協力を行うものとすることなどが定められた（首相官邸ホームページ「政策調整システムの運用指針案等について」2002年5月22日）。

管で，同法の立案を担当することとなった。冷戦期までの安全保障関係の立法は，組織や定員といったルーティンな内容を中心としており，防衛庁が単独で法案作成に対応してきた。しかし，同時多発テロ以降は，戦時における後方支援のために自衛隊を海外に派遣することや，有事における事態対処のために自衛隊が出動するといった従来の権限を超える新たな任務を自衛隊に付与することが必要となった。こうした既存の法の枠組みを超える活動や，複数の関係省庁にまたがる政治的対応の困難な政策を防衛庁単独で処理することは実際にも困難であった。その結果，外交・安全保障政策を所管する外務省や防衛庁に代わって，各省庁より上位の位置づけにある内閣官房が関係省庁との調整や，内閣法制局との折衝，政党に対する根回しといった実務を担う，法案作成の主体の変化が生じることとなったといえよう[13]。

　内閣官房は首相の直属機関であり，首相や官房長官の意向を反映した法案の作成がなされる場合が多い。内閣官房の安全保障政策に関する立場は，防衛庁や制服組の狭い組織的利害のみを考慮して対応するのではなく，政府全体の総合調整機関として，より広い次元での利害調整が要求される。そうした内閣官房の立場と制服組の利害は，必ずしも一致するものではなく，制服組との関係は，シビリアン容認型または強制型のものとならざるをえない場合もある。しかし，安全保障政策の形成過程においては，所管省庁の外務省や防衛庁の政策アイデアに依存する面も多く，実際にも，両省庁や制服組の合意を得なければ，政策の実施は困難である。内閣官房の人的スタッフも，安全保障政策に関しては，外務・防衛両省庁と制服組から多くの出向者を受け入れてカバーしており，人的な面からも自律性は低くならざるをえない。こうした総合調整機関としての限界から，内閣官房のシビリアン・コントロールには，客体である制服組の影響力が及ぶ場合もあった。その結果，内閣官房と制服組との関係はシビリアン主導型と同一化型の混合形態として位置づけられるものとなった。

　このように，所管省庁の防衛庁から内閣官房への移行はあったものの，内閣から提出される法案の政府与党内での合意調達システムは，従来と何ら変

---

[13] 外務省主導の外交・安全保障政策が官邸主導に変化した要因を実証分析した研究として，信田『官邸外交』および信田『冷戦後の日本外交』を参照せよ。

化はなかった。所管省庁によって作成された法案は，所管大臣からの閣議請議を経て，閣議決定によって初めて政府の公式な法案となる。この閣議請議を行うには，関係する省庁との協議（法令協議という）や，内閣法制局の審査，与党との意見調整を事前に終了することが条件となっている。所管省庁にとってこうした関係諸機関との協議や調整は，政策の実現の可否を握るものである。関係省庁との協議では，他省庁との間で権限をめぐるセクショナリズム的な対立が展開される場合もある。内閣の意思決定機関である閣議は全会一致による決定原則をとっているため，事前の調整過程で全省庁の承認を得ないと，法案の閣議決定が得られない。

　こうした関係機関との協議で，財務省や内閣法制局などの非軍事部門官庁の中で，制服組との距離がもっとも近いのは外務省である。外務省は，日米安保条約や国連に関する外交政策の所管官庁として，日米防衛協力や，国連の平和維持活動への自衛隊の関与と協力をもっとも活発に推進してきた。人的にも制服自衛官からの多くの出向者（防衛駐在官）を在外公館に受け入れ，制服組との関係がもっとも緊密な官庁である。冷戦後の自衛隊の役割に対するニーズの増加と，制服組との人的・組織的なつながりを背景に，外務省は，制服組とその組織的利害を共有する傾向をより増大させることとなった。その結果，同じ非軍事部門官庁にあっても，自衛隊を抑制的観点から統制する内閣法制局や財務省と異なり，外務省は，自衛隊を外交政策の目的達成の手段として積極的に活用しようとする誘因を強くもつこととなった。こうした外務省の行動パターンの結果，同省による統制は，能動的統制の観点から行使される傾向が強いものとなった。

　一方，内閣法制局は，憲法との適合性や既存の法制度体系との整合性の観点から，法令審査を実施する。内閣法制局の審査を経なければ，法案を閣議に付議することはできず，内閣法制局は，事実上のヴィトー・パワー（拒否権限）を持つことで，所管省庁の法案作成に対して大きな影響力を行使することができる。これまで，内閣法制局は，憲法適合性の観点から，自衛隊の活動内容や権限の拡大には慎重な立場をとってきた。防衛庁が自衛隊に既存の法体系を超える新たな活動の権限を付与するためには，こうした内閣法制局の法令審査を乗り越える必要があったのである。外務省や内閣官房などの非

軍事部門官庁が制服組との組織的利害を共有する傾向を増す中で，内閣法制局は，自衛隊の権限拡大に対して抑制的な観点からの統制権限を行使することのできる官僚制組織内での唯一の存在となった[14]。

3．与党による統制

　官僚制段階で調整のついた法案は，閣議付議の事前に与党による審査・承認を受ける慣行が1960年代以降，今日まで継続されてきた。こうした事前審査が行われることにより，与党は，国会審査の段階においては，政府側の立場に立って，法案推進の役割を担うこととなる。与党にとっては，事前審査は，国会の機能的代替物として，実質的な政策決定の場として機能してきたのである。自民党による事前審査は，国防関係部会によって行われるが，実際には，正式の部会審査に先立って，自民党の国防関係の部会のメンバー（国防族が多くを占める）に対して，防衛庁内局から根回しが行われ，そこでの意見を聴取しながら，法案の作成作業の詰めが行われてきた。55年体制においては，こうした防衛庁内局と自民党国防関係議員の間の調整によって，政府与党内での合意形成はほぼ終了してきた。しかし，55年体制の崩壊によって，自民党は，単独政権を維持できず，社民党や公明党との連立政権を組むこととなった。以後，重要な安全保障関係立法については，自民党内の国防関係部会の審査の前段階で，連立与党の幹事長や政策責任者の間で政策の相違点の調整を図ることが常態となった。そのため，自民党国防族の政策決定に対する影響力は，与党幹部に比べて相対的に低下することとなったとされる。

---

14) 本書では，立法過程を分析の対象としたため，予算査定における財務省（旧大蔵省）の統制とその影響力については分析を行っていない。信田は，2004年に決定された新防衛大綱の政策過程において，財務省による大幅な防衛予算の削減が行われたことを挙げ，多くの対外政策や安全保障政策は予算を必要とするため，財務省が強い影響力を及ぼすことを指摘している（信田『冷戦後の日本外交』117～118頁）。なお，本書が分析の対象とした4件の法律の内，実際の実施に移されたテロ対策特措法及びイラク特措法に基づく対応措置の所要経費は，前者が海・空各自衛隊合計で449億円（2005年9月時点），後者が陸・海・空各自衛隊合計で578億円（2005年7月時点）に達している（「阿部知子衆議院議員の質問主意書に対する答弁書」2005年11月4日）。これらの経費は，防衛本庁の予算項目として支出されたものである。

一方，事前審査の場となる自民党の関係部会においては，従来は，防衛庁内局幹部が対応し，制服組幹部の出席は内局の反対により原則として認められていなかった。その転機となったのは，1990年の湾岸危機であった。ペルシャ湾掃海部隊の指揮官として派遣された落合畯一等海佐による自民党国防関係部会への制服組として初めての出席が1991年に実現したことを契機に，以後，カンボジアPKOなどの派遣部隊隊長からの報告聴取が行なわれるようになった[15]。保安庁訓令第9号の廃止以降は，こうした制服自衛官と政治家の接触制限を制度的にも取り払うこととなった。以後，自民党レベルでは，制服組の意見を公式に直接聞くチャネルが恒常的に開かれるようになり，法案審査に際しても，自民党の安全保障調査会や国防関係部会などに制服組幹部（各幕僚監部防衛部長等）が，内局幹部とともに出席し，説明などに関与するようになっている[16]。また，自民党の公式の部会以外にも，各幕の幹部（佐官クラス）が，内局とは別に独自に関係国会議員に対して安全保障政策の説明に出向くことも珍しくはなくなっている[17]。こうした制服組の部会への出席や関係議員へのロビー活動を通じて，自民党内では，制服組と組織的利害を共有したり，同一化したりすることで，その代弁役となる議員も増えることとなっている。こうした国防関係議員を通して，制服組は，自民党や連立与党における政策形成にも一定の影響力をもつことを可能とするようになったのである。

　一方，冷戦後の自衛隊の役割の増大に対しては，自民党内のハト派議員からの反対の作用も少なくない。橋本内閣や小渕内閣においては，幹事長の加藤紘一や官房長官の野中広務らの幹部が，抑制的観点からの自衛隊の統制に一定の役割を果たした。小泉政権の発足後は，山崎幹事長ら国防族が政府与党の重職を占めたが，自民党の総務会などにおいて席をもつこうしたハト派

---

15) 1998年のPKO協力法の改正によって，上官の命令による武器の使用が可能となったのも，こうした派遣自衛官からの報告聴取が強く影響したとされている。

16) 最近では，2006年2月から3月にかけての自民党国防部会防衛政策検討小委員会において，統合幕僚会議議長，陸海空各幕僚長の制服トップによる自民党部会での初めての講演が実施された（自由民主党「政務調査会日誌」『月刊自由民主』2006年5月号，126〜131頁）。

17) 半田滋『闘えない軍隊—肥大化する自衛隊の苦悩』講談社，2005年，45〜59頁。

議員が，抑制的統制の立場から影響力を行使することもあった。また，自民党と連立を組んだ社民党や公明党は，護憲や平和主義を党の政策理念としており，連立与党間の協議の場などを通じて，自衛隊の活動内容や権限の拡大に対して，抑制的観点からの統制に大きな影響力を及ぼした。同じ連立与党でも，自由党や保守党などは，制服組との関係が強く，自民党国防族と類似の立場から，自衛隊の権限拡大を推進する役割を担った。そうした点で，社民党や公明党は，制服組に対してシビリアン主導強制型の位置にある与党内での数少ない存在であった。

4．首相のリーダーシップと制服組の補佐

首相は，自衛隊に対する最高指揮監督権を有し，内閣を代表して行政各部を指揮監督する権限を有する。また，閣僚の任免権を持つことで，閣内でのそのリーダーシップの発揮を可能にしている。しかし，首相の行政各部に対する指揮監督権は，閣議で決定した事項に限定され，単独で，行政各部を指揮監督することはできない。しかも，合議制の機関である閣議は，本来の意味での内閣の意思決定機関とはなっていない。閣議に参加する閣僚が，所管の事項以外に関して発言することはまれであり，閣議において法案内容が変更されたり，取り下げられたりすることはこれまでなかったのが現状である[18]。閣議決定の内容は，事前の事務次官等会議で調整が済んだものに限定され，法案作成を通して首相がそのイニシアティブを反映させることは，関係省庁の反対がある問題に関しては困難とされる要因ともなってきた。所管省庁から内閣官房への法案作成権限の移行は，内閣官房の主任の大臣である首相や内閣官房長官が，法案の作成を通じて，そのイニシアティブを反映させる余地をより拡大させることを目的とするものでもあった。しかし，他の政策分野と同様に，安全保障政策においても，実際の政策決定は，首相の単独で実施できるものではなく，従来のように与党や関係省庁の合意がなければ実現可能なものとはならない。一般的に首相がトップダウンで閣僚に対して指示したり，直接，担当官僚に指示したりすることは，首相が強い関心を

---

18) 菅直人『大臣』岩波書店，1998年，27～31頁

第 1 節　安全保障政策の法案の作成過程　55

有する政策領域に限られる。その結果，首相の法案作成における関与は，本来の権限に比べてより限定的なものとなる[19]。安全保障関係の法案作成を通しての首相のシビリアン・コントロールについても，その法案の重要度や首相の政策選好に基づく意欲といった要因によって左右されるものとなる。

　一方，首相と制服組との関係は，厳格なシビリアン・コントロールの遵守の観点から，基本的には，シビリアン主導容認型が守られてきた。実際にも，日本の制服組は，首相の方針に対して直接的な反対はしていない。しかし，首相の意思決定に至る過程においては，制服組からの情報提供や助言などの補佐を通じて，実質的に首相の判断に影響を及ぼすことも不可能ではないだろう。自衛隊の最高指揮監督権者としての首相の意思決定に対して軍事専門的な観点からの情報提供などの補佐の役割を担うのは統幕議長や幕僚長などの制服組トップである。こうした制服組との関係を重視したのは，橋本首相であった。1997 年以降，内閣安全保障室には制服自衛官が配属され，橋本内閣において統合幕僚会議情報本部が設置されてからは，情報本部長（制服組）による首相への情勢報告が実施されるなど[20]，官邸と制服組との関係は他の統制主体と比べてもより密接となっている。また，1997 年の保安庁訓令第 9

---

19) 本人・代理人理論の研究では，官僚が法案の大部分を立案しているとしても，それは，代理人である官僚が本人である政治家が何を望んでいるのか，その欲するところを予測して内容を決めているという指摘がなされている。そこでは，人事権や法案の承認権は，大臣の側にあり，本人である大臣の委任から逸脱する官僚代理人の行動に対して，大臣は監視と取り締まりを有効に行使することができるという見解が提示されている。つまり，政治家による有効な監視と取締りができている間は，大臣が直接的な指示をしなくても，大臣の意向は，法案の内容に反映されているということになる（M・ラムザイヤー，F・ローゼンブルス（加藤寛監訳，川野辺裕幸・細野助博訳）『日本政治の経済学―政権政党の合理的選択』弘文堂，1995 年，103～119 頁）。しかし，問題は，大臣によって，そのような監視が十分にできているのか，官僚の逸脱行動に対する大臣の側からの取り締まり（制裁）が機能しているのかという点である。日本の官僚人事は，事務次官以下の官僚ベースで実質的に決定され，大臣が賞罰の観点から官僚の人事に介入することは，こうした官僚システムの不文律を侵すことになる。また，法案の承認権も，法案作成の段階から大臣が関与していないので，決定段階での拒否権は行使しにくい。結果的に法案作成を通じての大臣によるシビリアン・コントロールが有効に働いているのかという問題がある。同様のことは，首相においても共通し，首相が官僚人事によって制裁を加えたり，法案作成に対して直接介入したりすることは，制度的には可能であったとしても，現実には実効性の点で困難を伴うものであった。

表 1-2 歴代首相と自衛隊幹部の接触回数

首相		竹下	海部	宮澤	細川	村山	橋本	小渕	森	小泉
在任（期間）		87.6〜	89.8〜	91.11〜	93.8〜	94.6〜	96.1〜	98.7〜	00.4〜	01.4〜06.3
統幕議長	面談打合	1		1			6	1	2	6
	人事交代	1	2	1			2	1	1	
	部隊挨拶		1							
	会食	1		1		1	5	3	1	1
	式典出席		2		1	2	1	4	3	3
陸海空の幕僚長	面談打合	1		2	※(1)	1	2		2	9
	人事交代		1	1		2	3	1		
	部隊挨拶	3	4	2			5	2	1	4
	会食	1					4	1	1	1
	式典出席							2	1	5
情報本部長	情勢報告						2	1	1	33

（資料）「首相動静」『朝日新聞』、「首相の一日」『読売新聞』より算出。※は羽田首相時である。また、小泉首相については、2006年3月までを対象とした。

号の廃止以降は、制服組トップによる首相官邸における首相への説明や打ち合わせといった接触回数も増加するようになっている（**表1-2**）。

　竹下登首相以降の歴代首相で、自衛隊幹部との接触の頻度が高いのは、橋本首相と小泉首相である。橋本首相の場合、新ガイドラインの策定過程において、97年に統幕議長と官邸で頻繁に面談し、打ち合わせを行なったことによるものであり、小泉首相の場合は、イラクへの自衛隊の派遣をめぐり、陸上幕僚長と頻繁に面談し、打ち合わせを行なったことによる。こうした首相と制服組トップの接触は、自衛隊の最高指揮監督権者である首相が適切な判断を行うために、軍事専門的な観点からの情報を直接把握するという点で、シビリアン・コントロールにとっても必要性が高いものである。しかし、仮に、首相の政治判断にかかわるような事項に関しても、制服組幹部の影響のもとで、軍事的合理性のみが優先される形で決定に至るとしたら、それはシビリアン・コントロールを形骸化させるものとなりかねない。現在まで、首相の外交・安全保障政策の補佐機能は、実質的には外務省と防衛庁がスタッ

---

20) 小泉内閣においては、2か月に1回程度の割合で、ほぼ定期的に実施されるようになった。

フや情報を握り，内閣官房のスタッフ組織は政策提言の面からは十分な機能をしてこなかったとされる。日本版の国家安全保障会議を創設し，官邸の外交・安全保障政策に関する司令塔としての機能を強化することが検討されるようになったのも，外務省や防衛庁内局・制服組から提供される一元的な情報や政策選択肢のみに依存せず，官邸の自前のスタッフからの助言や提言によって，首相が独自の判断を下せるような仕組みを構築する必要性がその一因としてあったといえよう[21]。政府は，166回通常国会（2007年）に，安全保障会議設置法改正案を提出し，国家安全保障会議への変更，国家安全保障に関する外交・防衛政策の基本方針等を審議事項として拡充すること，首相，外相，防衛大臣，官房長官の四大臣による審議の仕組みの創設，関係閣僚による専門会議の新設，関係行政機関の長に対する資料・情報の提供等の要求，国家安全保障担当首相補佐官の会議への出席，事務局の設置等を目指すこととなった[22]。

---

21) 2006年11月22日に，安倍首相を議長，小池百合子国家安全保障問題担当首相補佐官が議長代理を務める「国家安全保障に関する官邸機能強化会議」が発足し，同会議は，2007年2月27日に報告書をまとめた。同報告書では，国家安全保障会議を内閣の下に新設し，①外交・安全保障の重要事項に関する基本方針，②複数の省庁の所掌に属する重要な外交・安全保障政策，③外交・安全保障上の重要事態への対処に関する基本方針を審議することが適当であるとした。その上で，会議の構成員は首相，官房長官，外相，防衛相の小数に限定し，常設の補佐官と事務局を設けることとした。この事務局は，専任10から20名の事務局員で構成し，自衛官の積極的活用と民間の専門家・研究者も加えることができるとするものであった（「国家安全保障に関する官邸機能強化会議報告書」2007年2月27日）。なお，官邸の情報機能強化に関しては，塩崎恭久内閣官房長官を議長とする「情報機能強化検討会議」が設置され，同会議より，2007年2月28日，省庁を横断した合同情報会議において関係省庁間の情報を集約し，新設の内閣情報分析官による情報評価書の作成などによって，官邸首脳への情報提供体制を整備することを目指す報告書がまとめられた（情報機能強化検討会議「官邸における情報機能の強化の基本的な考え方」2007年2月28日）。
22) 同法案は，2007年4月6日に国会に提出されたが，国家公務員法改正案などの対決法案の審議が優先されたため，一度も審議がなされないまま，継続審議となった。安倍首相の後継首班となった福田首相は，現行の安全保障会議を活用することで，国家安全保障会議に求められている機能を果たしていくことを検討することを表明し，結局，同法案は，2008年1月の168回臨時国会終了によって廃案となった（『朝日新聞』2007年12月25日）。

第2節　安全保障政策に関する法案の国会審議・決定過程

　政府与党による法案の作成過程を経て，国会段階では，主に野党による法案への質疑や修正要求などを通じて，政策形成への影響力の行使が図られる。議院内閣制のもとでは，内閣は常に衆議院の多数を確保しており，与党内での党議拘束が厳格に行われれば，政府案が野党によって否決されるという可能性は少ないといえる。1989年から1993年まで，衆参で多数派が異なるねじれ現象が一時期あったものの，55年体制以降，長期にわたって自民党は衆参両院の多数を支配してきた。しかし，それでも政府から提出された法案の約10％あまりは当該国会で成立することができず，また，政府提出法案が国会で修正される割合も約2割に上った。数で劣勢な野党が，国会において，こうした継続や廃案，法案修正の形で政策決定への影響力をもちえたのは，国会の制度や慣行が野党に有利に働いていたからである[23]。野党に有利な条件を与えたのは，日本の国会の時間的制約と野党に融和的な世論であった。日本の国会は，1年間に複数回召集される細切れの会期制を採用しており，会期内に成立しない法案は，原則として次期国会に継続されない[24]。毎年1月に召集される通常国会の会期は150日間であり，会期延長は1回しか認められていない。この限られた会期内において，野党は様々な手段を使って，法案審議の引き延ばしを図る。その手段としては，法案の委員会付託を阻止する趣旨説明要求や[25]，委員会付託後の審議進行を遅らせるための資料要求

---

23) 日本の政治学では，野党に影響力を付与する国会の持つ粘着性や抵抗力をヴィスコシティ（viscosity）と呼んでいる（岩井奉信『立法過程』東京大学出版会，1988年，24〜25頁。Mike Mochizuki, *Managing and Influencing the Japanese Legislative Process : The Role of Parties and the National Diet*, Ph. D. Dissertation, Harvard University, 1982, pp. 430-431.）。

24) 継続されるのは未成立の法案中19％にすぎない（福元健太郎「第6章立法」平野浩・河野勝編『アクセス日本政治論』日本経済評論社，2003年，151頁）。

25) 趣旨説明要求とは，重要法案の委員会審査の事前に，議院運営委員会が特に必要があると認めた場合に，本会議で担当大臣から法案の趣旨説明を聴く制度に基づくもので，野党は委員会付託の引き延ばしの手段として，この要求をしばしば利用してきた。法案が委員会に付託されず，議院運営委員会に留めおかれることから，「吊るし」とも呼ばれる。

や政府側の答弁を求める。政府側が回答を拒否した場合には，審議拒否も辞さない。委員会の審議日程や採決を行うことを決めるのは，委員会の理事会であり，そこでの決定ルールは，戦後国会が始まって以降，全会一致とする慣行が採用されてきた[26]。そのため，野党は，この理事会での協議において，委員会の開催や採決に反対することで，スケジュールの先送りを図ったのである。委員会の審議では，野党は担当大臣が出席しなければ審議に応じず，衆参両院の委員会との重複などから，常任委員会の開催は1週間で2日程度が限界となる[27]。こうして衆議院の通過を出来るだけ後送りにし，参議院でも同様の引き延ばしを図ることで，会期終了の時間切れに追い込むというのが野党の戦術であった。もちろん，こうした引き延ばし戦術に対しては，多数を握る与党が強行採決によって膠着状態を破ることも不可能ではない。しかし，55年体制においては，こうした野党の抵抗戦術に対して，世論は比較的融和的であり，むしろ自民党による強行採決に対して野党との話し合いを求める声が強かった。そのため，与党は残りの会期日数と世論の反応を睨みながら，採決を強行するか，話し合いによって修正等の譲歩をするかの判断を迫られ[28]，結果的に，野党が法案修正や附帯決議，政府側の答弁などの形で，何らかの譲歩を得ることが可能となってきたのである。

　防衛庁設置法及び自衛隊法（防衛二法）などの安全保障関係法案においても，野党は，こうした抵抗戦術を頻繁に多用してきた。防衛二法が野党からのターゲットとされたのは，野党第一党の社会党が自衛隊の存在を違憲とし，政府与党との対決路線をとってきたからである。自衛隊の部隊の編成や機関の組織，自衛官の定員等は法律事項となっているため，自衛隊の部隊の拡充

---

26) 川人は，戦後の国会において，理事会での全会一致ルールが採用され（議院運営委員会理事会については1950年代半ばから），以後，定着してきたものの，1980年代以降は，議院運営委員会理事会において多数決で決定する事案が増え，今日では，多数決採決が行われることは通常のこととなっているとの指摘を行なっている（川人貞史『日本の国会制度と政党政治』東京大学出版会，2005年，170～171頁）。
27) これに対して，特別委員会には定例日の制限がないため，与党は，野党の反対する重要法案については，単独の法案の審査のためだけに特別委員会を設置するという対抗戦術を多用してきた。
28) 曽根泰教・岩井奉信「政策過程における議会の役割」『年報政治学1987年度』岩波書店，1987年，157～159頁。

や組織の変更のたびに，政府は法案を提出して国会の審議を受ける必要があった。野党は，政府を攻撃する格好の材料として防衛二法を位置づけ，国会に法案が提出されても，趣旨説明聴取を要求することで，委員会に未付託のまま吊るすことを常套手段のようにしてきた。1991年に衆議院に安全保障委員会が設置されるまで，防衛二法は，内閣，総理府，総務庁，国家公安委員会等の法案を所管する内閣委員会が付託先委員会であり，そのため，その他の法案の後回しにされ，審議が遅延することが常態であった。しかも，防衛二法の場合，自民党と社会党の間で妥協が可能な法案とは異なり，原則論として自衛隊の合憲性を認めない社会党の立場を反映し，法案の修正という形態はとりにくかった。そのため，1970年代以降は，自民党と社会党が他の重要法案を取引条件（リンケージ）とすることで法案を無修正で通すか，あくまで社会党の反対で廃案・継続にするかという，二者択一の決着方法がとられてきた[29]。その結果，1990年代の自社さ連立政権の成立まで，防衛二法は，継続審査や廃案を繰り返し，成立するまで数国会を要するのが常であった。

　もっとも，こうした野党に影響力を付与してきた国会の慣行や野党に融和的な議事運営は，1993年の政権交代を契機とする政党政治の変容に対応して，1990年代後半以降，大きく変化することとなった。たとえば，野党が付託引き延ばしの手段に利用してきた吊るし戦術は，与党側が本会議での趣旨説明に積極的に応じることによって有効な抵抗戦術ではなくなり，理事会の全会一致ルールについても，与党の委員長が職権で委員会を開催し，与党単独で採決を強行するという事態がしばしばみられるようになった。そこでは，自民党と社会党の間で法案を貸し借りするといった国対政治は影を潜め，与野党間での論争を前提に最終的には多数決で決着を図るという議事運営が定着する傾向がみられるようになった[30]。こうした与野党の行動の変化の背

---

29) 福元は，1970年代以降，防衛法案は対立の中心として使われず，もっぱら，社会党が自らの通したいと考える法案の取引材料（人質やリンケージ）として防衛二法が扱われてきたと指摘している（福元『日本の国会政治』179〜183頁）。

30) 増山幹高『議会制度と日本政治—議事運営の計量政治学』木鐸社，2003年，206〜211頁。

景には，野党の抵抗戦術に比較的寛容であった世論が，政権交代の可能性が生じることによって，より厳しいものとなってきたことがあった。1990年代後半に導入された衆議院の新しい選挙制度の定着に伴い，有権者は，それまでの地元利益に役に立つ議員を選ぶという投票行動から，党首のイメージや政権公約（マニフェスト）に基づいて次期政権を選択するという観点から投票をするような傾向が見られるようになってきた。こうした国民の側の変化によって，野党第一党の民主党は，反対法案に対する抵抗よりも，政府案に対して対案を示して論争するという正攻法をしばしば選択するようになった。与党も，自民党単独から，公明党との連立を組むようになると，野党第一党との間の取引よりも連立与党内での結束の維持が優先されるようになった。その結果，与党は政権党として与党側の実績を強調することに重点を置くようになり（credit claiming），これに対して，野党の民主党は，政府案に対する代替案を提示することで（position taking），国会審議の在り方も，法案をめぐる質疑・答弁などの討議に重点が置かれるようになった。

　かつて1960年代まで防衛政策は与野党の論戦の花形とされてきた。1970年代以降は，一転して，防衛二法は表面的な対立とは裏腹に，与野党間の駆引きの材料として審議スケジュールをめぐる闘争に堕した時期もあった。しかし，冷戦後の安全保障環境の変化を受けて，従来の内容を大幅に超える新規立法や法改正案が政府側から提出されることで，1990年代以降の安保・防衛政策をめぐる国会審議は，再び討議アリーナ型[31]に回帰するようになっている。こうした与野党の論争の活発化の一方で，民主党は，かつての社会党のような建前からの自衛隊違憲論はとらず，安全保障政策の基本政策に関しては，与党側と共通する政策志向を強めるようになった[32]。その結果，有事法制などの争点では，政府案を共同修正することで，次善の選択も受け入れる柔軟な姿勢を示すようになっている。国会の審議・決定過程の以上のような変化は，国会における政党のシビリアン・コントロールのあり方を，自衛隊を使わないようにするために抑制的に運用する消極的なものから，政策的な視点から自衛隊の活動や運用を検討するより能動的な統制に変化させるよう

---

31) 討議アリーナ型の定義については，次の文献を参照せよ。福元『日本の国会政治』189〜192頁。

になったと考えられよう[33]。

こうした国会審議・決定過程におけるシビリアン・コントロールの統制主体は，政党やそのメンバーである議員である。しかし，政府側の閣僚や政府委員（1999年以降は，政府参考人として限定的に運用されている）も，法案の説明や答弁などを通じて，制服組に対するシビリアン・コントロールの主体となる場合もありうる。野党からの政府側の統一見解の要求や，執行段階での内容についての説明を求められることに対して，政府側から示される答弁や資料は，以後の政府の執行過程における自衛隊に対するシビリアン・コントロールとして作用することも少なくないといえよう。なお，こうした政府側の答弁は，閣僚と一部の官僚にのみ許容され，シビリアンだけが国会に対する説明責任を負ってきた。制服組に対する質疑や参考人としての意見聴取は，野党の側からの要求はあるものの[34]，防衛庁内局の反対によって実現しておらず，軍事専門的な観点からの情報を国会側が直接，聴取するという機会はない[35]。この点は，現場の司令官を含む多数の軍人が議会の公聴会等において，証人として証言する米国議会などと比較して対照をなしている[36]。

---

32) 国会の安全保障委員会などの関係議員に対しては，保安庁訓令第9号の廃止以降，制服組が個別に説明に出向くという機会が見られるようになっている。自民党や旧自由党などの保守政党はその例であるが，民主党においても，安全保障政策を専門領域とする議員の台頭によって，制服組によるブリーフィングなどの日常的な接触が図られるようになっている。その結果，民主党のシビリアン・コントロールの方向性については，旧社会党系議員を中心とする抑制的統制と，旧保守系議員などによる能動的統制が混在して作用するようになっている。

33) 宮本は，国会におけるシビリアン・コントロールの議論を，自衛隊という実力組織と政治の関係を憲法解釈との整合性をめぐる点に比重を置く憲法をめぐる「原則論」と，現実の国際的，国内的政治状況における実力組織の実態的運用を重視する軍事的な「現実論」に分類し，1950年代から60年代の時期には原則論が全盛であったのに対し，70年代から80年代までのデタント期から新冷戦期にわたる期間は，原則論プラス現実論の萌芽期であったとする（宮本武夫「冷戦期における日本のシビリアン・コントロール」『敬愛大学国際研究』第15号，2005年7月，73～99頁）。また，彦谷は，冷戦期の「抑制的」シビリアン・コントロールが，冷戦後には「積極的」コントロールへの転換が必要になったことを指摘している（彦谷・前掲書316～323頁）。

34) 委員会における参考人招致要求は，原則として理事会における全会一致が慣例となっている。

第3節　安全保障政策の立法過程における制服組の関与と影響力

　以上の概観から，日本の安全保障政策の立法過程の各段階における統制主体である各組織やアクターに対して，統制の客体である制服組がどのように関与し，影響力を持つようになっているのかについて，以下のような傾向があることが指摘できよう。すなわち，防衛庁内局や外務省が独占してきた安全保障関係の立法提案権が1999年の制度改革により，内閣官房にも付与されることとなり，重要な安全保障立法は，内閣官房が所管するようになった。内閣官房による法案作成は，首相の補佐部局として，首相のリーダーシップやイニシアティブを立法に反映させることを目的とするものであった。これまで，日本の法案作成過程では，関係省庁や与党が事実上の拒否権を持ち，各主体間の合意を形成しなければ，立法を行えないという制約があった。内閣官房による企画立案は，そうした問題点の解決を狙ったものでもあった。実際に，内閣官房の首相に対する補佐が機能するためには，そのスタッフの構成や，関係省庁間との調整が重要である。しかし，内閣官房のスタッフの構成は，防衛庁や外務省を始めとする各省庁からの出向者によって占められており，各省庁の利害も反映されやすいという特質に変化はなかった。防衛庁内では，既に1990年代後半から，同庁における法案作成過程において，従

---

35) 岡田克也衆院議員（当時民友連）より夏川和也統合幕僚会議議長の衆議院安全保障委員会への説明員または参考人としての招致が要求された問題に対し（『読売新聞』1998年3月30日，1998年3月31日），久間防衛庁長官は，防衛庁長官を補佐する政府委員または説明員が答弁すればよく，制服の出席の必要性はないとして拒否した（第142回国会衆議院安全保障委員会議録第4号（1998年4月2日））。最近では，田母神俊雄航空幕僚長の論文問題を契機に，野党側が幹部自衛官の国会招致を求めたのに対して，防衛省は，①国会対応に忙殺され，日々のオペレーションに支障をきたしかねない，②軍事的な問題は守秘義務もあり，十分な秘密保持体制がなければ的確に答弁できない，③幹部の国会答弁を聞いた部隊の隊員が，自分の指揮官の答弁内容を十分理解できず，部隊の統率の観点から問題となりかねない等の応じられない理由を挙げて，参議院外交防衛委員会に文書で示している（『朝日新聞』2008年12月19日）。

36) 宮脇・前掲書367頁。

来の内局主導から制服組と共同作業によって政策が形成・決定される方式へと変化する傾向が一般化するようになっていた。こうした防衛庁内での変化を反映して，内閣官房における総合調整や企画立案にも，制服組が一定の関与をするようになった。制服組がこうした政策形成過程にも関わるようになったのは，橋本首相による保安庁訓令第9号の廃止がきっかけであった[37]。1997年以降，制服自衛官が中央各省庁や政治家と接触・交渉することの制限がなくなり，制服組幹部と首相との面談・打ち合わせ頻度の増加や，内閣官房における検討チームなどにも制服組からメンバーが参加するなどの変化が生じるようになった。

その結果，冷戦期までの首相や防衛庁長官に対する補佐機能を防衛庁内局が独占してきた慣行に対して，冷戦終結後は，首相や防衛庁長官に対する制服組の軍事専門的な観点からの補佐機能がより強化されるようになった。一方，内閣官房や防衛庁内における法案作成過程への制服組の関与の度合いがより強まることによって，防衛庁長官や，外務省，防衛庁内局，内閣官房といった閣僚や官僚制組織と制服組との間で組織的利害の共有や同一化がより促進されることとなった。また，法案の事前審査の段階では，制服組と与党の国防族との日常的な接触や，自民党国防関係部会への制服組の出席によって，自民党内の国防関係議員が，制服組と組織的利害を共有する傾向が顕著になっている。こうした政府・自民党の各統制主体において制服組との組織的利害の共有または同一化が浸透する一方，連立与党における旧社民党や公明党，野党の民主党内の旧社会党系議員などに対する制服組の影響力はきわめて限定的であり，両者の間の組織的利害の共有はほとんどなく，シビリアン主導強制型の関係が継続されてきたと考えられる。

本研究では，こうした各統制主体と制服組との関係の一般的な傾向を踏まえ，第2章以下の各章で，具体的な4法案を事例に，立法過程における各統制主体に対する制服組の影響力関係を詳細に分析し，それがシビリアン・コントロールの統制内容にどのように作用したかを検証していくこととする。

---

[37] 中曽根内閣時代の1980年代から内閣官房には制服自衛官が出向配置され，橋本内閣時代には，制服組幹部から橋本首相への直接的な説明なども行われるようになっていた。橋本首相による保安庁訓令の廃止は，こうした現実の追認という面もあったといえよう。

第2章 周辺事態法の立法過程

はじめに

　本章は，周辺事態法の制定の根拠となった日米防衛協力のための指針（新ガイドライン）の策定過程を分析した上で，1999年に制定された周辺事態法等ガイドライン関連法の立法過程を対象に，同法案の政府・与党内における法案作成過程と国会における政府与党・野党間の審議・決定過程の時系列的な記述分析を行い，争点ごとの政策決定に至る参加アクター間の主導性または影響力を分析する。そして，同法案の立法過程における統制主体であるシビリアンと統制の客体である制服組との影響力関係から，周辺事態法の形成・決定過程におけるシビリアン・コントロールの内容を分析することとする。

第1節　日米防衛協力のための指針(新ガイドライン)の策定過程

1．日米防衛協力のための指針見直しの議題設定

　周辺有事が，冷戦終焉後に注目されるようになった直接のきっかけは，1993年から94年に至る北朝鮮による核開発疑惑をめぐる朝鮮半島情勢の緊迫化であった[1]。当時の米国政府内では，経済封鎖が検討され，国防総省では，万一の事態に備えた北朝鮮への戦闘準備が検討されていた[2]。日本に対して

---

1)　日米防衛協力のための指針（旧ガイドライン）は，日米安保条約のもとで，日本に対する武力行使が発生した場合に，日米両国が協力してとるべき措置の具体的内容・範囲が不明確であったため，1978年11月に日米両国政府の間で合意され，以後，日本有事における日米間の防衛協力に関して共同作戦計画についての共同研究などの取組みがなされてきた。しかし，日米安保条約第6条の極東条項に基づく日米間の協力については，冷戦時代には後回しにされていた（新治毅「二つのガイドライン―日米防衛協力の過去と今後―」『防衛法研究』第22号，1998年，9〜10頁）。

は，在日米軍から支援要請リストが提示されたものの，外務省・防衛庁の検討の結果，旧ガイドラインや現行法制度では，日本の側からの有効な対米支援ができないことが明らかになった[3]。

　しかし，こうした問題に対する危機意識は，当時の政府首脳には薄かった。1993年の総選挙の結果，非自民連立政権が成立し，細川護熙首相は，私的諮問機関である防衛問題懇談会を設置し，冷戦終結後の日本の防衛力の見直しの検討を委ねた。後任の羽田孜首相は，わずか2か月で退任し，続く，村山富市首相は社会党出身であり，安保・自衛隊を堅持するとの方針に転換したものの防衛政策には関心はなかった。こうした政局の混迷によって，北朝鮮の核開発危機への対応は，首相に代わって，石原信雄内閣官房副長官らの官僚機構が主に担当することとなった。

　北朝鮮の核疑惑をめぐり情勢が緊張する中，94年8月，防衛問題懇談会から村山首相に報告書（樋口レポート）が提出された。同報告書は，日米安全保障協力関係の機能充実の前に国連及び地域的な多国的安全保障協力の促進を挙げており，米国側からは，日本が多国間安全保障を模索しているのではとの推測を生んだ。冷戦終焉後の日米同盟のゆらぎを感じていた米国側から，95年2月，米国の東アジアにおけるプレゼンスを維持し，日米同盟を強化することを内容とする東アジア戦略報告（ナイ・レポート）が国防総省によって発表され，日米安保の再確認へのメッセージが示された。

　これに呼応するように，日本側も95年11月に，新防衛大綱を決定し，日米安保体制が我が国の安全にとって必要不可欠であり，我が国周辺の地域における平和と安定を確保し，より安定した安全保障環境を構築するために，引き続き重要な役割を果たしていくことを明示することとなった[4]。同じ時期に策定された東アジア戦略報告と新防衛大綱の一致を受け，日米両国は，

---

2) ドン・オーバードーファー（菱木一美訳）『二つのコリア―国際政治の中の朝鮮半島』共同通信社，1998年，368頁。
3) 読売新聞政治部『法律はこうして生まれた―ドキュメント立法国家』中央公論新社，2003年，226頁。
4) 東アジア戦略報告と防衛大綱の策定に際しては，国防総省と外務省・防衛庁の間で，双方の草案について事前に意見交換が行われたとされる（船橋洋一『同盟漂流』岩波書店，1997年，296～299頁）。

外務・防衛当局による安保再確認の作業を進め，96年4月の橋本首相とビル・クリントン大統領による日米安保共同宣言に結実させる。この共同宣言において，日米安保条約を基盤とする日米同盟関係が21世紀に向けてアジア太平洋地域において安定的で繁栄した情勢を維持するための基礎であり続けることを再確認した上で，日米安保条約に基づいた米国の抑止力が引き続き日本の安全保障のよりどころであること，米国がこの地域において約10万人の前方展開軍事要員からなる現在の兵力構成を維持する必要があること等が改めて確認された。そして，日米同盟関係の信頼性を高める上で重要な柱となる日米防衛協力の具体的施策として，「日米防衛協力のための指針」の見直し及び我が国周辺地域において発生し得る事態で我が国の平和と安全に重要な影響を与える場合における協力の研究の促進が合意されることとなったのである[5]。

こうした一連の安全保障政策の形成過程において，新防衛大綱策定時の村山首相のイニシアティブは，社会党首班という性格上からほとんどみられず[6]，新大綱策定から，安保再定義にかけての交渉は，外務・防衛両省庁の官僚ベースで進められた。これに対して，日米安保共同宣言が発表され，ガイドライン見直しに向けての方針が決定される過程においてイニシアティブをとったのは，96年1月に自民党総裁として首相に就任した橋本龍太郎であった[7]。こうして，安全保障政策に消極的な村山から，橋本への首相の交代が，日米安保共同宣言に基づくガイドライン見直しの作業へと，政治的流れを変

---

5) 防衛庁編『平成9年版防衛白書』大蔵省印刷局，1997年，147〜148頁。
6) 新防衛大綱に関する与党三党の政策協議で，社民党の要求と自民党の妥協によって変更されたのは，「武器輸出三原則」についての官房長官談話と，核廃絶についての「究極的」の表現の削除の二点だけであった（『朝日新聞』1995年11月29日）。
7) 日米安保共同宣言については，村山内閣においてほぼ骨格が決まっており，橋本首相が特に指示するということはなかった（「日本外交インタビューシリーズ（4）橋本龍太郎〔後編〕能動的外交をめざして」『国際問題』第505号，2002年4月，86〜87頁）。しかし，日米安保共同宣言を受け，1996年5月13日に，橋本首相はガイドラインの見直しと，それに並行して，緊急事態での在外邦人の輸送や避難民対策，沿岸警備などの重要事態での対応策について，関係省庁に検討を指示し，安保共同宣言後のガイドライン見直しへのイニシアティブをとった（岡留康文「転換期を迎えた防衛政策」『立法と調査』第195号，1996年9月，23〜24頁）。

更することとなったのである。

2．新ガイドラインの策定過程における政府内関係

日米安保共同宣言を受け，ガイドライン見直しのための作業は，1996年5月28日に開催された審議官級の事務レベル協議によって開始された（**表2-1**参照）。日米交渉のスキームとして，同年6月には，閣僚級によって構成される日米安全保障協議委員会（SCC）の下部機構である防衛協力小委員会（SDC）が改組され[8]，さらに，実働機関としてのワーキンググループが設置されることとなった[9]。実際の見直し作業は，このSDCの下に設置された日米の各省庁の審議官，次官補代理級からなるSDC代理会合と並行して，同年9月から97年5月にかけて，日米の制服組を含む作業班（SDCワークショップ）によって，具体的な内容面での詰めが行われ，中間とりまとめに至る骨格が策定されることとなった[10]。

日米間の交渉においては，橋本首相の意向により，憲法と抵触するような集団的自衛権の行使には踏み込まないことが一定の制約として課されていた[11]。しかし，その具体的な内容についての日米間の交渉と調整は，政治家よりも外務省・防衛庁の官僚制組織と制服組によって担われることとなった。官僚や制服組を中心とする実務機関の上部機関である日米安全保障協議委員会は，日米の外交・防衛担当の閣僚同士による協議機関として位置づけられていた（両国の閣僚の員数から2プラス2と呼ばれる）。この2プラス2が，ガイド

---

8) SDCの改組によって，日本側からは，統合幕僚会議の代表が，米国側からは，国務次官補，国防次官補，統合参謀本部と太平洋軍の代表が新たにメンバーに加わることとなった（朝雲新聞社編集局編『平成10年版防衛ハンドブック』朝雲新聞社，1998年，316～317頁）。

9) 見直し作業は，①平素から行う協力，②日本に対する武力攻撃に際しての対処行動，③日本周辺地域における事態で日本の平和と安全に重要な影響を与える場合（「周辺事態」）の協力の各分野に分類し，それぞれについての検討を開始することとなった。

10) 指針見直しの会議・協議等の経過について，セキュリタリアン編集部「指針見直しの会議・協議等の経過について」『セキュリタリアン』1997年12月号，16頁を参照。

11) 橋本首相は，ガイドライン見直しに当たり，集団的自衛権の行使のような憲法上許されていないとされる事項についての政府の見解に変更がないことを国会答弁において強調している（第136回国会参議院本会議録第12号（1996年4月22日））。

表2-1 ガイドライン策定に関する日米両国政府の関係者間の主な協議の場

協議の場	根拠及び目的	出席対象者 日本側	出席対象者 米国側
日米安全保障協議委員会（SCC）（通称2プラス2）	安保条約4条を根拠とし、1960年設置。日米両政府間の理解の促進に役立ち、及び安全保障の分野における協力関係の強化に貢献するような問題で安全保障の基盤をなし、かつ、これに関連するものについて検討。	外務大臣 防衛庁長官	国務長官 国防長官 （1990年12月までは駐日米国大使・太平洋軍司令官）
日米安全保障事務レベル協議（SSC）	安保条約4条を根拠とし、日米相互にとって関心のある安全保障上の諸問題について意見交換。	次官・局長クラスなど事務レベルの要人	次官・局長クラスなど事務レベルの要人
防衛協力小委員会（SDC）	日米安全保障協議委員会において同委員会の下部機構として1976年設置。緊急時における自衛隊と米軍との間の整合のとれた共同対処行動を確保するためにとるべき指針など、日米間の協力の在り方に関する研究協議。	外務省北米局長 防衛庁防衛局長 統幕の代表（1996年6月の改組で追加） 防衛庁運用局長（1997年9月に追加）	在日米大使館 在日米軍 国務次官補（1996年6月の改組で追加） 国防次官補（同上） 統合参謀本部（同上） 太平洋軍の代表（同上）
SDC代理会合	1996年6月の防衛協力小委員会の改組時に設置。	審議官	次官補代理

（出所）朝雲新聞社編集局編『平成11年版防衛ハンドブック』朝雲新聞社、1999年、320頁。

ライン見直しをテーマに開催されたのは、「進捗状況報告」がなされた96年9月19日と、新ガイドラインを了承した97年9月23日の2回だけであった[12]。日本側の責任者である池田行彦外務大臣や後任の小渕恵三外務大臣（1997年9月就任）、久間章生防衛庁長官といった閣僚は、官僚ベースで積み上げられた交渉の結果を承認するだけの限定された役割を担ったにすぎない。こうして日米の外交・防衛当局の交渉は、官僚制組織や制服組による協議機関において行なわれ、ガイドラインが米軍に対する具体的な後方支援を内容

とする要素もあり，その策定作業において，制服組の役割と影響力が拡大することとなった。日本国内の省庁間の関係においても，日米安保において従来政策形成を主導してきた外務省だけではなく，防衛庁もその影響力をより発揮するようになったことがその特徴として指摘できよう[13]。

　他方で，ガイドラインの見直しは，米軍との関係で，集団的自衛権との調整が必要であった。そのため，自衛隊の活動範囲と権限をガイドラインにおいてどのように規定するかについて，統制主体として，内閣法制局が強く関与することとなった。外務省・防衛庁内局の担当者は，米国側とのガイドライン策定のための交渉と並行しながら，日本国内において，内閣法制局幹部との間で，97年4月頃からガイドライン見直し終了に至るまで，憲法との適合性に関する協議を頻繁に行った。焦点となったのは，米国から要請された後方支援を，集団的自衛権の行使禁止や，自衛隊の海外での武力行使を禁止する憲法との兼ね合いで，どこまで実現することが可能かの調整であった。内閣法制局は，既に1990年の国連平和協力法案の国会審議の際に，自衛隊の海外における後方支援に関して，現に戦闘が行なわれている前線への武器弾薬の供給や輸送，医療活動を行なうことが武力行使と一体化し憲法上許されないとする公式の見解をとっていた[14]。この「武力行使との一体化」論は，その反対解釈として，他国軍隊の武力行使と一体化するものでなければ，自衛

---

12) 1996年6月の第1回SDCから1998年4月の周辺事態法案の閣議決定までに開催されたSDCの開催数は6回，同じくSDC代理会合は11回，作業班であるSDCワークショップは，中間取りまとめの前の8か月間に頻繁に開催されるなど，上部機関よりも下部機関において，その開催頻度は増しており，実質的な内容の調整が下部機関に委任されていたことを示している（朝雲新聞社編集局編『平成13年版防衛ハンドブック』朝雲新聞社，2001年，383～385頁）。
13) 防衛局長の秋山昌廣は，この新ガイドラインの策定作業において，制服組を前面に出して，軍事専門性や制服同士の連帯感を利用する一方，国際派の防衛官僚を積極的に登用して，外務省に対する防衛庁の地位を相対的に高めたとされる（久江雅彦『米軍再編』講談社，2005年，136頁）。
14) ガイドライン策定時の大森内閣法制局長官も，「他国軍隊への補給，輸送，医療など，それ自体は武力の行使でない行為が，他国軍隊の行う武力行使と一体化することによって，日本の自衛隊の行為が海外での武力の行使や集団的自衛権の行使の禁止に抵触し，憲法上，許されないとする」見解を踏襲していた（大森政輔内閣法制局長官の答弁（第136回国会衆議院予算委員会議録第8号（1998年10月13日））。

隊が海外で後方支援等の活動を行なっても，憲法上，問題はないという正当化のための論理でもあった。武力行使との一体性の判断基準としては，当時の工藤敦夫内閣法制局長官より，①支援部隊の所在地と戦闘地域との地理的関係，②日本の支援活動の具体的内容，③武力行使している戦闘部隊との関係の密接性，④支援対象の相手方の活動状況の4項目を基準として総合的に判断するという見解が示され[15]，以後の政府の公式見解となってきた[16]。内閣法制局は，ガイドラインの見直しに際しても，こうした憲法解釈との整合性を要求した。外務・防衛両省庁は，自社さ連立政権という制約がある中で，橋本首相の意向を受け，日本の憲法上の制約を前提として米側と交渉し，最初から，憲法の枠内でできることしかガイドラインには入れないという方針をとることとなった[17]。

米国側との交渉の結果，98年6月には，新ガイドラインの中間とりまとめが公表され，周辺事態（日本周辺地域における事態で日本の平和と安全に重大な影響を与える場合）における日本の協力検討項目として40項目が列挙されることとなった。内閣法制局は，これらの各検討項目に挙げられた自衛隊の活動が，武力行使との一体化や，集団的自衛権の行使に抵触しないような厳密な検討を行った。その結果，内閣法制局は，周辺事態での日本の後方地域支援の内，日本領域内で行う場合は，武器・弾薬の補給や，戦闘行動に発進する直前の米軍機に対する直接の燃料補給などの行為を除外すれば，米軍の武力行使との一体化の問題が生ずることは想定されないとした[18]。また，日本周辺の公海及びその上空において行う後方地域支援についても，自衛隊が，「戦闘行動が行われている地域とは一線を画される地域」であれば，米軍の戦闘行動との間に一体化は生じないという判断を示すことになった。

また，集団的自衛権との関係からグレーゾーンとされた公海上の機雷除去についても，「日本への武力攻撃のための敷設機雷」の場合は，個別的自衛権

---

15) 第119回国会衆議院国際連合平和協力に関する特別委員会議録第5号（1990年10月29日）。
16) 『読売新聞』1997年7月10日。大森政輔内閣法制局長官の答弁（第136回国会参議院内閣委員会議録第8号（1996年5月21日））。
17) 『読売新聞』1997年8月20日。
18) 『読売新聞』1997年6月11日夕刊。

の行使の範囲内とし,「武力攻撃の一環でない敷設機雷」と「遺棄機雷」は日本の船舶の安全確保に必要な場合に限り合憲との判断をすることとなった[19]。

　こうした内閣法制局の憲法解釈の部分的な柔軟化により,「戦闘地域と一線を画す地域」であれば,武力行使との一体化を生じえず,従来,集団的自衛権の不行使や海外での武力行使の禁止との関係からグレーゾーンとされてきた自衛隊の「公海及びその上空」での後方地域支援を可能とする途が開かれることとなった。こうした内閣法制局の柔軟化は,日米防衛協力を通じて,同盟関係の維持を重視する外務省や,軍事的合理性をできるだけ確保しようとする防衛庁と,集団的自衛権を禁止する従来の憲法解釈との整合性を重視する内閣法制局との間の妥協の産物でもあった。憲法との適合性の観点から,自衛隊の海外での活動を抑制的に統制してきた内閣法制局は,集団的自衛権の禁止に関する憲法解釈を維持する一方で,輸送,補給など従来のグレーゾーンとされてきた協力項目を合憲とすることで,結果的に,その影響力を低下させることとなった。このように,ガイドラインの中間とりまとめまでの過程におけるシビリアン・コントロールは,政治家が十分な関与をしない中で,能動的な運用を求める外務・防衛両省庁と,抑制的な統制を図ろうとする内閣法制局の間の調整を通じて行使されることとなった。そこでは,日米防衛協力を推進するという点で,制服組の影響力のもと外務省と防衛庁との間の利害が一致し,内閣法制局は,ガイドライン中間とりまとめの別表に列挙された周辺事態における協力項目の全ての項目に合憲であるとのお墨付きを与える役割に甘んじることとなった[20]。

---

19)『読売新聞』1997年6月11日夕刊。従来の政府の憲法解釈では,個別的自衛権の行使は「日本の領土・領海・領空においてばかりではなく,自衛権の行使に必要な限度内での公海・公空に及ぶことができる」(「春日正一参議院議員の質問主意書に対する答弁書」1969年12月29日(朝雲新聞社編集局編『平成20年版防衛ハンドブック』朝雲新聞社,2008年,610頁))としており,公海上での機雷除去に関しては,日本の個別的自衛権の範囲として位置づけることで,集団的自衛権の禁止との抵触を避ける手法が採用されたといえる(『読売新聞』1997年6月9日)。
20)『読売新聞』1997年8月20日。

3．与党による政治的統制

　こうしたガイドラインの中間とりまとめに至る政府部内の作業の過程では，内閣や国会の政治的意思がその中に反映されることは限られており，政治家の統制は十分に機能しなかった。そこで，外務・防衛両省庁の官僚ベースで策定された中間とりまとめを，「議論の喚起，日本の安全確保のため憲法の枠内で最も効果的な日米両国の協力体制の整備を図り，内容の濃いものを作るため，国内のみならず，周辺諸国に対する透明性を確保すること[21]」を目的として，政府は1997年6月に公表することとした。これを受け，中間とりまとめから最終的なガイドライン決定までの3か月という短い期間であったものの，連立与党を中心とする政治ベースでの議題に，中間とりまとの案が載せられることとなったのである。

1）自民党安保調査会の積極的対応

　このように，中間とりまとめに至る過程までの官僚主導に対して政党側の対応は遅かったものの，例外的に，自民党においては，安全保障調査会等を中心に，北朝鮮の核開発疑惑以降，朝鮮有事を想定したケース・スタディなどの政策研究が進められていた。同党安保調査会は，1996年4月の日米安保共同宣言の直前に，「極東有事への対応」と題するペーパーを公表し，政府側のガイドライン見直し作業と並行して，省庁サイドからのヒアリングと議員間のディスカッションを行うこととした[22]。そして，97年4月18日には「日米安保共同宣言と今後の安全保障—日米防衛協力のための指針（ガイドライン）見直しの推進」を，97年7月8日には「ガイドラインの見直しと新たな法整備に向けて」の2つの報告書を作成・発表し，ガイドライン見直しの実効性確保のための方向性を自民党の側から示す役割を果たした。

　特に，7月の「ガイドラインの見直しと新たな法整備に向けて」では，有事法制と周辺事態をはじめとするわが国の平和と安全に影響を及ぼすような緊

---

21) 柳澤協二防衛審議官の発言（セキュリタリアン編集部「対談ガイドラインの見直しに関する中間とりまとめ」『セキュリタリアン』1997年8月号，30～31頁）。外務・防衛両省庁が中間とりまとめの段階で内容を公表し，周辺諸国に対する説明を行ったのは，見直し作業の透明性を確保することで，国内世論のコンセンサス形成や，周辺諸国の反発を回避することを目的とするものであった。

22) 田村重信『日米安保と極東有事』南窓社，1997年，203～218頁。

急事態に国家として有効に対処するための法制の研究，整備の必要性を打ち出し，政府に先行する形で，検討すべき法制の具体例を明示した。緊急事態関連では，在外邦人等の輸送，沿岸・重要施設等の警備及び大量避難民対策，周辺事態関連では，警戒監視，機雷除去，海・空域の調整，臨検，捜索・救難，後方地域支援のそれぞれに関する法改正などの法的措置の必要性を示し，有事法制や緊急事態法制の検討・整備を提言した。その中で，緊急事態に対処する際のシビリアン・コントロールの貫徹の観点からの関連法制の整備の重要性，交戦規定の整備，関連法案の国会における特別委員会でのオープンな議論に基づく審議の実施についても言及している。

こうした報告書に示されているように，自民党の国防関係議員には，ガイドラインの見直しと並行して，日本有事の法制整備を求める意見が強くあった。しかし，山崎拓政調会長ら自民党執行部は，ポスト冷戦期においては，日米安保体制の比重が，日本有事から日本周辺地域の有事への対応に主眼が移ったとの判断から，有事法制に先行して，周辺事態への対応を可能とする法制の整備を優先する方針をとるようになった[23]。その背景には，有事法制に反対する連立与党内の社民党への配慮や，ガイドラインの実効性確保のための関連法制の速やかな整備を求める米国側の要求があったと考えられる。

2）社民党と新党さきがけの対応

こうした自民党の動きに対して，連立与党三党は，1996年4月の日米安保共同宣言発表後，ガイドラインを見直すことで一応の合意は見ていた。しかし，同年10月の第二次橋本内閣発足の際には，社民党は閣外協力に転じており，新三党政策合意では，安保問題は合意内容に含まれず，ガイドラインについては，見直しをするということが盛り込まれただけであった。政府が公表したガイドライン「中間とりまとめ」に呼応して，自民党が周辺事態に備えた具体的な法整備に関する政策提言を発表したのに対して，連立与党内での社民・さきがけ両党の対応は遅れた。

社民党では，当初，ガイドラインのための特別プロジェクトチームを党内に設置し，土井たか子党首自らが責任者を務める意向を示していた。しかし，

---

23)『読売新聞』1997年10月2日。

このことが，社民党の与党離脱につながるとの批判が党内から出て，外交防衛部会（上原康助部会長）が担当することになった[24]。

一方，新党さきがけは，97年5月に日米安保ガイドライン勉強会を発足させ，各省庁からのヒアリングや専門家からの意見聴取を行って，意見取りまとめを進めた。社民・さきがけ両党は，中間とりまとめの発表後，合同の日米安保ガイドライン勉強会を設置し，両党の意見のすり合わせを行い，自民党に対して共同して提案を行うことを目指した[25]。

3）連立与党ガイドライン問題協議会の設置

各党の党内の対応機関が一応決定したことにより，中間とりまとめ後の与党協議の場として，与党政策調整会議の下に，三党の政策責任者を中心とする「ガイドライン問題協議会」が設置され，1997年6月12日以降，新ガイドライン見直し終了まで20回の協議が行われた。

与党協議会の発足当初は，社民党が有事法を戦争法として反対するなど，歩み寄りが見られなかった[26]。そのため与党内の環境作りを狙った自民党の提案で，与党三党による訪米団が6月30日に派遣され，米国政府・議会・軍関係者との意見交換を行った。ウィリアム・コーエン国防長官との会談や，カート・キャンベル国防次官補代理ら米国側の説明から，社民党から派遣団に加わった連立維持派の及川一夫政審会長は，ガイドラインの見直しが憲法の枠内で行われるとの確認と，周辺事態の対象地域は原則極東とし，それ以外の有事の場合は，日米間の事前協議で対応を決定するとの心証を得たことに一応の満足を得ることとなった[27]。党内には，朝鮮半島情勢を念頭に，周辺事態への備えの必要性を認識する意見もあった。しかし，社民党内の左派のグループを中心として，同党の外交防衛部会では有事法制や憲法上の問題には反対するとの意見が大勢を占め，与党内での具体的な議論には入れなかった[28]。

---

24)『読売新聞』1997年6月2日。
25)『SAKIGAKE WEEK』1997年6月23日号。さきがけの合同機関設置の提案には，社民党の連立離脱を引き止め，自民党に対する交渉力を確保するという狙いがあった。なお，実際の政策面では，さきがけは，社民党よりも自民党と一致する点が多かった。
26)『読売新聞』1997年6月27日。
27)『読売新聞』1997年7月5日。

4）周辺事態協力検討40項目の突き合わせ

そこで，ガイドライン問題協議会は，周辺事態における40項目の協力検討項目（別表部分）に焦点を当て，1997年8月上旬に三党がそれぞれの質問項目を作成し，外務・防衛両省庁から回答を得ることによって，与党内の対立点や疑問点を詰めるという作業を行った[29]。この政府側の回答の段階で，既に臨検への参加は，国連安全保障理事会の決議がある場合に限定することや，周辺事態の認定は，日本側は安全保障会議の決定や閣議決定などを通じて行い，日米合意が成立した場合に限って対米協力を行うことが示され，外務・防衛両省庁が与党の意見を事前に考慮した回答を示したことが注目される[30]。

与党三党は政府側の回答を踏まえ，8月中旬に集中討議を行い，8月26日，日米協力検討40項目についての論点整理ペーパーが作成された。この論点整理の中には，社民党が主張した周辺事態の認定や共同作戦計画・相互協力計画策定のためのメカニズムの明確化，人道的活動における被災地の定義の明確化と当該地での活動を集団的自衛権の行使に抵触しないようにすることが一致点として盛り込まれた。また，社民党とさきがけが要求した，臨検を国連の安保理決議に基づき，憲法に抵触しない範囲で行うことも含まれた。さらに，社民党が要求した公海上の機雷除去は戦闘区域と一線を画した海域で，国際法上明らかに遺棄されたもの，日本の船舶の航行の安全のために行うもの，国際的要請に基づくものを対象とすることなどが一致点として盛り込まれた[31]。

他方で，社民党は，①（周辺事態の際に）米軍に対する民間港湾・空港の一時提供は，国民感情からも極力避け，既存の米軍施設及び自衛隊施設で対応すべき，②公海上の米艦船に対する武器・弾薬の海上輸送と整備は，武力行使と一体化になる恐れがある，③武器・弾薬の補給は憲法上許されていないことを明確にすべき，④周辺事態における海空域調整では，現行の在沖縄米軍優先の航空，交通管制の在り方について検討する必要があるとする4項目の

28）『読売新聞』1997年7月26日。
29）『さきがけ通信』31号，1997年9月15日。
30）『読売新聞』1997年8月6日。
31）『社会新報』1997年9月3日。

意見を付し，社民党の党見解として論点に併記させることとなった[32]。

5) 台湾問題の扱い

　一方，自社両党間の最大の争点は，周辺事態の対象に台湾が含まれるか否かを巡る中国との関係であった。中間とりまとめでは，周辺事態は，日本周辺地域における事態で日本の平和と安全に重大な影響を与える場合と記されただけで，その範囲は明確にされていなかった。1996年3月には，台湾海峡において中国のミサイル演習事件が起き，米軍との間で緊張の高まりを見せることとなった。中国側には，ガイドライン見直しが台湾海峡をめぐる中国への牽制に狙いがあるのではないかという懸念が強くあった。こうした背景の中で，社民党は台湾を周辺事態の対象に含まないことを主張し，自民党内でも，加藤紘一幹事長はこうした社民党の考え方に近い立場をとっていた。これに対し，梶山静六内閣官房長官らは周辺の範囲を特定すべきでないとの立場をとっていた。橋本首相の訪中を97年9月に控え，中国の反発に配慮した自民党執行部は，8月下旬の与党ガイドライン問題協議会に，山崎座長の見解案を示し，対立の収拾を試みた。同見解案では，周辺事態を「地理的な概念ではなく，日本の平和と安全に影響を与える事態の性質に着目した概念」とする外務省の見解が踏襲され，他方で，米軍への後方地域支援の範囲は，日米安保条約の極東と密接に関連し，台湾問題では，(日中共同宣言に基づき) 二つの中国を認める政策はとらず，当事者の話し合いによる平和的解決を望むとするもので，社民党の理解を得るための表現がとられた[33]。これに対して，社民党は新指針の適用範囲を安保条約第6条の極東に限定し，台湾は極東の範囲に含まれない，中国は一つであり，台湾をガイドラインの適用

---

32)『読売新聞』1997年9月21日。

33)『日本経済新聞』1997年8月23日。周辺事態の範囲を日米安保条約の極東に限定するとする考え方は，周辺事態が際限なく拡大されるとの懸念に対して，地理的な限界を示すという意味があった。しかし，対象地域を極東に限定した場合，日米安保条約第6条の極東の範囲に関するこれまでの政府統一見解が，「大体において，フィリピン以北並びに日本及びその周辺の地域であって，韓国及び中華民国（筆者注：現在では台湾地域）の支配下にある地域もこれに含まれる」（岸信介首相の答弁・第34回国会衆議院日米安全保障条約等特別委員会議録第4号（1960年2月26日））として「台湾」が極東に含まれるとしていたことから，対中国との関係で問題を生むことになるとの懸念があった。

範囲から除外するとの対案を示した[34]。9月4日には,橋本首相が中国を訪問し,江沢民国家主席との日中首脳会談で,周辺事態は中国を含め特定の地域や国における事態を想定していないことを表明し,理解を求めた。この橋本訪中を踏まえて,与党ガイドライン問題協議会で自民党は,橋本首相の訪中で表明された見解の範囲を越えることはできないと理解を求めた[35]。しかし,結局,ガイドライン問題協議会では周辺事態を極東に限定し,台湾を適用地域から除外することを主張する社民党と周辺地域を特定しないとする自民党との間の溝を埋めることはできなかった。

その結果,与党内調整の最大の争点であった周辺事態の文言の解釈が棚上げされたまま,三党の確認事項が決定され,周辺事態の定義は,日米両政府による最終的な政府間協議に委ねられることとなった。97年9月に日米両国政府間で合意された新ガイドラインでは,周辺事態の協力に関する本文の中に,中間とりまとめになかった「周辺事態の概念は,地理的なものではなく,事態の性質に着目したものである」とする表現が明記された。それは,台湾問題に関して,あいまい戦略を取る日米両国の外交・安全保障政策を反映したものであった。

6) 連立与党内の妥協と不一致

こうして,1997年6月の中間とりまとめから,9月の最終的な指針見直し終了に至る過程では,自社さ三党の政策調整の結果,台湾問題では政府側の方針で押し切る一方,その他の問題では,社民党の要求に対する最大限の配慮を図ることで,自社間の妥協が図られた。特に,①経済制裁の実効性を確保するための船舶検査を,国連決議に基づくものに限定し,②捜索・救難活動の対象地域を,「戦闘地域と一線を画される地域」に限定した2点は,与党側の論点整理に基づいて,外務・防衛両省庁が米国政府と再交渉を行った結果によるものである[36]。

この段階で,自社両党が対立を回避し,新ガイドラインを了承したのは,

---

34) 『社会新報』1997年9月3日。
35) 『毎日新聞』1997年9月8日。
36) 『毎日新聞』1997年9月8日。なお,船舶検査に関しては,外務省も修正を織り込み済みのものであった。

社民党の場合，ガイドラインそれ自体だけでは，法的な強制措置を伴わないという前提があったからであり，ガイドラインには，4項目の留保条件を付け，具体的な立法措置が政府側から出された時に社民党としてとる態度の決定は先送りにしていた[37]。また，自民党執行部側も，新ガイドライン策定までは，自社さきがけの三党体制で行い，新ガイドラインを閣議決定し，それに伴う第二段階の立法措置については，場合によっては，駐留米軍特措法改正の際のように野党（新進党）とも話し合うという方針が念頭に置かれていた[38]。こうした政局への波及を回避したい自社両党による懸案先送りの姿勢が，結果的に合意可能な範囲での取りあえずの妥協を図るという結果につながったのである。

4．新ガイドライン策定過程におけるシビリアン・コントロール

　以上の検証を通じて，新ガイドラインの策定過程において，もっとも影響力を行使したアクターは，防衛協力小委員会（SDC）及び代理会合のメンバーである外務省北米局や防衛庁防衛局などの局長・審議官級の官僚や統合幕僚会議の代表らの制服組であった。これに対して，首相や外務大臣，防衛庁長官などの閣僚のイニシアティブは，橋本首相が邦人救出などでイニシアティブをとったのを除き，官僚依存の要素が強かった。また，後方地域支援等の具体的な内容の検討に関しては，日米両国の制服組が主導することで，日本国内の政策形成においても，制服組の影響力が大きくなったことが，従来からの変化であった。そこでは，外務省・防衛庁内局と制服組との組織的利害の同一化が進み，官僚制組織によるシビリアン・コントロールは，自衛隊の役割を積極的に活用する能動的統制に作用した。閣僚によるイニシアティブが弱かったのに対し，政治家側からのイニシアティブは，与党内の自民党安保調査会などの国防族によって主導された。もっとも，自民党の執行部は，山崎政調会長が国防族であるのに対して，加藤幹事長は社民党との関係に軸足を置き，一枚岩ではなかった。こうしたことから，新ガイドラインの策定過程においては，自衛隊の活動範囲や権限の確定に関して，影響力を行使し

---

37) 社民党政策審議会事務局外交防衛部会担当書記へのインタビューによる。
38) 『読売新聞』1997年6月14日。

た統制主体は政治家による直接的統制よりも，官僚制への委任を通じた間接的統制であったといえる。

　外務省や防衛庁内局，国防族らの主体による統制が制服組との利害の同一化によって能動的統制に作用したのに対し，政府・与党内において抑制的統制の役割を果たしたのは，内閣法制局と社民党であった。内閣法制局は，湾岸戦争当時の国連平和協力法案で導入した武力行使との一体化論や戦闘地域と一線を画す地域の概念を新ガイドラインの自衛隊による米軍への協力項目に適用し，従来グレーゾーンとされてきた公海上での輸送・補給や，機雷除去にも途を開くなど，憲法との適合性審査において，部分的な柔軟化を見せた。しかし，基本的には，集団的自衛権の行使禁止の憲法解釈は維持され，自衛隊の活動範囲や権限を抑制的に運用する抑制的統制の主体として関与した。また，与党内での社民党は，与党ガイドライン問題協議会を通じて，中間とりまとめにあった船舶検査における国連決議の義務づけ等2項目の修正を行った。そうした点で，社民党は新ガイドラインの策定に関して，抑制的な統制に関与する主体としての役割を担った。しかし，台湾問題において，自民党との調整を図ることができず，結果的にあいまい戦略を政府が採用することとなるなど，その役割は限定的なものにとどまった。

　こうして新ガイドラインの策定過程においては，首相や閣僚，与党政治家などの直接的統制は従来よりもその要素を増したものの，官僚制による間接的統制は維持されて残ることとなった。しかし，外務・防衛両省庁や自民党国防族と制服組の組織的利害の同一化が進み，内閣法制局や社民党などの外務・防衛両省庁の外部からの統制が十分に作用しなかったため，制服組に対するシビリアン・コントロールはより能動的な要素を強めた。その結果が，自衛隊の公海及びその上空における後方地域支援を可能とする政策結果に反映したといえるだろう。

第2節　周辺事態法案の作成過程

1．法案策定のための作業機関の設置

　1997年9月に日米安全保障協議委員会によって了承された新ガイドライ

ンの前提条件には，旧ガイドラインと同じ表現の「指針及びその下で行われる取組みは，いずれの政府にも，立法上，予算上又は行政上の措置を取ることを義務付けるものではない」ことが明記されていた。しかし，新ガイドラインには，さらに，「日米協力のための効果的な態勢の構築が指針及びその下で行われる取組みの目標であることから，日米両国政府が，各々の判断に従い，具体的な政策や措置に適切な形で反映することが期待される。日本のすべての行為は，その時々において適用のある国内法令に従う」として，ガイドラインの実効性を担保し，自衛隊の行動を適法に行うための法整備の必要性が明示されることとなった。

ガイドラインは，条約や行政協定ではなく，政府間合意であるため，法的実効性は国内法整備がなければ担保されない。日米共同発表の項目に，「計画についての検討のために包括的なメカニズムの構築は，決定的に重要である」という強い表現が盛り込まれたのはそれを示すものであった。政府は，9月16日に「ガイドライン関係閣僚懇談会」を開催し，橋本首相の指示によって全閣僚が出席する中で，国内法整備のための関係省庁の協力が確認されることとなった[39]。そして，9月29日，政府は，「日米防衛協力のための指針について」と「指針の実効性の確保について」を臨時閣議で決定し，新ガイドラインの実効性確保に政府全体で取り組むこととなった。

この段階では，自民党国防部会には，周辺事態と合わせて日本有事についての法整備も行うべきとする一括処理論が残っていた。しかし，自民党執行部は周辺事態の発生に対応する後方地域支援のための根拠法を制定することの緊急性が大きいと判断していた[40]。また，外務省や内閣官房も，社民党の反対などから与党内調整が難しいことを考慮して，周辺事態の国内法整備を優先するとの考え方をとっていた。社民党においても包括的メカニズムや調整メカニズムの枠の中で検討を行うことで，有事法制などへの拡大の歯止め措置としたいとの考え方があった[41]。こうした政府・与党内の考え方が一致することにより，新ガイドラインに基づく法整備を「包括的なメカニズム」の

---

39) 『読売新聞』1997年9月28日。
40) 『読売新聞』1997年11月23日。
41) 池田五律『米軍がなぜ日本に―市民が読む日米ガイドライン』創史社，1997年，91頁。

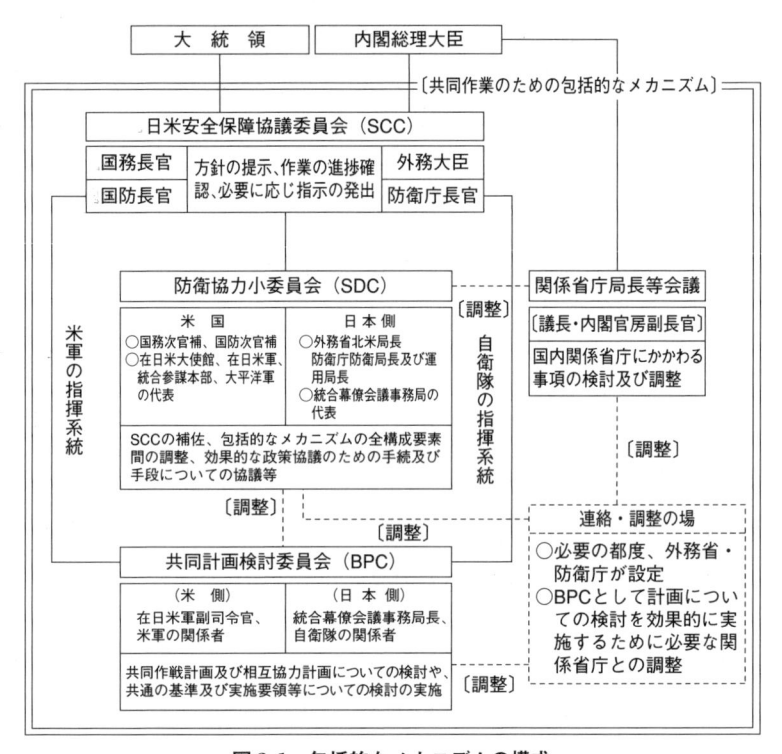

図 2-1　包括的なメカニズムの構成
(出所) 防衛庁編『平成 11 年版防衛白書』大蔵省印刷局, 1999 年, 228 頁。

中で，周辺事態に絞って進めることとなった。新ガイドラインの9月の閣議決定後，日米の外交・防衛担当の幹部官僚・制服間の調整が数次の防衛協力小委員会(SDC)及び同代理会合によって行われ，翌98年1月，新ガイドラインを具体化する共同作業のための包括的メカニズムを構築することが日米防衛外務閣僚級会合[42]において了承された。この包括的なメカニズムは，日米安全保障協議委員会(2プラス2)，防衛協力小委員会，日米の制服組による共同計画検討委員会(BPC)と，日本国内の関係省庁にかかわる事項の検討及び調整を行う関係省庁局長等会議，連絡・調整の場の5つで構成されることが合意された(**図2-1**参照)。包括的メカニズムの構築の目的は，日米両国によ

---

42) 会合のメンバーは，久間防衛庁長官，小渕外務大臣，コーエン国防長官であった。

る共同作戦計画や相互協力計画の策定[43]の他，日本国内での法整備を進めるための関係省庁の調整の場を作ることにあった。後者の項目は，日本の国内法整備の促進を求める米国側の要請に応えたものであり，旧ガイドラインの国内法制の検討に関係省庁の協力が得られなかった経緯から，新ガイドラインでは，法整備に向けて関係省庁との連携・協力を確保しようとする外務省・防衛庁の意向によって設けられることとなったものであった。

なお，こうした関係省庁間の連絡協議の場は，米国との包括的メカニズムの合意に先行して，97年11月の段階で，外務・防衛両省庁と内閣官房安全保障・危機管理室（安危室）を中心に運輸，通産，郵政など関係17省庁からなる関係省庁局長等会議（議長は内閣官房副長官）を内閣官房に設けることが決定されることとなった[44]。さらに，同会議のもとには課長級会合（幹事会や作業部会）を置いて関連法整備を検討する方針が固まっていた[45]。こうして，新ガイドラインの実効化のための法制化作業は，外務省条約局・北米局，防衛庁防衛局を主要担当部局とする外務・防衛両省庁内の個別作業チームを中心に開始され，外務・防衛両省庁と関係省庁，内閣法制局との間で具体的な内容について個別的に協議しながら，調整窓口として内閣官房安危室に作業チームを置いて取りまとめに当たるという，各省庁の協働による法案作成のスタイルがとられることとなった。

こうした官僚制ベースの法案作成作業の進捗状況は，最高責任者である橋本首相に対して，97年12月末の中間報告，98年3月5日の報告，4月7日の法整備大要，4月17日の法案要綱として，数次にわたり報告が行われ，その了承を得るという手続がとられた。与党の自民党に対しても，自民党国防部会・安全保障調査会・外交部会の合同会議等に，97年12月以降，数次にわたり，省庁側からの説明と部会所属の議員からの質疑に対する応答が行われ，

---

[43] 相互協力計画の検討を行う共同計画検討委員会は，日米の制服のみのメンバーで構成され，関係省庁との連絡調整は，外務省・防衛庁が必要のつど，設定することとなった。こうした制服主導の計画の立案は，相互協力計画の策定において最大の障害となる省庁間の縄張り争いを回避する意図があったとの指摘もある（社会批評社編集部『最新有事法制情報・新ガイドライン立法と有事立法』社会批評社，1998年，148〜149頁）。

[44] 『読売新聞』1997年10月21日。

[45] 『読売新聞』1997年11月6日。

4月8日に法整備の大要が部会によって了承されることとなった[46]。こうした官僚制組織に対する本人である首相や自民党によるモニタリングは，形式的な手順が踏まれたものの，その内容面での形成は，省庁官僚が主体であったことに変わりはなかった。首相と自民党の了承を得た後は，閣外協力の社民党，さきがけを含む与党ガイドライン問題協議会に，連立与党としての対応が委ねられることとなった。しかし，既に閣外協力の解消も視野に置いていた社民党は，周辺事態の認定手続の不明確さや国会承認規定の欠如，民間企業・自治体への協力強制などの点で，周辺事態法等ガイドライン関連法案に対して反対を表明し，結果的に，政府は社民党の了承抜きで，周辺事態法等ガイドライン関連法案を4月28日に国会に提出することとなった[47]。同法案の提出後，社民党は，政治腐敗防止問題やガイドライン関連法案などの不一致を理由に5月末に自民党との閣外協力を解消し，与党のガイドライン問題協議会はこの時点で消滅することとなった。こうした政治過程を含む法案の作成過程について，以下の節では争点ごとの参加アクター間の影響力と各統制主体と制服組との関係を中心に見ていくこととする。

2．争点をめぐる政策調整過程
1）法形式の選択

法案策定作業での第一の争点は，法案の形式を，周辺事態における後方地域支援だけでなく，船舶検査活動や捜索救助活動などを含む新法として周辺事態法を制定するか，もしくは，必要となる対米支援をそのつど閣議決定し，関連法を必要な限度で個別に改正するかという選択であった。前者の包括的な新法を主張していたのは，防衛庁と内閣法制局であった。防衛庁では周辺事態法の制定を契機に，さらに日本有事の際の有事立法の法制化に道筋をつ

---

[46] 自民党安全保障調査会・外交調査会・国防部会・外交部会「当面の安保法制に関する考え方」1998年4月8日。

[47] 社民党の反対にもかかわらず，政府がガイドライン関連法案の提出に踏み切ったのは，当時，日米間の懸案となっていた沖縄の普天間基地の返還に伴う代替地の手当てがつかず，さらに，ガイドライン関連法案が国会に未提出のままでは，米国の日本に対する信頼感が薄れてしまうとの懸念が作用したとの指摘もある（草野厚『連立政権—日本の政治1993〜』文藝春秋，1999年，122〜123頁）。

けたいとの考え方が存在し，そのためには，周辺事態法として新規立法を行うべきだとする意見が強かった[48]。一方，内閣法制局は，周辺事態における自衛隊の活動が，集団的自衛権の行使や，武力行使との一体化の問題を抱えているため，新法を制定することで，憲法と抵触することのない歯止め措置としたいとの考え方があった[49]。

これに対して，外務省は当初，包括的な新法の形で厳格な手続を規定すると，多様な局面，段階のある周辺事態に臨機応変に対応できないとの観点から，新規立法には消極的であった[50]。外務省には，周辺事態への対応は現行法の小規模な個別法改正にとどめ，対米協力の内容については，そのつど個別に閣議決定で行うことで，協力支援についての自由度を確保したいとの考えがあった[51]。

1997年12月末には，こうした事務レベルでの二本立てのオプションが橋本首相に報告され，その指示を仰ぐこととなった。橋本首相は，景気問題で政権基盤が揺らぐ中で，与党の社民党を刺激しないとの配慮から，「できるだけ現行法の積み重ねで対応するように」との指示を行った[52]。

その結果，政府部内では，新規立法の見送りの方針が一時固まり，後方地域支援については周辺事態を対象とした日米物品役務相互提供協定（ACSA）を締結し，憲法上の制約を同協定に盛り込むこととし，米兵の捜索救助活動は災害派遣時に限定している自衛隊法第83条を改正し，非戦闘員（在外邦人等）の救出のための艦船の派遣も自衛隊法第100条の8の改正で行うことが検討された。また，国連決議に基づく船舶検査の実施は，国連決議に基づくことから，後方地域支援とは別に新規立法を行うなど，現行法をベースにした個別法改正が検討された。

こうした政府内での検討に対して，日米安全保障協議委員会のために，98年1月に来日したコーエン国防長官は，久間防衛庁長官に対して，ガイドラ

---

48) 『毎日新聞』1998年4月8日夕刊。
49) 『朝日新聞』1998年3月1日。
50) 『読売新聞』1998年1月7日夕刊。
51) 『読売新聞』1998年4月7日。
52) 『朝日新聞』1998年1月9日。

イン関連法の可及的整備を重ねて要求した。これを受け，与党の自民党安全保障調査会は，1月27日，米国側からの信頼が損なわれるとして，法制化を最小限にとどめようとする政府に対して，党として独自に法整備の検討を始めることを表明することとなった[53]。また，自民党内では新法に批判的な社民党に対して，周辺事態法に積極的な野党の自由党や，公明党との連携を目指すべきとの意見も出されるようになっていた。こうした党内の反発を受け，当初，外務省と歩調を合わせていた自民党執行部も新規立法による関連法整備に向けて動きだすようになった。こうした自民党国防族の巻き返しや，個別法の改正だけでは実際の協力支援が十分ではないという限界が明らかになってきたことから，外務省も姿勢を転じることとなった。2月から3月にかけての外務・防衛両省庁と自民党安全保障調査会等の国防関係部会との調整の結果，3月上旬の段階で個別法改正ではなく，包括的な新法を制定することで関係省庁間の協議がまとまることとなった[54]。

こうして，新法では周辺事態における米軍への後方地域支援などの協力項目や，自治体や民間業者などに対して，政府が協力を要請できるとする規定を置くことが決まった。また，自衛隊の後方地域支援は，武力行使との一体化を生じさせないため，「戦闘地域と一線を画す地域」においてのみ実施することとし，周辺事態の認定と米軍に対する後方地域支援の具体的内容は閣議において決定することとした。さらに，後方地域支援に加えて，船舶検査活動も新法に含めた場合には，周辺事態法とする方針が決められた。こうした検討結果は，3月5日に橋本首相に報告され，首相の判断を仰ぐこととなった。橋本首相は「日米安保の枠をはみだしているとの懸念を与えないようにしてほしい」との指示を行った上で，この政府の検討案を了承することとなった[55]。

こうして包括的な新法として周辺事態法を制定することが政府内で合意され，次の段階として，新ガイドラインで周辺事態における対米協力項目として挙げられた40項目を新法もしくは個別法改正のどちらで措置するかの仕

---

53) 『朝日新聞』1998年1月28日。
54) 『朝日新聞』1998年3月1日。
55) 『朝日新聞』1998年3月6日。

分けが検討された。まず，非戦闘員（在外邦人等）を救出するための輸送手段として自衛隊の艦船を使用できるように自衛隊法第100条の8を新法と別枠で改正することが決まった[56]。次に，米兵らの捜索救助活動について，当初，自衛隊法第83条を改正することが検討された。しかし，防衛庁から，戦闘で負傷した兵士を自然災害の被災者として扱うのは不自然であるとの反対意見が出され，また，内閣法制局も，新ガイドラインが戦闘地域と一線を画するとの条件を付けた周辺事態を想定したものであることから，捜索救助活動についても周辺事態に限定したものとすべきとして，新法の中に盛り込むこととなった[57]。さらに，船舶検査活動についても，当初，外務省は国連決議を根拠とすることから，後方地域支援とは別の新規立法を検討していた。しかし，これに対して，防衛庁は周辺事態の場合だけに限るとの趣旨から新法と一括して規定するように主張し，自民党安全保障調査会も防衛庁と同じく，「今回の法整備は周辺事態に備えた新ガイドラインに基づくものであり，臨検への参加は，周辺事態に限定する」ことを要求することとなった[58]。また，この政府の法制化作業において，警戒監視や機雷除去は現行自衛隊法で対応し，海空域調整は法律で規定しないこととなった。

　こうして，新法は，後方地域支援以外にも，後方地域捜索救助活動や船舶検査活動も含む，周辺事態における対米協力支援を包括した周辺事態法案とする骨格が固まることとなった。こうした一括法化は，周辺事態への対応であることを明確化し，日本有事への対応としての有事法制への道筋をつけたいと考える防衛庁や自民党国防族と，自衛隊の国外での新たな活動の拡大に対して，その活動内容と範囲が一線を画す地域の制約内にあることを周辺事態法において明記することを重視する内閣法制局の考え方が，周辺事態法制定という点で一致したことの結果でもあった。こうして，ガイドラインの実効性を確保するための法整備は，周辺事態法案，自衛隊法改正案，ACSA改正協定の3件によって構成されることとなった。

---

56)『日本経済新聞』1998年3月8日。
57)『毎日新聞』1998年4月7日。
58)『読売新聞』1998年3月18日。

2）周辺事態の認定基準と手続

　法案の作成過程における第二の争点は，周辺事態の認定基準と手続を周辺事態法にどのように規定するかであった。周辺事態法案では，周辺事態を「我が国周辺の地域における我が国の平和及び安全に重要な影響を与える事態」と定義したものの，内閣法制局は，さらに，この周辺事態の具体的な認定基準を外務・防衛両省庁に対して求めていた。これに対し，両省庁は，流動的に変化する状況を画一的な基準でいつの時点から周辺事態と判断するかは困難であると難色を示した。そして，法制局のいうような，まず，周辺事態を認定し，その上で実施内容を決定するという二段構えの手続では差し迫った危機に機敏に対応できないとの考え方を示していた。両者の調整の過程で，周辺事態の判断を直接行わず，米軍への後方地域支援や船舶検査活動，捜索救助活動等の具体的実施計画を決めることで「周辺事態」を認定するという対米支援を機動的に行うことを優先する外務・防衛両省庁の意向を反映した考え方が浮上することとなった。それは，「周辺事態にしか行えない自衛隊の活動内容を閣議決定することは当然周辺事態になっている」という論理によるものであった。その結果，周辺事態の客観的基準は設定せず，首相が周辺事態に際して，後方地域支援等の対応措置が必要であると認めるときは基本計画について閣議決定を行い，同計画を国会に遅滞なく報告することが手続として規定されることとなった。こうして，周辺事態の認定についての法律上の明確な定義はなく，政府の裁量的な判断によって，国会の承認なしで，対応措置のために自衛隊を出動させることが可能となることとなった。また，周辺事態の認定に際しては，首相が対応措置についての判断を行なうことになるが，実際には，個別の事例に対応して，外務・防衛当局と米国との調整が事前に行われることになり[59]，首相自身による判断がどの程度まで可能かのシビリアン・コントロール上の問題を含むものとなった。なお，認定基準を法制化しないことの代替措置として，国会への事後報告の手続が盛り込まれることとなった[60]。

---

59) 日米の協議の場としては，閣僚レベルの日米安全保障協議委員会が想定されていた（『産経新聞』1998 年 4 月 8 日）。
60) 『中日新聞』1998 年 4 月 8 日。

こうした法整備の大要の説明を受けた社民党は，周辺事態の認定方法が不透明であり，周辺事態の認定の手続と基準の明確化，安全保障会議での仮の認定が通過儀礼とならない措置を要求した[61]。

しかし，この認定問題については，結局，4月17日の法案要綱や4月28日に閣議決定された最終法案でも変更されることなく，「内閣総理大臣は，周辺事態に際して，措置を実施することが必要であると認める時は，当該措置を実施すること及び対応措置に関する基本計画の案につき，閣議の決定を求めなければならない」と規定されただけで，判断の基準は，首相の裁量に委ねられ，安全保障会議における事前の十分な検討も周辺事態法案には明文化されなかった[62]。

3) 活動可能範囲の線引き問題

法案の作成過程での続いての争点は，後方地域支援が可能な地理的範囲として，新ガイドラインに盛り込まれた「戦闘行動が行われている地域とは一線を画される日本の周囲の公海及びその上空」の概念を法制上どのような表現で規定すべきかという問題と，実際の運用において，後方地域支援がそうした地域で行なわれることをいかに確保することができるのかという問題であった。

この戦闘地域と一線を画す判断基準については，新ガイドラインの中間とりまとめ後の衆議院安全保障委員会において，折田正樹外務省北米局長が，「戦闘地域と一線を画された地域とは，戦闘に巻き込まれることが通常予測されない地域をいい，紛争の全般的状況，相手方の攻撃能力，航空優勢の確保等を総合的に勘案して判断されるもの」との答弁を行い[63]，以後の外務・防

---

61)『中日新聞』1998年4月16日。
62) 安全保障会議の任務には，防衛出動の可否や国防に関する重要事項に関しての内閣総理大臣の諮問が義務づけられており，PKO協力法に基づく部隊の派遣に際しても安全保障会議での決定が行われている。安全保障会議設置法第2条2項には，重大緊急事態への対処措置を会議に諮ることが規定されており，その時点までに適用されたのは，湾岸戦争の事例だけであった。実際の安全保障会議の運営は，会議の構成員である閣僚による議論（議員懇談会）よりも，外務・防衛両省庁の事務ベースによって主導される可能性が強く，政治家によるシビリアン・コントロールが安全保障会議の段階で十分に確保できるかは，その運用次第であるともいえた。
63) 第140回国会衆議院安全保障委員会議録第10号（1997年6月10日）。

衛両省庁の公式見解となってきた。

　軍事的には，こうした地域（海域）の設定は紛争相手国と米軍の手の長さ（航空機や艦船の行動範囲）を考えて判断するのが一般的とされてきた。こうした軍事的な視点からみた場合，「一線を画す地域」を予め設定することは，制服組から見た場合，軍事的合理性を欠くものとの批判が提起された。たとえば，平岡裕治航空幕僚長は，「航空優勢は，時間的，地域的に刻々と変化し，航空優勢を基準にした対象地域の設定は難しい」ことを指摘し，また，山本安正海上幕僚長からも「現在の兵器は長射程で戦闘場面でないところまで飛んで来る場合もある」との指摘がなされた[64]。これら制服組からの指摘には，戦闘地域は変わるのが戦争であり，それに伴い後方地域も変わるとして，戦闘地域を固定的に線引きすることが軍事的合理性を損なうという批判が込められていた。また，実際の線引きを行うとしても，緯度や経度で境界線を引く方式では，米軍の活動範囲が状況に応じて刻々と変化することから，対応ができないとの認識が政府部内でも強くなった。

　こうした制服組からの主張を受け，防衛庁は，「一線を画す」との表現ではラインを引く印象になることから，その表現の変更を内閣法制局に対して求めた。法制局と防衛庁の協議の結果，一線を画すとの文言を法制上では，「我が国領域並びに現に戦闘行為が行われておらず，かつ，そこで実施される活動の期間を通じて戦闘行為が行われることがないと認められる」我が国周辺の公海及びその上空の範囲と表記することで，両者の合意が図られることとなった[65]。この表現は，戦闘行為が現在の時点だけではなく，一定の未来においても発生する可能性のない場所という意味と解されたが，その判断の基準やどれくらいの時間的な期間を想定しているかは文言上明確ではなく，状況に応じた対処が可能な裁量の余地を残したものとなった。手続的には，閣議決定される基本計画においては，後方地域支援等を実施する区域の範囲等が掲げられ，その範囲の中から，防衛庁長官が定める実施要項において，該当する後方地域支援等のより具体的な実施区域を指定する二段構えとすることになった[66]。こうして，法文上は一線を画す地域のより具体化な文言が規定

---

64)『朝日新聞』1998 年 4 月 11 日。
65)『毎日新聞』1998 年 4 月 18 日。

されたものの，依然として，裁量の余地を残した不明確さを持つ規定であることに変わりはなく，また，そうした規定を運用することによって，実際に，後方地域支援をそうした地域で行なわれることを確保することができるかという問題があった。この点については，防衛庁の法案作成の実務担当者は，情報を十分に収集することによって，戦闘に巻き込まれない地域を設定することは可能としている[67]。つまり，自衛隊が戦闘に巻き込まれる可能性を完全に排除することはできないとしても，実際の運用段階で，そうした不測の事態を回避することは可能であるとしたのである。そのため，周辺事態法案では，公海またはその上空における輸送の実施や，後方地域捜索救助活動を実施中の自衛隊の部隊の長が，活動場所の近傍において，戦闘行為が行われるに至った場合や，付近の状況等に照らして，予測される場合には活動の一時休止等によって危険を回避しつつ，防衛庁長官による実施区域の指定の変更または活動の中断を命じる措置を待つとする手続を定めることとなった。

4）憲法適合性の観点からの内閣法制局の統制

　こうした戦闘地域と一線を画す地域（後方地域）の概念に基づき，法案作成作業では，周辺事態における自衛隊の個別の実施活動の内，憲法上禁止されている武力の行使または武力行使との一体化に抵触する可能性のある項目について内閣法制局の指摘を受け，削除または変更される形で統制が加えられることとなった。新ガイドラインでは，後方地域支援について，自衛隊の物資を米軍に提供する「補給」は，武器・弾薬を除き日本の領域（自衛隊施設，民間空港・港湾，米軍施設・区域）に限り認められた。周辺事態法案（ACSA改正協定を含む）においてもこの内容を踏襲し，日本の領域内であっても，物品の補給には，武器・弾薬を含まないことが別表備考に付記された。また，新ガイドライン策定時から，内閣法制局が武力行使と一体化するおそれがあるとして除外を要求していた，戦闘作戦行動のために発進準備中の米軍機に対する給油及び整備を含まないことが同じく法案の別表備考に盛り込まれた。

---

66)　後方地域支援等の範囲については，日本海北部といったほとんど限定のない地域が指定される可能性が想定されていた（『毎日新聞』1998年4月22日）。
67)　「新安保を問う周辺事態法案実務者インタビュー・大古防衛庁防衛政策課長」『朝日新聞』1998年6月25日。

一方，新ガイドラインでは，米船舶に対する米軍の人員，物資（武器・弾薬を含む），燃料の海上輸送については，戦闘地域と一線を画される地域であることを条件に公海上で実施することが別表に盛り込まれていた。法案の作成過程でも，米軍の人員や物品（武器・弾薬を含む）等を自衛隊が輸送（傷病者の輸送中に行われる医療を含む）することは，戦闘地域と一線を画すことを条件に，日本の領域のみならず，公海及びその上空においても可能とした[68]。こうした後方地域支援をめぐる内閣法制局の指摘が，既に新ガイドラインの策定過程で調整済みであった事項を法案において確認することが中心であったのに対し，通常の後方地域支援と異なる，船舶検査活動や捜索救助活動を実施する米軍に対する後方地域支援では，輸送のみならず，自衛隊が物資（武器・弾薬は除く），燃料などを公海上で補給することについても認められることとなった[69]。

　なお，発進する米軍機が直接戦闘行動にかかわるかどうかは，日本側に判断する根拠がないことから，内閣法制局は，当初，日米間の事前協議を経てその内容を判断することとし，その旨を法律の条文に規定することを求めた[70]。しかし，これまで，事前協議の必要性を規定した国内法は存在せず，実際に，事前協議制度は一度も行使されたことはなかった[71]。1979年の旧ガイ

---

68) 補給と輸送は，敵対国からみれば双方とも一連の軍事行動（兵たん活動）とみなされうるものである。これに対し，法制局の判断は自衛隊の物品を補給することが武力行使との一体化に抵触し，米軍の物資を輸送することは日本の領域外であっても合憲とすることで，両者を区別するものであった（『毎日新聞』1998年4月30日）。
69) 外務・防衛両省庁内には，業務の必要性を疑問視する見方もあったが，内閣官房安全保障・危機管理室の判断によって，認めることとなった（『毎日新聞』1998年4月16日）。なお，船舶検査活動を実施する米軍に対する後方地域支援は，法案修正により削除され，後に制定された船舶検査活動法においても復活しなかった（周辺事態安全確保法第3条3項）。
70) 『読売新聞』1998年3月6日。
71) 日米安保条約第6条の実施に関する岸首相とハーター国務長官との間の交換公文（1960年1月19日）に基づき，米国軍隊の日本への配置における重要な変更，同軍隊の装備における重要な変更並びに日本から行われる戦闘作戦行動のための基地としての日本国内の施設及び区域の使用は，日本国政府との事前の協議の主題とすることが取り決められている。しかし，これまで日本政府は，事前協議の有無を根拠に，核兵器の持ち込み疑惑などでの批判をかわす態度をとってきた。

ドラインでは，事前協議の原則が明記されていたにもかかわらず，ガイドラインの見直し作業では，事前協議の検討は行われず[72]，新ガイドラインでは，事前協議の項目が本文中から除かれていた[73]。こうした経緯から，事前協議を法律として拘束力をもつ形で規定し，両国政府を義務づけることには，外務・防衛両省庁には強い抵抗があった。その結果，内閣法制局の要求は建前論に終わり，最終的な法案には事前協議は規定されないこととなった。

　一方，捜索救助活動については，新ガイドラインの策定過程では，戦闘行動が行われている地域と一線を画すことを条件とすることで，公海上での活動を可能としていた。これに対し，法案の作成過程では，さらに公海を越えて，他国の領海に及んだ場合でも，捜索救助を打ち切ることは対米関係から難しいとの防衛庁からの要求に対し，法制局は戦闘地域と一線を画する地域との条件つきで，他国の同意を得た上で，可能とする結論を出した[74]。また，非戦闘員（在外邦人等）の退避についても，派遣国での安全が確保されていると認められる場合に限って，他国の領域への自衛隊艦船と搭載ヘリコプターの派遣も可能とした。こうした活動は，基本的に人道的行為であり，戦闘行為と一線を画す地域であって，安全が確保されている限り，憲法との抵触はないとするのが法制局の判断であった。

　こうした従来グレーゾーンとされてきた事項に関して，憲法上の制約を回避する上で，積極的な役割を法制局が果たす局面が見られる一方，憲法適合性の観点から外務・防衛両省庁からの要求に対する抑制的な統制を行う事例も少なくなかった。

　たとえば，捜索救助活動や非戦闘員退避活動の際に，武力攻撃を受け，自衛隊が反撃した場合には，海外での武力行使や集団的自衛権の禁止との関係で，憲法上の問題が生じうる。そのため，非戦闘員退避活動に関する自衛隊法改正案や，後方地域捜索救助活動や船舶検査活動を規定する周辺事態法案

---

72)『朝日新聞』1997 年 5 月 20 日。
73) なお，日米両政府間には，朝鮮半島有事の際の日本の米軍基地の使用に関する「事前協議」の適用除外に関する何らかの秘密合意が存在するという外交史研究者の指摘もある（我部政明「日米はなぜ沖縄基地に執着するか」『世界』1998 年 4 月号，150 頁）。
74)『朝日新聞』1998 年 4 月 8 日。

における武器使用の根拠づけが政府部内で検討された。現行法では，PKO協力法案の国会審議において，政府側から提出された見解[75]に基づき，武器使用は生命や身体の防護のための必要最小限のものに限定されていた。これは，当時の内閣法制局が，武力行使を伴う任務には，憲法上，自衛隊は参加できず，「自己又は自己と共に現場に所在する我が国要員の生命又は身体を防衛することは，自己保存のための自然的権利というべきものであるから，そのために必要な最小限の武器の使用は，憲法で禁止された武力の行使には当たらない」とする見解をとっていたことによるものであった。これに対して，周辺事態法案等の作成過程では，自衛隊員と非戦闘員の生命等を防護するために必要最小限とする武器使用の限度が検討された。内閣法制局は，同時期に改正の焦点となっていたPKO協力法の改正案で，「指揮官の命令による組織的な武器使用」を容認するようになっていた。法制局は，周辺事態法案等における後方地域捜索救助活動や船舶検査活動，非戦闘員（在外邦人等）の輸送等の際にも，自衛官が，その事態に応じ合理的に必要と判断される限度で武器を使用できることとした（武器対等原則[76]）。さらに，PKO協力法では適用を除外されていた艦船や航空機等の武器・装備類を防護するための武器使用を認めることとした（自衛隊法第95条の適用[77]）。こうした武器使用範囲の拡大に対しては，社民党から，本格的な戦闘に発展する恐れがあるとして批判が出た[78]。政府部内では，こうした指摘を受けて，非戦闘員退避活動のた

---

75)「武器の使用と武力の行使の関係について（1991年9月27日）」衆議院国際平和協力等に関する特別委員会提出資料（朝雲新聞社編集局編『平成20年版防衛ハンドブック』637頁）。

76) 前田哲男・飯島滋明編著『国会審議から防衛論議を読み解く』三省堂，2003年，221頁。なお，PKO協力法では，同法第24条で保有・貸与できる武器は小型武器に限定され，その事態に応じ合理的に必要と判断される限度で当該小型武器を使用することができることに制限されている。

77)「自衛隊法第95条に規定する武器の使用について（1999年4月23日）」衆議院日米防衛協力のための指針に関する特別委員会提出資料（朝雲新聞社編集局編『平成20年版防衛ハンドブック』637〜638頁）。政府は，自衛隊法第95条に基づく武器の使用は，自衛隊の武器等という我が国の防衛力を構成する重要な物的手段を破壊，奪取しようとする行為からこれらを防護するための極めて受動的かつ限定的な必要最小限の行為であり，それが我が国領域外で行われたとしても，憲法で禁止された武力の行使には当たらないとしている。

めの武器使用を，救出する航空機や艦船の所在する場所または救出対象の邦人・外国人を航空機や艦船まで誘導する経路の二か所に限定して，武力行使に及ぶとの懸念を取り除く措置がとられた。

他方で，内閣法制局は，船舶検査活動の実施について，経済制裁が国際紛争であり，船舶検査活動の実施自体が武力行使もしくは武力の威嚇にあたるかどうかを事例ごとに詰める必要性があることを指摘し，慎重な姿勢を示した。法制局の指摘を受け，船舶検査活動では，警告射撃を行わず，乗船しての検査には船長の同意を必要とすることにした[79]。また，米国と共通の海域で船舶検査活動を実施した際に米軍が攻撃を受けた場合，日本も応戦に巻き込まれる可能性があり，集団的自衛権との関係から，船舶検査活動の実施区域は，他国と混交して行なわれることがないよう明確に区別された区域を指定することとなった。こうした政府案に対して，自民党の国防関係議員からは，武力による威嚇や集団的自衛権の行使を避けるための規制措置が，船舶検査活動自体の有効性を疑わせるとの批判が出されることとなった[80]。

5）台湾問題

一方，新ガイドライン策定時に自民党と社民党との間の政治レベルで争点となった周辺事態の地理的範囲が，法案策定作業の中で外務省と防衛庁，首相官邸を交えた政府内対立として，再び焦点となった。

周辺事態法案では，周辺事態の定義は，新ガイドラインとほぼ同一の表現の「我が国周辺の地域における我が国の平和及び安全に重要な影響を与える事態」と規定された。この定義では，周辺地域という言葉を用いたものの，新ガイドラインでは「周辺事態の概念は，地理的なものではなく，事態の性質に着目したものである」と明記し，日米両国政府の公式見解としてきた。こうした方針は，周辺事態の地理的範囲に台湾海峡をめぐる中台紛争が含まれることを懸念する中国の反発に配慮して「含む」とは言わないものの，同

78）合理的に必要と判断される限度での武器使用が認められることにより，たとえば，艦船の場合，速射砲や大型火器の使用の可能性が生じることとなった（『産経新聞』1998年4月20日）。
79）『日本経済新聞』1998年4月29日。
80）『産経新聞』1998年4月22日。

時に「含まない」とも明言しないことによって中国を牽制するという対中「あいまい」戦略を反映したものであった。

こうした周辺事態の範囲に関する政府のあいまいな見解に対しては、与野党の中から、グローバルに展開する米軍の主導のもとで、自衛隊の活動の地理的範囲が際限なく拡大する可能性があるとの懸念が表明された。与党の中では、新ガイドラインの策定の段階から社民党が地理的範囲を極東に限定し、中国は除外することを主張していた。また、野党では、共産党が周辺事態の地理的定義があいまいなことにより、新ガイドラインが米軍による自動参戦装置となるとの強い批判を展開していた[81]。さらに、民主党も周辺事態の地理的範囲を安保条約の極東及び極東周辺に制限すべきであるとの主張をしていた[82]。

政府はこれまで、日米安保条約第6条における米軍への基地の許与の範囲を「極東」及び「極東周辺」とする政府見解[83]をとっており、こうした与野党からの批判を受け、政府内では、周辺事態の範囲があいまいなままでは、国会審議を乗り切ることが困難になるのではないかとの懸念が広がった。当時の外務省内では、北米局の田中均審議官らの間で、新ガイドラインの策定に併せて、日米安保の枠を超えた自衛隊のグローバルな活動を日本の主体的な判断に基づいて実施できるようにしたいとの考え方が主張されていた[84]。これに対して、竹内行夫条約局長を中心に、周辺事態はあくまで安保条約の延長上であり、極東及び極東周辺に限定して、安保条約の枠内にあることを明示すべきとする意見との間で対立が生じた[85]。この省内論争は、柳井俊二外務事務次官らによって、条約局の主張を外務省の見解とすることで決着が図られた。こうした外務省の新見解に基づいて、高野紀元北米局長は、法案提

---

81) 日本共産党中央委員会出版局『徹底解明新ガイドライン』1997年、13～14頁。
82) 『読売新聞』1998年6月4日。
83) なお、この極東周辺という概念自体は、政府は「極東の平和及び安全に脅威であるという事態が生じた所」としており、明確な地理的概念ではない(『読売新聞』1998年4月27日)。
84) 薬師寺克行『外務省―外交力強化への道』岩波書店、2003年、63～67頁。
85) 『毎日新聞』1998年5月5日、『読売新聞』1998年7月10日、読売新聞政治部・前掲書243～244頁。

出後の98年5月22日の衆議院外務委員会において，「周辺事態は日本の平和と安全に重要な影響を与える事態であり，周辺事態は概念的に極東及び極東周辺を超えることはない」とする答弁を行った[86]。

しかし，こうした外務省の見解修正は，官邸や防衛庁との調整を経ない外務省の専断であった。防衛庁は，当初から日米の有事対応に弾力性を持たせ，中国に対する抑止力を確保するためには，地理的範囲をあいまいにしておくことが戦略として重要性を持つとの認識を持っていた[87]。周辺事態への対応についても，まず日本の平和と安全に重要な影響を与える事態があり，その中で安保条約に規定する対米支援があるとする防衛庁と，周辺事態における対米協力は安保条約の枠内で行われるのが前提とする外務省とでは認識の違いがあった。そのため，外務省の見解変更に対して，久間防衛庁長官らから，周辺事態はあくまで事態の性質に着目したもので，地理的範囲について言及した安保条約上の極東とは同時並列的には論じられないとの批判がなされた[88]。

さらに，外務省の見解変更にもっとも強く反発したのは中国だった。中国政府は，外務省の見解修正が内政干渉であるとして，台湾問題が周辺事態に含まれることは受け入れられないとして批判を繰り返した。こうした中，自民党の山崎政調会長は駐日中国大使からの抗議に対しても，周辺事態が安保条約の枠内にあることを外務省が交通整理したものであるとして外務省を擁護し，台湾海峡は中国の内政問題であり，平和統一を行い，武力解放を行わないならば周辺事態に入らないとして中国側を説得したが[89]，納得は得られなかった。

こうした政府内の混乱に対して，橋本首相は97年秋の自身の訪中で表明した，事態の性質に着目したものであり，特定の地域を念頭に置くものではないとする見解との整合性を重視し，98年5月28日，「周辺事態は地理的概

---

[86] 第142回衆議院外務委員会議録第14号（1998年5月22日），『朝日新聞』1998年5月23日。
[87] 『読売新聞』1998年4月27日。
[88] 『読売新聞』1998年5月27日，同1998年5月28日。
[89] 『読売新聞』1998年5月28日。

念でない」とする政府見解を公式に確認し[90]，政府内での混乱の収拾を図ることとなった[91]。

6）国会の関与の在り方

最後の争点としては，周辺事態の認定と自衛隊の対応措置の決定過程において，国会の関与の在り方をどのように位置づけるかが検討された。この問題に関して，主導権をとったのは防衛庁であった。防衛庁には，制服組を中心に「国会承認が得られなくて，できないとは米国に言えない」との認識から，国会が拒否権を持つ承認制への強い反対があった[92]。これを受け，政府部内の検討では，自衛隊の活動が国民の権利義務を直接制約するものではなく，周辺事態が日本の平和と安全に重大な影響があり，迅速な対応が求められるとして，機動性の優先の観点から国会承認を不要とする結論になった。さらに，外務・防衛両省庁は，国会報告についても，周辺事態への自衛隊の対応が行政行為の一環であることから必要ないとの立場を当初とっていた。しかし，PKO協力法において，停戦合意を前提としたPKOへの自衛隊の参加活動に国会報告が要件とされているのに対して，周辺事態法では，PKO協力法で正当防衛にしか認められていない武器使用の範囲を武器防護目的にまで拡大することから，国会報告の規定を欠くことが法的整合性を失するとの内閣法制局からの指摘がなされた。両者の調整の結果，基本計画の閣議決定後，遅滞なく国会に報告することを法案で義務づけることとなった[93]。

こうした官僚制組織を中心とした調整が，行政権の裁量の確保を優先したのに対し，政治家サイドからは，橋本首相や山崎政調会長のように，国会の事前承認を要求する与党の社民党への配慮から，国会が何らかの関与を要件

---

90) 『朝日新聞』1998年5月28日。
91) 読売新聞政治部・前掲書242～243頁。
92) 『中日新聞』1998年4月16日。ある制服組幹部は，「周辺事態に直接的に対処するのは米軍であり，米国が対処を必要と判断したら，（日本側の意見はどうであれ）それで決まり」と指摘している（『毎日新聞』1998年4月29日）。
93) 『読売新聞』1998年4月7日。なお，国会への事後報告の手続が盛り込まれたのは，内閣法制局が，PKO協力法との整合性の観点から，最低限必要な手続であると主張し，周辺事態の認定基準を法制化しないことの代替措置として，外務・防衛両省庁が受け入れたものとの指摘もある（『中日新聞』1998年4月8日）。

とすることが示唆されたこともあった。また，自民党内にも国会が事後的に承認することで，自衛隊の活動に対する正当性を担保する方が活動が行いやすく，国会承認とすることで国民に危機意識を呼び起こすことができるとの指摘もみられた[94]。野党も，民主党が国会の事前承認制（緊急性が要求される場合には事後承認）を必要とし，新進党も国会の関与の強化を主張していた[95]。

しかし，これらの政治家サイドの主張は，防衛庁内局や制服組の主張を覆すほど強力なものでなく，結局，内閣官房安危室は，後方地域支援を中心とする周辺事態法は，防衛出動と異なり，戦闘行動を直接的に伴うことがないことを基本原則としていることを理由に，国会の承認制度を採用しないことで決着を図った。

以上の各争点についての政府内での調整を経て，法案は，各党の部会審査を経て，連立与党のガイドライン問題協議会に付議された。しかし，この段階で既に社民党は周辺事態法案等ガイドライン関連法案への反対を明確にしており，連立与党の立場からの統制は，法案の作成段階ではほとんど影響力を及ぼさなかった。こうして，周辺事態法案の作成過程においては，ガイドラインの策定時と比較しても，連立与党による影響力の低下とともに，官僚制への委任による間接的統制がより強まることとなったといえよう。

3. 周辺事態法案の作成過程におけるシビリアン・コントロール

ガイドライン関連法案の作成の動機付けは，包括的メカニズムを構築し，日本側の法整備を強く求める米国側の要請によるものであった。これを受けて，政府内では当初，周辺事態における自衛隊の後方地域支援活動を中心に新法を制定することを防衛庁や自民党安全保障調査会が主張したのに対し，

---

94)『朝日新聞』1998年4月10日，『産経新聞』1998年4月27日。法案提出後の参議院外交防衛委員会において，自民党の宮澤弘参議院議員より，日本の有事につながる可能性，自治体の協力を求める規定，民生への大きな影響，国民の権利義務との関係などの点から，対米支援を国会に事後報告するだけでなく，国会の事前承認または緊急の場合には事後承認とする必要性が指摘されるなど，自民党の一部に国会の関与を手続として求める声も根強くあった（『朝日新聞』1998年5月29日）。
95) 第141回衆議院本会議録第16号（1997年12月2日）及び第141回参議院本会議録第8号（1997年12月3日）。

外務省は，法整備を日米安保条約の枠内に止どめ個別法の改正による漸進的処理を望んだ。この省庁間対立は，橋本首相によって個別法改正の方針がいったん決まったものの，有事法制の前段階として新法制定を求める自民党国防族が防衛庁を後押しし，また，新法によって周辺事態における自衛隊の活動の構成要件を憲法に適合的なものとしたい内閣法制局の要求もあり，周辺事態法案を策定することに決定した。こうした法案の議題設定では，橋本首相の指導力は制限され，防衛庁や自民党国防族のイニシアティブがより強く発揮されたといえる。

一方，法案の内容を政策的に詰める段階になると，外務・防衛両省庁の利害は共通化することが多く，憲法との適合性や手続の明確化を求める内閣法制局との利害対立の場面が多くなった。たとえば，周辺事態における認定基準と手続に関しては，法制上の明確化を求める内閣法制局と，機動的対応を優先し，客観的な基準を設けずに，閣議決定によって実施を行えるとする外務・防衛両省庁との対立が顕在化した。この対立は，憲法判断に絡まない政策問題であったため，法制局は有効な統制の根拠を持ちえず，外務・防衛両省庁の主張が通った。その結果，周辺事態の認定・実施決定における首相や内閣の裁量度はより大きいものとなった[96]。

これに対して，憲法適合性の観点からは，船舶検査活動実施の際の米軍との別行動や，戦闘行動発進準備中の米軍機への給油の禁止などが，集団的自衛権禁止の立場をとる内閣法制局の指摘に従い，法案に盛り込まれた。船舶検査活動において，警告射撃を認めず，船長の同意を要件としたことも，武力による威嚇を避けるための内閣法制局の指摘に基づくものであった。逆に，後方地域捜索救助活動の範囲の他国領海への拡大や，在外邦人等の輸送や後方地域捜索救助活動での公海上や他国領域における武器使用範囲の拡大，後方地域捜索救助活動や船舶検査活動を行う米軍に対する補給支援などの点では，主に制服組が主張する軍事上の要請に基づき，内閣法制局は後方地域という条件つきで，それらの活動を容認することとなった。また，新ガ

---

[96] このことは，実際には，米国側の意向や制服組からの情勢分析に首相の判断が左右されることによって，逆に，政治家による統制の実効性の確保を難しくすることになる場合も考えられる。

イドラインで規定された「戦闘地域と一線を画す地域」の文言についても，制服組の反発を受けて，「一線を画す」の文言が消え，実施区域を指定する際の防衛庁長官の裁量を拡大させるなど，制服組の利害を反映した防衛庁の影響力の増大が，内閣法制局の抑制的統制を弱めることとなったといえる。

　一方，自衛隊を積極的に運用する点で共通の利益を持っていた外務省と防衛庁は，周辺事態の地理的範囲をめぐって，外務省が日米安保条約との整合性を重視し，極東または極東周辺に限定されるとの新見解を示したのに対し，防衛庁が当初の方針通り，事態の性質に着目したもので，極東条項との関連はあいまいなままにしておくという立場をとったことによって，政府内の対立状況を生んだ。この問題は，外務省の新見解に対する中国政府の反発を招き，橋本首相が事態の性質に着目したものであり，地理的概念ではないとする当初の方針を確認することで，一応の決着を図った。

　こうした一連の政策決定過程を通じて，憲法問題に関する内閣法制局の統制主体としての役割は維持されたものの，その影響力は相対的に低下し，逆に，防衛庁や自民党国防族の主導性が強まることによって，制服組の軍事的合理性の主張がより強く反映されることとなった。そうした軍事上の要請を優先する考え方は，周辺事態法に基づく対応措置の基本計画に対して，国会の関与を国会報告のみにとどめたことにも現れていよう。これに対して，首相や防衛庁長官らの閣僚を主体とする統制は，橋本首相による台湾問題における政府方針の確認など限定的なものにとどまった。また，連立与党の法案作成過程での瓦解は，与党内で抑制的な役割を担ってきた社民党の統制作用をほとんど機能しないものにした。そうした点で，法案の作成過程では，政治家を主体とする直接的統制はより限定的なものとなり，能動的な観点からの外務・防衛庁両省庁と抑制的な観点からの内閣法制局による調整の結果として，自衛隊をどのように活用するかという問題に対する政策決定がなされたといえる。その結果，周辺事態法案の作成過程におけるシビリアン・コントロールは，制服組との組織的利害の共有や同一化が進む外務省や防衛庁内局が政治家に代替して統制の主体となり，自衛隊の活動とその範囲をより積極的に拡大する能動的統制に作用することとなったといえよう。

第3節　周辺事態法案の国会審議・決定過程

1．周辺事態法案の国会提出と法案審議における争点

　政府が周辺事態法案等3件からなるガイドライン関連法案を国会に提出したのは，1998年4月28日であった。法案の提出に際して，閣外協力の社民党は反対を表明し，国会会期末の5月30日に閣外協力を解消することとなった。また，野党各党も，97年12月の新進党の解党により，自由党と公明，そして民主党に合流するグループに分裂し，98年4月には新生民主党が発足していた。こうした野党の再編によって，周辺事態法案に対する各党の対応は流動的になっていた。そのため，周辺事態法案は，提出されたものの議院運営委員会で吊るされたまま，委員会付託されることなく，継続審議となった[97]。

　そうした国会の行き詰まりの中で，野党の中では，民主党がいち早く法案の国会提出後に検討を開始し，周辺事態法案への対応についての中間報告をまとめた。そこでは，周辺事態の地理的範囲を極東及び極東周辺に限定することと，国会の事前承認制を盛り込むことを党の方針として決定した[98]。特に，国会の承認制では，政府の基本計画に対する事前の国会の審査によって，基本計画の修正または拒否を行うことができる仕組みを導入し，緊急時の場合には，事後承認も認めるが，その場合でも，内閣総理大臣は，直ちに基本計画の国会承認を求めねばならず，事後的な計画の修正も可能とした。そして，国会は90日毎に基本計画を見直し，継続の承認を得ない場合には，内閣に措置の停止を義務づけることを内容としていた[99]。一方，閣外協力を解消し野党に転じた社民党は，周辺事態法案が米国の戦争支援法であり，国会の承認を必要とせず，民間施設や自治体に協力を強制し，国民生活を脅かすものとして，法案の成立阻止を明確化した[100]。

97）周辺事態法案の審議入りができなかった理由には，自民党内にも自衛隊が前面に出てくることへの警戒感が一部にあったとの指摘もある（秋山昌廣『日米の戦略対話が始まった』亜紀書房，2002年，269頁）。
98）『朝日新聞』1998年6月5日。
99）民主党外交・防衛部会「ガイドライン関連法案への対応について―中間報告―」1998年6月4日。

通常国会が閉幕した後，98年7月には参議院選挙が実施された。選挙結果は与党自民党の敗北に終わり，参議院の過半数を20議席以上割り込んだ責任を取る形で橋本首相は退陣することとなった。新しい首相には外務大臣の小渕恵三が就任することとなった[101]。新政権の発足に伴い閣僚，党三役の人事も行われた。特に，自社さ連立政権で，与党ガイドライン問題協議会を担ってきた加藤幹事長，山崎政調会長が辞任し，代わって小渕派から官房長官に就任した野中広務幹事長代理が政権の舵取り役として公明党との調整などで重要な役割を果たしていくようになった。参議院で少数与党となった小渕内閣の試練は，98年秋の臨時国会で，野党提出の金融再生法案を丸呑みして成立させるなど，その国会運営にあった。周辺事態法案に関しても野党の多くが反対する中で，その進捗はほとんど見られなかった。小渕内閣はこうした状況を打破するため，それまで敵対していた小沢一郎と協力し，99年1月に小沢が党首を務める自由党と連立政権を組むこととなった。さらに，99年の通常国会では，98年11月に再結党された公明党（神崎武法代表，冬柴鉄三幹事長）に対しても，連立参加を働きかけるようになった。自・自・公の三党間では，新ガイドラインに基づく自衛隊の活動拡大に対して積極的な自由党に対して，後に連立に加わることとなる公明党は，自衛隊を使った外交政策の展開には慎重であった[102]。こうした両党の間の不一致が，法案の審議入りが遅れる要因ともなった。

　98年4月に法案が国会に提出され，1年近くが経過した99年3月，ようやく周辺事態法案等ガイドライン関連法案の審議が開始されることとなった。審議入り後は，3月12日に衆議院本会議で趣旨説明が行われ，衆議院日米防衛協力指針特別委員会に付託後は，集中的な審議が行われ，4月27日には一部修正のうえ衆議院を通過することとなった。参議院に送付後は，さらに約

---

100)　『社会新報』1998年6月3日。

101)　外務大臣のポストには高村正彦外務政務次官が就任し，防衛庁長官には野呂田芳成元農水大臣，官房長官には野中広務幹事長代理が任命された。また，党三役も，自社さ連立政権を支えてきた加藤幹事長に代わって，森喜朗元幹事長が就任し，政調会長には山崎拓に代わって池田行彦元外務大臣が就任した。池田は自自連立政権の発足に伴い総務会長に転じ，後任には亀井静香元建設大臣が就任することとなった。

102)　秋山昌廣・前掲書269〜270頁。

1か月の審議を経て，5月24日，参議院本会議で可決成立に至った。法案提出から審議入りまでの与党内での調整期間の異常な長さに対して，法案審議入り後一転して短期間で成立に至ったことは，連立政権の組み替えを経て，新たな連立与党と公明党との間の合意形成が法案成立のための実質的な可否を握っていたことを示していよう。

新ガイドラインに関する審議は，特別委員会での周辺事態法案の審議入りに先立って，実質的には，衆議院予算委員会や外務委員会において既に実施されていた[103]。こうした先行審議を受けて，周辺事態法案の審議入り後は，新ガイドライン作成時から争点となってきた周辺事態の地理的範囲について，野党側からの追求がなされた。これに対し，小渕首相は，周辺事態は地理的概念ではなく，事態の性質に着目した概念であり，その生起する地域をあらかじめ地理的に特定し，一概に確定することは困難であるとの政府見解を繰り返した。その一方で，中東やインド洋で生起することは想定されないとして，一定の地理的制約があることを示唆した[104]。高村正彦外務大臣も，アジア太平洋を越えることは想定されないとの答弁を行った上で，地理的範囲を明示化しない理由として，安全保障に関する条約・法律では，実効性・柔軟性を確保する観点もあり，目的・対象等について，通常の用語法以上に厳密で詳細な規定が置かれないのが普通であると答弁し[105]，野党の追及をかわそうとした。こうした政府の周辺地域の特定化を避ける答弁に対して，周辺事態の範囲が安保条約の枠内であることを明確にしたい民主党などの野党の追求は決め手を欠いていた。これに対し，法案作成段階で，法文上明記されなかった周辺事態の認定基準について，野党側は，より具体的な基準を示すことを政府側に要求した。法案の特別委員会での審議が始まる前，1998年4月17日の安全保障委員会において，民主党の横路孝弘委員からの周辺事態の具体例についての質疑に対して，久間防衛庁長官（当時）からは，①武力紛争が発

---

103) ガイドライン関連法案の法案審議における論議については，岡留康文・森下伊三夫「周辺事態関連法の成立と海上警備行動の発令」『立法と調査』第213号，1999年9月，14〜19頁を参照。
104) 第145回国会参議院本会議録第17号（1999年4月28日）。
105) 第145回国会衆議院日米防衛協力のための指針に関する特別委員会議録第5号（1999年4月1日）。

生している場合，②武力紛争の発生が差し迫っている場合，③政治体制の混乱などによって，大量の避難民が発生して我が国に大量に流入する蓋然性が高まっている状況，④国連の安保理決議に基づく経済制裁の対象となるような国際の平和と安全に対する脅威となる行動をとっている状況であって，それらが我が国の平和と安全に重要な影響を与えている場合の4事例を認める答弁が既になされていた[106]。しかし，公明党や民主党の委員は，さらにより具体的な周辺事態の定義の明確化・類型化を質した。その結果，委員会審議では，野呂田芳成防衛庁長官より，外務省を中心に検討中の6類型が示されることとなった。同類型は，既に示されていた4類型をもとに，①我が国周辺の地域において武力紛争の発生が差し迫っている場合，②我が国周辺の地域において武力紛争が発生している場合，③我が国周辺の地域における武力紛争そのものは一応停止したが，いまだ秩序の維持，回復等が達成されておらず，引き続き我が国の平和と安全に重要な影響を与える場合，④ある国の行動が国連安保理によって平和に対する脅威あるいは平和の破壊または侵略行為と決定され，その国が国連安保理決議に基づく経済制裁の対象となるような場合，⑤ある国における政治体制の混乱等によりその国において大量の避難民が発生し，我が国への流入の可能性が高まっている場合，そして，⑥ある国において内乱，内戦等の事態が発生し，それが純然たる国内問題にとどまらず国際的に拡大している場合であって，それらのいずれもが我が国の平和と安全に重要な影響を与える場合とするものであった[107]。野党側からは，さらに，政府に対して統一見解を出すことが要求され，与党側も理事会協議において，法案の締めくくり総括質疑時に追加的な事例を加えた統一見解を示すことで合意した。こうして，理事会に提出された資料では，野呂田長官の答弁をほぼ踏襲する6類型が周辺事態の具体例として示された[108]。しかし，これらは，あくまで例示であり，内閣が周辺事態として判断する際には，「事

---

106) 第142回国衆議院安全保障委員会議録第5号（1998年4月17日）。
107) 第145回国衆議院日米防衛協力のための指針に関する特別委員会議録第9号（1999年4月20日）。
108) 「周辺事態について（1999年4月26日）」衆議院日米防衛協力のための指針に関する特別委員会提出資料。

態の規模・態様等を総合的に判断する」とするのが政府の公式見解であり，政府側の裁量を覊束するようなものではなかった。さらに，周辺事態の認定基準自体が法案に規定されていないことから，結局は，米国の判断が（日本側の判断よりも）優先されるのではないかといった疑問が野党側から出された。これに対し，野呂田防衛庁長官は，ある事態が周辺事態に該当するか否か，また周辺事態において日本が周辺事態法に基づいていかなる対応措置をとるかについては，日米両国政府において密接な情報交換，政策協議を通じ共通の認識に到達する努力が払われことになるが，日本がそれらの時点の状況を総合的に勘案し，あくまで日本の国益を確保する観点から主体的に判断するものであるとの見解を示し[109]，野党側との議論はかみ合わなかった。

次に，武力行使との一体化の問題に関して，野党側から，実際の戦闘では後方地域支援を行うのに際して，前方と後方の区別がつかないのではないかとの批判が提起された。これに対して，小渕首相は防衛庁長官が軍事的な常識を踏まえつつ各種の情報を総合的に分析することにより合理的に判断することができるとし，また，野呂田防衛庁長官は，戦闘行為が行われた場合は，活動の中断・休止をし，実施区域を変更し安全を確保するとの答弁を行った[110]。また，武力行使を行っている米軍への支援は武力行使と一体化するものではないかとの野党側の指摘に対しては，小渕首相は，それ自体武力行使でなく，後方地域で行われるので，米軍の武力行使との一体化の問題は生じることも想定されず，憲法との関係で問題が生じることはないとした[111]。その一方で，後方地域支援において，武器弾薬等の提供及び戦闘作戦行動のための発進準備中の航空機への給油等を除外した理由について，政府側は，米国側のニーズがないことを挙げたが，内閣法制局からは，憲法上の適否については慎重な検討を要するものであることが示され[112]，政府内部でこの問題についての憲法上の議論があることが明らかとなった。

---

109) 第145回国衆議院日米防衛協力のための指針に関する特別委員会議録第9号（1998年4月20日）。

110) 第145回国衆議院日米防衛協力のための指針に関する特別委員会議録第4号（1999年3月31日）。

111) 第145回国会参議院本会議録第17号（1999年4月28日）。

112) 第145回国衆議院予算委員会議録第5号（1999年1月28日）。

さらに，船舶検査活動については，国連安保理決議の要否と，実効性の観点から警告射撃を除外したことが議論となった。安保理決議の要否については，外務省は旗国主義の関係で検査の実効性を確保するため安保理決議があることが有益との見解を示した[113]。また，警告射撃を法案で除外した理由については，内閣法制局より，武力行使との関係でさらに慎重な検討を要する問題であるとして，憲法との関係で最終的な結論が出ていないことが示された[114]。こうした警告射撃や強制乗船を実施しないことについて，与党の委員から実効性があるのかとの質疑がなされた。これに対して，野呂田防衛庁長官は，諸外国の実績から実効性を確保できるとの答弁を行った[115]。

さらに，周辺事態の認定，自衛隊の出動の是非及び基本計画を国会承認にすべきとの野党側からの要求に対しては，政府は基本計画を国会報告とした理由を，①武力の行使を含むものではない，②国民の権利義務に直接関係しない，③迅速な決定を行う必要があるとして，国会承認は必要ない[116]とする立場をとり，野党の要求を否定した。

一方，自治体・民間の協力に関しては，社民党や共産党などは，協力が一般的な協力義務を越えて，実質的に強制されるのではないかとの懸念を示していた。委員会審議では，国に対する自治体や民間の協力の内容や，協力を拒否できる正当な理由について，政府側に統一見解を求める要求がなされた。これに対して，政府は，1999年2月に，港湾・空港の施設使用など10の協力項目例を自治体等に示すとともに，さらに4月26日の特別委員会理事会に，11項目の具体例について説明を付した文書を提出することとなった[117]。民主党の委員からは，自治体の長の権限の行使に関わる協力の求めについて，協力義務の限度についての統一見解を出すことが求められた。野呂田防衛庁長官は，正当な理由があれば拒否できるが，その正当な理由であるか否かは，

---

113) 第145回国衆議院日米防衛協力のための指針に関する特別委員会議録第5号（1999年4月1日）。
114) 第145回国衆議院日米防衛協力のための指針に関する特別委員会議録第5号（1999年4月1日）。
115) 第145回国衆議院日米防衛協力のための指針に関する特別委員会議録第4号（1999年3月31日）。
116) 第145回国衆議院予算委員会議録第6号（1999年1月29日）。

個別の法令，条例に照らして，判断されると答弁した[118]。正当な理由の事例としては，港湾については，接岸施設から船がはみ出す場合，長期間港を占有する場合といったものが挙げられた[119]。正当な理由が無く拒否した場合には，野田毅自治大臣より，個別法令に違反する場合で，停止・変更命令等の措置規定が置かれているケースでは，その措置が採られ，さらに地方自治法第245条に基づく助言・勧告，同法第246条の2の是正措置要求の対象となることも法律上はありあるとの見解が示された[120]。これらの政府側の答弁は，自治体の協力拒否に対する一定の制約を示すものであった。

なお，周辺事態法案の委員会審査において，政府側の答弁の中心となったのは，周辺事態法案，自衛隊法改正案の所管大臣の野呂田防衛庁長官とACSA改正協定の所管大臣である高村外務大臣であった（**表2-2**参照）。周辺事態法案が審議された145回通常国会では，自民党と自由党との連立合意に基づき，政府委員制度の廃止が与野党間で協議されていた[121]。同国会は，政府委員が国会において答弁に立つ最後の機会でもあった。政府委員として答弁に立ったのは，防衛庁の佐藤謙防衛局長と柳澤協二運用局長，外務省では，

---

117) ピースデポ・ガイドライン法案プロジェクトチーム『自治体と市民のための「ガイドライン法案」速報』第10号，1999年4月27日，2頁。なお，1999年7月6日に政府から自治体等に示された解説案では，①地方公共団体の管理する港湾の施設の使用，②地方公共団体の管理する空港の施設の使用，③建物，設備等の安全等を確保するための許認可，④消防法上の救急搬送，⑤人員及び物資の輸送に関する民間運送事業者の協力，⑥廃棄物の処理に関する関係事業者の協力，⑦民間医療機関への患者の受入，⑧民間企業の有する物品，施設の貸与等，⑨地方公共団体の管理する港湾・空港の施設の使用に関する民間船社，民間航空会社の協力，⑩人員及び物資の輸送に関する地方公共団体の協力，⑪地方公共団体による給水，⑫公立医療機関への患者の受入，⑬地方公共団体の有する物品の貸与等の13項目が第9条に基づく協力の求めの対象となるとしている（防衛年鑑刊行会編集部『防衛年鑑（2000年版）』防衛年鑑刊行会，2000年，57〜59頁）。
118) 第145回国衆議院日米防衛協力のための指針に関する特別委員会議録第7号（1999年4月13日）。
119) 第145回国衆議院予算委員会議録第7号（1999年2月1日）。
120) 第145回国衆議院日米防衛協力のための指針に関する特別委員会議録第9号（1999年4月20日）。
121) 政府委員制度の廃止を盛り込んだ「国会審議の活性化及び政治主導の政策決定システムの確立に関する法律」は1999年7月26日に成立し，第146回臨時国会から施行された。

表 2-2 ガイドライン関連法案の委員会審議における政府側答弁回数の比較
(1999年・衆議院日米防衛協力指針特別委員会)

答弁者別	自民	自由	民主	公明	共産	社民	合計
小渕首相	12	14	58	32	16	13	145
高村外務大臣	39	42	144	97	23	10	355
野呂田防衛庁長官	69	29	145	104	44	25	416
野田自治大臣	9	0	35	13	6	5	68
川崎運輸大臣	5	0	11	11	5	10	42
野中官房長官	0	0	19	4	1	1	25
宮澤大蔵大臣	0	0	6	0	0	1	7
堺屋経済企画庁長官	2	0	0	0	0	0	2
宮下厚生大臣	0	0	0	4	0	0	4
野田郵政大臣	0	0	1	0	0	0	1
太田総務庁長官	1	0	0	0	0	0	1
大森内閣法制局長官	0	2	10	13	8	0	33
伊藤内閣安保危機管理室長	0	6	25	17	10	7	65
杉田内閣情報室長	1	0	0	0	0	0	1
竹内外務省北米局長	1	0	41	9	12	7	70
東郷外務省条約局長	0	3	30	5	21	11	70
加藤外務省総合外交政策局長	0	7	3	9	0	0	19
大島外務省経済局長	0	0	0	0	0	3	3
阿南外務省アジア局長	0	0	1	0	0	0	1
佐藤防衛庁防衛局長	8	6	56	20	29	5	124
柳澤防衛庁運用局長	4	4	37	12	23	7	87
及川防衛庁装備局長	0	0	2	0	0	0	2
守屋防衛庁官房長	0	0	3	0	0	0	3
坂野防衛庁人事教育局長	0	0	0	0	1	0	1
木藤公安調査庁長官	2	0	0	0	0	0	2
金重警察庁警備局長	1	0	1	0	0	0	2
楠木海上保安庁長官	5	0	1	0	0	0	6
羽生運輸省運輸政策局長	0	0	1	0	0	0	1
稲川資源エネルギー庁長官	1	0	0	0	0	0	1
内藤外務省領事移住部長（説明員）	0	0	0	1	0	0	1
渡辺法務省官房審議官（説明員）	0	0	2	0	0	0	2
合計	160	113	632	351	199	105	1235

注) 委員会議録の記載回数で集計

竹内行夫北米局長と東郷和彦条約局長，そして，内閣官房の伊藤康成安保危機管理室長らであった。また，周辺事態法案の憲法適合性に関しては，大森政輔内閣法制局長官が答弁に立ち，政府案の合憲性を保証する役割を果たした。なお，周辺事態法案は，各省庁にまたがる内容を持つ法案であったため，国務大臣の答弁は，自治，運輸，厚生などの10省庁に及び，小渕首相の答弁も含め，多くの政府関係省庁が法案審議に関与することとなった。こうした

法案審議において，外務省や防衛庁の幹部官僚は，政府委員や大臣の答弁の補佐を通じて，それぞれの組織の立場を説明し，法案の有権的な解釈を表明することで，執行過程における優位性を担保することとなった。これに対して，委員会の側は，各党の委員による法案質疑や修正交渉などを通じて，法案の内容の明確化や限界づけに一定の寄与をし，最終的な法律の枠組みの決定にも一定の影響力を持った。野党は，PKO協力法案の審議時のような法案に反対の立場から審議妨害を行うという戦術をとらず，衆参両院の委員会で約150時間に及ぶ審議時間が確保された。安全保障政策に特有の秘密保持の要請から，法案をめぐるその執行内容についての情報開示は必ずしも十分ではなかったものの，形式的手続的な面での委員会の正統化機能は，一定程度確保されたといえる。なお，衆議院安全保障委員会での審議において，自衛隊の統合機能や新ガイドラインについての制服組の見解を質す必要性から，民友連（民主党）の岡田克也委員から，統合幕僚会議議長や幕僚長ら制服組幹部の国会答弁が求められた。しかし，久間防衛庁長官は，防衛庁内局幹部による政府委員または説明員としての答弁で十分であるとして制服組による答弁を必要ないとした[122]。この問題は，新ガイドラインの策定から周辺事態法案の立案において，軍事専門的な立場から関与した制服組からの直接の説明を国会側が聴取することを阻むもので，国会によるシビリアン・コントロールにとっての問題提起ともなった。

2．自自公三党による法案修正協議と民主党の対応

こうした法案審議では，政府側は内閣法制局の合憲解釈を盾に，野党側からの集団的自衛権との抵触や武力行使一体化問題の追求をかわし，政策的な是非に関しても，日本の安全保障の観点からその必要性を強調して譲らなかった。政府と野党との議論がかみ合わなかったのは，法案審議と並行して，周辺事態法案の取り扱いについて，自民，自由の連立与党と公明党の三党の間だけで修正をめぐる非公式の協議が行われていたからでもある。一足先に連立に加わった自由党を媒介として，公明党は，通常国会のその他の対決法

---

[122] 第142回国衆議院安全保障委員会議録第4号（1998年4月2日）。

案についても，自民・自由両党との協力路線をとるようになっていた。周辺事態法案をめぐる三党間の協議は，法案自体の取り扱いをめぐる調整であると同時に，三党による新たな連立形成のための政策のすりあわせの面も有していた。自衛隊の活用に積極的な自民党と自由党に対して，公明党は自衛隊を投入する事態を限定し，その機会をできる限り狭く解釈することを目指していた。そのため，与党の考え方と公明党の意図をいかに調整するかが，修正協議の課題であった。自民党は，法案審議入り後，与党の自由党との協議と公明党との非公式の折衝を踏まえ，同党として修正可能な項目をまとめることとなった。それは，①法案の対象が日米安保の枠内であることを文言として明記すること，②自衛隊が日本の領域外に出動する場合に限って国会の事後承認を得ることとする，③船舶検査を国連の決議のほか，「条約その他の国際取り決め」などがある場合にも実施できるようにする，④周辺事態の定義に「放置すれば日本の有事に発展する恐れのある場合」を付加するといった内容であった[123]。この内，①は自由党と公明党との調整を踏まえたものであり，④は周辺事態を日本の自衛権の行使に近い事態と位置づけ，日本有事にも対応可能に機能させようという「準有事論[124]」を主張する自由党の考え方を考慮したものであった。

これに対して，公明党は，周辺事態法案に対する法案修正要求項目を提示した。そこでは，①基本計画を原則，国会の事前承認とし，緊急の場合は，20日以内に事後承認を求めることとする，②周辺事態終了後，対応措置の詳細をすみやかに国会に報告する義務を法案に明記すること，③周辺事態法に基づく措置が「日米安保条約の枠内」であることを法案に明記すること，④船舶検査活動については国連安保理決議を要件とすることの4点に絞られていた[125]。一方，自由党は，基本計画を事前ないしは事後に国会承認を必要とすること，国連決議に基づく船舶検査であるならば，周辺事態に限定するので

---

123) ピースデポ・ガイドライン法案プロジェクトチーム『自治体と市民のための「ガイドライン法案」速報』第7号，1999年4月13日，2頁。
124) 読売新聞政治部・前掲書246頁。
125) 公明党・改革クラブ防衛指針関連法案検討チーム「防衛指針関連法案について法案修正等を求める点(1999年4月16日)」ピースデポ・ガイドライン法案プロジェクトチーム『自治体と市民のための「ガイドライン法案」速報』第8号，1999年4月16日，7頁。

はなく，より広い範囲で可能にするべきであり，周辺事態法から切り離すこととする，また，周辺事態に限定するならば，国連決議に基づくという条件を外すべきという見解をとっていた[126]。

　自民党は，法案成立のためには，こうした自由，公明両党のそれぞれの主張を取り入れた修正を行うことが不可避であるとの判断から，周辺事態法案を6項目について修正することで三党間の合意に達した。

　まず，周辺事態法の目的について規定した第1条では，「日米安保条約の効果的な運用に寄与し，」との文言を加えることで，周辺事態法が安保条約の目的の枠内であることを明記した。さらに，自由党の準有事論に配慮し，第1条の周辺事態の定義に，「そのまま放置すれば我が国に対する直接の武力攻撃に至るおそれのある事態等」の文言が追加修正されることとなった[127]。さらに，国会の関与については，政府案では国会への報告にとどまっていたのに対し，国会承認を主張する公明党や自由党の主張に沿う形で，「対応措置の実施」について原則として国会の事前承認を要し，緊急の必要がある場合には，速やかに事後承認を得なければならないとすることで合意された。修正案の委員会質疑では，後方地域支援等の実施を国会承認とした理由について，修正案提出者より，実力組織たる自衛隊の部隊等が実施するもので，かつ新たに実施できるようになるものであることから，国民の十二分な理解を得る必要があるとする説明がなされた[128]。なお，法案修正によって新たに承認の対象となったのは，後方地域支援活動と後方地域捜索救助活動の二活動の実施の是非であった。そのため，国会の承認が得られず，不承認になっても，在外邦人輸送，機雷除去，自治体協力等は実施可能とする見解が野呂田防衛庁長官より示されることとなった[129]。さらに，三党合意では，基本計画に基づ

---

126) 信田『冷戦後の日本外交』190～191頁。
127) この文言の追加の理由について，修正案提案者は，例示的に丁寧に説明したものでこれまでの解釈を変えるものではないと説明している（第145回国参議院日米防衛協力のための指針に関する特別委員会会議録第3号（1999年5月10日））。
128) 第145回国参議院日米防衛協力のための指針に関する特別委員会会議録第3号（1999年5月10日）。
129) 第145回国衆議院日米防衛協力のための指針に関する特別委員会会議録第4号（1999年3月31日）。

く対応措置が終了したときは，結果を国会に報告することとされ，基本計画の決定又は変更があった場合の国会報告に加えて，対応措置の終了についても国会報告を義務づける法案修正が行われた。一方，武器の使用に関しては，政府案では，後方地域捜索救助活動，船舶検査活動及び在外邦人の輸送時における自己防護等の武器使用が明記され，後方地域支援活動については，政府は，活動の相手が米軍であることから，武器使用は必要ないとしていた。しかし，後方地域支援等においても武装集団の妨害を受けるなどの万が一の不測の事態が生ずる可能性を全て否定できないことから，当該職務に従事する自衛官の生命又は身体の安全確保に万全を期すことを目的として，後方地域支援活動においても「武器の使用」を認める規定が追加された。

　こうした修正合意が，自由党と公明党にほぼ共通する項目に基づくものであったのに対し，周辺事態法案の柱である船舶検査活動については，船舶検査の要件として政府案に規定されていた国連安保理決議を削除することを自由党が求めた。これに対し，公明党は，船舶検査活動の根拠として国連決議は絶対必要として譲らなかった。自自公間の意見集約が困難な中で，4月25日，三党の幹事長会談が開かれ，周辺事態法案から船舶検査活動に関する部分を全面削除し，別途に立法措置を講じることで一応の決着が図られた。

　一方，民主党は，自自公の修正協議とは別に，独自の修正案を検討し，新ガイドラインの実効性を高めるための法整備に賛成するものの，日本の主体性確保と国民生活に対する配慮を法律面で担保することが必要との観点から，政府案に対する修正要求を4月26日に決定した。その内容は，①基本計画全体の国会による原則事前承認，②60日毎の措置継続に対する国会承認，③周辺事態法に基づく措置が日米安保の枠内であることの法案への明記，④周辺事態の定義を「我が国周辺の地域における我が国の平和及び安全に重要な影響を与える事態で，これを放置すれば我が国に対する武力攻撃の怖れが生ずると認めるもの」とすること，⑤船舶検査には国連安保理決議を要件とすること（政府原案のまま），⑥後方地域支援活動についても武器使用の規定を法案に明記すべきことであった。これらの修正要求項目は，公明党の要求とほぼ共通するものであった。しかし，自民・自由・公明の三党は，既に三党間で合意した修正案を特別委員会に提出し，民主党との最終段階での修正協

議には応じなかった。民主党は，自自公三党の修正案に対して，自衛隊の一部活動のみを国会承認事項とし，シビリアン・コントロールが不十分であることや，周辺事態の定義や政府統一見解が解釈の余地が大きすぎ，自衛隊の活動領域が専守防衛を超えて，世界大に広がる懸念があること，船舶検査に関する項目を削除したこと等によって，国民の利益に反し，日米防衛協力の実効性確保に逆行しかねないとの理由から反対することとなった。なお，民主党は，ACSA改正協定と自衛隊法改正案については必要性を認め賛成をすることとなった。

こうして1999年の通常国会で，周辺事態法案等ガイドライン関連法案は成立することとなった。なお，その後，2000年4月に，自由党が連立を離脱し，積み残しとなっていた船舶検査法は，公明党の主張どおり，国連安保理決議もしくは検査対象となる船舶の所属国の同意を条件とすることを明記して2000年11月に成立することとなった。北朝鮮の核危機で顕在化した朝鮮半島有事を念頭に日米安保再定義から始まった周辺事態法案はここに一応の整備を見，日本有事に対応する「有事法制」の整備が次の安全保障政策の課題となっていった。

3．周辺事態法案の国会審議・決定過程におけるシビリアン・コントロール

周辺事態法案の国会審議・決定過程において，自衛隊の活動権限の付与に対する統制主体となったのは，野党第一党の民主党ではなく，連立与党の自民党・自由党と与党との連立を模索していた公明党の三党であった。特に，社民党との閣外協力の時期に周辺事態法案の審議入りすらできなかったのが，参議院での法案通過のめどが立つこととなったのは，連立のパートナーを組み替えた自由党との連立の効果であった。自由党の主要議員は，新進党時代から新ガイドラインに積極的な立場をとっており，周辺事態法案に対しても，日本の有事にリンクさせる定義規定への変更や，自衛隊によるより広い範囲での船舶検査活動を可能とするような能動的な観点からの修正を求めた。これに対して，公明党は新ガイドラインに慎重な立場から，国会の事前承認による自衛隊の活動に対する国会の関与や，船舶検査活動に対する国連決議を要件とするなど抑制的な観点からの統制を図った。自由党も国会の関

与という点では公明党と一致しており，この問題については，自民党が国会承認を受け入れる形で決着が図られた。他方で，船舶検査活動については，自由党と公明党の不一致により，法案から削除される形で先送りがなされた。こうして，連立与党と公明党の三党間の協議で，法案の修正内容が決定されたため，野党の民主党は，法案修正という形での政策決定への影響力をもちえなかった。しかし，民主党は国会の委員会審議に足場を置いて，政府側に対する質疑や統一見解の要求を行うことで，政府側の見解を明確にし，その問題点を明示する役割に専念した。特に，立法段階で，周辺事態の認定の基準が法律に明記されず，閣議決定に委ねられた問題に対して，政府側の周辺事態の定義についての統一見解を求めることで，政府側から6類型の例示を引き出し，認定基準を明確化する役割を担った[130]。さらに，自治体や民間機関への協力義務づけの内容と限度について，慎重な立場の関係自治体や民間機関を代弁して，社民党などとともに政府側に統一見解を求めた。このことが，政府から自治体等への11項目の協力具体例の提示につながることとなった。その反面で，周辺事態法案の審議入り後に行われた法案審議では周辺事態の地理的範囲について，政府側がその具体的説明を意図的に回避するあいまい戦略で答弁を一元化し，さらなる追求をすることができなかった。また，集団的自衛権や武力行使一体化の問題についても，内閣法制局が憲法適合性を保証する答弁を行ったのに対して，それを覆すような質疑は行い得なかった。民主党に加え，社民党，共産党の各野党から提出された政府統一見解や資料提出の要求についても，合計8件の内，5件しか実現しなかった。特に，日米合同委員会での協議経過とその内容や，事前協議の密約に関する統一見解などについては，与党側は理事会協議で回答を拒否し，明らかにしなかった。こうした野党の統制には限界があったものの，民主党自体の政策スタンスは，その修正要求の内容において，公明党とほぼ類似し，公明党と与党との修正協議によって国会の事前承認制が実現するなど，野党としての各党の一致した要求が，自民党内の一部にすぎなかった国会承認への賛成を党内の多数意

---

130) 周辺事態法案の成立後，武力攻撃事態対処法案が国会に上程されることになった段階で，積み残しであった周辺事態の定義の明確化が，再度国会審議における争点として浮上することになった。

見にしていくことに寄与したともいえる。

　こうして，周辺事態法案の国会審議・決定過程においては，法案の立案段階に比べて，政党の関与がより強まり，官僚制への委任による間接的統制から，政治家が主導する直接的統制の要素をより強めることとなった。公明党や民主党の防衛庁・制服組との政策的距離の遠さを反映し，その統制は，シビリアン主導型の抑制的な観点からなされた。他方で，連立与党の側からの統制は，防衛庁・制服組と利害を共有する自民党が，公明党や自由党に譲歩することにより，結果的に，国会の関与をより強め，日米安保の枠内であることを明記するなど，法案作成段階での内容をより抑制的に統制することに作用することとなったといえよう。

第3章　テロ対策特措法の立法過程

はじめに

　本章は，テロ対策特措法（自衛隊法改正を含む）の立法過程を対象に，同法案の政府・与党内における法案作成過程と国会における政府与党・野党間の審議・決定過程の時系列的な記述分析を行い，争点ごとの政策決定に至る参加アクター間の主導性または影響力を分析する。そして，同法案の立法過程における統制主体であるシビリアンと統制の客体である制服組との影響力関係から，テロ対策特措法の形成・決定過程におけるシビリアン・コントロールの内容を分析することとする。

第1節　テロ対策特措法案の作成過程

1．特措法制定に向けての議題設定

　2001年9月11日に米国で発生した同時多発テロは，死者・不明者合わせて3000名を超える未曾有の事態となった。米国の本土が攻撃されたのは第二次大戦後初めてのことであり，米国にとってそれはテロ行為を超えた戦争行為ともいうべきものであった。国連安全保障理事会は，翌9月12日，このテロ行為を国際の平和及び安全に対する脅威であると認定し，加盟国に対してテロ行為を防止するための一層の努力を要請する決議（1368号）を採択した。

　日本政府も翌日の12日午前，安全保障会議を招集し，小泉首相自身より，日本が米国を強く支持し，必要な援助と協力を惜しまない決意であり，このようなことが起こらないよう世界の関係国とともに，断固たる決意で立ち向かうことが表明された[1]。9月19日，日本政府は，7項目からなる日本の対応

措置を首相自ら発表し，安保理決議1368号において，「国際の平和及び安全に関する脅威」と認められた本件テロに関連して措置を取る米軍等に対して，医療，輸送・補給等の支援活動を実施する目的で自衛隊を派遣するため，所要の措置を早急に講ずることとした。また，我が国における米軍施設・区域及び我が国重要施設の警備をさらに強化するため所要の措置を早急に講ずること，情報収集のため自衛艦艇を速やかに派遣することが盛り込まれた[2]。本章で対象とするテロ対策特措法は，この対応措置7項目に基づいて，政府・与党により，事件発生から一ヶ月足らずの10月5日に国会に提出され，同月29日に成立することとなった。このきわめて短期間に成立に至った同法案の政府内での議題設定において，イニシアティブをとったのは対米支援を一早く打ち出した小泉首相であり，首相の意向を受けて法案の取りまとめに当たった古川内閣官房副長官がその補佐機能の要となった。また，新法の議題設定に関して，政府内で推進役となったのは外務省と海上幕僚監部（海幕）であった。

　外務省は，テロの翌日から米軍支援のための検討作業を開始し，自衛隊の派遣に向けて積極的に動いた。外務省の積極性の背後には，1991年の湾岸戦争における苦い教訓があった。当時，外務省が中心になって立案した国連平和協力法案は，多国籍軍への自衛隊の後方支援をめぐって国会が紛糾し，廃案の憂き目にあった。代わりに，日本政府は総額130億ドルに上る財政的支援を行ったにもかかわらず，「余りに小さく，余りに遅い」貢献として，国際社会からの評価を受けることがなかった。外務省は，9月15日のリチャード・アーミテージ国務副長官と柳井俊二駐米大使の会談[3]を受け，米国からの支援要請を国内向けの「圧力」として利用しつつ，日本の主体的な判断で新規立法を制定し，自衛隊を派遣する方針をとっていた。そこには，国内的な制約から自衛隊の派遣が実施できないことになった場合の日米同盟への危機感とともに，国際社会における日本の存在感を示すための強い意欲が背景に

---

1) 伊奈久喜「ドキュメント9.11の衝撃―そのとき，官邸は，外務省は」外交フォーラム編集部編（田中明彦監修）『「新しい戦争」時代の安全保障―いま日本の外交力が問われている』都市出版，2002年，176頁。

2) 田村重信・杉之尾宜生編著『教科書・日本の安全保障』芙蓉書房出版，2004年，153頁。

あった[4]。

　外務省が新法の制定を目指したのは，現行法である周辺事態法では米国に対する必要な支援が行えないとの考え方に基づくものであった。同法では，自衛隊が参加できるのは「日本周辺の地域における日本の平和と安全に重要な影響を与える事態」に限定され，後方支援を実施できる範囲は，「日本の領域並びに日本周辺の公海及びその上空の範囲」でしか認められていなかった。周辺事態法案の国会審議において，当時の小渕首相が「中東やインド洋は想定されない」との答弁を行っていたことも，現行法での派遣の障害となった。

　一方，制服組の中で，自衛隊の派遣にもっとも積極的だったのは海幕であった。海幕はテロ発生直後に自ら対米支援のためのリストの作成を行い，5項目からなる「テロ攻撃及び米軍支援に関する海上自衛隊の対応案」をまとめた。同案には，基地警備，機動部隊進出時の護衛，情報収集及び提供，米軍派遣海上ルート上での支援（洋上補給，後方地域捜索救助活動，船舶検査活動），在外邦人の輸送等が盛り込まれ，集団的自衛権の行使にもなりかねない内容を含むものであった[5]。特に，海幕が優先したのは，情報収集のための護衛艦の派遣（イージス艦を想定していた）であった。しかし，防衛庁内局は，政治的調整が

---

3) 同会談において，アーミテージ国務副長官から，「ショー・ザ・フラッグ（旗幟を鮮明にして欲しい）」との言葉で自衛隊の派遣を強く求める要請があったとされるが，実際には，この言葉自体が使われたという事実はなかった（五百旗頭真・伊藤元重・薬師寺克行編『90年代の証言・外交激変元外務事務次官柳井俊二』朝日新聞社，2007年，190頁）。しかし，米国側からは，アーミテージ以外からも，公式・非公式ルートで，自衛隊の後方支援を求める要求が伝えられ，日本政府における方針決定にも影響を及ぼした。なお，小泉首相は，大橋巨泉参議院議員の委員会質疑に対して，このショー・ザ・フラッグの発言は，新聞報道で知ったもので，米国側の担当者から，この発言を直接，間接に聞いたわけではないとした上で，ショー・ザ・フラッグという米国側からの発言によって，対処を決めたのではなく，日本が，国際協調の中でテロ撲滅，抑止のために何をしなければならないかの観点から主体的に決めたとの答弁を行っている（第153回国会参議院予算委員会会議録第2号（2001年10月9日），大橋巨泉『国会議員失格』講談社，2002年，96〜102頁）。
4) 2001年9月18日の記者会見における柳井俊二大使の発言（久江雅彦『9・11と日本外交』講談社，2002年，31〜33頁）。
5) 朝日新聞「自衛隊50年」取材班『自衛隊知られざる変容』朝日新聞社，2005年，24〜27頁。

必要な海幕の案には積極的ではなく，海幕は内局の頭越しに外務省と非公式に調整を進めた。外務省は，海幕の提案した5項目を下敷きに政府の対応措置を作成し，9月19日に7項目の対応措置を発表することとなった。海幕は当初，防衛庁内局と同様に，周辺事態法の適用による派遣を念頭においていたが，情報収集名目で護衛艦を送り出すことが可能なことを見極めたうえで，外務省の主張する新規立法を側面的に支援していくことになった[6]。

こうした新法制定に積極的なアクターに対して，防衛庁内局は，自衛隊の派遣を決めていたものの，その根拠を周辺事態法の適用で対応することを検討していた。もともと周辺事態法案の作成過程では，周辺地域の地理的範囲を設定せず，あいまい戦略によって，中国を牽制するという狙いが防衛庁にあった。地理的範囲が同法で明示されていない以上，自衛隊の派遣は可能というのが防衛庁の論理であった。また，新法を成立させるのには，時間がかかりすぎると考えられたことも周辺事態法を適用する理由だった。早期の自衛隊派遣については，海幕も一致していた。こうした防衛庁の主張を受け，与党内でも自民党の山崎幹事長は，現行法の適用を検討し，新法の制定に消極的であった[7]。同様に公明党の冬柴幹事長も集団的自衛権の行使の可能性から新法制定に慎重な立場をとっていた。

こうした政府内での動きと連動して，官邸では，小泉首相の対米支持の表明を受け，9月13日の段階で，古川官房副長官によって，外務，防衛両省庁の次官・局長クラスの幹部と内閣法制局次長が招集され，自衛隊派遣に向けての案を早急にまとめるための協議が行なわれることとなった。周辺事態法の適用を主張する防衛庁と新規立法の制定を主張する外務省が対立する中で，周辺事態法の定義する日本周辺に中東を含めることが政府の国会答弁との整合性からも難しく，また，周辺事態法では，他国の領域における活動や，米軍以外に対する支援もできないといった制約があることから，現行法では

---

6) 久江『9・11と日本外交』92頁。
7) 山崎幹事長は，当初，米軍に対する自衛隊の支援を，国連の集団安全保障体制の中での後方支援，新法による実行，周辺事態法の援用の3通りの可能性のなかで検討するとしていた（『朝日新聞』2001年9月19日）。山崎幹事長が新規立法に消極的だったのは，新法が集団的自衛権の行使に踏み込む可能性があり，改憲論者である山崎にとって，こうした解釈改憲は容認できないという理由もあった（伊奈・前掲書187頁）。

第1節　テロ対策特措法案の作成過程　　121

無理があると認識されるようになっていった。その結果，新規に特措法を制定することで古川官房副長官が議論を集約することとなった[8]。9月15日に，古川官房副長官は，福田官房長官に対してこうした検討結果を報告し，その支持を得た上で小泉首相に対しても新法制定の方針を伝えることとなった。

　小泉首相は内閣官房からの報告を受け，9月16日，自民党の山崎幹事長と会談し，武力行使と一体化しない後方支援を可能とするために新規立法を検討することを伝えた。また，翌17日には，田中眞紀子外務大臣，中谷元防衛庁長官に，憲法の枠内で可能な限りの対米支援策と，自衛隊法改正も含めた国内でのテロ対策を検討するよう指示した。これを受け，自民，公明，保守の与党三党は常設の与党安全保障プロジェクトチームとは別に，三党の幹事長・政調会長等の党幹部による与党テロ対策協議会を9月18日に設置し，与党としての対応をまとめることとした。小泉首相が，テロ対応措置7項目を発表した9月19日には，与党党首会談が開かれ，与党三党は正式に新法を制定することで合意した。これを受けて，安全保障・危機管理担当の大森官房副長官補をチーフとする内閣官房のテロ対策法案検討チーム[9]が，法案立案の実務を担い，与党との政治的調整には，安倍官房副長官が当たる仕組みが整った。与党テロ対策協議会は自民党と公明党との間の相違点を調整することで法案の争点に関して両者の決着を主導することとなった。こうした与党幹部による調整が先行したため，自民党内での国防部会の影響力は相対的に低下することとなった。その反面で，イージス艦の派遣や，自衛隊による国政中枢施設の警護などの争点に関しては，橋本派を中心とする反主流派の反対により，最終的な決定で見送られるなど，党内のハト派も一定の影響力をもつこととなった。

---

8)　『朝日新聞』2001年9月27日。
9)　法案は内閣官房の所管とし，内閣官房，外務省，防衛庁の実務担当者が参加して，立案作業が行われた。このチームのメンバーは，既に設置されていた有事法制チームがそのまま横滑りして担当することとなった（『朝日新聞』2001年9月27日）。なお，新法の検討に当たっては，外務省の条約課長によって，周辺事態法の支援内容を援用した案が作成され，同案を元に，内閣官房チームでの検討が開始されたとされる（朝日新聞「自衛隊50年」取材班・前掲書35頁）。

こうした政府・与党の早期の法案作成には，米国の動きが影響を及ぼした。小泉首相が，9月25日の日米首脳会談に先立って，新法制定を含むテロ対応措置を早期に決定したのは，米国との交渉に備えて，日本の主体的な貢献策を打ち出す必要性があったからである。ジョージ・W・ブッシュ大統領は，9月20日の議会演説で，「米国とテロリストのどちらに味方するか決断するよう求める」として，すべての国にテロとの戦いへの共闘を促しており，同盟国の日本としては，自衛隊の派遣は不可避の事項であった。9月25日の日米首脳会談では，ブッシュ大統領から，小泉首相に対して，自衛隊の後方支援に関する直接の言及はなかったものの，それは，日本国内の利害調整，特に，新法の国会審議への影響を意識して，米国側からの要求を圧力として捉えられないようにとの配慮があったと考えられた[10]。実際には，首脳会談のため同行した外務省幹部に対して，国務省や国防総省の政府高官から，非公式に，自衛隊による後方支援に，武器・弾薬の輸送を含め，活動内容や地域に柔軟性を持たせることが，要望されたとされる[11]。外務省は，小泉首相が表明した対応措置7項目と米国側からの非公式の要請をテコに，内閣法制局や公明党などの国内の抑制的立場をとる統制主体との調整を進めることを基本的な戦術とすることとなった。

2．法案立案の政治過程

テロ対策特措法案の立案プロセスの焦点は，各省庁間，連立与党間の争点を調整し，関係アクター間の合意をいかに調達していくかにあった。周辺事態法を適用するか，新法を制定するかは，外務省，防衛庁，海幕を含む省庁間の最大の争点であり，それに与党幹部も絡んで，対立を生んだ。結局，内閣官房副長官の古川らの調整と，首相の支持により，新規立法を制定することで決着が図られたが，以後の争点は，法律の内容にかかわる外務省，防衛庁と内閣法制局の対立，そして，与党内における自民党と公明党との対立の調整が中心となっていった。以下，争点別に，各アクター間のどのような交渉過程を経て，法案が作成されていったかをみることとする。

---

10)『毎日新聞』2001年9月26日。
11)『朝日新聞』2001年10月4日。

1）新法を制定する根拠を何に求めるか

　政府・与党間の調整により，新規立法の制定が決まったものの，周辺事態法を超える新法を制定するための根拠を何に求めるかが法案作成における論点となった。今回の自衛隊の派遣は，PKO協力法とは異なり，有事における初めての自衛隊の海外派遣となることから，与党内では，公明党が当初，その正当性を担保するための国連安保理決議を新法制定のための条件とすることを主張していた[12]。しかし，9月12日に採択された国連安保理決議第1368号は，「テロ攻撃に対してすべての必要な措置をとる用意があると表明」したものの，それは，米軍等の武力行使を国連が容認したものではなかった[13]。米国は，テロに対する軍事行動を国連憲章51条の個別的自衛権で対応し，武力行使の根拠となる新たな国連決議を求めない立場を表明していた。NATOも米国からの要請があれば，集団的自衛権を行使するとの決定を行っていた。

　米国がさらなる国連決議を求めない以上，自衛隊派遣の根拠として新たな国連決議を条件とすることは不可能であった。あくまで国連の新決議を条件とすれば，米国への支援を行うことはできなくなるからである。

　政府は，当初，テロに対抗する米軍に対して協力を行うことを新法の目的とし，法案名称も「米軍等の活動支援法案」としていた。しかし，与党，特に公明党との調整を経る中で，外務省は，国際社会の平和と安全に対する脅威であるテロリズムの防止と根絶に日本が協力することが，日本を含む国際社会の平和と安全に資することを，新法の目的として強調するようになった。それは，新法の目的を，米軍支援から，テロ防止・根絶のための国際協力に変更することで，新規の国連決議に代替する正当性を作り出すための便法であった。その結果，法案の名称に，「国際連合憲章の目的達成のための諸外国の活動に対して我が国が実施する措置」が明記され，国連憲章にのっとったものであることが強調されるようになった。また，自衛隊の協力支援活動に，被災民（難民）に対する支援を加えることで，新法の目的に，人道支援が付加され，法案の名称にも「国際連合決議等に基づく人道的措置」の文言が加えられた。これらは，米軍の軍事活動への支援という意味合いをできるだけ薄

---

12)『朝日新聞』2001年9月19日。
13) 松井芳郎『テロ，戦争，自衛』東信堂，2002年，57～61頁。

めたいという公明党の意向に配慮したものであった。なお，この特措法に基づく支援対象国は，米軍を含む諸外国の軍隊（多国籍軍）として，周辺事態法のような対象の制限（米軍にのみ協力が可能）は設けられていない。

2）時限立法とするかどうか

次に，新法が，周辺事態法を超える活動を行うことから，今回の事態にだけ限定された特別措置法とすることが合意された。その上で，この特別措置法の時限を区切るのか（時限立法），あるいは，時限を設けないのか（恒久法化），時限を何年に設定するかが，政府・与党内で議論された。公明党はこの特別措置法の時限立法化を要求し，自民党内でも，加藤紘一元幹事長らは時限立法に賛成していた。自民党は法案作成の最終段階で，公明党が慎重な武器・弾薬の陸上輸送を盛り込む代わりに，時限化に関しては公明党の要求を受け入れることとなった。法律の期限については，米軍等の活動がいつまで続くかについて見通しが立たない状況下で，一応の区切りをつけるという意味で2年間の限時法とし[14]，さらに2年間の延長も法改正すれば可能とすることを盛り込んだ。こうした時限立法化は，公明党にとっては，自衛隊の派遣が恒久化しないための歯止め措置として位置づけられるものであった[15]。

3）対応措置の内容と活動範囲

次に，テロ対策特措法案に，どのような対応措置（支援内容）を，どのような条件の下で，盛り込むかが争点となった。

法案の下敷きとなったのは，周辺事態法であった。日本政府は，これまで，日本が国際法上，集団的自衛権を有しているとしつつ，「憲法第9条の下において許容されている自衛権の行使は，我が国を防衛するため必要最小限度の

---

14) 谷内正太郎「9.11テロ攻撃の経緯と日本の対応」『国際問題』第503号，2002年2月，12頁。

15) 「対テロ国際協力と公明党」『公明新聞』2001年10月15日。法案には，附則で「施行の日から起算して2年を経過する日以後においても対応措置を実施する必要があると認められるに至ったときは，別に法律で定めるところにより，同日から起算して2年以内の期間を定めて，その効力を延長することができる」と規定されており，延長を重ねれば実質的に恒久法との差異をなくすことが可能であった（前田哲男『自衛隊—変容のゆくえ』岩波書店，2007年，92頁）。実際にも，テロ対策特措法は，2003年，2005年，2006年の三度にわたり延長する法改正が行なわれることとなった。

範囲にとどまるべきものであり，集団的自衛権を行使することは，その範囲を超えるものであって，憲法上許されない」とする解釈をとってきた[16]。しかし，政府の集団的自衛権の定義は，「自国と密接な関係にある外国に対する武力攻撃を，自国が直接攻撃されていないにもかかわらず，実力（武力行使）をもって阻止する権利」と解釈するものであり，自衛隊による後方支援そのものが集団的自衛権の行使になるとは解していなかった[17]。その一方で，武力行使と一体化する後方支援については，憲法が禁止する武力の行使に該当するから許されないとしていた。政府見解におけるこの武力行使との一体化の判断基準は，必ずしも明確でなく，当時の内閣法制局は「戦闘地域との地理的関係や行為の内容，密接度などを総合勘案する」としていた[18]。1990年に廃案となった国連平和協力法案の審議では，内閣法制局は，前線への武器弾薬の供給・輸送，戦闘地域での医療活動は，「武力行使との一体化」からみて問題があるとする一方，戦闘行為が行われている地域から一線を画すところで，医薬品や食料品を輸送することは一体化に当たらないと答弁し[19]，「戦闘地域と一線を画す地域」の概念を採用することで，従来，集団的自衛権や武力行使の一体化とのグレーゾーンとされた，他国軍隊に対する後方支援を初めて法理論面で正当化することとなった。

　こうした政府答弁を踏まえて，周辺事態法では，自衛隊の活動地域を「戦闘地域と一線を画す地域」の表現を「現に戦闘行為が行われておらず，かつ，そこで実施される活動の期間を通じて戦闘行為が行われることがないと認められる地域」として規定し，当該地域において実施する物品の提供及び役務の提供については，武力行使との一体化の問題をクリアできるとした。周辺事態法における自衛隊の活動地域（後方地域）は，この概念を盛り込み，「我が国の領域並びに現に戦闘行為が行われておらず，かつ，そこで実施される活

---

16)「稲葉誠一衆議院議員の質問主意書に対する答弁書」1981年5月29日（朝雲新聞社編集局編『平成20年版防衛ハンドブック』625頁）。

17) これに対して，社民党や共産党は，「補給などの後方支援も集団的自衛権の行使」と主張し，政府側との集団的自衛権の解釈は異なっていた（『読売新聞』2001年10月10日）。

18) 工藤敦夫内閣法制局長官の答弁（第119回国会衆議院国際連合平和協力に関する特別委員会議録第5号（1990年10月29日））。

19) 同上。

動の期間を通じて戦闘行為が行われることがないと認められる我が国周辺の公海及びその上空の範囲」と規定し，日本の領域を超える自衛隊の活動を可能とした。この後方地域において周辺事態法では，補給，輸送，修理及び整備，医療，通信，空港及び港湾業務，基地業務の7項目の後方地域支援と，補給，輸送，修理及び整備，医療，通信，宿泊，消毒の7項目の後方地域捜索救助活動を可能とした。この後方地域支援には，戦闘行為に密接する行為の回避の観点から，武器・弾薬の提供，発進準備中の航空機に対する給油及び整備は禁止されたものの，武器・弾薬の輸送を含むこととなり，1990年の内閣法制局の答弁の拡大解釈が行われた。もっとも，後方地域支援の内，輸送以外の業務については，我が国領域内で行われることが明記された。

つまり，周辺事態法においては，輸送以外の業務は日本領域内に限定され，公海及びその上空での活動についても「我が国周辺の」という地理的制約があった。また，外国の領域における活動については，当該国の同意を得た後方地域捜索救助活動のみしか認められていない。こうした地理的範囲や協力支援内容の限界を超える活動をテロ新法で可能とするためには，武力行使との一体化問題において慎重な態度をとる内閣法制局との調整が必要であった。

自衛隊の協力支援活動の地理的範囲や内容の拡大にもっとも積極的だったのは外務省である。同省は，9月19日に小泉首相より発表した7項目のテロ対応措置に，米軍等に対する医療，輸送，補給等の支援活動を実施するために自衛隊を派遣するための所要措置（新法制定）を盛り込み，周辺事態法で制約されていた外国の領域における活動を可能とすることを目指した[20]。このテロ対応措置が発表された9月19日の段階で，内閣官房チームが検討していた「米国に対する協力法案」は，こうした外務省の意向が強く反映されたものであった[21]。同案では，自衛隊が支援活動を実施する地域を「戦闘行為の

---

20) 対応措置の内容の内，外務省は，当初，野戦病院を想定した自衛隊による医療部隊の派遣を積極的に推進していた。そのためには，医療活動が兵力の再生産につながり，武力の行使と一体化になりかねないとする内閣法制局の解釈を超える必要があった（伊奈・前掲書191～192頁）。しかし，医療部隊の派遣には，安全の確保の観点から問題があるとして，陸上幕僚監部が消極的で，特措法には盛り込まれたものの実際の派遣は実施されなかった（朝日新聞「自衛隊50年」取材班・前掲書38～39頁）。

行われていないことが認められる我が国の領域及び公海及びその上空の範囲」とし，周辺事態法の後方地域の定義にある「我が国周辺の」(公海及びその上空の範囲)という制限が除かれており，日本の周辺地域を超える地域での活動を可能としていた[22]。また，周辺事態法において規定された「戦闘行為が行われることがない」との文言が含まれておらず，戦闘行為の可能性のある地域での活動に制約は加えていなかった。これは，内閣法制局が武力行使の一体化を避けるためにとった定義と大きく異なるものであった。また，自衛隊による後方支援(協力支援)活動には，武器・弾薬の提供や発進準備中の航空機に対する給油及び整備，そして，船舶検査活動における旗国の同意の適用除外が新たに盛り込まれ，さらには，戦闘地域であっても医療活動を認めるとしていた[23]。それらは，内閣法制局が武力行使との一体化に抵触するとして認めていなかった地域や活動に踏み込んだ内容で，周辺事態法の制約を大幅に超えるものであった。しかも，この政府原案は，外務省を中心とする政府側が作成したものであるにもかかわらず，この時点では，自民党の国防関係の有力議員を中心に衆議院提出の議員立法とすることも検討されていた。それは，内閣法制局が認めていない武力行使との一体化の制約を回避するために，憲法解釈においてより柔軟かつ議員側の提案権に対して最終的な拒否権を行使し得ない議院法制局を用いることで，解釈変更に消極的な政府側に「圧力」をかけることが議員側の意図にあったとも考えられよう[24]。

　しかし，こうした武力行使との一体化にまで踏み込んだ政府側の原案に対して，与党三党によるテロ対策協議会において，公明党による抵抗が強く示されることとなる。同党の冬柴鉄三幹事長は，「戦闘地域と一線を画した後方地域での輸送などでなければ許されない」として，前のめりになった政府原案を強く批判する役割を担った[25]。9月23日に行われた与党三党の幹事長による協議では，インド洋やパキスタン領内での活動を念頭に，政府側から

---

21)「米国に対する協力法案」の要旨は，『朝日新聞』2001年9月20日を参照せよ。
22) もっともこの時点においては，外国の領域における活動については，与党との調整が済んでいなかったため明記されなかった。
23)『読売新聞』2001年9月21日。
24) 元衆議院法制局担当者へのインタビューによる。
25)『公明新聞』2001年9月24日。

自衛隊の活動地域を「同意を得た他国の領土・領海」まで拡大することが提案された。ここでは，政府案に対して，武力行使との一体化を避けるため，「戦闘行為が行われることがないと認められる場合」を条件に加えて，歯止めとする案が公明党側から主張され，与党間で検討することとなった。また，政府原案にあった，武器・弾薬の補給，発進準備中の航空機に対する給油・整備は，協力支援内容から除外され，武器・弾薬の輸送についても，公明党が慎重な対応を求めた。一方，被災民の救援活動については，与党三党の幹事長間では，国連の要請を待ってPKO協力法で対処することで一致した[26]。こうして，当初，武力行使一体化の制約を大幅に超える内容を意図していた外務省を中心に立案された政府原案は，与党協議における公明党の反対と，それに配慮する自民党の山崎幹事長の対応によって，周辺事態法の準用をベースとして作成される方針が固まった。この時点で，与党三党は，憲法解釈や周辺事態法との整合性に配慮する観点から，新法を議員立法ではなく，政府提案とすることを決定することとなった。

　こうした与党間で調整が行われる中，9月25日，日米両国の首脳会談がワシントンで開催された。同会談において，ブッシュ大統領は，日本の難民支援の重要性を強調し，小泉首相も，対応措置7項目に基づき，医療，輸送・補給のための自衛隊による後方支援や，情報収集とともに，周辺国への経済的支援や避難民の支援など人道的分野での協力を表明した[27]。自衛隊による避難民の支援が重要性を増す中で，9月25日の協議会で与党三党の幹事長は，被災民の救援についても，一転して，新法で対処することで一致した[28]。ただし，戦闘地域に近いところでの活動が予想される被災民救援のための輸

---

26)『朝日新聞』2001年9月24日。なお，PKO協力法は，同法に規定された参加五原則により，紛争当事者間の停戦合意が必要で，戦時に自衛隊を派遣することはできなかった。また，武器使用も，「自己の生命又は身体を防衛するためやむを得ない場合」に制限され，国連PKOの標準行動規範と比較して，大幅な制約があった。PKO協力法の改正には，当初，公明党が消極的であり，被災民に対する支援を，法制面でどのように位置づけるかが，以後の与党協議で焦点となった。

27)『朝日新聞』2001年9月27日。

28) 政府は，同時期に，アフガン難民救援（国連難民高等弁務官事務所に対する救援物資の空輸）のために自衛隊機の派遣を実施することを決めた。

送，医療等の活動の実施範囲を法案でどのように規定するかという問題があった。

　小泉首相と与党党首との党首会談が開かれた9月26日以降，政府・与党間の新法（テロ特措法案）の最終調整が行われた。その結果，自衛隊の活動地域は，「現に戦闘行為が行われておらず，かつそこで実施される活動の期間を通じて戦闘行為が行われることがないと認められる地域」という周辺事態法の定義がそのまま採用され，そうした条件のもとであれば，公海及びその上空に加えて，外国の領域（ただし，当該外国の同意がある場合に限る）においても，自衛隊による協力支援活動，捜索救助活動，被災民救援活動の対応措置を実施することが可能となった。それは，戦闘地域に自衛隊が関与することを回避するために，周辺事態法と同じ戦闘地域と一線を画した地域（後方地域）の定義規定を準用することを求める公明党と，外国の領域に自衛隊の活動範囲を広げたい政府側（特に外務省）の妥協の結果であったのである。また，協力支援活動の内容においても，公明党が慎重な対応を求めていた武器・弾薬の輸送が含まれることとなった。周辺事態法では，この武器・弾薬の輸送に関しては，公海及びその上空で行われる輸送に限定されていたが，テロ特措法案では，外国の領域における活動も可能としたため，外国の陸上における武器・弾薬の輸送も可能とされた。当時，自衛隊による協力支援活動として政府・与党内で想定されていたのは，海上自衛隊の補給艦による給油と航空自衛隊による人員，物品の輸送であった。物品の輸送を実施する部隊の立場から，防衛庁は，周辺事態法で認められた武器・弾薬の輸送を除外することに抵抗した。政府は，安倍官房副長官を中心に，公明党執行部に対する根回しを行った。公明党内では，武器・弾薬の輸送や，国会承認に関して，執行部と慎重派の議員との間で，賛否が分かれていた。しかし，法律の有効期間を二年間の時限立法とする譲歩を自民党から獲得することで，同党は，武器・弾薬の輸送について慎重な対応を求めていくことを条件に，法案への対応を幹事長に一任することとし党内の了承を得た。公明党執行部のこうしたイニシアティブによって，武器・弾薬の陸上輸送についても，政府側の要求どおり，法案に盛り込むことを実現することとなった。

4）武器使用基準の見直し

　こうした外国領域内における武器・弾薬の陸上輸送は，輸送中に攻撃を受ける危険性を高め，任務の遂行が困難になることから，陸上幕僚監部（陸幕）は，現行制度では認められていない任務遂行のための武器の使用を認めるように，武器使用基準の見直しを要求し，官邸や自民党議員へのロビー活動を展開していた。これを受け，防衛庁内局も，これまでよりも危険な業務を従来どおりの武器使用基準で行なうわけにはいかないとして，自衛隊員の任務と武器使用基準の緩和をセットで検討することを政府内の法案作成過程で強く要求していた[29]。しかし，内閣法制局の憲法解釈に基づき，政府はPKO協力法以来，武器使用については，「自己または自己とともに当該職務に従事する者の生命又は身体の防護のためやむを得ない必要があると認める相当の理由がある場合」にのみ武器の使用を認めることとしてきた。つまり，武器の使用は，正当防衛または緊急避難の場合でなければ人に危害を加えてはならないというのが政府の立場であり，それを超える武器の使用は，憲法が禁止する武力の行使に抵触するおそれがあるとして，内閣法制局が認めてこなかった。政府・与党の協議でも，武器使用について，支援活動の安全が確保されるために必要な規定を置くこととなったものの，基準見直しの問題については，結論は持ち越された。防衛庁は，パキスタン領内で実施されるとみられた被災民救援[30]で，避難民や負傷兵に対する医療活動において，テロや襲撃などによる相当の危険が予見されることから，患者らを武器で守る必要性があるとして，内閣法制局を説得した。結局，法制局側も武器使用の基準に，「職務を行うに伴い，自己の管理の下に入った者の生命・身体の防護のためやむを得ない限度で，武器を使用することができる」との規定を認めることとなった。こうした政府側の調整を受けて，与党の協議では，新しく規定された「職務を行うに伴い，自己の管理の下に入った者」の対象に，避難民や傷

---

[29] 読売新聞政治部『外交を喧嘩にした男―小泉外交2000日の真実』新潮社，2006年，136頁。

[30] 野戦病院での医療活動とともに，避難民キャンプでの活動が想定されていたが，難民キャンプにアフガニスタンから逃れてきたテロリストが紛れ込むことによって，テロが起きる可能性が強く懸念されていた。

病兵が含まれるものの,他国の部隊全体は,集団的自衛権に抵触するため含まないとすることで合意することとなった[31]。こうした規定の追加により,実際には,医療活動や避難民救援以外にも,部隊の宿営地内などに一時的にいる外国人兵士や,避難民,NGOスタッフ,外国軍の連絡要員なども,職務に伴い,自己の管理下に入った者として,その防護のための武器使用が可能となった。ここでは,防衛庁側が医療活動という人道的目的を前面に出すことで,実際には,武器使用基準の部分的な緩和を実現するという結果を獲得することになったといえる。

5) 国会の関与をどうするか

一方,こうした特措法に基づく自衛隊の支援活動の実施は,基本計画として内閣によって決定され,国会の承認は不要としていた。政府の立場は,テロ対策特措法そのものが,9.11テロ攻撃という特定の事態に関連して自衛隊が外国軍隊に対して協力支援活動等を実施することを授権するものであり,個別の協力支援活動等の実施のたびに国会の承認を受ける必要はないとするものであった[32]。そのため,政府案は,国会の関与は,基本計画を内閣で決定した後,国会に報告するとの規定にとどまっていた。こうした政府案に対して,国会によるシビリアン・コントロールの観点から,公明党内には,国会による基本計画を承認事項とする意見があった。また,自民党内にも,基本計画に対して,国会の関与を認めるべきとの意見が国防部会などでも若手議員から主張された。しかし,政府側は,国会の承認をおくことによって,迅速な派遣に支障がでるとして,あくまで国会報告までとした。公明党内でも,執行部は特措法の時限立法を主張しており,今回の自衛隊の派遣を時限措置とする観点からも,特措法の制定自体を国会承認とみなす考え方をとるようになった。自民党が公明党の要求していた時限立法を受け入れたことを受け,公明党も国会承認について譲歩することとなった。また,自民党の国防関係合同部会も,①集団的自衛権の位置付けを明確にする恒久的立法について党内で早急に結論を出すこと,②基本計画の決定や変更の際に国会の関与を認めるとの決議を行った上で,法案を了承することとなった[33]。こうして,

---

31)『朝日新聞』2001年10月2日。

32) 谷内・前掲論文13頁。

結果的に基本計画に対する国会の関与は，政府案のまま国会報告とすることで決着が図られることになった。

6）国家の重要施設の警護問題

　こうしたテロ対策特措法案の作成は，内閣官房の検討チームと，与党のテロ対策協議会を中心とする協議で調整され，自民党の国防関係合同部会には，法案提出の3日前の10月2日になって初めて大森官房副長官補より正式に法案の説明が行われた。その段階では，法案の閣議決定が迫っており，同部会には実質的に法案の修正を求める時間的猶予が与えられていなかった。既に与党三党の幹事長・政調会長によって，法案内容が基本的に合意されており，党幹部の方針に反して部会が妨害することはできなかったのである[34]。しかし，こうした党内への根回しの不足は，国家の重要施設の警護を可能とする自衛隊法改正案に対して自民党議員からの反発を招くこととなった。政府案は，当初，警察による警備では不十分な場合に，自衛隊が米軍基地のほかに首相官邸や皇居，国会議事堂などの重要施設についても警護できるようにすることとしていた。これに対し，自民党の橋本元首相や中曽根康弘元首相，加藤紘一元幹事長ら党の重鎮が，警察庁の立場を代弁するように反対論を唱えた。結果的に，山崎幹事長が米軍基地と自衛隊施設以外は，警護対象から除外する旨を表明し，この問題の決着を図ることとなった[35]。

　こうした与党各党の党内審査を経て，10月5日にテロ対策特措法案及び自衛隊法改正案の閣議決定が行われた。米軍等によるアフガン攻撃が秒読みになる中で，法案を一刻も早く成立させるという要請が，政府与党内の異論を抑えて法案の早期閣議決定につながったといえよう。

3．テロ対策特措法案の作成過程におけるシビリアン・コントロール

　以上の分析から，テロ対策特措法案の作成過程におけるシビリアン・コントロールの変化と内容を考えてみたい。まず，同法案の国会提出にイニシアティブをとったのは小泉首相自身であった。首相は，テロ直後の安全保障会

---

33)『朝日新聞』2001年10月4日。
34) 信田『官邸外交』59～60頁。
35) 伊奈・前掲書195～196頁。

議において，米国への支持を打ち出し，自衛隊の派遣についても積極的に支持した。こうした首相の意向を実現する補佐機構として，古川内閣官房副長官や大森官房副長官補が内閣官房のスタッフをチームとして活用し，関係省庁間の利害調整や，法案作成における実務を担当した。内閣官房が行政府全体の調整・統合機能を担ったのに対し，政府内でテロ対策特措法とそれに基づく自衛隊派遣の推進役となったのは外務省と海上幕僚監部であった。外務省は米国との直接の交渉を担当し，米国からの要請を国内における説得材料として用いつつ，日米同盟の観点から，自衛隊の派遣を積極的に進めた。同省は，防衛庁内局や自民党執行部が当初，新規立法に消極的であったのに対し，特措法による自衛隊の派遣とその活動地域，内容の拡大を図るための法案提出に意欲を示した。その前提となる対応措置7項目の作成に際しては，自衛艦の派遣に積極的であった海幕と水面下で調整し，所用の措置を早急に講じることを盛り込むこととなった。また，法案の作成段階では，自衛隊による医療支援などの協力支援活動への盛り込みや外国領域への地理的範囲の拡大にも積極的にたずさわった。このように，自衛隊をより積極的に活用しようとする観点では，外務省の組織的利害は，統制の客体である海幕を中心とする制服組と一致する面が多かった。

　一方，防衛庁内局は，周辺事態法の適用による自衛隊の早期の派遣を目指した。新規立法を主張する外務省との対立は，内閣官房による調整の結果，外務省の方針が採用されたが，自衛隊の活動範囲の拡大に関しては，外務省と同じく積極的な立場をとっていた。こうした自衛隊の任務の拡大は，海外で活動する部隊組織の危険性の増大を伴うことになる。そのため，陸幕は，テロ対策特措法において武器使用基準の見直しを求めた。こうした陸幕の要求を受け，政府内での調整では，防衛庁内局が，武器使用基準の緩和による防護対象の拡大を要求する役割を担った。そこでは，制服組を内局が抑制的に統制する従来の文官統制とは異なり，制服組の要求を内局が代弁するという主体・客体関係の変化が見られることとなった。防衛庁と内閣法制局の間の調整の結果，正当防衛と緊急避難にのみ武器の使用を認める政府見解を法制局側が維持したものの，「自己の管理の下に入った者」を防護するための武器使用を認めることとなった。このように，武器使用基準の見直しに関して

は，内局と制服組の組織的利害の同一化によって，制服組に代わって内局が要求の中心となる攻守交代システムのもとで能動的統制として作用したのに対し，内閣法制局による抑制的統制は後退せざるをえなくなったと考えられる。こうした自衛隊を客体とする政府内におけるシビリアン・コントロールでは，小泉首相や内閣官房の役割は強まったものの，法案形成のための影響力に関しては，外務省や防衛庁が，外交・防衛政策の所管省庁として積極的に関与し主導権を確保することとなった。内閣官房に設置されたテロ対策法案検討チームは，各省庁からの寄せ集めのスタッフから構成されており，法案作成のための政策アイデアは，武器・弾薬の陸上輸送や武器使用基準の見直し，外国領域における医療支援，重要施設の警護など，外交や防衛の実務を実施している現場，特に駐米大使館や幕僚監部の中から提案されたものが多かった。同法案の作成過程で，制服組からの意見が法案内容に強く反映されたことは，シビリアン・コントロールにおける統制主体と制服組との組織的利害の共有や同一化を反映したものであり，制服組の影響力が相対的に強化されたことを意味するものであった。

　一方，政府と与党の間の法案作成過程では，自民党国防族が陸幕や海幕との連携の下で，政府側をプッシュする役割を担った。もっとも，自民党国防族の幹部である山崎自民党幹事長は，与党協議において，カウンターパートである公明党の冬柴幹事長との合意形成をより優先した。そうした点で，自民党を主体とし自衛隊を客体とするシビリアン・コントロールは，より高いレベルの幹部になるほど，政策ベースよりも政治レベルでの配慮が必要になり，自衛隊を抑制的に統制する作用すら持った。逆に公明党においては，党内に消極的な議員や支持団体を抱えていたものの，自民党との交渉役となった冬柴幹事長は，自民党との連立維持を優先するために，妥協をすることも余儀なくされた。公明党を統制主体とするシビリアン・コントロールは，自民党のような制服組との組織的利害の同一化はなかったものの，連立与党間の合意形成のためには，自衛隊を能動的に活用する役割にも一定の関与をせざるをえなかったのである。テロ対策特措法が，周辺事態法に比べて，自衛隊の活動する領域が外国領域に拡大し，武器・弾薬の陸上輸送も可能としたこと，国会報告にとどめたことなどは，そうした公明党の譲歩によるもので

あった。しかし，当初，自民党を中心に政府内で検討されていた武力行使との一体化の制約を超える活動内容を周辺事態法により近いレベルにとどめたのは，公明党による抑制的統制機能の表れであった。

　他方で，テロ対策特措法案の作成過程を通じて，小泉首相や福田官房長官などの官邸や与党幹部を中心とする政治家の関与はより増えることとなった。その反面で，外務大臣の田中は，この法案作成過程にほとんど関与せず，また，防衛庁長官の中谷も，内局の補佐の上で行動し，独自のリーダーシップやイニシアティブは行使しなかった。そうした点で，閣僚による直接的統制の要素は依然として限定的であり，政治家が官僚制組織に立案や調整を委ねる間接的統制の要素は依然として強いままであった。一方，シビリアン・コントロールの統制主体であるシビリアンと客体である制服組との関係は，新法制定と自衛隊艦艇の派遣における外務省と海幕，武器使用基準の見直しにおける防衛庁内局と陸幕の間に，組織的利害の共有や同一化が見られた。しかし，小泉首相や福田官房長官などの官邸と客体である制服組との関係はシビリアン主導型が維持され，内閣法制局などの非軍事官庁による統制も，憲法適合性という観点からは維持された。その結果，制服組の主張によって，シビリアンの意思決定が左右されるというような逆転現象型は見られなかった。こうして，テロ対策特措法案の作成過程における自衛隊を客体とするシビリアン・コントロールは，官僚制への委任に基づく間接的統制が維持されたものの，法案作成のイニシアティブにおいて，小泉首相による直接的統制が行使され，その内容面においては，自衛隊を能動的に活用しようとする首相や外務省，防衛庁，自民党国防族と，消極的に抑制しようとする内閣法制局，公明党のそれぞれの各主体間の交渉と調整の結果，前者の後者に対する優位と，制服組の利害の政治家，官僚制組織への浸透により，既存の法制との比較の観点で，自衛隊をより積極的に活用する方向に作用することとなったのである。

表 3-1　テロ対策特措法案の委員会審議における政府側答弁回数の比較
(2001 年・衆議院テロ対策特別委員会)

答弁者別	自民	公明	保守	民主	自由	共産	社民	21世紀	合計
小泉首相	115	85	35	669	151	143	197	0	1395
田中外務大臣	46	33	2	457	126	21	85	0	770
中谷防衛庁長官	81	33	56	489	75	259	161	6	1160
福田官房長官	101	88	0	723	72	44	34	23	1085
扇国土交通大臣	73	25	0	0	0	0	0	0	98
村井国家公安委員長	21	15	0	219	0	0	28	0	283
尾身沖縄開発庁長官	24	12	0	0	0	0	24	0	60
坂口厚生労働大臣	0	24	0	46	0	0	0	0	70
森山法務大臣	0	11	0	15	0	0	0	0	26
塩川財務大臣	0	0	0	4	0	0	0	0	4
杉浦外務副大臣	0	10	0	39	0	0	0	0	49
萩山防衛副長官	12	0	0	0	0	0	0	0	12
津野内閣法制局長官	0	12	0	195	0	80	0	0	287
海老原外務省条約局長	0	9	0	23	0	0	11	0	43
合計	473	357	93	2879	424	547	540	29	5342

注) 委員会議録の記載回数で集計

第2節　テロ対策特措法案の国会審議・決定過程

1．国会審議の主役─首相答弁の特徴─

　法案作成時の与党協議の段階で，テロ対策特措法案の所管は内閣官房とすることとなり，国会における趣旨説明や答弁は福田官房長官と中谷防衛庁長官が担当することとなった（自衛隊法改正案は防衛庁所管[36]）。国連平和協力法案（廃案）の所管大臣は外務大臣であり，周辺事態法案の所管大臣は防衛庁長官であった。テロ対策特措法案の所管を自衛隊の海外派遣法制の所管である外務省または防衛庁でなく，内閣官房としたのは当時の慣行からは異例のことであった。

　表 3-1は，衆議院テロ対策特別委員会での政府側の答弁量を比較したデータである。このデータからは，田中眞紀子外務大臣の答弁量が相対的に少ないことがわかる[37]。代わりに，答弁担当者となった中谷防衛庁長官，法案所管

---

36) 国会答弁に不安のある田中外務大臣を所管大臣から外す意図があったとの見方もある（『朝日新聞』2001 年 9 月 24 日）。

大臣である福田官房長官の比重が相対的に大きい。内容的にも，法律的な面では福田長官，軍事的な面では中谷長官が答弁の中心となった。しかし，テロ対策特措法案の国会審議で，発言量がもっとも多いのは小泉首相であった。小泉首相は，世論の高い支持率を背景に，テロ対策特措法案の国会審議においても法案に対する世論の賛成を獲得する一定の役割を果たした。

同法案の委員会審議では，さらに，1999年の政府委員制度廃止前と比べて，政府官僚の答弁回数が極端に減少したことが特徴としてあげられる。特に，外務官僚や防衛官僚の答弁はほとんどなく，法制面での政府見解を示す内閣法制局長官の答弁回数も大幅に縮小することとなった[38]。こうした政府官僚に代って，答弁の前面に出たのが小泉首相らの閣僚であった。小泉首相は想定問答集頼りの精緻な法律論争よりも，政治家主体の議論を前面に出し，戦力の定義に見られたような「常識」論で，野党からの議論を押し切ることがしばしば見られた。

2．国会質疑における政府・野党間の争点

政府による法案作成が与党にのみ関与が可能な行政府主導であるのに対して，国会審議は，政府与党の立案段階で争点となった項目を主に野党の側からの質疑を通じて検証し，政府側の解釈や方針の矛盾点を明らかにしたり，法案の内容をより具体的に明確化したりすることで，争点明示や行政統制の機能を果たすことが期待されるものである。テロ対策特措法案の国会審議では，そうした争点明示機能として，戦闘行動中の米軍等に対する自衛隊の協力支援活動が持つ憲法との関係の問題点が野党側から追及された[39]。これに対する小泉首相の答弁は，憲法前文と第9条の間にすき間，あいまいな点があることを認め，個別的自衛権を行使しようとする米国を日本が集団的自衛権の行使を認めないまま支援するテロ対策特措法を説明することの困難さを

---

37) 民主党委員の質疑に対する答弁が比較的多いが，質疑の対象は，法案の内容よりも，田中外相の外交姿勢に対する追及が多くを占めた。
38) 内閣法制局長官の答弁は，主として，民主党と共産党の委員の質疑に対して行われた。
39) テロ対策特措法案及び同法に基づく承認案件の国会論議の概要について，宇佐美正行・笹本浩・瀬戸山順一「テロ対策関連の法整備と自衛隊派遣の国会承認」『立法と調査』第228号，2002年3月，62～67頁を参照。

認めるものであった[40]。その上で,小泉首相は,テロ対策特措法に基づく自衛隊の派遣は,憲法第9条に抵触しない範囲内において,憲法前文及び第98条の国際協調主義の精神に沿って,日本が,国際的な取組みに積極的かつ主体的に寄与するために実施する措置であるとの考えを述べた[41]。それは,集団的自衛権の問題を棚上げする形で,憲法前文から日本の国際貢献の必要性があることを導き出した独特の論理であり,政府の従来の憲法解釈からは出てこない小泉独自の発想によるものであった。

　その一方で,自衛隊の実施活動の内容や活動地域の線引きをどうするかの具体的な問題については,小泉首相は,協力支援活動等は,それ自体として武力の行使に当たらない内容であり,また,その実施地域は戦闘行為が行われない地域に限定されていること等から,諸外国の軍隊による武力行使との一体化の問題を生じさせることはないとする政府の公式見解を繰り返した[42]。戦闘地域に近いと考えられる外国領域での活動地域において,武器・弾薬の輸送や,傷病兵に対して行う医療行為が,米軍等の武力行使と一体化する可能性がないのかとの野党の質疑に対しては,政府側からは説得力のある説明はなされなかった。たとえば,武器・弾薬の輸送と,武力行使との一体化との関係について,小泉首相は,武器・弾薬を輸送の対象から外した場合,実際の輸送の際に,物資の確認が必要となり,円滑な輸送業務の妨げになるとして,実務上の問題で論点をかわそうとした[43]。さらに,中谷防衛庁長官は,基本的に輸送の地点が戦闘地域でない場合には（武力行使との一体化にならず),輸送は可能であるとの見解を示した[44]。こうした政府側の見解は,与党が,武器・弾薬の外国領域における陸上輸送を除外する修正をした結果,政府の国会答弁との整合性を欠くものとなっていった。傷病兵に対する医療行為についても,武力行使との一体化には該当しないとの答弁がなされたのみであった[45]。

---

40) 第153回国会衆議院予算委員会議録第2号（2001年10月5日)。
41) 第153回国会衆議院本会議録第5号（2001年10月10日)。
42) 第153回国会参議院本会議録第4号（2001年10月19日)。
43) 第153回国会衆議院本会議録第5号（2001年10月10日)。
44) 第153回国会衆議院国際テロリズムの防止及び我が国の協力支援活動等に関する特別委員会議録第3号（2001年10月11日)。

さらに，テロ対策特措法案では，PKO協力法や周辺事態法よりも武器使用についての防護対象が拡大されることとなった。その理由について，津野修内閣法制局長官は，自衛官とともに行動し，対処せざるを得ない立場にある自衛隊員以外の者が，自衛官とともに，共通の危険にさらされた場合に，その生命・身体の安全確保につき自衛官の指示に従うことが期待されるような関係にあるときには，自衛官が自己とともにその者の生命・身体を防護するために武器を使用することは，いわば自己保存のための自然権的権利というべきもので，このような関係にある者を「その職務を行うに伴い自己の管理の下に入った者」と表現したとの説明を行った[46]。福田官房長官は，その具体例として，自衛隊の診療所の患者である外国の兵員，被災民，医療補助スタッフ，自衛隊の宿営地にある現地機関や外国軍隊の連絡要員，報道関係者，輸送中の不測の事態に際して保護を要することとなる輸送の対象者等を示した[47]。これに対して，民主党の岡田克也政調会長は，難民を攻撃から守るための武器使用を自己防衛と同じく「自然権的権利の行使」とするのは無理があるとして，自衛隊の護衛以外に自己を守る手段を持たない者の護衛などの形で，「人道上の視点」から基礎づけるよう政府見解の変更を求めた[48]。その結果，政府は，「武器使用が憲法上許されると解釈することは人道的見地から見て妥当」とする見解を示した[49]。
　一方，自衛隊の対応措置の国会承認については，小泉首相は，米国の同時多発テロへの対応に目的を限定した特別措置法であり，対応措置の必要がなくなれば廃止することを前提としていることから，国会で法案が成立すれば対応措置の実施についても同意されたと見なし得るとの立場を示して，国会承認を否定した[50]。
　なお，自衛隊法改正による自衛隊の警護対象が，自衛隊施設や米軍基地な

---

45) 第153回国会衆議院本会議録第3号（2001年10月2日）。
46) 第153回国会衆議院国際テロリズムの防止及び我が国の協力支援活動等に関する特別委員会議録第3号（2001年10月11日）。
47) 同上。
48) 第153回国会衆議院国際テロリズムの防止及び我が国の協力支援活動等に関する特別委員会議録第4号（2001年10月12日）。
49) 『読売新聞』2001年10月16日。

どの防衛関連施設に限定され，原発や国会が含まれなかった理由について，中谷防衛庁長官は，テロ攻撃等が我が国の防衛基盤に向けられる可能性が高いこと，危機に際して国民を守る特殊能力を有する施設は自衛隊による警護が適当であることの判断によるものであるとの答弁がなされた[51]。それは，警察との権限の調整によって，自衛隊の役割をより限定的にせざるをえなくなった結果を示唆するものであった。しかし，積極的な視点からは，自衛隊による治安出動と警察機関による対応の中間領域にあるテロ攻撃に対しても，その対応に万全を期すために自衛隊の役割を拡大したという見方も可能であろう。

こうした衆議院本会議や特別委員会の審議では，政府と野党の間の法案をめぐる争点は，十分に詰めきれず，その作業は，委員会審議とは別の与党と民主党との間の修正協議に委ねられることとなった。

3．法案修正協議—民主党との調整—

民主党は，法案が国会に提出される前日の2001年10月4日に，次の内閣（ネクスト・キャビネット）の閣議を開き，テロ問題への基本的対応を決定した。そこでは，自衛隊派遣を国際協調行動として位置づけ，その正当性を担保するために，武力行使を認める国連安保理決議を粘り強く求めるとした。そして，新法の内容について，①一年の時限立法，②支援行動の基本計画の国会事前承認（緊急の場合には速やかな事後承認を認める），③武器・弾薬の輸送を含めない，④武器使用基準を緩和しないなどの方針を示した[52]。民主党が，55年体制時の野党のような抵抗型ではなく，こうした条件闘争を明示して，国会に臨む方針をとったため，法案はスムーズに審議入りすることが可能となった。

10月8日に，米英軍によるアフガン空爆が始まると，テロ対策特措法案の

---

50) 第153回国会衆議院本会議録第5号（2001年10月10日）。
51) 第153回国会衆議院国際テロリズムの防止及び我が国の協力支援活動等に関する特別委員会議録第4号（2001年10月12日）。
52) 民主党「今回の同時多発テロに関わる国際的協調行動（米軍等への後方地域支援活動など）をとるための特別措置への取り組み」2001年10月4日。

早期成立に対する圧力も高まってきた。民主党は，法案の委員会審議入り直後に，特別委員会の理事を兼ねる与党と民主党の政策担当者（自民党は久間政調会長代理，民主党は岡田政調会長）による修正協議に入った。民主党の修正要求は，国会による事前承認と，武器・弾薬の輸送の法案からの削除に絞られていった。国会による事前承認が，即応性，機動性に対する障害になるとする意見が与党内で強いことが示されると，民主党は事前承認を採用した場合でも，国会は一定の期限内に承認・不承認を決定するとの妥協案を非公式に与党側に打診するなど，修正合意の可能性を探った[53]。

　こうして，当初高いハードルを設定していた民主党が柔軟に変化していったのは，鳩山由紀夫代表自身の考え方や，党内の保守系議員の影響力が反対派議員のそれを上回っていたことによるものだった。そして，より現実的には，政権担当政党として米国からの信任を得るためには，テロ対策に関して米国との協調を優先しなければならないという意識が，民主党首脳部に作用したといえるだろう[54]。このことは，政府与党側から見た場合，野党という反対セクターに対する国会対策をより容易にする状況をもたらしたともいえた。

　政府内でも，民主党との折衝を行なっていた安倍官房副長官のように，「事前承認」を受け入れることで，民主党との間で合意してもよいとする柔軟な意見もあった[55]。しかし，連立与党の幹事長レベルでは，特に，公明党の冬柴幹事長らから，事前承認は承認に手間取り，速やかな派遣に支障が生じるとの意見が強く出された[56]。そのため，結局，与党と民主党との間の修正協議は合意に達することができず，より高度な政治決断に対応を委ねるため小泉首相と鳩山代表の党首会談に決着の場が移された。

　しかし，与党三党は，党首会談に先立って，与党幹事長会談を開き，与党側の修正案を①自衛隊派遣は，派遣命令から20日以内に国会に事後承認を

---

53)『読売新聞』2001年10月14日。
54)『朝日新聞』2001年10月13日。
55)『読売新聞』2001年10月8日,『読売新聞』2001年10月11日夕刊, 読売新聞政治部『外交を喧嘩にした男』137頁。
56)『読売新聞』2001年10月8日,「テロ対策法案の修正について・冬柴鉄三幹事長に聞く」『公明新聞』2001年10月17日。

求め，不承認の場合は撤収する，②武器・弾薬の輸送は，危険性の高い外国での陸上輸送を除外し，海上輸送に限定する，の二項目として決定していた[57]。結局，小泉首相は，連立与党内の結束を維持することを優先し，厳格なシビリアン・コントロールの観点から不可欠と民主党が主張していた国会事前承認について拒否することとなった。そこでは，小泉首相は，民主党との合意に反発する公明党に対する配慮を優先せざるを得ず，相手方の鳩山代表も民主党内の賛否が分かれる中で，政府側との安易な形での妥協は許されなかった[58]。両党の党首に交渉のフリーハンドが与えられない中で，トップ会談を開いても，両者には交渉決裂以外の選択肢は事実上無かったのである[59]（民主党は自衛隊法改正案には賛成した）。

　なお，他の野党は，自由党が，独自の対案として，武力行使を容認する国連決議に基づいて，自衛隊が武力行使を伴う海外での活動に積極的に参加協力することを認める「国の防衛及び自衛隊による国際協力基本法案」を提出し，テロ対策特措法案及び自衛隊法改正案には反対することとなった。社民，共産両党も，憲法9条違反としてテロ対策特措法案及び自衛隊法改正案に反対した。これに対して，政府与党は，基本計画に定められた自衛隊の部隊等が実施する協力支援活動，捜索救助活動及び被災民救援活動に関しての国会の事後承認制を設けるとともに，外国の領域における武器・弾薬の陸上輸送を含まない旨の与党三党による修正案を委員会に提出し，与党のみの賛成で議決することとなった。なお，同修正案の審議において，武器・弾薬の陸上輸送を除外した理由について，修正案提案者は，これまで他国での実績もな

---

57)『読売新聞』2001年10月16日，『朝日新聞』2001年10月16日。

58)『読売新聞』2001年10月16日。なお，公明党は，交渉決裂の原因は，公明党にはなく，安全保障政策で党内が一致しない民主党の党内事情から柔軟な対応ができなかったとしている（「テロ対策法案と公明党」『公明新聞』2001年10月28日）。

59) 法案の締めくくり質疑において，小泉首相は，民主党は基本的に法案に賛成，自衛隊を派遣することに対しても反対しない，テロと対決するのも当然だ，国際協調も当然だという考え方のもとに立って議論をしてきたのに，なぜ民主党が反対したのかわからないと述べ，国会を関与させるということで意見を取り入れて修正に応じたわけで，十分民主党の考え方も取り入れることができたのではないかとの答弁を行なっている（第153回国会衆議院国際テロリズムの防止及び我が国の協力支援活動等に関する特別委員会議録第7号（2001年10月16日））。

く，反対の意見等も非常に多くあり，それを外す方が国民の理解をより得られるとの判断を行ったとの説明を行った[60]。また，国会の事後承認制を政府側が受け入れた理由について，小泉首相は，参議院本会議での答弁において，より多くの国民の理解と協力を得られる方法ということで受け入れたものであり，今後，行政府の責任において自衛隊の活動の迅速性を確保しつつ速やかに適切な国会の承認をうけるとの考えを表明した[61]。こうして，政府提出のテロ対策特措法案及び自衛隊法改正案並びに海上保安庁法改正案の三法案は，10月18日，衆議院を通過し，参議院外交防衛委員会での審議を経て，10月29日の参議院本会議において可決成立することとなった。10月5日の法案提出からわずか25日の最短期間での成立は，これまでの安全保障関係の重要法案と比較してきわめて異例のことであった[62]。このスピード審議を可能にしたのは，野党第一党の民主党が既に修正の方針を決定しており，与党との修正合意を念頭に審議拒否などの抵抗戦術を取らなかったこと，また，委員会理事会における民主党からの資料や統一見解の要求に対して政府与党側が速やかに応じたことなどによって，野党側が審議を止めるような材料がなかったことがあげられる。政府与党側も法案の迅速な成立を最優先に，法案作成段階から，民主党との合意の得られる可能性のある内容に絞る予測的対応をしていたことも指摘できよう。

4．テロ対策特措法案の国会審議・決定過程におけるシビリアン・コントロール

　テロ対策特措法案をめぐる国会審議の最大の焦点は，対米支援のための自衛隊の派遣を憲法が禁止する集団的自衛権の行使に抵触するとして否定するか，テロ対策のための国際社会への協力と位置づけて自衛隊の派遣を認めるかの，政府与党と野党側との論戦であった。

---

60) 第153回国会衆議院国際テロリズムの防止及び我が国の協力支援活動等に関する特別委員会議録第7号（2001年10月12日）。
61) 第153回国会参議院本会議録第4号（2001年10月19日）。
62) PKO協力法案の衆議院における委員会審議日数17日間，同審議時間74時間，周辺事態法案同12日間，同94時間に対し，テロ対策特措法案の審議日数は5日間，審議時間は32時間にすぎない。

野党の中でも，護憲派の共産党や社民党は，自衛隊の派遣自体を武力行使との一体化として絶対反対を主張した。法案審議においても，ミサイル発射と戦闘行為，戦闘地域との関係について，中谷防衛庁長官の答弁を，憲法解釈上の整合性を欠くものとしてその矛盾を追及し，法案の問題点を示す役割を果たした。これに対して，野党第一党の民主党は，グレーゾーンである武器・弾薬の陸上輸送の除外に論点を絞り武力行使との一体化の問題を追及したが，テロ対策のために自衛隊を派遣すること自体には明確な反対は表明しなかった。同党の現実主義的な対応の背景には，政権担当可能な政党として，対米関係を重視すべきとの執行部の考え方があった。そのため，法案をめぐる取扱いは，民主党の主張する武器・弾薬の陸上輸送の除外や，自衛隊を派遣する基本計画についての国会の事前承認を認めるかについての与党と民主党との交渉に絞られていった。当初，小泉首相は，民主党との修正合意を念頭に，法案修正にも柔軟な立場をとっていた。小泉内閣にとってもっとも優先されたのは，法案の迅速な成立であったからである。しかし，結局，与党と民主党との修正協議は，連立与党を構成する公明党が，民主党との修正合意に反発し，民主党自体も党内を一本化することができず，与野党間の交渉は合意に達することができなかった。その結果，法案の修正は与党単独の議院修正にとどまることとなった。こうしたテロ対策特措法案の国会審議・決定過程からは，自衛隊を客体とするシビリアン・コントロールの統制主体が，政党にあったことが指摘できる。特に，野党は，法案に対する質疑と政府側の答弁を通じて，その問題点を指摘し，執行段階での一定の制約を課すことで抑制的統制の作用を行使することとなった。また，与党単独による法案修正であったものの，政府案にあった武器・弾薬の陸上輸送の除外や，基本計画の国会報告を国会による事後承認へ修正したことは，民主党が修正要求していた項目が反映されたものであった。政府は，法案審議段階では，武器・弾薬の陸上輸送の除外や，国会の承認制について反対する答弁をしていたからである。衆参両院で過半数を持つ与党側が自ら法案修正を行ったのは，テロ対策特措法成立後の自衛隊を派遣するための民主党の同意を得るための予測的対応の表れであったとも考えられる（テロ特措法に基づく自衛隊の派遣承認案件には民主党も賛成することとなった）。

こうした野党に対して，連立与党側，特に公明党は，民主党との法案修正を望む小泉首相に反して，民主党との合意を事前に事実上封じ込めることとなった。そうした点からは，与党のシビリアン・コントロールは，首相と連立与党との駆引きの結果として，連立与党内の微妙なバランスから小泉首相のリーダーシップを限界のあるものにし，代わって，与党側が自衛隊に対する統制を主体的に行使することとなったといえる。それは，国会が政府に決定を委ねる間接的統制から，決定の責任を政党が共有する国会による直接的統制の要素を増すことになったといえる。また，政府与党間の法案作成過程で譲歩した公明党が国会段階での与党内調整でイニシアティブをとることで，法案の内容を抑制的に統制することに作用したとも考えられよう。

以上の観点から，テロ対策特措法案の国会審議・決定過程において，政府の影響力を超えて，政党側がイニシアティブをとって法案の修正を実現したことは，与党のイニシアティブに比して，野党のそれは小さかったものの，国会における政党を主体とする直接的統制が有効に作用したことを示したといえる。テロ対策特措法案は，周辺事態法の地理的制約を超えて，戦時の外国領域に自衛隊を初めて派遣することを認めるものであり，部分的ながらも，武器使用基準の緩和を一部容認するものであった。そうした点で，同法案の成立自体は，制服組の組織的利害を政府や自民党が反映して実現したものであり，自衛隊の活動範囲や権限を拡大する能動的統制の結果であったともいえる。しかし，そうした同法案を国会の決定段階の法案修正において，武器・弾薬の陸上輸送を削除することで武力行使との一体化の可能性を排除し，国会による事後承認制を盛り込むことで自衛隊に対する国会の監督権限を強化したことは，公明党や民主党などの影響力が，シビリアン主導強制型の抑制的統制として作用することになったといえよう。

第4章 有事関連法の立法過程

はじめに

　本章は，冷戦下の自民党政権（福田赳夫内閣）において政府部内で公式の研究が開始された有事法制が，冷戦崩壊から10年が経過した2001年に至って公式のアジェンダ[1]に設定された背景を分析した上で，2003年に制定された武力攻撃事態法等の有事関連法の立法過程を対象に，同法案の政府・与党内における法案作成過程と国会における政府与党・野党間の審議・決定過程の時系列的な記述分析を行い，争点ごとの政策決定に至る参加アクター間の主導性または影響力を分析する。そして，同法案の立法過程における統制主体であるシビリアンと統制の客体である制服組との影響力関係から，有事関連法の形成・決定過程におけるシビリアン・コントロールの内容を分析することとする。

第1節　有事法制の議題設定

1．政策の流れ―有事法制の研究―

　自衛隊創設以来，有事法制を強く求めてきたのは，制服組であった。1978

---

[1]　アジェンダとは，キングダンによれば，「政府の公職者及び彼らと密接に関係している政府外の人々が特定の時期に真剣に注意を払う問題，主題のリスト」を指し，それは，政府の内部や周辺に関係している人々が真剣な注意を払う「政府アジェンダ」と，法律制定や大統領の行動など権威的決定の対象となる範囲に入った「決定アジェンダ」の二つに分けて定義される（John W. Kingdon, *Agendas, Alternatives, and Public Policies*, 2nd ed., New York：Harpar Collins College Publishers, 1995, pp. 3-4. 以上の訳出については，笠京子「政策決定過程における「前決定」概念（二）・完」『法学論叢』124巻1号，1988年7月，105～106頁に依拠した）。

年，当時の栗栖弘臣統合幕僚会議議長が，記者会見において，「現在の自衛隊法は不備な点が多いため，緊急の場合には，自衛隊が超法規的行動に出ることはあり得る」と発言した問題をめぐり，防衛庁長官の金丸信によって罷免されるという事件が起こった[2]。この制服組トップの発言自体は，現行の法制度の不備によって，自衛隊が責任ある行動を取れないという制服組織の認識を問題提起したものであり，本来は，それに対応する有事法制の整備を政治が主導すべきものであった。しかし，1965年に発覚した統合幕僚会議事務局の図上研究「三矢研究」が国会で問題化して以降，有事法制は，政治レベルではタブー視され，歴代政権はそれを回避してきた。そうした中で，77年，福田赳夫首相の了承によって，有事法制の公式の検討が政府内で初めて開始されることとなった。翌年の栗栖発言は，こうした有事法制の検討を加速させる作用をもたらした。防衛庁内局による有事法制の研究は，法制化を前提としないとの条件がついていたものの，81年には，第一次中間報告（第一分類・防衛二法など防衛庁所管法令の研究）の公表，84年には第二次中間報告（第二分類・部隊の移動・資材の輸送，土地の使用，構築物建造，電気通信，火薬類の取り扱い，衛生医療等自衛隊の行動の円滑を確保するための他省庁所管の法令の研究）の公表が行なわれた[3]。そして，所管官庁が明確でない事項に関する第三分類の研究は，88年までに防衛庁から内閣官房（安全保障室）に所管が変更になり[4]，有事における住民の保護，避難，または誘導措置，民間船舶及び民間航空機の航行安全確保措置，電波の使用制限，人道に関する国際条約に基づく捕虜の扱いなど

---

[2] 栗栖統幕議長の辞任問題については，西岡・前掲書283〜293頁を参照せよ。

[3] 例えば，第一分類では，自衛隊法第103条の物資の収用，土地の使用等の防衛負担に関する政令の制定（以上，法令の未制定の問題），同じく同条による土地の使用の際の工作物の撤去についての規定，物資の保管命令についての罰則規定（以上，現行規定の補備の問題），防衛出動待機命令下令時からの土地の使用，部隊の編成，予備自衛官の招集（以上，現行規定の適用時期の問題），緊急移動が必要な場合に公共の用に供されていない土地を通行するための規定，防衛出動待機命令下における部隊の要員を防護するための必要な措置（以上，新たな規定の追加の問題）が取り上げられた。また，第二分類では，道路交通法，道路法，海上交通安全法，航空法，海岸法，河川法，森林法，自然公園法，建築基準法，電波法などの諸法令の問題点が指摘された（防衛庁編『平成14年版防衛白書』財務省印刷局，2002年，323〜327頁）。

[4] 西沢・松尾・大内・前掲書34〜35頁。

に関する事項が検討の対象とされた[5]。しかし,この第三分類の研究は,結局,公表されないまま,91年末にソビエト連邦が崩壊し,有事法制研究は,事実上の棚上げとなった[6]。

このように,有事法制研究は,防衛庁を中心とする政府部内での政策研究として実施された。そこでは,法制面での制約という技術的な実現可能性をクリアし(第三分類を除く),決定アジェンダの前段階までの準備状況に到達しえた。しかし,こうした有事法制に対しては,世論の関心は概して批判的であり,55年体制が支配的な政治状況の下では国会での承認は難しく,具体的な法制化のめどはまったく立たなかった。有事法制を推進するには極めて脆弱な政治的流れの中で,冷戦構造という政策を実現するためのそもそもの前提が崩れてしまったために,有事法制は,アジェンダ自体が途中で消えてしまうという事態に直面した。結局,1980年代の有事法制研究は,防衛庁内部の政策研究にとどまり,問題の流れを政策と政治の流れに合流させることに失敗することとなった。しかし,第二分類までという限定的であったものの,有事法制の研究は半ば終了しており,後に公式の政策案として復活するまで,新しい問題と政治の流れを待つこととなったのである。

2．問題の流れ―冷戦後の新しい脅威の出現―

日本有事が棚上げされる一方で,1990年代は,1991年の湾岸戦争を契機として,国際紛争が発生した場合に,自衛隊が日本の領域外でどのように協力することができるのかが,大きな争点となった。特に,湾岸戦争では,日本が多額の財政負担をしながら,人的な面での貢献ができなかったことから,

---

[5] 防衛庁編『平成14年版防衛白書』327頁。
[6] 実際には,ソ連邦の消滅後も第三分類について内閣安保室において調整が行われていた。しかし,政府部内での有事法制の検討が再開されるようになったのは,1996年4月の日米安全保障共同宣言を受けた日米防衛協力のための指針の見直し作業がきっかけであった。その後,橋本首相の指示による緊急事態対応策の検討や,さらにテポドンミサイル発射や武装工作船など周辺地域において頻繁に発生した事案に対処するため,緊急事態法制という形で政府部内及び自民党国防関係部会において検討が行われた(森本敏・浜谷英博『有事法制―私たちの安全はだれが守るのか』PHP研究所,2003年,154～155頁)。

国際社会からの支持を得ることができなかった。政府は，92年6月にPKO協力法を成立させ，同年9月のカンボジアPKO派遣を嚆矢に，以後，継続して，国連PKOに自衛隊を派遣し，国際平和協力への自衛隊の関与は，「若葉マーク」を卒業するまでになった[7]。

　こうした国際貢献の進展の一方で，冷戦後の極東地域におけるパワー・バランスの変化は，日本周辺地域での有事の可能性を政府当局者に認識させることとなった。きっかけとなったのは，北朝鮮による核開発問題と弾道ミサイルの発射実験であった。北朝鮮は，93年に日本海に弾道ミサイルの発射実験を行い，94年には，核開発問題をめぐって国際社会と対峙した。ジミー・カーター元米国大統領の特使派遣によって，朝鮮半島の危機的状況を脱したものの，一連の事件によって，周辺地域での有事に対する日米間の防衛協力の脆弱性が明らかになった。日米両政府は，96年4月に日米安保共同宣言を発表し，97年9月には周辺有事での米軍に対する日本の後方支援を規定する日米防衛協力のための指針（新ガイドライン）に合意した。さらに，新ガイドラインの実効性を確保するために，99年5月には，周辺事態法が成立する。この一連の政策決定を通じて，それまで閣外協力であった自社さ連立政権は瓦解し，周辺事態法案等の対決法案をめぐる国会での協調行動を通じて，自自公連立政権に向けての事実上の枠組み形成が図られた。

　こうした態勢整備が進められる中で，98年には北朝鮮によるテポドンミサイルの発射事件が発生し，さらに，99年には能登半島沖の不審船領海侵犯事件に対して，海上自衛隊が初の海上警備行動に出動するという事態が生じた。こうした北朝鮮による潜在的な脅威が周辺地域で高まる中で，2001年9月11日の米国同時多発テロが発生する。このテロによって，日本人を含む3000人あまりの人命が犠牲となり，日本国民の中に，テロ集団などによる非対称的脅威に対する危機感が急速に高まることとなった。2001年5月に発足した小泉内閣は，国際社会との協力によるテロとの戦いという目的の下で，テロ対策特措法を成立させ，米軍を中心とする多国籍軍への協力支援活動（燃料の洋上補給）を実施することに踏み切ることとなった。

---

7) 防衛庁編『平成15年版日本の防衛―防衛白書』ぎょうせい，2003年，212頁．

こうしたテロ対策特措法の成立と自衛隊の海外派遣から時期を経ずして，2001年12月末には再び，北朝鮮の工作船と見られる不審船侵入事件が発生した[8]。こうした一連の事件は，脅威に対する世論の認識を惹起することとなった。冷戦崩壊によって，いったんはお蔵入りとなった日本有事に関する法整備（すなわち有事法制）は，大規模テロや武装不審船，弾道ミサイルなどの新しい危機に対する法制の整備として再定義され，政府が直ちに対策を講じるべき重要な問題であると政策決定者に認識されることによって，問題の流れに乗ることになったのである。

3．政治の流れ—政府・与党の動き—

　有事法制が，政策決定者レベルで再度注目されるようになった最初の契機は，新ガイドラインの策定であった。新ガイドラインの策定後，その実効性を確保するためには，国内における自衛隊の活動の制約となる法制を改正し，米軍に対する後方支援を容易化するための立法措置が必要であった。しかし，周辺事態法の制定過程では，日本有事に対応する法改正は行なわれず，また，後方地域支援等への協力を求められる地方自治体や関係企業の反対により，関係機関に対する強制措置も盛り込まれなかった[9]。周辺事態における米軍への後方支援を実現するためにも，こうした自衛隊の行動の円滑化を図るための有事法制の整備は，自民党国防族にとって新ガイドライン後の重要な政策課題となっていった。

　政治的流れを構成するのは国民レベルに加えて，利益団体や政治エリートたちの行動など，組織された政治的な力である。政治セクターの中で，有事法制の推進役となったのはこうした自民党の国防族であった。自民党は，1998年4月に安全保障調査会・外交調査会・国防部会・外交部会の合同で，報告書「当面の安保法制に関する考え方」をまとめ，その中で，有事法制研

8）　2001年12月末，鹿児島県奄美大島沖で海上保安庁の巡視船の停船命令を無視して不審船が逃走を続けたため，巡視船が威嚇射撃を行ったところ，不審船から小銃やロケット砲による攻撃があったため巡視船との間で銃撃戦となり，結果的に不審船が沈没するという事態が生じた。

9）　水島朝穂編著『世界の「有事法制」を診る』法律文化社，2003年，193頁。

究を「国会提出を予定した立法の準備ではない」との前提条件を早急に改め，第一分類，第二分類については，次期通常国会以降速やかに法制化を図り得るよう，所要の準備作業に着手すべきであるとした。また，第三分類についても，検討を促進し，法制化に向けての取り組みを行うべきであるとの主張を行った[10]。

こうした自民党国防族の提言に対して，政府首脳も有事法制の法制化に向けて踏み込んだ発言を行うようになった。98年夏の北朝鮮による弾道ミサイル（テポドン）の発射と，99年春の能登半島沖不審船事案を踏まえて，99年3月，小渕首相は国会で，有事法制の法制化を控えてきたが「いろいろと新しい事態」が起こってきたことに言及するようになった。

一方，自民党は1998年参議院選挙での敗北の影響により，参議院での逆転を許していた。自民党執行部は，自由党と公明党を連立政権に取り込むことで，参議院の逆転解消を狙うようになっていた。99年の通常国会では，周辺事態法案の国会審議が大詰めを迎え，自民党は，公明党の要求を盛り込んだ修正を行うことで，自自公連立への布石を敷いた。同国会では，ガイドライン関連法案以外にも，組織犯罪対策法案，国旗・国歌法案，憲法調査会設置法案など，イデオロギー対立に絡む法案が，自自公の賛成で一挙に通過し，公明党は，従来のハト派路線から右寄りにシフトするようになっていった。

政策決定者にとっては，政治エリートや利益団体などの政治勢力において政策案が受容されるかどうかが，政策提示の重要な基準となる。当該政策に対する政治組織間での合意度が高ければ政策案は提示されるが，そうでなく反対者が多い場合には提示されない[11]。有事法制は自民党国防族が推進役となり，自民党が連携を目指していた自由党も有事法制の推進を唱導していた。

---

10) この報告書に先立って，自民党安全保障調査会は1997年7月8日の「ガイドラインの見直しと新たな法整備に向けて」において，有事法制として，①自衛隊の行動に関わる法制，②米軍の行動と日本による支援措置に関わる法制，③国民の保護のための法制の3つの区分を行い，第一分類と第二分類については立法化に向けた努力を行うべきであるとし，第三分類については，内閣安全保障室が個々の検討項目の担当省庁を早急に決定し，具体的な研究を進め，さらに法制化に向けての取り組みを行うべきであることを主張していた（水島・同200頁）。

11) Kingdon, *op. cit.*, pp. 150-153.

しかし，もう一方のパートナーである公明党内には，消極的な意見が強かった。また，当の自民党にも，官房長官の野中広務を始め，有事法制に積極的でない勢力が政権中枢に存在していた。連立与党を構成する政治エリート間の一致がなければ，有事法制を決定アジェンダに引き上げることは困難であった。こうした膠着状態の中で，有事法制の法制化を連立交渉の際の合意事項に明記するという交渉が行われ，両者の対立の調整が図られた。すなわち，99 年 10 月，連立政権に合意した自自公三党は，「政府の進めてきた有事法制研究を踏まえ，第一分類，第二分類のうち，早急に整備するものとして，合意が得られる事項について立法化を図る」ことを政策文書にまとめたのである[12]。さらに，与党三党は，与党安全保障プロジェクトチームを設置し，三党間での協議を開始した。そして，2000 年 3 月には，「有事法制研究の法制化を前提としないという縛りを外し，法制化を目指した検討を開始するよう，政府に要請する」との合意がなされた。こうした与党協議の中で，一貫して推進役となったのは，自由党であった。これに対して，有事法制の整備に慎重な姿勢を示し，ブレーキ役となったのは，公明党とともに野中（2000 年 4 月の森内閣以降，幹事長に就任）や，古賀誠（国会対策委員長から野中の後任として幹事長に就任）らの自民党内の慎重派であった[13]。

2000 年 5 月には，自民党と自由党の合併協議が決裂し，自由党が連立政権から離脱する事態が生じた。自由党から分離した保守党が連立にとどまり，新たに自公保三党となった連立与党はプロジェクトチームを継承することで合意したものの，連立与党としての有事法制推進の機運は停滞することになる。森喜朗首相は，2000 年 4 月の所信表明演説に対する質疑の中で，「有事法制はぜひとも必要な法制であると考えており，法制化をめざした検討を開始するように政府に要請するとの先般の与党の考え方を十分に受け止めながら，今後政府として対応を考えてまいります」との発言を行い，首相として初めて有事法制の法制化に前向きの姿勢を示した。また，2001 年 1 月の施政

---

12) なお，公明党との連立に伴う小渕第二次改造内閣（1999 年 10 月 5 日）では，官房長官が野中から青木幹雄参議院幹事長に交代することとなった。

13) 有事関連法案の趣旨説明に対する東祥三議員（自由党）の質疑による（第 154 回国会衆議院本会議録第 29 号（2002 年 2 月 26 日））。

方針演説で，森首相は，有事法制の検討開始を明言した。しかし，政権発足直後から森内閣の支持率は低迷を極めており，首相の発言とは裏腹に，与党内での有事法制推進の機運は高まらなかった。

こうした日本側の対応の遅滞に変化をもたらす一つの要因となったのが，米国におけるブッシュ政権の発足であった。リチャード・アーミテージ国務副長官ら後にブッシュ政権の国務省や国家安全保障会議の要職についた安全保障専門家が，新政権発足に向けて2000年10月に提案した報告書[14]（アーミテージ・レポート）が，日本国内でも，ブッシュ政権の対日外交戦略を占うものとして注目を集めることとなった。同レポートでは，新ガイドラインの誠実な実行に有事法制の成立が含まれることが指摘されていたことから，有事法制の策定によって，日米新ガイドラインを着実に実施できる態勢を整備せよとの意図が米国の新政権の方針であるとの憶測を生んだのである[15]。もともと，自民党国防族などの推進勢力では，新ガイドラインの策定後から，次のアジェンダとして，有事法制に照準が向けられており，いつ有事法制を提案するかの政治的タイミングが計られていた。アーミテージ・レポートを，米国の新政権の対日要求になぞらえることで，自民党国防部会は，2001年3月，集団的自衛権の見直しとともに，有事法制を含む緊急事態法制の早急な立法化を打ち出すにいたった[16]。そこでは，米国からの対日要求を自分たちの主張の援軍として，政府与党内での立場を有利に改善したいとの狙いがあったのである。

しかし，政治の流れを大きく変えた最大の要因は，2001年5月の首相の交代とそれに伴う自民党執行部の一新による政策決定者の交代であった。森首相の退陣を受けて，自民党総裁選で圧倒的な支持を受けて選出された小泉首

---

14) Institute for National Strategic Studies, National Defense University, *The United States and Japan : Advancing Toward a Mature Partnership*, INSS Special Report, October 11, 2000, pp. 1-13.
15) 渡辺治『憲法改正の争点』旬報社，2002年，302頁，西沢・松尾・大内・前掲書10頁，渡辺治・三輪隆・小沢隆一『戦争する国へ有事法制のシナリオ』旬報社，2002年，39～41頁。
16) 自民党国防部会「提言わが国の安全保障政策の確立と日米同盟―アジア・太平洋地域の平和と繁栄に向けて」2001年3月23日。

相は，内閣人事，党人事ともに主導権を握り，従来の派閥均衡型にとらわれないトップダウン型の人事を断行した。幹事長にはハト派の古賀幹事長に代えて国防族の代表格である山崎拓を充て，防衛庁長官には，初の自衛官出身である国防族の中谷元を任命した。両名とも小泉首相を支える主流派の派閥出身者であった。また，小泉首相自身も総裁選で集団的自衛権行使の容認を主張するなど，タカ派的な立場をとっていた。有事法制に消極的な立場をとっていた自民党執行部が交代することにより，自民党内の勢力バランスが変化し，法制化への障害が緩和されることとなった。また，連立与党内においても，小泉内閣の支持率の高さを踏まえて，公明党は，首相との関係をより重視した対応を次第にとり始めるようになっていった。

　小泉首相は，5月の所信表明演説で，「いったん，国家，国民に危機が迫った場合に，どういう体制をとるべきか検討を進めることは，政治の責任であると考えており，有事法制について検討を進めてまいります」と明言した。こうした小泉首相の発言を受けて，同年5月に，内閣官房に有事法制検討チームが設置された。2001年の中央省庁の再編によって機能強化された内閣官房は，省庁間の調整権限に加えて，企画立案権限を獲得することになった。さらに，首相の閣議への付議権が制度化されることによって，省庁別の分担管理を原則としてきた内閣制度に風穴が開けられた。首相のトップダウンによる政策立案が，制度として動き出したのである。しかし，こうした制度化によっても，内閣官房は，人員面での充足や各省庁の所管権限に相当するような制度的自律性を有していない。首相の意向を踏まえて，福田官房長官の同意を得て設置された有事法制検討チームも，政治任命である責任者の古川貞二郎内閣官房副長官とリーダーの大森敬治官房副長官補以外は，全員，各省庁からの出向者の寄せ集めであった。また，せっかくの検討チームも，法制化に向けての具体的な政治日程が浮上していなかったため，5年程度をめどにおいた「検討会」の域を出ていなかった[17]。

　こうした状況の転機となったのは，2001年9月11日に発生した同時多発

---

17)『毎日新聞』2002年4月17日。内閣官房は，武力攻撃に対する防衛出動に限定せず，テロやゲリラ，不審船などへの対処を含む包括的な緊急事態法制を念頭に置いていたため，その実現には，「5年はかかる」と腰をすえて作業を進める方針であったとされる。

テロであった。同時多発テロは，危機管理体制の充実の観点から，日本国内においても早急に有事法制の整備を図ることの必要性を惹起させた。テロ直後の9月13日の与党三党協議では，2002年の通常国会における立法化を目指して検討することが確認された[18]。

　有事法制に必ずしも積極的ではなかった公明党も，同時多発テロに伴い予想された世論の変化や危機意識の高まりなど国全体に広がっている雰囲気によって，そのアジェンダ選択に大きな影響を受けることとなった。政策決定者が，国民がイシューに対してどのように考えているかについて敏感であることはいうまでもない。政治的流れを構成するのは政治エリートや，利益団体の行動に加えて国民自身の認識の変化である。そうした点で，最も世論に敏感に反応したのは，小泉首相自身であった。9月に召集された臨時国会の所信表明演説で，小泉首相は，「備えあれば憂いなし」との考え方に立って，有事法制について検討を進めていくとの演説を行った。続く，10月11日の衆議院テロ対策特別委員会では，「平時から有事のことを考えるということの重要性は，明らかであるので，鋭意検討を進め，国会にいずれはこの有事法制に関する法案も提出しなければならない」との答弁を行った[19]。同様に，11月の衆議院安全保障委員会では，安倍晋三官房副長官が，「条文の作成を一日も早く成案を得るべくやっていかなければいけない」と答弁し，政府レベルで初めて法案作成に言及することとなった[20]。

　一方，党側からも，法案作成の先導役として国防族のリーダーである山崎幹事長が，12月に入って，中谷防衛庁長官と会談し，有事法制の整備を次期通常国会で実現することに向けて準備に入るよう求めた[21]。12月25日，小泉首相は，山崎幹事長と会談し，有事法制を包括的に進め，事務方に急ぐよう指示することを伝えた。年が明けて，2002年1月8日の自民党役員会では，小泉首相自ら，有事法制のテーマとして，自衛隊の防衛出動にかかわる日本

---

18) 防衛庁防衛研究所編『東アジア戦略概観2002』財務省印刷局，2002年，278頁。
19) 第153回国会衆議院国際テロリズムの防止及び我が国の協力支援活動等に関する特別委員会議録第3号（2001年10月11日）。
20) 第153回国会衆議院安全保障委員会議録第5号（2001年11月29日）。
21) 防衛庁防衛研究所編・前掲書279頁。同じ時期に福田官房長官もなるべく早く国会で議論していただく必要があるとの認識を示した。

の国内有事，不審船対策などの領域警備，テロ対応，大規模災害への対策を挙げ，有事法制について，幅広く議論し，日本の安全保障・危機管理上，重大な緊急事態を包括的にとらえることを表明し，その中で，できるものからやるとの発言を行った[22]。こうして，最終的には，小泉首相の指示により，政府・与党が協力して有事法制の国会提出に向けて動くことが決まり，法制化のための政府レベルでの本格的な作業が開始されることとなった。小泉首相は，2月1日，大森官房副長官補ら内閣官房チームと有事法制の進め方について協議し，包括的な基本法案の作成を急ぐ方針を確認した。その上で，国民にもわかりやすいような形に整理する必要があるとして，与党などとの調整を進めるよう指示した[23]。こうした党内調整の素地を作った上で，小泉首相は，2月4日の施政方針演説で，「平素から日本国憲法の下，国の独立と主権，国民の安全を確保するため，必要な体制を整えておくことは，国としての責務」であるとし，武力攻撃事態への対応に関する法制の整備に向けての決意を明らかにした。開会中の国会への有事法制の提出を表明したのは，首相として小泉が初めてであった。

4．有事法制の公式アジェンダへの設定の要因と法案作成の意思決定におけるシビリアン・コントロール

　有事法制は冷戦終焉後のお蔵入りの状態から，1990年代半ば以降の北東アジア地域における情勢の緊迫化によって，新ガイドライン策定以後，自民党国防族を中心に復活するようになった。2000年には，自自公三党合意で，有事法制の法制化をめぐる検討が合意されるに至った。しかし，結局，2001年の小泉政権が登場するまで，有事法制は，連立与党内で事実上の店晒しにされてきた。こうした非決定に作用してきた要因としては，次の点が考えられる。まず，国民世論が有事法制の制定に対して，必ずしも必要性を認識していなかった点である。冷戦期には，有事法制自体が戦争を前提としたもので

---

22) できるものからやるとの小泉首相の発言は，その真意にかかわらず，第一分類及び第二分類の先行処理という意味であると，山崎幹事長ら自民党国防族は解釈することとなった（『朝日新聞』2002年1月8日夕刊）。

23) 『読売新聞』2002年2月3日。

あることから，世論の中には，有事法制の制定に対して消極的な意見が強く，また，冷戦崩壊後は，日本有事に対する危機感が薄らぐこととなり，有事法制の必要性は認識されないようになった。1994年の朝鮮半島危機によって，日米の政府当局者レベルの緊張感が高まり，ガイドラインの策定に結びついたが，そうした周辺事態における日本の役割についての意義が国民に対して十分に説明されたとはいえなかった。90年代後半以降の北朝鮮による不審船事案や，弾道ミサイルの発射実験も，国民の安全に対する不安感を高めたものの，そのことが直ちに，冷戦型の着上陸侵攻を前提とした有事法制の法制化と結びつくような，政府側からの国民への説得もなかった。こうした政府の説明不足や，国民の問題意識の薄さによって，少なくとも，2001年までは，国民レベルでは有事法制の制定の必要性は強く認識されていなかったといえる。

　一方，有事法制の制定についての政府内部での認識においても，明確なコンセンサスはなかった点が指摘できる。1999年以降の自自公連立三党の内部でも，積極派の自民党国防族や自由党に対して，有事における自衛隊の活用に関して，自民党内部や公明党には消極的な意見が存在し，連立与党内の勢力バランスは有事法制のアジェンダ設定には有利に作用しなかった。有事法制を決定アジェンダに引き上げるような，問題や政治の流れは少なくともこの段階では合流し得なかったのである。

　こうした状況が決定的に変化したのは，2001年9月の同時多発テロの発生であった。ジョン・キングダンは，危機，災害，象徴といったフォーカシング・イベントが，特定の問題に人々の注意を集める働きをすることを指摘している[24]。同時多発テロは，テロや武装したゲリラによって，日本の原子力発電所や重要施設が襲撃され，日本の安全と平和に重大な障害を及ぼしかねないとの懸念を抱かせた。こうした時期に，北朝鮮が工作船と見られる不審船による領海侵犯を繰り返し，弾道ミサイルの輸出や発射実験を行っていたことは，日本におけるテロや武装ゲリラの発生を，国民に予感させた。こうした新たな脅威の出現が，世論の意識を大きく喚起する契機となったのである。

---

24) Kingdon, *op. cit.*, pp. 94-100.

世論の変化は，政策決定者の問題認識を高め，有事法制に関する政治エリート間，すなわち連立与党内の反対度を低下させ，アジェンダ設定のための障害を緩和させる作用をもたらした。しかも，そうしたイシューが顕在化したときに，自衛隊の活用に積極的な小泉内閣が政権担当の任にあるという偶然が政治の流れとして一致した。小泉は，首相就任後，与党三党合意にもかかわらず有事法制に消極的なスタンスを崩さなかった野中・古賀両幹事長に代わって，憲法改正を持論とする山崎拓を幹事長に任命し，安全保障問題を政権の重要課題に引き上げた。こうした安全保障に対する親和性の高い執行部のもとで，小泉首相のイニシアティブによって，有事法制が検討課題に上ったとき，政府部内には，すでに，研究済みの第一分類・第二分類の政策案が存在していた。ただし，それらは冷戦当時のものであり大規模テロや武装不審船などの新しい脅威に対応するものではなかった。

キングダンが指摘するように，問題の流れと，政策の流れ，そして，政治の流れは，基本的に相互に独立している。これらの三つの流れは，独立のプロセスを経ながら，相互に作用しあい，ある決定的な時期に合流する。この合流の機会をキングダンは，政策の窓（policy windows）と名づけた[25]。政策の窓の開放時間は短いことから，ある問題がアジェンダとして設定されるかどうかは，政策代替案がすでに準備されている必要がある。政策の窓が開いたとき，問題に対する新規の解決策をはじめから作成していたのでは遅すぎるからである。その時までに，長い時間をかけて検討され，修正され，準備が整えられた代替案がなければならない[26]。問題が起きてから，解決策を講じるのではなく，アジェンダとして設定される以前に，どこかの機関や，あるいは誰かが，最終的に採用される政策と類似した内容の政策提言を行い，政策の窓が開くのを待っているのである[27]。

有事法制についても，既に，1980年代に研究を終えた第一分類・第二分類の有事立法研究が政府部内に存在していた。小泉首相は，同時多発テロの発生と国民の危機意識の覚醒という政策の窓が開いた機会を捉えて，冷戦型の

---

25) *Ibid.*, pp. 165-173.
26) *Ibid.*, pp. 141-143.
27) *Ibid.*, p. 139.

古い内容しか持っていない有事立法研究を新しい脅威に対応しうるような内容に改変することを目指して，有事法制の法制化を決定アジェンダに設定したのである。ここで，政策企業家の役割を果たしたのは，小泉首相自身であった。有事法制の提唱者が，自民党国防族や，自由党など，連立与党の大勢を占めていなかった状況では，それは決定アジェンダには設定し得なかった。しかし，同時多発テロ後は，首相自らが有事法制の主導者となることによって，それを決定アジェンダに高めることが可能となったのである。

　キングダンのモデルに従って改めて整理すると，①同時多発テロ，不審船事件，弾道ミサイルなどの新たな脅威の出現という問題の発生によって，政策決定者に問題が認識された時（問題の流れ），②有事法制にかかる第一分類・第二分類の終了済みの研究が利用可能な解決案としてすでに準備されていた（政策案の流れ）。そして，③自衛隊の活用に積極的な小泉政権による政府・党内人事の更新によって政治的状況が変化し，さらに危機管理に対する世論の認識の覚醒に影響を受けた連立与党内部での合意調達によって，障害となる制約がなくなるという決定的な時期が生まれた（政治の流れ）と考えられる。このような時期の出現は，政策の窓を開く契機となり，三つの流れが，相互に作用し合いながら，2001年後半の時期に合流することとなったのである。有事法制の決定アジェンダへの設定は，こうした流れの合流の帰結として起こり，有事法制の制定という政策の変化をもたらすきっかけとなったのである。

　こうした有事法制の議題設定過程において，シビリアン・コントロールの観点から統制主体となったのは，小泉首相であった。それは，国内有事において，自衛隊を抑制的に運用しようとしてきた歴代政権の方針と異なり，テロや不審船などの新しい脅威に対して，自衛隊を積極的に活用していこうとする能動的統制の側面が強いものであった。自民党国防族は，こうした首相の方針を支持し，その議題設定に積極的に関与した。また，当初，消極的であった公明党も，同時多発テロ以降の戦略環境の変化を受けて，有事法制の制定に理解を示すようになった。これらの政治家の主導性によって，有事法制の議題設定が可能になったのであり，それは，官僚制組織に対する委任に基づく間接的統制から，政治家のイニシアティブによる直接的統制への変化

を示すものであった。こうした統制主体の変化に対して、客体である自衛隊は、特に、政治に対する働きかけは行なっていない。しかし、栗栖議長発言以来、制服組からの要望や見解が政府部内での有事法制研究に強く反映され、また、冷戦後の安全保障環境についての首相への説明を通して、政府首脳レベルでの脅威に対する認識に一定の影響力を及ぼすこととなった。そこでは、シビリアンによる統制が優位する「シビリアン主導型」が確保されたものの、制服組の政治家への浸透はより進むこととなった。これに対して、内閣官房や防衛庁内局は、法案の所管省庁として、この首相の方針に基づき、以後の法案作成過程を担当していくことで制服組に対する統制に関与していくこととなったのである。

第2節　有事関連法案の作成過程

本節では、武力攻撃事態法を中心とする有事関連法案の作成過程において、争点別に各アクターの影響力と、立案を通じての自衛隊に対する統制がどのような形で行使されたかを分析していくこととする。

1. 法案立案のための政策決定アリーナと主要アクター

有事関連法案の作成過程は、他の内閣提出法案とは異なり、法案提出の議題設定が所管省庁ではなく、首相のイニシアティブによって行なわれた点に特徴があった。

小泉首相の指示を受けて、法案の作成作業にあたったのは内閣官房の有事関連法案検討チームであった。同チームが設置されたのは、小泉首相の有事法制に関する国会演説を受けた2001年5月であり、古川官房副長官を責任者として、大森敬治官房副長官補がリーダーとなった。同チームは、防衛、外務、総務、警察、国土交通など、関係省庁の課長補佐クラスの出向者からなる15人体制をとっていた[28]。9月11日の同時多発テロ発生を契機に、同チームはテロ対策法案作成チームに目的を変更し、短期間での法案制定を可

---

28) 西沢・松尾・大内・前掲書12頁。

能とした。小泉首相は，2002年の年明け，自民党の役員会において有事法制の整備について表明し，内閣官房に対して検討を指示することとなった。これを受け，2002年1月に内閣官房に有事関連法案の作成チームが復活し，関係省庁からの出向者を中心とする20人体制のチームで有事関連法案の作成作業を開始することとなった。内閣官房チームが担当したのは，有事に対応する包括法案の策定であった。同チームの作業を補佐するために，各省庁にも法整備推進のための事務的なタスクフォースが設けられた。特に，防衛庁は，要員面での協力を含め，内閣官房における検討に協力するとともに，防衛庁における事務体制を強化して，政府全体の検討内容，スケジュールとの調整を図りながら，検討作業を行うこととなった。防衛庁では，防衛庁所管の法令にかかわる第一分類と，他省庁所管の法令にかかわる第二分類について，他省庁と連携しながら，自衛隊法改正案（及び現行法に特例措置を設ける関係法改正）の作成作業を内閣官房チームと分担することとなった[29]。防衛庁に設けられた有事法制検討会議には，守屋武昌防衛局長を議長に26人体制が組まれた。同会議には作業部会が置かれ，防衛局や陸海空各幕僚監部の1佐から3佐クラスの計10人が法案作成に当たることとなった[30]。また，外務省においても，総合外交政策局が中心となり，日米安保条約に基づく米軍支援のための国内法制定や，捕虜に対する国際人道法の検討を分担することとなった。

　一方，第三分類の国民の保護に関する法制については，所管省庁が明確でなく[31]，省庁間の調整を行う場さえ決まっていなかったため，内閣官房チームは，内閣に閣僚級で構成する有事関連法案整備推進対策本部を設置し，省庁間の調整を行うことを検討していた[32]。しかし，この対策本部設置構想は，第一分類・第二分類の先行処理を主張していた山崎自民党幹事長らの考え方と一致せず，法案提出後の法案修正で復活するまで，先送りされることとなった[33]。こうした官僚制組織内部での法案作成が，内閣官房と防衛庁・外務省等

---

29) 防衛庁編『平成14年版防衛白書』143頁。
30) 『朝日新聞』2002年1月28日。
31) 『読売新聞』2002年3月20日。
32) 『読売新聞』2002年1月30日，同2002年2月3日。

の分担管理によって進められたのに対し，安全保障に関する法制化において，憲法適合性についての審査を実施してきた内閣法制局は，有事において日本が武力攻撃を受けた場合の自衛隊の対処行動が，個別的自衛権の範囲内にとどまる限り，集団的自衛権禁止の憲法解釈との齟齬を生じることはなく，有事関連法案の立案過程では，国民の権利制限に関する憲法適合性審査などに限定され，その関与を相対的に縮小させることとなった。

こうした官僚制レベルでの法案作成作業と並行して，与党でも有事関連法案の検討が行なわれた。当初，与党内では，自民党の国防部会が先行していたが，公明党も2002年1月18日に防衛出動等法制検討委員会を設置し，検討を開始した。同委員会の方針は，「国民の権利制限を必要最小限に限り，民主的手続きなどの原則を明確にし，議論の対象を憲法9条のもとでの防衛出動に絞る」というものであった[34]。1月21日には，与党「国家の緊急事態に関する法整備等協議会」（以下，与党協議会と略す）が設置され，メンバーは，与党三党の幹事長，政調会長，国対委員長らの11人で構成された[35]。この協議会では，議院内では少数派の公明党，保守党が，自民党と形式上，対等のポジションを占めた。その結果，協議会の座長を務める山崎自民党幹事長が国防族の代弁者として，防衛庁の提案する法案の推進役となったのに対抗して，公明党の冬柴幹事長が，国民の権利と自由を擁護する立場から決定過程に影響力を持つことを可能とした。また，与党協議会の下に，三党の安全保障政策の担当者からなる与党安全保障プロジェクトチーム（座長・久間章生自民党政調会長代理）が設置され，2月19日の初会合以降は，与党協議会に代わって，与党プロジェクトチームが法案作業の実務面での中核となった[36]。三党幹事長を主体とする与党協議会が連立与党間の政治ベースでの折衝を行うのに対して，同プロジェクトチームは，安全保障問題の政策担当者から構成される

33）『読売新聞』2002年2月3日。

34）同委員会の座長に就任した北側一雄政調会長の発言による（『朝日新聞』2002年1月19日）。

35）『朝日新聞』2002年1月22日。座長には自民党の山崎拓幹事長が就任した。

36）与党安全保障プロジェクトチームは，従来から設置されていた同名のプロジェクトチームがそのまま移行して設置されることになったため，同チームの座長である久間章生自民党政調会長代理が与党協議会にオブザーバーとして参加することとなった。

ことにより，政策面に焦点を絞ったより実務的な三党間の調整を行う位置づけとなった。山崎，冬柴，そして，保守党の二階俊博幹事長らの間の対立でしばしば硬直化した与党協議会に代わって問題点を詰めることや，与党協議会に対する事前の調整を行う役割を担うこととなった。そうした調整を与党安全保障プロジェクトチームが担うことが可能となったのは，プロジェクトのメンバーの持つ安全保障政策に関する専門性とそれに基づく同質性が幹事長レベルの与党協議会よりも高かったことにある。

　こうした与党幹部・実務者間の協議が主な窓口となり，法案の実質的な調整が行われるなど，連立与党間の合意形成が重視されたのに対して，自民党の国防族は主導権を握ることができず，内部での不満が高まった。自民党の国防部会は，与党安全保障プロジェクトチームが法案作業を行っていた 2002 年 2 月の段階では，主に，同部会の防衛政策検討小委員会を中心に，中長期的な観点から，日本の防衛政策を構築するための政策研究に当たっていた[37]。政府側で法案要綱がまとまった 4 月からは，与党協議会や与党安全保障プロジェクトチームと並行して政府側から法案の説明を受け，内閣・外交・国土交通の各部会との合同会議で法案審査に当たったが，実質的な決定権は，連立与党の調整機関に拘束されていた[38]。そのため，自民党の国防関係部会は，国防関係議員が不満を表出するいわばガス抜きの場ともなった[39]。

　以上の法案作成のための政策決定アリーナにおいて，参加したアクターの

---

37) 同小委員会は，20001 年 5 月に，浜田靖一議員が小委員長に就任して以来，有事法制や安全保障に関する専門家からのヒアリングを中心に議論を重ね，2003 年 2 月 5 日に大量破壊兵器の拡散やテロの脅威などの新たな脅威から日本を守る防衛政策が必要との観点から，有事法制の早期整備や，「防衛力の在り方」検討の加速，防衛大綱の見直しなどについての提言を内容とする「日本の防衛政策の構築（骨子案）」を策定することとなった（『デイリー自民』2003 年 2 月 5 日）。
38) 有事関連法案については，4 月 1 日の与党三党幹事長会談において，与党「国家の緊急事態に関する法整備等協議会」を開いて，政府案を検討して了承した場合に，各党の党内手続きに入ることについての申し合わせが行われた（「山崎幹事長定例記者会見」2002 年 4 月 1 日）。実際には，4 月 8 日の与党協議会で，与党間の不一致で了承が得られず，与党安全保障プロジェクトチーム及び与党三党の各部会に要綱案を諮り，議論を詰めることとなった（「自民党政策速報・自民党内閣部会・国防部会・外交部会・国土交通部会・総務部会合同会議」2002 年 4 月 9 日）。

立場を決めたのは，それぞれの所属省庁の利害であった。武力攻撃事態法案でプログラム規定とされたテロ・不審船への対処や，国民保護法制の検討では，内閣官房チームとは別のスキームで，関係する省庁の代表として，課長クラスの幹部（途中で審議官クラスに格上げされた）が，古川官房副長官を責任者とする検討会議に参加し，官僚組織の代表同士の間で，利害の調整を図るという手法がとられた。そこにおける内閣官房の調整権限は，限定的なものにすぎず，各省庁の所管に関する権限について強制力は持っていなかった。警察庁や海上保安庁，消防庁，総務省等の関連省庁の代表は，自省庁の既得権を維持するために，防衛庁・自衛隊の権限拡大を牽制することを組織的利益とした。こうした限界が，国民保護法制や，テロ・不審船対処への法整備の遅れにつながっていくことになったのである。また，内閣官房に出向者として配置された20名のスタッフも，一時的出向者という立場から，出身省庁の意向の代弁者となる面も有していた。内閣官房チームのスタッフをリーダーとして統率し，関係省庁や与党との調整において，ボスである小泉首相の見解に近づけるようまとめるのが，古川官房副長官や大森官房副長官補の役割であった。古川らは省庁間に生じた対立に対して，それにコミットしない中立的な立場で，首相の見解に忠実なマネージャーとしての役割を果たし，自らが，省庁間の対立を調整することに関与した。そうした点で，古川らの役割は，スティーブン・コーエンのいう多元的擁護者モデルとして位置づけることもできよう[40]。古川副長官のバックには，福田官房長官の存在があり，内閣全体にかかわる事項を担当することで多忙な福田は，有事関連法案に関する省庁間調整と与党との調整の実務を事務方の古川と政務の安倍の両副長官に実質的に委任することとなった。

　こうした官僚機構を補佐部門として，政治部門では，小泉首相以下，関係閣僚がアクターとして政策決定に関与した。政府・与党のトップである小泉首相は，自衛隊の最高責任者を兼ね，防衛政策の決定・執行に公式の権限を

---

39) 特に，テロや不審船対策の扱いに関しては，若手を中心とした国防関係議員の不満が噴出し，公明党が主張していた補則の削除要求を取りやめさせ，政府側に国内大規模テロや不審船への対応について対策を検討させるなど，族議員側が限定的ながら巻き返しを図ることも可能とした。

有している。小泉首相自身は，有事関連法案制定の主導者であり，同時多発テロを契機に，武装工作員による大規模テロや不審船への対処などの緊急事態を含む包括的な有事法制を意図していた。しかし，各省庁にまたがる有事関連法案では，分担管理の原則により，直接，官僚制を指揮して，自分の考えを立法の内容に反映させることができず，内閣官房のスタッフを通じてしか自分の意思を直接反映させることができなかった。そのため，省庁間対立や，連立与党という政権構造からその指導力の発揮は，必ずしも容易ではなかった。また，関係閣僚としては，福田内閣官房長官とともに，中谷防衛庁長官が防衛政策の所管大臣として，法案作成に直接的に関与し，また，川口順子外務大臣や片山虎之助総務大臣らの関係閣僚も，それぞれの所管に関して官僚機構に対する指示や国会での答弁などによって一定の関与をした。これらの閣僚は，各省庁の責任者であるものの，大臣同士が法案について議論したり調整したりする場は，閣議においても実現せず，有事関連法案整備推進対策本部の設置まで，実際には機会がなかった。閣僚の中でも，中谷防衛庁長官は初めての自衛官出身の長官であり，党内では国防関係の部会長や，政府内での防衛政務次官としてのキャリアを積み上げて，防衛庁長官に就任した。こうした長官のキャリア・パスは，所管大臣として官僚機構や制服組を統制する立場よりも，防衛庁や自衛隊の立場をより重視する誘因として働いた。結果的に，省庁間対立が強く出る争点では，防衛庁の利害代弁者としての役割が強く出ざるを得なくなっていった（そうした点で制服組との関係は同一化型で捉えられた）。

---

40) コーエンは，ある問題について，省庁間に激しい対立が起きるが，それにコミットしない中立的な，そして大統領の見解に忠実なマネージャーが存在し，彼がそのような対立を調整するプロセスを多元的擁護者モデルと名づけた (Stephen D. Cohen, *The Making of United States International Economic Policy : Principles, Problems, and Proposals for Reform*, 4th ed., London : Praeger, 1994, pp. 186-189. (S・D・コーエン（山崎好裕・古城佳子他訳）『アメリカの国際経済政策—その決定過程の実態』三嶺書房，1995 年，234〜237 頁，コーエンの政策決定モデルについて，山本吉宣「第 1 章政策決定論の系譜」白鳥令編『政策決定の理論』東海大学出版会，1990 年，24〜25 頁を参照）。アメリカでは，このマネージャーは，通常，大統領補佐官が務めるのに対して，日本の場合は，内閣官房長官や，事務方のトップである内閣官房副長官がそうした役割を務めることが多いとされる（草野厚『政策過程分析入門』東京大学出版会，1997 年，116〜117 頁）。

一方，政党側からは，連立与党三党の幹部である三幹事長（三幹と呼ばれた）が，各党の代表として，決定過程を主導することとなった。自民党の山崎幹事長は，元防衛庁長官としてのキャリアを有し，自民党の国防族のボスとして党内の安全保障政策のけん引役となってきた。自身も憲法改正を持論とし，有事関連法案にもっとも積極的な政治家の一人であった[41]。同時に，自民党幹事長として連立政権の維持にも腐心しなければならず，公明党との妥協もせざるを得ない立場にあった。与党三党の幹事長による協議会が対立した際に，代わって調整役となったのは，与党安全保障プロジェクトチームの座長であった久間自民党政調会長代理であった。自民党内では，国防部会を中心に国防族議員が有事法制による自衛隊や国家の権限拡大を強く主張していた。自民党が公明党に対して譲歩を行うことは，必然的にこうした国防族の不満を高めることとなったが，そうした党内の不満の受け手として，それを調整する役割も山崎や久間ら幹部が担うこととなった。

一方，公明党は，有事においても，国民の権利や自由が侵害されることのないよう，自衛隊の権限拡大を憲法の枠内に収め，テロや不審船対策などの領域警備については現行法で対処するとの考え方に重点を置いてきた。党の幹部である神崎代表，冬柴幹事長はともに法曹出身であり，国の権限強化や，国民の権利や自由の制限に関して，特に敏感なスタンスをとった[42]。そのため，与党三党の幹事長による与党協議会は，両党の間でしばしば意見が対立することとなった。こうした公明党の基本的人権の保障に関する強い姿勢の

---

41) 山崎拓は，集団的自衛権の行使を憲法改正の手続きで行うべきとする立場を従来から主張してきた（山崎拓『2010年日本実現』ダイヤモンド社，1999年，64〜68頁，山崎拓『憲法改正』生産性出版，2001年，80〜86頁）。
42) 公明党の神崎代表は，衆議院本会議での代表質問において，国民の不安を払拭し，国民の理解を求めるために，「法整備を検討する上で一定の歯止めが必要」と強調し，具体的項目として，①憲法の枠内，②集団的自衛権の行使には踏み込まないなど従来の憲法解釈の変更は認めない，③国民の権利制限に関する事項は必要最小限とする，④緊急事態下においても，表現の自由，報道の自由，政治活動の自由など，国民の自由権は保障する，⑤我が国に対する武力攻撃の事態への対応措置を法整備の中心とすることを挙げ，「政府がこうした基本方針を国民に提示すべきである」ことを主張した（第154回国会衆議院本会議録第6号（2002年2月6日））。こうした要求は，公明党政調全体会議での決定によるもので，公明党としての公式見解を表明するものであった

反面，自衛隊の憲法問題に関しては，集団的自衛権の不行使（必要最小限の自衛権の行使の明示）を除いて，自衛隊の法制面での制約解除には，与党安全保障プロジェクトチームなどにおいて，北側一雄政調会長を中心に現実的な対応をとった[43]。公明党は，有事関連法案だけを争点として捉えず，政局全体の展開の中で，有事関連法案を捉えるという現実的な姿勢も併せ持っていた[44]。有事関連法案が，連立与党間の亀裂に発展しなかったのは，そうした連立維持のバネが働いたとも考えられる。

　これに対して，保守党は与党の中でも最も強く有事関連法案の整備を主張し，防衛省への格上げや，集団的自衛権の行使など，自民党国防族に近い安全保障政策を支持していた。その中で，同党の二階幹事長は，連立政権における保守党の存在意義を自己主張することに重点を置く現実派であった。そのため，自民党よりも右寄りのスタンスをしばしば取り，一方で，行政改革や地方分権の観点から，それらに反する政策には自民党の主張に対しても異議を唱えた。保守党は存在意義を強調する狙いからも連立与党内のバランサーとしての役割だけに甘んじようとはしなかったのである。

---

43) 公明党は，2000年11月の第三回党全国大会重点政策で，「防衛出動に伴う緊急事態への対応措置として，あくまで憲法の範囲内という原則にもとづいた防衛出動法を整備する」との方針であったが，2002年11月の第四回全国大会重点政策では，「わが国への武力攻撃が起こり，あるいは，その恐れがあるとき，国民の生命，財産を守るために，必要にして最小限の対応措置が取られることは当然であり，その際に自衛隊や関係各機関によって超法規的な対応がとられ，結果として国民の生命，財産を脅かすことになってはいけないとの観点から，あくまで武力攻撃事態に伴う緊急事態の措置として，憲法の範囲内という原則に基づいた，有事関連法制の整備が必要だとの立場に立つ」とし，領域警備については，「警察機関と自衛隊の連携など現行法の運用面での改善や的確な訓練，さらには船舶や航空機などの整備面での充実が図られるべきであり，中・長期的な課題として，現行法の枠組みにおける法制上や運用上における不備を点検し，必要があれば法改正及び新たな法整備も検討していく」との見解を打ち出し，防衛出動に限定した方針から，より柔軟な立場に変化することとなった（朝雲新聞社編集局編『平成15年版防衛ハンドブック』朝雲新聞社，2003年，757頁，公明党ホームページ「第四回公明党全国大会重点政策」2002年11月2日発表）。

44) 当初，テロ対策特措法の修正協議をめぐって首相が民主党と接近する姿勢をとったことに警戒していた公明党は，有事関連法案の国会提出後，衆議院の解散権を持つ首相との関係を維持することが必要になり，同党の対応は次第に小泉首相との関係に配慮するように変化していくこととなった。

168   第4章　有事関連法の立法過程

　こうした与党執行部や国防族に対して，各党内には様々な批判勢力が存在していた。自民党の抵抗勢力と重なるハト派議員には，野中元幹事長のような信念体系を持った反対派が存在する一方で，経済政策を材料として小泉政権の足を引っ張りたいとの意図も見え隠れしていた。また，公明党内には，太田昭宏国会対策委員長や白保台一副幹事長ら慎重派議員が存在し，防衛庁や自民党の国防族が遂行しようとする路線に対してブレーキをかけることを主張する議員もいた。

　こうした政府・与党の各アクターが法案作成過程に統制主体として参加し，政策決定を通じて自衛隊の活用に対して能動的または抑制的な立場から影響力を行使することとなったのである。以下では，争点別にそうした統制の実態について分析を行なうこととする。

2．争点をめぐる対立と調整
1）基本法の制定か，第一分類・第二分類先行処理か

　立案過程において，まず争点となったのは，緊急事態を包括する基本法を制定するのか，第一分類・第二分類（自衛隊法改正）を先行処理するのかという有事関連法案の立法形式とその優先順位に関してであった。内閣官房チームの取りまとめの中心的な役割を担っていた古川副長官は，内閣にチームが発足して以来，防衛庁が準備していた旧ソ連軍の着上陸侵攻を想定した冷戦型の有事関連法案に危機感を持っていたとされる[45]。防衛庁の主張する自衛隊法改正だけでは，そもそも有事とはどのような事態を想定しているのか，その際に国家としてどのような行動をとり，国民に対してどのような権限と義務が発生するのかといった基本的な枠組みが明確にされておらず，緊急時の対応は万全とはいえない[46]。古川は，自衛隊の行動よりも国の危機管理システムに主眼を置く基本法を有事関連法案の骨格とすることを構想していた。それは，テロや武装工作船など広範な緊急事態に対処可能な有事関連法案を念頭に置いていた小泉首相の意向に沿うものであった。こうした古川の方針の下，内閣官房チームは，自衛隊法改正案だけでなく，有事関連法案の基本

---

45)『朝日新聞』2002年4月27日。
46)『日本の論点』編集部『常識「日本の安全保障」』文藝春秋，2003年，138頁。

理念と今後の作業手順などの枠組みを示したプログラム法形式の基本法を先行させ，個別法の改正については，臨時国会以降に処理する方法を検討していた[47]。

これに対して，自民党の山崎幹事長や中谷防衛庁長官は，当初から，すでに研究が終了している第一分類・第二分類にかかる自衛隊の行動の円滑化を図るための関連法制を，先行処理することを主張していた[48]。各省庁間の利害対立で法案化作業が難航することを避けるため，調整が容易な分野から先行して法制化していくべきとの考え方を防衛庁が当初とっていたことがその背景にあった。

こうした内閣官房と防衛庁の食い違いの一方で，与党内では，自民党国防族が第一分類・第二分類の先行処理を主張し[49]，保守党もそれに同調する姿勢を示していた[50]。これに対して，公明党は基本法の中に，憲法第9条の範囲内であること，集団的自衛権の解釈改憲はしないこと，国民の自由の制約を最小限にするなどの原理・原則を明記するとの方針で基本法を支持していた[51]。しかし，この基本法にテロ・不審船対策を含めることについては，後述するように，有事の対象が広がり，国民の権利制限が拡大するとの観点から反対

---

47) 『朝日新聞』2002年1月17日，『読売新聞』2002年2月3日。こうしたプログラム法形式について，与党安全保障プロジェクトチーム座長に就任した久間自民党政調会長代理（自民党安全保障調査会長）は「わが国には緊急事態発生時にいかなる体制で政府が臨むのかという法制が存在しない。従って，有事法制をどのような日程で定めるかというプログラム法では意味がない」として，作業手順などの枠組みを示すだけのプログラム法を批判していた（「自民党政策速報・自民党国防部会防衛政策検討小委員会」2002年1月30日）。同様に，山崎幹事長も「これから色々緊急事態に関する法整備を行っていくプログラムというものがあるとすればそれは法定するようなものではない」「法律を審議する順番を予めプログラム法で通しておくということは前例を見ない話ではないか」としてプログラム法形式を批判していた（「山崎幹事長定例記者会見（政府与党協議会後）」2002年1月28日）。

48) 『朝日新聞』2002年1月18日。山崎幹事長は基本法の制定によって緊急事態に関する法整備，自衛隊の行動範囲の規定に関する整備が遅れることは容認できないとし，その理由として，本国会における重大使命は，有事法制に関する三党合意（自民・公明・保守）に従って防衛出動時の自衛隊の行動範囲について定めることだとして，与党三党合意を挙げている。それは公明党，保守党の要請を反映したものであった（「山崎幹事長定例記者会見（政府与党協議会後）」2002年1月28日）。

していた。小泉首相の主張する包括的処理には否定的な態度をとっていたのである。

内閣官房チームが，基本法制定にこだわった背景には，小泉首相の意向があった。2001年12月25日の小泉首相と山崎幹事長の会談では，首相は，第一分類・第二分類に加えて，できれば第三分類まで含めた全般的な法整備を目指す方針を示した[52]。また，03年1月8日の自民党役員会でも，小泉首相は，有事関連法案のテーマとして，自衛隊の防衛出動にかかわる日本の国内有事，不審船対策などの領域警備，テロ事件への対応，大規模災害への対策を挙げ，有事関連法案について，幅広く議論し，日本の安全保障や危機管理上大きな緊急事態を包括的にとらえ，その中でできるものから行う，との発言を行った[53]。小泉首相の考え方は，当初から一貫して，有事関連法案を包括的に進めるという「包括的処理」であり，内閣官房はこうした首相の方針のもとに作業を始めていた。

内閣官房チームの古川や大森ら首脳も，冷戦型の有事関連法案だけでは，

---

49) 2002年1月22日の自民党国防関係合同会議では，内閣官房から有事法制についての検討状況の報告が行われたが，その中で，久間自民党安全保障調査会長は「政府はプログラム法のようなものの提出を考えていると受け止めた。すでに検討が終わっているものについて速やかに処理すべきなのではないか」として第一分類・第二分類を先行して法整備を進めていくべきとの考えを示した（『デイリー自民』2002年1月22日）。また，1月30日に開催された自民党国防部会防衛政策検討小委員会では，内閣官房との水面下の調整で，プログラム法と第一分類・第二分類の一括処理を協議していた防衛庁が，有事法制について一つのまとまった考えを示して法整備を図るとの説明をしたのに対して，同小委員会の浜田靖一小委員長は「防衛出動下令時の法整備をまず考えるべきだ」として，第一分類・第二分類の整備を優先させるべきであるとの考えを強調した（『デイリー自民』2002年1月30日）。

50) 『朝日新聞』2002年1月23日。

51) 『朝日新聞』2002年1月25日。もっとも公明党が考える基本法は，あくまで憲法の枠内であり，集団的自衛権の行使は認めないとする立場でのものであり，基本法の中で集団的自衛権の行使を認める法改正をすべきとする自民党内で議論されている安全保障基本法とはまったく別物であった。1月23日の与党協議会では，基本法の問題について党内調整と三党間の調整を行う必要があるとの点で意見が一致したものの，山崎，冬柴両幹事長とも，基本法を作ることについては慎重論であった（「山崎幹事長定例記者会見（政府与党協議会後）」2002年1月28日）。

52) 『朝日新聞』2001年12月26日。

第 2 節　有事関連法案の作成過程　　171

テロや不審船などの新しい事態に対応できず，基本理念や今後の法整備の手順を盛り込んだ基本法を作成する必要があるとの判断を固めていた[54]。古川は，1月22日，官邸に守屋武昌防衛局長を呼び，基本法と自衛隊法改正案をセットで提出し，テロ，不審船対策を巡る省庁間の利害調整は，プログラム法とすることで先送りも可能となるとの折衷案を協議した[55]。

中谷防衛庁長官は，こうした官邸からのメッセージを受けて，小泉首相に対し，防衛庁としては有事関連法案の第一分類・第二分類の法案化に取り組むとの防衛庁の基本的立場を説明した。そして，基本法については，古川と内局幹部との折衝を踏まえて内閣官房の判断に任せることとし，防衛庁としては，可能な限り個別法の準備を進めていくとの判断をとることとなった[56]。

こうした防衛庁との事前調整を踏まえて，小泉首相は，2月4日の施政方針演説で，「平素から日本国憲法の下，国の独立と主権，国民の安全を確保するため，必要な体制を整えておくことは，国としての責務」であるとして，

---

53)『朝日新聞』2002年1月8日夕刊。山崎幹事長は，自身の考え方として「第三分類が未定であるが，それがために第一分類も第二分類も法制化を見送るのはということはいかがなものか」「包括的にテーマがあり，その中の有事法制部分の日本の有事，別の言い方をすれば自衛権の発動，防衛出動であるが，そういう事態における私権制限が含まれることになるが，法整備を行っておくということは次期通常国会における重大テーマではないか」「基本を基本法で決めても構わないが，その基本法だけで通常国会をいくということを私は考えていない」ことを説明し，小泉首相の「できるものから行う」という発言は，自分の考え方と重なるとの見解を示した（「山崎幹事長定例記者会見」2002年1月8日）。

54)『朝日新聞』2002年4月18日。

55)『朝日新聞』2002年4月18日。

56)『朝日新聞』2002年1月28日。もっとも中谷長官は「防衛庁としては一，二分類の法制化を目指しているが，それだけで自衛隊としての行動ができず，第三分類なども含めて整備する必要がある。包括的な総合体系を示したうえで，一，二分類の整備をすべきだ」として枠組み論議を優先すべきとの考えを示していた（『朝日新聞』2002年1月8日）。また，「現行憲法下での有事の対処であり，基本理念を再度，確認することは重要だ」として，政府が法整備の理念や方針を示すべきだとの考え方を示していた（『朝日新聞』2002年1月28日）。内閣官房がプログラム法としての基本法を先行させ，防衛庁が強く成立を望む第一分類・第二分類の個別法整備が後回しにされることへの懸念が，防衛庁による第一分類・第二分類を先に整備すべきとの主張につながっていったと考えられる。

有事対応の関連法案の今国会提出を表明することとなった。当初,小泉首相は,演説の中で,包括的に検討するとの表現を盛り込む意向であった[57]。しかし,自衛隊法改正の先行処理を主張する国防族の幹部議員や,テロ・不審船対策を含む包括的処理に反対する公明党に配慮して,「与党とも緊密に連携しつつ」の表現にトーンダウンさせることで,この問題の争点化を避けた。

　小泉首相の演説を受けて,安倍官房副長官は,直ちに,自民党の山崎幹事長や米田健三国防部会長代理ら国防関係議員と会談し,包括的処理を主張する首相の意向と,第一分類・第二分類の先行処理を主張する与党内の意見を両立させるため,基本法と個別法の一括処理を目指すことで一致することとなった[58]。

　2月5日に開催された与党協議会では,武力攻撃事態に対し,自衛隊が防衛出動する事態を対象に,有事対応の理念や枠組みを示す「基本法」的規定と,自衛隊法改正などの「個別法」を一括し,「武力攻撃事態への対処に関する法制」として一体の包括法（小泉首相の主張する包括的処理とは異なる）として扱うことで,政府と与党が合意した[59]。そして,テロや不審船対策などについては有事関連法案と切り離して別途検討することが合意された。この日の協議会では,一括法による法形式が固まったが,基本法という名称は用いないこととなった。それは,集団的自衛権の行使を認める「安全保障基本法」制定を目指す自民党内の動きに配慮し,狭義の基本法を制定することで将来の安全保障基本法制定の足かせとなることを避けるためとされた[60]。こうして有事包括法では,有事対処の基本方針,国の責務,国の意思決定手続き,国と地方自治体の関係,今後の法整備の基本方針などを総則的規定とし,自衛隊と米軍の行動や,国民の安全確保,国際人道法の順守に関する項目等は,

---

57)『朝日新聞』2002年2月4日夕刊。
58)『朝日新聞』2002年2月5日。
59)『朝日新聞』2002年2月6日。同日の与党協議会では,内閣官房から「有事法制の第一分類,第二分類,さらに,できれば米軍の行動の円滑化という部分も含めて法整備を行うが,その上に包括的な規程を置きたい」との説明があり,それを与党三党が了承することで,以後の政府の立案作業に与党側からの承認が得られることとなった(「山崎幹事長定例記者会見」2002年2月8日)。
60)『朝日新聞』2002年2月6日,同2002年2月8日。

今後の整備項目として包括法に盛り込まれることが確認された[61]。

さらに，3月20日の与党協議会の段階では，政府側から有事対応の枠組みを示す武力攻撃事態法案と，自衛隊法改正案，安全保障会議設置法改正案，米軍行動特別措置法案の4本を一括して提出することが説明され，法形式について与党側の了承を得た。有事関連法案全般を規定する事態法案は，総則的規定とそのために必要な個別法を宣言した整備項目の2つの骨格部分からなり，後者の手法は，橋本内閣時の中央省庁等改革基本法と同じプログラム法を採用したものであった[62]。

政府が武力攻撃事態法案を作成したのは，自衛隊の行動の円滑化だけが突出して優先されるのでは，国民の理解が得られないとの内閣官房の判断があった。実際に，立案作業を開始してから，有事そのものの定義すら決まっておらず，国民の権利や義務にどのような制限が加えられるのかの基本的な枠組みも不明確であった。緊急事態に対応する国の危機管理システムとして有事関連法案を位置づけるためにも，基本法の形式で武力攻撃事態への対処を明確化する必要があったのである。もっとも，調整がつかないままの個別法の整備については，法案では，2年以内を目標とするとされただけで，国民保護法制や，テロ・不審船対策については，先送りされることとなった[63]。

以上の法形式の選択に関する各アクターの行動の結果，第一分類・第二分類の先行処理を主張する防衛庁，自民党国防族，保守党と，テロ・不審船対策を有事関連法案から切り離すことを主張する公明党が，小泉首相の主張する包括的処理に反対する点で利害が一致し，官邸との間で微妙な対立が生じた。こうした膠着状態の中で，二人の官房副長官が政務と事務の役割分担をしながら調整役を果たした。事務方の古川は，防衛庁内局の責任者(防衛局長)と早い段階から水面下で折衝し，与党の国防族と公明党の反対を緩和できる折衷案を模索した。省庁間の利害対立から有事関連法案整備の遅延を懸念する国防族や，テロ・不審船対策を含めないことを主張する公明党に配慮しつ

---

61)『朝日新聞』2002年2月6日。
62)『朝日新聞』2002年3月22日，礒崎陽輔「武力攻撃事態対処法等有事3法」『ジュリスト』第1252号，2003年9月15日，56頁。
63)『朝日新聞』2002年4月17日。

つ，小泉首相の意向も反映する形で，個別法整備を武力攻撃事態法案の中のプログラム規定に明記するというものだった。それは，自衛隊法改正案を分離して一括処理することで，国防族の顔を立て，同時に，公明党の不安を緩和するアイデアであった。安倍は，こうした官僚機構のアイデアを，自民党の山崎幹事長を始めとする国防族議員や公明党に対して提示し，その説得の材料として効果的に利用した。その結果，内閣官房と与党との間で利害を一致させることに成功し，法形式問題での対立点を克服しえたのである。こうして古川ら内閣官房チームの補佐スタッフは，所管省庁や与党から合意がえられる範囲内という制限の中で，首相の意向をできるだけ取り込んだ形で，自衛隊の行動の円滑化だけではない，有事の認定とその対処にかかる手順を明確化した法形式の選択を実現し，有事における自衛隊の行動に対する首相や防衛庁長官の指揮監督権限の明確化に寄与することとなった。こうした内閣官房の役割は，官僚制組織の中で，外務省や防衛庁から内閣官房に間接的統制の主体がシフトしたことを示している。これに対し，統制の客体である防衛庁・自衛隊は，別の統制主体である自民党幹部や自民党国防族との利害の一致により，その影響力を通じて，防衛庁の優先事項である自衛隊法改正の先送りを回避することとなった。

2）有事関連法案にテロ，不審船対策を含めるか

　基本法をめぐる法形式の選択と併せて争点となったのは，有事関連法案の対象に，テロや不審船対策をどの程度まで含めるのかという点であった。当初，防衛庁内では，テロ対策を今回の有事関連法案に含めることについて，慎重な考えが強かった。その背景には，警察庁や海上保安庁との間の権限争いをめぐる対立があった。同時多発テロ後，米国から米軍基地の警備について要請があり，当初，与党は自衛隊による原発，首相官邸などの重要施設の警備を認める方針を決めていた[64]。しかし，自衛隊の権限の拡大に慎重な立場から，野中元幹事長や橋本元首相らが反対し，有事以外の警備は警察力で

---

64) 与党三党内では，臨時国会において有事法制まで含めようとする保守党幹部や，自衛隊による領域警備に積極的な自民党執行部に対して，公明党執行部は，当initially，与党三党がまとまるならば，臨時国会に自衛隊法改正案を諮ることも構わないという慎重な態度をとっていた（『東京新聞』2001年9月14日）。

対応すべきと主張する警察庁とともに，防衛庁と対立した[65]。両庁の所管争いに与党の政治家が絡んだ対立の結果，自衛隊の警備範囲は自衛隊施設と在日米軍基地に限定されることとなった[66]。こうした対立の経験から，防衛庁，そして内閣官房チームにおいても，警察庁や海上保安庁との権限調整が難航して，全体が進まなくなることを懸念し，政府が当初，テロ，不審船対策を基本法でまったく触れなかった要因となった[67]。

加えて，与党内でも，公明党内にはテロや不審船に対象を広げることで，「私権制限の範囲が拡大し，国民の理解が得られない」との声があり[68]，自衛隊にかかわる法整備に有事関連法案の対象を絞りたいとの考え方をとっていた[69]。公明党の考え方の背景には，支持団体の創価学会の中にある抵抗感に配慮し，有事関連法案の対象がテロにまで広がることで，支持団体に不安を与えたくないとの考え方があった[70]。

与党三党は，政府与党間の有事関連法案の考え方の調整が遅れていることに対して，与党側でリードしていくとの見地から，2002年1月21日に与党協議会を設置することを決めた。同協議会は，「自衛隊の防衛出動に関する法制を整備するとともに，領域警備およびテロ対策における警察活動と自衛隊の運用について，法整備を含めて検討を行う」ことを設置目的として決定した。領域警備とテロ対策については有事関連法案の対象には含まないことが前提とされ，「自衛隊の防衛出動に関する法制の整備」の文言は公明党が強く主張することによって表記されることとなった[71]。1月23日の与党協議会

---

65) 伊奈・前掲書195～196頁。
66) テロ対策特措法と同時に改正された自衛隊法では，自衛隊の新たな任務として，自衛隊の施設，米軍基地施設及び区域の警護出動（第81条の2，第91条の2），治安出動下令前に行う情報収集（第79条の2，第92条の2），武装工作員等に対する治安出動時の武器使用（第90条の1），平素からの自衛隊の施設の警護（第95条の2）が追加された。
67) 『読売新聞』2002年4月6日，『朝日新聞』2002年2月8日，同2002年4月18日。
68) 『朝日新聞』2002年2月8日。
69) 公明党は，党内の委員会の名称も，防衛出動等法制検討委員会として設置し，治安出動や海上警備行動については有事法制の対象としないことを示していた（『朝日新聞』2002年1月23日）。
70) 『読売新聞』2002年4月6日。
71) 「山崎幹事長定例記者会見」2002年1月21日。

の初会合では、保守党の二階幹事長からの要請に基づき、従来からの有事関連法案に関する与党三党合意に、「テロ対策に関して警察の役割と自衛隊の役割について調整を行い、法制化を含んで検討を行う」という点を追加し、協議会の枠組み（仕切り）が決定された[72]。同日の協議会では、こうした事前の調整を受けて、有事関連法案の対象範囲の拡大が法整備そのものの遅れを招きかねないとする防衛庁や山崎幹事長の利害と、有事関連法案の対象拡大による国民の権利の制限を抑えたいとする公明党の思惑が一致することで、テロ対策や不審船などに対する領域警備を有事関連法案から分離することで一致することとなった[73]。2月5日の与党協議会でも、政府側から与党に示された法整備の基本方針には、大規模テロや武装不審船、武装工作船、武装工作員、サイバーテロなどへの対応は、有事関連法案と切り離して別途検討を進めるとしたにすぎなかった[74]。

しかし、2月19日に与党安全保障プロジェクトチームが発足し、法案作業の中心が与党協議会から移行することによって、三党間の対応が変化する。与党協議会の議論をリードした山崎、冬柴らが自衛隊の防衛出動に限定した有事関連法案を進めようとしたのに対し、安全保障プロジェクトチームのメンバーには、日本有事よりも蓋然性の高い不審船対処や、国内大規模テロに対する法整備を優先させるべきではないかとする意見も存在していたからである。3月20日の与党安全保障プロジェクトチームでは、与党のメンバーから、「国民が心配しているのは大規模テロではないか」、「テロ対策、不審船などに対処する領域警備の法整備はどうするのか」との意見が出された。これに対して、政府側は、大規模テロ対策や不審船対策は有事関連法案に含まれない（現行法で対処する）とするこれまでの説明を繰り返した[75]。

---

72)「山崎幹事長定例記者会見（政府与党協議会後）」2002年1月28日。

73)『朝日新聞』2002年1月24日。与党協議会の初会合において三党間で合意した仕切り（自衛隊の防衛出動に関する法制を整備し、領域警備とテロ対策は別途検討を行う）に従い、法案作業については、与党協議会から、与党安全保障プロジェクトチームに委ねられることとなった。そのため、自民党の窓口は山崎幹事長から麻生太郎政調会長と久間政調会長代理に委ねられることとなった（「山崎幹事長定例記者会見」2002年1月25日）。

74)『朝日新聞』2002年2月6日、『読売新聞』2002年2月5日。

第2節　有事関連法案の作成過程　177

　こうし状況に危機感を感じたのは，小泉首相であった。それまで，テロ，不審船を含めた包括的処理を唱えてきた小泉首相は，大規模テロや不審船事態に対処できる法整備をすべきだとの持論を繰り返してきた。そうした首相の意向が表明されたのは，3月21日，ソウル訪問時の記者団に対する懇談の場であった。首相は，緊急事態の備えに対する議論を封殺しないほうがいいと述べ，テロや不審船を含めて，広く緊急事態に対応できるように検討することで，与党との調整を指示していることを明らかにした[76]。国民の関心の強い緊急事態への対応を置き去りにしたままでは，世論の理解が得にくく，国会審議にも耐えられないとの政治的判断であった[77]。

　こうした小泉発言に対して，これまで別法を主張してきた中谷防衛庁長官は，テロ対策，不審船を今回の法案に盛り込むことに否定的な考えを改めて示した[78]。政府内では，テロ・不審船対策の検討の結果，警察・海上保安関係法，自衛隊法，災害対策基本法等の現行法による運用改善や装備の強化で対応できるとの考え方が強く[79]，小泉首相にこうした方針を説明するか，あるいは，内閣官房チームなど政府内の一部では，テロ・不審船対策も武力攻撃事態法案の中に基本方針として盛り込めないか検討する動きがあった[80]。

　こうした状況下で，古川官房副長官から説明を受けた小泉首相は，3月29日，同副長官に対して，武力攻撃事態法案に，①国の責務として幅広い危機に対応することを盛り込む，②テロや不審船対策を念頭に「武力攻撃に至らない緊急事態への対応についても整備を進める」と明記することを指示した。自民党が，当初，山崎幹事長らが防衛庁と歩調を合わせ，テロ・不審船対策は別法とする立場をとっていたのに対し，党内から，テロ対策に触れないの

---

75)『読売新聞』2002年3月20日夕刊，『毎日新聞』2002年3月21日。こうした政府側の説明に対して，与党側は大規模テロ対策の考え方を今国会中にまとめるよう政府側に要望を行った。
76)『朝日新聞』2002年3月22日。
77)『朝日新聞』2002年3月24日。
78)『朝日新聞』2002年3月23日。
79) 政府内には，「不審船は漁業法で取り締まるべきもので，安全保障の観点から対処しようとしたら周辺国を刺激してしまう」との理由もあったという（『毎日新聞』2002年3月21日）。
80)『朝日新聞』2002年3月24日。

では国民からの理解は得られないとの批判が出るようになったことや，民主党も従来から幅広い危機に対応できる法整備を要求していたことなどから，有事関連法案の早期成立を図るためにはテロ対策に関する姿勢を示す必要があるとの判断が背景にあった[81]。こうした，小泉首相の指示を受け，内閣官房チームは，作成中の武力攻撃事態法案の原案に，補則として，「武力攻撃事態以外の国及び国民の安全に重大な影響を及ぼす緊急事態への対処を迅速かつ的確に実施するために必要な施策を講ずるものとする」（武力攻撃事態法案第24条）との条文を付け加えた。この条項は，小泉首相の強い要求によるものであったため，政府関係者からは，小泉条項と呼ばれることとなった[82]。

こうした政策転換に対して，4月3日の与党協議会では，政府の説明に対し，公明党の冬柴幹事長より，テロや不審船対策はこの法案とは分けて議論することになっていると，異議が出された。また，武力攻撃の事態の定義にも「予測されるに至った事態」が含まれていることに「範囲がどこまでなのか分かりにくい」として慎重な議論が要求された[83]。こうした公明党の異議に対して，自民党内の若手国防族からの不満が噴出することになる。4月4日の自民党国防関係合同部会（内閣・国防・外交・国土交通）では，舛添要一参議院議員から，小泉首相をないがしろにするとの批判が出され，石破茂政調副会長らからも可能性が高い大規模テロ，不審船の対策も整備すべきだとの意見が相次いだ[84]。

両者の拮抗状態の中で，4月8日の与党安全保障プロジェクトチームでは，法案の中に，テロや不審船など武力攻撃事態以外の重要緊急事態について法整備を行うことを補則の形で入れる方向でまとまったのに対し[85]，与党協議

---

81)『読売新聞』2002年3月30日。
82)『朝日新聞』2002年4月18日。
83)『毎日新聞』2002年4月4日。同日の協議会では，法案要綱が提出されなかったことから，法案要綱を4月8日に与党安全保障プロジェクトチームと与党協議会に提示し，改めて議論の時間を確保することとなった。
84)『読売新聞』2002年4月6日。国防部会長の服部三男雄は「党としての考えをまとめ，国民の多くが不安に思っている部分の整備を急がねばならない」との考えを示して，部会の議論を一応引き取った（『デイリー自民』2002年4月4日）。
85)「山崎幹事長定例記者会見（役員会後）」2002年4月8日。

第 2 節　有事関連法案の作成過程　179

会では，公明党の冬柴幹事長や太田昭宏国会対策委員長から，再度，テロ対策の法整備などの「必要な施策を講ずる」旨の追加規定を，法案の目的外であることから，法案から除外するようにとの要求が出された。これに対して，自民党は，単なる目標を示しただけの訓示規定なので問題はないとして，除外に難色を示した[86]。

政府側の代表として，官房副長官の安倍は，自民党内にテロ・不審船を入れるべきとの声が強いことを協議会で指摘し，冬柴幹事長と対立した。これに対し，公明党の北側政調会長が，国民の関心も高いので，この程度の規定はいいのではとの柔軟な姿勢を示し，両者の仲介的立場を示した[87]。結局，この問題の取り扱いは，慎重派によって硬直化した協議会から，各党の政策実務者（与党安全保障プロジェクトチーム及び与党三党の各部会）に要綱案を諮り，議論を詰めることとなった[88]。同時に，協議会の場で，与党三党は，法案とは別に，大規模テロや不審船対応に関し，自衛隊と海上保安庁，警察庁の共同対処マニュアルの作成を急ぐよう政府に求めるという，官僚制ベースでの作業を促すことで一致することとなった。こうした与党内の衝突を受け，政府は，小泉首相の指示を受けて検討していた不審船対策を，有事関連法案の閣議決定に先立って，4 月 11 日にまとめることとなった。そこでは，海上保安庁と海上自衛隊の連携強化や，海上保安庁で対処できない場合は，機を失することなく，自衛隊による海上警備行動を発すること，首相官邸，外務省，警察

---

86)『朝日新聞』2002 年 4 月 9 日，『読売新聞』2002 年 4 月 9 日。
87)『朝日新聞』2002 年 4 月 18 日。
88)『読売新聞』2002 年 4 月 9 日。公明党内では，冬柴幹事長，太田国会対策委員長らが慎重派であったのに対し，政策実務者の北側政調会長や，赤松正雄政調副会長らは，テロ・不審船対策に関して，柔軟な立場をとっていた（『読売新聞』2002 年 3 月 21 日）。自民党国防関係合同会議では，テロなどの様々な国家の緊急事態にどう対応するか，全体像を示して，検討すべきとの意見が相次いだが，久間与党安全保障プロジェクトチーム座長より，「まずは武力攻撃に対応する法制を作り，テロや不審船への対応は訓示規定として将来定めるものとして入れておく。政府内の意見統一ができず法案が提出できないような事態は避けたい。妥協すべきは妥協し，しかし必要な点はきちんと押さえて，早く成案を得，国会での議論にかけたい」として，党内合同部会のとりまとめを行った（「自民党政策速報・自民党内閣部会・国防部会・外交部会・国土交通部会・総務部会合同会議」2002 年 4 月 9 日）。

庁を含めた政府全体の対応要領（マニュアル）を策定することなどを内容とし，現行法の運用改善と装備の強化で対応が可能であり，当面の法整備は想定していないとするものであった[89]。こうした政府内部での執行運用面での詰めの作業を受けて，4月12日の与党協議会では，小泉条項を含む法案の要綱案をようやく了承することとなった[90]。

　小泉首相は，大規模テロや不審船事態に対処できる法整備をすべきだと繰り返し主張し，その要求は，「テロや不審船対策について必要な施策を講ずる」との補則規定としてかろうじて実現することとなった。しかし，その具体的な内容は法文中にはまったく明記されなかった。

　その一方で，武力攻撃との境界線にあるゲリラ部隊の襲撃や，ミサイル攻撃などについては，それを武力攻撃事態の範疇に含めるとする内部文書が内閣官房チームによって作成された。それは，法文に明記されていなくても，国会審議において政府による答弁がなされることで，事実上の法律の有権解釈を形成することも可能なものであった。内閣官房チームの文書では，念頭に置くべき武力攻撃事態に，他国の大規模なゲリラ部隊や小規模な正規軍による限定的な武力攻撃，1から数発のミサイル攻撃を例示し，北朝鮮など近隣国からの攻撃を想定して作成された。逆に，国内で長期間，戦闘が継続し，国力の相当部分を充てる太平洋戦争のような事態や，シーレーンの破壊による長期間の輸入途絶のような事態は念頭に置かないとされた。冷戦型の大規模な武力侵攻の可能性が低いのにもかかわらず，より現実性の高いテロやゲリラへの対処を盛り込んでいないとの批判に対して，ゲリラによる限定的な攻撃やミサイル攻撃など，武力攻撃との境界線にある事態も，外部からの武力攻撃に当たることを示すことで，そうした批判に答えることが狙いとされた[91]。それは，小泉首相の強い意向を反映したものでもあった[92]。

---

89) 『朝日新聞』2002年4月12日。1996年に海上保安庁は，海上テロや船舶乗っ取りなどへの対処を任務とする特殊警備隊を発足させ，他方で，海上自衛隊は1999年3月の能登半島沖の不審船事件をきっかけに，海上警備行動に備えて特別警備隊を発足させている。両者はそれぞれ目的と機能が競合しており，こうした重複した組織の設置は，両省庁間の縄張り争いの側面を有していた（『朝日新聞』2004年1月4日）。

90) 『朝日新聞』2002年4月13日。

91) 『朝日新聞』2002年3月16日。

第2節　有事関連法案の作成過程　　*181*

　以上のテロや不審船対策を有事関連法案の対象に含めるのか否かについての政策決定過程においては，当初，警察庁や海上保安庁との間の縄張り争いの膠着によって有事関連法案の先送りを懸念する防衛庁と，テロ対策などに法整備の対象を拡大することに反対する公明党，そして，それらに同調した山崎幹事長の間で反対連合が形成され，与党協議会をリードしていた。その反面，与党安全保障プロジェクトチームでは，テロや不審船対策などの領域警備についても対策を講じるべきだとの意見が提起されることとなった。こうした与党内の不一致に対して，世論の支持調達の必要性からも，テロ・不審船対策を有事関連法案に盛り込むことに積極的な小泉首相は，一貫して，包括的に進めることを主張し与党と対立する。自民党国防族の中でも，中堅・若手議員は，小泉首相を支持し，公明党と自民党内の不一致が顕在化した。内閣官房チームは，こうした政治対立に当初動きが取れなかったが，首相の指示を受けて，補則追加の形で，テロ・不審船対策への取り掛かりの根拠を盛り込んだ。最終的には，安倍官房副長官や，北側公明党政調会長らが与党間の調整役となり，幹事長レベルから政策実務者レベルに協議の場を再度戻すことで，自民党，公明党間の調整を働きかけ，補則追加についての公明党の承認を引き出した。また，法制化の代わりに，当面の間，運用レベルで具体的措置を実施することで，防衛庁，警察庁，海上保安庁の利害調整も一応の決着を見た。しかし，こうした省庁間セクショナリズムの対立による争点の先送りと，連立与党間の合意調達の困難性という限界が，テロや不審船対策などのより蓋然性の高い問題についての対応を積み残す結果を招くこととなったのである[93]。

　こうした決定過程において，自衛隊と警察，海上保安庁の権限関係に関する立法を通じての統制は，官僚制レベル，政治レベルにおいても，十分に機能しなかった。しかし，省庁や与党内の反対を乗り越えて，事態対処法制と

---

92)『朝日新聞』2002年4月17日。政府は，有事関連法案と併せて，「国家の緊急事態への対処に関する首相談話」を閣議決定している。それは，安全保障会議の機能充実に加えて，武装不審船への効果的対処，テロ対策の強化，武力攻撃事態への対処などに全力で取り組むと同時に，情勢の変化に対応して不断の見直しを行うとするものであり，首相自身の意向を強く表したものであった（『朝日新聞』2002年4月17日）。

いう名目のプログラム法とする手法を用いることで，小泉首相が，当初意図していた包括的処理の先送りをかろうじて回避することができた。ここでも，内閣官房のスタッフとしての補佐機能は限定的ながらも作用し，自衛隊の運用に関する首相の能動的な統制を内閣官房が首相の委任に基づいて，部分的に実現することとなったといえよう。こうした統制に対する客体としての防衛庁内局と制服組は，与党との連携によって包括化に反対し，結果として，同庁が優先順位を置く自衛隊の行動の円滑化を図る自衛隊法の改正を促進することになったといえる。そこでは，別の統制主体である山崎幹事長ら自民党幹部とその客体である防衛庁内局・制服組との利害の同一化により，防衛庁側が自民党幹部を通じて影響力を持った。また，防衛庁とは別の次元で抑制的統制の観点から牽制する公明党への配慮を余儀なくされた。その結果，小泉首相のリーダーシップに基づくシビリアン・コントロールは，一定の制約を受けることとなったのである。

3）武力攻撃事態の定義の拡大

こうした政府与党内の争点の中で，有事関連法案の対象となる範囲を，武力攻撃のどの段階まで含めるかという点が，論議の対象となった。内閣官房が1月22日の自民党国防部会・安全保障調査会・基地対策特別委員会合同会議に報告した検討状況では，有事関連法案の対象には，我が国に対する武力攻撃の事態とともに，武力攻撃に対する対応を的確なものとするためには，武力攻撃に至らない段階から適切な措置をとることが必要とし，あわせて，住民の避難・誘導等の国民の安全確保を含めた総合的な対応が必要であることを指摘していた[94]。

1月23日の与党協議会の初会合では，政府は，防衛出動時の対応を確実に

---

93) テロや不審船対策，大規模災害への対応など，より蓋然性が高い問題についての対応が法案に規定されなかった理由として，民主党は，連立与党間の政局がらみのさや当て，包括法を主張する小泉首相と冷戦思考の国防族との確執，防衛庁と警察庁の縄張り争いがあったとして国会審議の中で政府与党を批判した（有事関連法案の趣旨説明に対する伊藤英成議員（民主党）の質疑（第154回国会衆議院本会議録第29号（2002年2月26日））。

94)『朝日新聞』2002年1月22日，同2002年1月22日夕刊，「自民党政策速報・自民党国防部会・安全保障調査会・基地対策特別委員会合同会議」2002年1月22日。

するため，一定の範囲で「武力攻撃に至らない段階」も有事の対象に加える考えを示した。これに対して，山崎幹事長は，防衛出動待機命令の段階を含めることには同意したものの，治安出動への拡大には応じない意向を示した[95]。これを受けて，2月4日の安倍官房副長官と山崎幹事長らとの会談では，基本法（包括法）が対象とする事態を防衛出動と防衛出動待機命令下を基本とすることで政府と自民党の考えが一致した。そして，防衛出動時の対応を確実にするために，「武力攻撃に至らない段階」をどの程度含めるかが，調整の課題となった[96]。

3月20日の与党安全保障プロジェクトチームに示された基本法案では，武力攻撃事態の定義や，対処の基本理念などについては，検討中として明確にされなかった[97]。しかし，4月3日の与党安保プロジェクトチーム及び与党協議会で，与党側に示された武力攻撃事態法案の概要では，武力攻撃事態の定義として，「我が国に対する外部からの武力攻撃（武力攻撃のおそれのある場合を含む）が発生した事態または事態が緊迫し，武力攻撃が予測されるに至った事態」と規定され，「武力攻撃が予測される事態」にまで対象が広げられた[98]。武力攻撃が予測される段階とは防衛出動待機命令の下令を想定したものであったが，それがどのような事態を指すのかは必ずしも明確でなく，また，当初の防衛出動に限定したものから対象範囲が拡大されたのは，「早め早めに手を打てるよう，活動できる幅を広げておきたい」との防衛庁側の狙いがあったとされる[99]。自衛隊法第77条の防衛出動待機命令の要件に相当する「武力攻撃が予測される事態」にまで対象範囲を拡大すれば，防衛庁長官は，予測の段階で，部隊に展開命令を出して，民間の土地を収容し，陣地を構築

---

95) 『朝日新聞』2002年1月24日。
96) 『朝日新聞』2002年2月5日。なお，防衛庁が，従来検討してきた有事法制では，「外部からの武力攻撃に対する防衛出動を命じられる事態」を想定していた。今回の法整備では，日米安保条約第5条に基づいて自衛隊と共同対処する米軍の行動関連法制も整備することが検討されていたため，「防衛出動事態」を「武力攻撃事態」と言い換えることとなった（朝日新聞』2002年2月8日）。
97) 『読売新聞』2002年3月20日，同2002年3月21日。
98) 『朝日新聞』2002年4月3日，同2002年4月4日。
99) 『朝日新聞』2002年4月5日。

することも可能となるからである．

　一方，こうした定義の拡大によって，武力攻撃事態の対象に，日本への直接の武力攻撃ではない周辺事態も適用されるのではないかとの懸念が，衆議院安全保障委員会で野党側から提起された[100]。これに対して，中谷防衛庁長官は，委員会答弁で，我が国にとって武力攻撃の事態が緊迫し，武力攻撃が予測されるに至った事態という場合に，周辺事態が起こっているというケースがありうるのかとの質問に，「当然，周辺事態のケースは，このひとつではないかというふうに思います」との答弁を行った[101]。周辺事態法では，周辺事態は，「そのまま放置すれば我が国に対する直接の武力攻撃に至るおそれのある事態」と定義されており，政府が周辺事態と認定すれば，米軍に対して，国内や日本周辺の公海上での米軍への後方地域支援を実施することができる．この周辺事態法に基づく後方地域支援と，武力攻撃事態法に基づく有事対応が混然一体となる可能性が，政府内でも懸念されていたことを示すものであった[102]。政府は，武力攻撃のおそれがある事態とは，防衛出動を，武力攻撃が予測されるに至った事態とは，防衛出動待機命令を発令しうる事態と同じ意味であるとの説明を行ったが，予測事態を加えたことで，周辺事態と併存，移行する可能性が，与野党から問題視されるようになっていった．公明党の太田国会対策委員長は，「憲法９条が禁じている集団的自衛権行使も絡むような有事関連法案であってはならない．防衛出動下令時の事態に限定した論議に絞り込むべきだ」と批判するなど[103]，公明党からは，「法案の対象拡大につながりかねない」との慎重論が出された[104]。

　４月９日の与党安全保障プロジェクトチームでは，公明党から，周辺事態法に基づき米軍を支援しながら，一方では，日本が主体的に武力攻撃に反撃することが，集団的自衛権の行使につながるのではないかとの慎重な意見が出された．これに対し，防衛庁は，「事態は同時に起こるかもしれないが，法

---

100)　『朝日新聞』2002年４月５日，水島『世界の「有事法制」を診る』193頁．
101)　第154回国会衆議院安全保障委員会議録第５号（2002年４月４日）．
102)　『朝日新聞』2002年４月11日．
103)　『朝日新聞』2002年４月６日．
104)　『読売新聞』2002年４月17日．

的な概念は別だ」と切り分けることで，了承を求めた[105]。

　結局，与党は見切り発車の形で，法案を了承し，争点は国会に持ち越された。予測事態の定義への追加によって，周辺事態と併存した場合の問題が顕在化し，米軍への協力が集団的自衛権の行使につながる可能性や，周辺事態法では，対米支援での自治体や民間の協力が強制されないのに対して，武力攻撃事態法案では，私権や自治体の権限が国によって制約され，協力が強制されうる点が，後の国会審議で野党との間で争点化していくことになる[106]。

　こうした武力攻撃事態法案とリンクする形で，自衛隊法改正案では，防衛出動前の「防衛出動が予測される場合」に，自衛隊が民間の土地を使用して陣地構築などの「防御施設構築の措置」が取れるようにし，その場合の自衛官による武器使用についても，正当防衛や緊急避難の場合には認めることとなった。防御施設構築の段階で，自衛隊の武器使用を可能としたのは，防衛出動待機命令下での備えを主張する制服組の要望が背景にあった[107]。それは，武力攻撃以前の準備段階で，武力行使を除く対処措置を柔軟かつ積極的に取るための「攻め」の措置であった[108]。こうした防衛庁，特に制服組が主導する軍事的合理性の優先に対しては，結局，与党による修正作用は働かなかった。

　以上の武力攻撃事態の定義の拡大についての各アクター間の相互作用は，国民の被害を防止するという国民の安全確保の視点（内閣官房チーム）と，自衛隊がとる措置の準備をできるだけ早めに開始するという軍事的合理性の観点（防衛庁）から，予測事態にまで拡大させることに積極的な内閣官房チームと防衛庁に対して，周辺事態との併存による集団的自衛権との抵触に懸念を有する公明党の間で，不一致が生じた。しかし，防衛庁が，周辺事態と予測事態の法的概念を切り分ける形式論で押し切ることとなり，その後の国会審議で野党との最大の論争点を作り出すこととなった。首相や自民党は，この問題に関しては，内閣官房チームへの委任的統制に依存し，制服組の立場からの軍事的合理性を重視する防衛庁に対する有効な統制をなしえなかった。特

---

105)　『朝日新聞』2002年4月11日。
106)　『朝日新聞』2002年4月7日。
107)　『読売新聞』2002年4月10日。
108)　水島『世界の「有事法制」を診る』192～193頁。

別の専門的知識が強く求められる問題に関して，その専門的知識を有する機関が強いイニシアティブを発揮することをコーエンは，単一の機関による支配モデルと呼んでいる[109]。武力攻撃事態の定義に予測される事態を加え，防衛出動待機命令の段階（予測段階）での防御施設構築の措置を可能とする自衛隊法改正案を盛り込んだ事例に限定した場合，軍事的合理性の観点から防衛庁，特に制服組が果たした役割はこのモデルによって説明可能ともいえる。そこでは，シビリアンに対して，制服組の持つ軍事専門性が優位し，公明党などの統制主体の反対に対して，自民党幹部の支持のもとで制服組の側がその利益を実現するといった現象が生じたといえよう。

4）自治体・指定公共機関への指示権

なお，こうした基本法の制定か，第一分類・第二分類の先行処理かをめぐる政府与党内の争点に対して，内閣法制局は，国と自治体との関係を防衛庁と自治体との関係だけで捉えず，政府と自治体との関係で措置する必要があるとの考え方を示し，有事法制を内閣全体で取り組むべき対応になるとする政府側の考え方を導き出すことに一定の影響を及ぼすこととなった[110]。

こうした対象範囲の拡大とともに，国による自治体や指定公共機関への指示権をどこまで認めるかが焦点となった。有事では，災害と同様に，国への権限集中と自治体との役割分担が必要とされることから，当初の法案の取りまとめ段階では，各省庁から，「首相の責任で自治体に命令できるようにしなければ実効性がない」として，国の権限を拡大し，住民の避難・誘導や，食糧や水の供給，公共施設や道路の修復などで，自治体に役割を担当させることで一致していた。しかし，当然ながら，自治体側にはこうした負担の増加や国への権限委譲に対する抵抗感は強く，自治体を所管する総務省にも慎重論があった[111]。

2002年3月12日，古川官房副長官は，関係省庁幹部を集め，「国が実質的に関係機関に指示できる形を整える必要がある」と指示した。基礎となったのは，災害対策基本法の枠組みであった[112]。周辺事態法では，国は地方自治体

---

109) Cohen, *op. cit.*, pp. 189-191.（コーエン・前掲書237〜239頁）．
110)「山崎幹事長定例記者会見」2002年2月5日．
111)『読売新聞』2002年4月7日．

第 2 節　有事関連法案の作成過程　187

や指定公共機関に協力を求めることができるとの強制力を伴わない規定にとどまったのに対し，防衛庁は，基本法に災害対策基本法と同じレベルの指示権を盛り込むことを意図していた[113]。有事への対応を迅速かつ一元的に行うためには，首相の指示権を規定すべきという考えからであった。しかし，政府内には，対象をあいまいなまま，指示権を設けると，首相に白紙委任を与えるのではないかとの慎重意見もあった[114]。こうした慎重論に配慮し，基本法案には地方自治体への一般的な指示権は盛り込まず，今後の個別法案の中に具体的な指示権を盛り込むことが検討されるようになった[115]。

　3 月 20 日の与党安全保障プロジェクトチーム及び与党協議会に提示された内閣官房の原案では，「対策本部が国や地方公共団体などの各機関の施策の総合調整を図る」と盛り込んだものの，国と自治体の関係については，「国（対策本部）が行使しうる権限などを基本法案に規定する」との表現にとどまった[116]。これに対して，自民党の山崎幹事長は，国による地方への指示を当然としたのに対し，保守党の二階幹事長は，「自治体ごとに緊急対応能力は異なる。自治体の意向を十分配慮して法制化する必要がある」と主張し，公明党の冬柴幹事長も，「国と自治体は対等の立場だ」と，いずれも慎重な姿勢を示した[117]。

　こうした与党内からの慎重論にも配慮し，基本法案では，首相の地方自治体への権限は要請などにとどめ，法的拘束力の強い指示権などは個別法で明

---

112)　災害対策基本法では，国と自治体との関係について，緊急対策本部長である首相が災害応急対策に関して，各省庁や地方自治体，指定公共機関に必要な限度において必要な指示ができる旨の国の指示権を明記している。
113)　『朝日新聞』2002 年 3 月 16 日。
114)　『朝日新聞』2002 年 3 月 16 日。
115)　『朝日新聞』2002 年 3 月 18 日。政府内には，内閣官房のように「国が責任を持って地方自治体に対し，自衛隊の任務遂行に必要な措置や国民の生命・財産を守るための措置を指示するのは当然だ」とする意見があったものの，当の防衛庁幹部の中にも，「例えば，国が病院を自衛隊に利用させるため，一般患者を他に移送するよう地方自治体に強制的に指示するようなことがあれば，国民の理解は得にくい」として慎重に対応すべきとする意見もあった（『読売新聞』2002 年 3 月 20 日）。
116)　『読売新聞』2002 年 3 月 20 日。
117)　『読売新聞』2002 年 3 月 21 日，2002 年 4 月 7 日。保守党からは，地方自治体との協力関係をあらかじめ醸成しておく必要があるとの指摘も出された（『朝日新聞』2002 年 3 月 22 日）。

記する方向も検討された[118]。

しかし，こうした状況から，首相周辺（内閣官房）の巻き返しが始まった。もともと内閣官房内では，災害よりも深刻な武力攻撃時に国が都道府県などに要請や協力依頼しかできないのは不適切との意見が強かった[119]。4月3日の与党協議会に示された内閣官房チームの法案概要では，「地方公共団体は，国及び他の地方公共団体その他の機関と相互に協力し，武力攻撃事態への対処に関し，必要な措置を実施する責務を有する」とした。そして，国と自治体との関係については，首相が必要と認めるときは対処基本方針に基づき，地方自治体などに対し「総合調整を行うことができる」とし，「国民の生命保護，武力攻撃の排除に支障があり，特に必要がある場合」に限り，個別法で別途，指示の中身を規定することを条件に，首相の指示権を明記することとなった。さらに，自治体が応じない場合には，国が代わって対処措置を実施するとして，首相の代執行権（直接実施権）を設けた[120]。一般的な首相の指示権を盛り込まなかったのは，指示の中身を明確にしないまま白紙委任することに対する自治体や与党の一部の慎重論に配慮したためであった。しかし，災害対策基本法にもない国の代執行権を盛り込んだのは，国が責任を持って有事に一元的に即応できる態勢を整えるための内閣官房の強い意思の現われでもあった[121]。

さらに，4月6日の段階での武力攻撃事態法案では，内閣総理大臣（対策本部長）は対処措置を行うため自治体の長らと総合調整を実施することとし，「国民の生命，身体若しくは財産の保護又は武力攻撃の排除に支障があり，特に必要があると認める場合であって，総合調整に基づく所要の措置が実施されないときは，地方公共団体の長等に対して，当該措置の実施を指示することができ」，当該指示に従わない場合や，緊急を要するときは，「自ら又は当該措置に係る事務を所掌する大臣を指揮」し，地方自治体が対処する措置を

---

118) 『朝日新聞』2002年3月22日。
119) 『読売新聞』2002年3月21日。
120) 『朝日新聞』2002年4月3日，同2002年4月4日。
121) 内閣官房には，日本が侵略される事態は，周辺事態とは違い，一部の自治体でも従わなければ，国民全体に重大な被害が出かねないとの判断があった（『読売新聞』2002年4月3日）。

実施できると規定された[122]。こうした国に強い権限が付与される一方で，武力攻撃が起きた場合に政府が実施する措置に対して，自治体に政府への意見陳述権を認めることとなった。自治体の主張を政府ができるだけ配慮するとの趣旨からであった[123]。こうして，有事に対して政府は，総合調整，指示権，代執行権の三段構えで，国が一元的に実効ある措置を遂行できる仕組みを整えることとなった[124]。

　もっとも，こうした仕組みは，地方自治体等関係機関との協議を経た上のものでなく，与党内の慎重意見もあった。首相による自治体の対処措置の実施に対する指示権も，その内容は，「別の法律で定めるところにより」との但し書きがつき，実質的には，個別法の制定まで首相は指示権を行使できないこととなった。具体的には，当初，住民の避難命令や，港湾，空港の独占使用，公立病院の使用などが想定されたものの，結局，そうした措置は，個別法の整備に委ねられることになり，後の課題とされた[125]。こうした先送りの背景には，政府内における内閣官房と総務省との利害対立があった。自治体側には，有事に際しての首相の権限の強化が国と地方の上下関係の固定化につながるとの反発があり，そうした自治体の意向を総務省が代弁することとなったのである[126]。

　以上の武力攻撃事態に際しての首相の自治体に対する指示権の付与に関する各アクター間の行動は，各省庁の出向者からなる内閣官房チームが国の強い権限を主張して指示権付与を要求し，それに防衛庁・国防族が同調したのに対し，自治体を所管する総務省と公明党，保守党が慎重論を唱え，指示権は，一時的に首相による「要請」にトーンダウンすることとなった。しかし，国による有事への一元的・即応的対応を主張する首相周辺（内閣官房）の強い意向により，最終的には，内閣官房チームが，指示権を規定するものの，個別法を制定するまでは実際には指示権や代執行権を行使できないとする折衷

---

122) 『朝日新聞』2002年4月7日。
123) 『読売新聞』2002年4月8日夕刊。
124) 『朝日新聞』2002年4月4日。
125) こうした先送りに，防衛庁幹部には「ハコはできたが中身は空っぽ」と自嘲する声もあった（『読売新聞』2002年4月7日）。

案を提示し，慎重論を唱えるアクターの承認を引き出して，各論を先送りする形で決着することとなった。こうした決定過程において，小泉首相や福田官房長官ら政治家からのイニシアティブはなく，内閣官房や防衛庁と総務省の間の官僚制への委任による利害調整が図られることとなった。こうした国に強制力を付与しようとする内閣官房チームの行動は，防衛庁内局や制服組と共通の利害を持つものであり，防衛庁や山崎自民党幹事長らの支持を受け，自治体に対する国の強制力に反対する公明党や保守党，総務省らによる抑制的統制との間で拮抗することとなった。両者の拮抗関係は，内閣官房チームが出した折衷案によって，一時的に決着を先送りすることとなったが，こうした内閣官房チームと防衛庁内局及び制服組との組織的利害の同一化は，能動的な観点からのシビリアン・コントロールを加速する結果をもたらすこととなったのである。

5）国民の権利の制限・罰則規定と協力義務

こうした国による自治体，指定公共機関への指示権付与と同様に，国や自治体による国民の権利の制限と，罰則による協力の義務づけが続いて争点となった。背景としては，有事における国の権限強化を目指す自民党・保守党の「公共の福祉優先論」と，国が強制的に私権を制限する内容の立法は極力避け，国民の権利侵害に対して歯止めをかけたい公明党との対立の構図があった。

---

126) 『東京新聞』2002年4月27日。内閣官房は，「武力攻撃事態等という状況下において，万全の措置を担保する仕組みとして必要があり，地方自治の観点からも問題はない」との立場から，「指示」や「自らの対処措置の実施」については，今後整備する個別法で，要件を具体的に定めて実施するとしていた（首相官邸ホームページ「武力攻撃事態等における我が国の平和と独立並びに国及び国民の安全の確保に関する法律」Q＆A）。これに対して，片山総務大臣は，個別法整備に当たっては，内閣官房を始め関係省庁と協力しながら，特に，地方自治体の意見を踏まえながら適切に対応したいと述べ，さらに，個人的な見解という前提つきながら，首相の自治体への指示権について「避難民の受け入れ自治体が複数あり，自治体間の調整がつかない場合に指示する」ことを例示し，首相が代執行を行使するケースとして，「避難勧告や避難住民を輸送する場合に，自治体と連絡が取れなかったり，自治体の態度が決まらないときで，緊急の場合」を挙げている（有事関連法案の趣旨説明における片山虎之助総務大臣の答弁（第154回国会衆議院本会議録第29号（2002年2月26日））。

第 2 節　有事関連法案の作成過程　　*191*

　公明党は，支持母体である創価学会が，戦前，国の弾圧を受けた経験もあり，私権の制限には敏感であった[127]。当初から，基本法の中に，憲法 9 条の範囲内で，集団的自衛権の解釈改憲はしない，国民の権利の制限を必要最小限にするなどの原理原則を明記するとの方針をとっていた[128]。これを受けて，小泉首相は，衆議院代表質問の答弁で，「国民の十分な理解を得て進めることが極めて重要である。政府としては，個別の権限法規の見直しにとどまらないで，法制が扱う範囲，法制整備の全体像，基本的人権の尊重及び憲法上の適正手続きの保障等の法制整備の方針等を明らかにしていきたい」との答弁を行っていた[129]。これに対して，山崎幹事長ら，自民党国防族は，外国に蹂躙されるに任せるのがもっとも国民の権利を損なうと述べ，憲法第 13 条にある公共の福祉が優先するとの論法を取っていた[130]。

　こうした自民党と公明党の立場が衝突したのが，自衛隊法第 103 条の物資の保管命令や業者に対する業務従事命令についての罰則化の問題であった。防衛庁は，自衛隊の行動を円滑にするための自衛隊法改正案の中で，同法第 103 条の物資の保管命令に従わない流通業者などに対して，6 月以下の懲役か 30 万円以下の罰金を科す案を中間報告として盛り込むことを検討していた[131]。物資の確保に実効性を持たせることを狙いとして，防衛庁は，同様の罰則をすでに規定している災害救助法に合わせる必要があることを理由として挙げていた[132]。

---

127) 『朝日新聞』2002 年 1 月 25 日。神崎代表は，有事法制について，あくまで，①憲法の枠内，②集団的自衛権の行使など憲法解釈の変更は行わない，③国民の権利の制約は最小限にする，④表現の自由などの自由権は緊急事態においても守るという原理・原則を国民に明確に説明したほうがいいとの立場を示していた（神崎代表国会内記者会見 2002 年 1 月 23 日『ウイークリー・公明トピックス』第 60 号 2002 年 1 月 25 日）。
128) 2002 年 1 月 24 日の公明党政調全体会議における合意（『朝日新聞』2002 年 1 月 25 日）。
129) 『朝日新聞』2002 年 2 月 7 日。
130) 『朝日新聞』2002 年 2 月 8 日。
131) 自衛隊法第 103 条は，防衛出動時に自衛隊が出動を命じられ展開する地域において，必要があると認められる場合には，都道府県知事は防衛庁長官らの要請で，業者に対し物資の保管を命じ，又は収容することができると規定していたが，命令違反に対する罰則規定は設けられていなかった。

こうした政府案に対して、2002年3月20日の与党協議会では、公明党の冬柴幹事長が、「物資の保管命令違反を罰則で強制するのは望ましくない、国が強制的に私権を制限する内容の立法は極力避けたい」と慎重な対応を要求した[133]。同様に、公明党の神崎代表も同20日の記者会見において、有事関連法案を憲法の範囲内で整備する、集団的自衛権の行使などの憲法解釈を変更しない、国民の権利制限は最小限にとどめる、自由権にかかわる表現、集会・結社の自由、参政権など緊急時に守るべきものをあらかじめ明確にする、何らかの国会の関与が必要との発言を行い、国の権限強化に対して歯止めをかけたいとの考え方を改めて表明した[134]。

防衛庁が与党に行った検討状況の説明では、「保管命令に従わない者などに対する罰則規定の整備」とぼかした表現が用いられていた。しかし、実際には、当時の防衛庁内では、保管命令だけでなく、医療、建設、輸送業者などに対する業務従事命令にも罰則を盛り込むことが検討されていた。自衛隊法第103条に保管命令と業務従事命令が明記され、災害救助法には、両方に罰則規定があるのに、自衛隊法が保管命令だけに罰則を設けるのでは、法的な衡平性（権衡）が成り立たないとの声が庁内にあったことを受けたものであった[135]。

しかし、こうした保管命令や業務従事命令の罰則導入によって最も影響を受けるのは、流通業者や、医療関係者、建設・運輸業者であり、これらの業界からの反発も懸念された。政府の動きに公明党は敏感に反応し、国民の私権に制限が加えられるおそれがある場合の人権の保障が明記されていないことへの批判を強めた。これに対して、自民党は、4月4日の同党の国防関係

---

132) 『朝日新聞』2002年3月22日。防衛庁幹部は、「個人的な利益を図るため、命令に背いて物資を横流しするのは悪質だ」として、罰則規定を盛り込む方針としていたが、罰則化については、内閣官房や防衛庁内にも一部慎重論があったとされている（『読売新聞』2002年3月21日、『朝日新聞』2002年3月14日）。

133) 『読売新聞』2002年3月21日、『朝日新聞』2002年3月21日。自民党内にも「災害救助法で罰則が適用されたことはない。盛り込む必要はあるのか」といった慎重論もあった。

134) 『読売新聞』2002年3月21日、『ウイークリー・公明トピックス』第68号 2002年3月22日。

135) 『朝日新聞』2002年3月25日。

合同部会で,「国家の主権が侵害される事態なのに,災害救助法より罰則の規定が甘い」,「国の方針を妨害するものへの罰則がないのは問題だ」として,業務従事命令に関しても罰則規定を設けるようにとの注文が相次いだ。しかし,結局,防衛庁は物資の保管命令に対する罰則規定を盛り込んだのに対して,業務従事命令については,命令に従わないものへの罰則を検討したものの,「自発的かつ積極的な協力を期待しており,仮に,罰則をもって強制的に従事させたとしても,十分な命令の効果が期待できず,場合によっては自衛隊の任務遂行に支障を及ぼしかねない」との理由で,業務従事命令についての罰則規定は見送ることとなった[136]。

一方,基本的人権保障の規定に関して,公明党は与党協議会の場で有事における国民の権利制限が,有事関連法案の表現では分かりにくいとして,国民の権利制限を極力避けるよう法案で明確にするよう求めた。神崎代表も,4月8日の政府与党連絡会議で,有事関連法案の閣議決定の際に,官房長官から国民向けの説明を談話の形で行うことについて提案し,その談話の中に,「今回の法整備は憲法の枠内であること,国民の権利の制約は最小限にとどめることを明確にしていただきたい」との要請を行った[137]。こうして公明党は,北側政調会長が窓口となり,大森官房副長官補らとの交渉によって,政府原案の中に人権保障の規定を盛り込むことを強く要求することとなった[138]。公明党は,有事であっても人権は尊重されるべきであるとし,「人権の停止」

---

136) 『朝日新聞』2002年4月5日,2003年6月30日。なお,防衛庁は,災害救助法では業務従事命令違反に罰則を科す一方,自衛隊法改正案では,業務従事命令に罰則を科さない理由として,災害救助法等では,①災害は比較的短期間である場合が多いのに対し,武力攻撃事態はこれよりも長期に亘り継続する場合が多いと考えられ,かかる事態において,自衛隊の円滑な任務遂行を図ることにより我が国の防衛を全うするためには,業務従事者には自発的かつ積極的に協力して頂くことが不可欠であること,②災害の場合は,被災現場に近接した限定的な地域で業務従事者を探す必要があることから,業務従事者の代替性がないことが多いのに対し,武力攻撃事態の場合には,自衛隊法第103条第2項の規定上,戦闘地域から離隔した比較的安全な広い地域で業務従事者を選定することができることから,業務従事者の代替性が比較的高いことなどを考慮し,武力攻撃事態においては,業務従事命令について罰則をもって担保することは適当でないと判断したとの説明を行っている(防衛庁ホームページ「自衛隊法及び防衛庁職員の給与等に関する法律の一部を改正する法律 Q & A」)。

137) 『読売新聞』2002年4月9日,「山崎幹事長定例記者会見」2002年2月5日。

に対する歯止めを求めた。その結果，武力攻撃事態法案の基本理念の中に，「武力攻撃事態等への対処においては，日本国憲法の保障する国民の自由と権利が尊重されなければならない」との基本的人権の尊重が盛り込まれることとなった[139]。さらに，国民の安全確保のために国民の自由と権利が制約される場合であっても，「その制限は武力攻撃事態等に対処するため必要最小限のものに限られ，かつ，公正かつ適正な手続の下に行われなければならない」という適正手続の原則を示すこととなった。それは自民党内に強い有事における公共の福祉優先論との妥協の結果でもあった[140]。

さらに，武力攻撃を受けた場合の国や地方公共団体に対する「国民の協力」については，4月3日の内閣官房の要綱案では，次期通常国会以降に提出する個別法で「必要な措置を講ずる」との方針を示しただけであったのに対し，与党から，国や地方公共団体の責務と同様に規定を設けるべきだとの意見が出された[141]。特に，保守党は緊急事態における国民の「責務」を明記するよう求めたが，罰則規定を含む責務にした場合，国民の私権制限の幅が広がる懸念もあり，公明党が「協力」とするよう主張し，両者の意見は対立した[142]。こうした与党内の対立によって，与党協議会は，政府要綱案についての調整作業を与党安全保障プロジェクトチームと各党の部会に委ねることとなった。自民党の国防関係合同部会では，国の責務に対応して国民の責務も規定すべきだとの強い意見も出たが，与党安全保障プロジェクトチームの座長でもあ

---

138)「有事関連法案修正合意と公明党の対応・冬柴鉄三幹事長に聞く」『公明党デイリーニュース』2003年5月15日。政府原案に盛り込まれた人権保障の規定の骨子は，北側政調会長自らが起案し，それを内閣法制局が補足したものである。

139) 有事関連法案の趣旨説明に対する白保台一議員（公明党）の質疑（第154回国会衆議院本会議録第29号（2002年2月26日））。

140) こうした規定によって，公明党は，「すべての権利が一律・包括的に「停止」されるのではなく，それぞれの権利・自由の性質に応じ，必要最小限の範囲内で制限が行われること，また，その制限の中身も政府のフリーハンド（行動の自由）ではなく，法律によって定められるため，立法作業を通して政府は国会から監視されることになる」との説明を行っている（公明党ホームページ「解説のページ・武力攻撃事態対処法案・公明の主張」2002年5月29日）。

141)『朝日新聞』2002年4月11日，自由法曹団編『有事法制のすべて―戦争国家への道』新日本出版社，2002年，163頁。

142)『毎日新聞』2002年4月12日。

る久間政調会長代理が「政府内の意思統一ができず法案が提出できない事態を避けるため，妥協すべきは妥協し，しかし必要な点はきちんと押さえて，早く成案を得，国会での議論にかけたい」とまとめることで，久間座長への対応一任を取り付けることとなった[143]。こうした自民党の動きに対して，公明党は，北側政調会長が中心になり，内閣官房への働きかけを強めていた。4月9日には北側政調会長が大森官房副長官補を呼んで，武力攻撃事態法案の基本理念に憲法第9条に反しないことを明記し，国民の私権を制限した場合の損失補償の原則を盛り込むことなどを求めた[144]。

　こうした与党各部会及び与党安全保障プロジェクトチームの議論を受けて，政府は法案要綱の修正案をまとめ，4月11日，自民党国防関係部会に提示し，その了承を得た[145]。同修正案では，武力攻撃を受けるか，そのおそれがある場合に，国や地方自治体，指定公共機関などが実施する措置に対し，「国民は必要な協力をするよう努めるものとする」として，政府などへの国民の協力を促す規定を盛り込んだ[146]。この規定は努力義務規定であり，協力の具体的な内容などは今後の個別の法整備に委ねられた。また，努力義務であるため，違反しても罰則はないものの，国民が国や地方自治体に協力したことによって財産上の損失を受けた場合には，政府が必要な財政上の措置（損失補償）を講じることが明記されることとなった[147]。

　このように，国民の権利の制限をめぐる争点では，公共の福祉を優先する立場の自民党・保守党・防衛庁のグループと，私権の制限に反対する公明党の間で対立が生じ，物資の保管命令違反については罰則化が図られたものの，

---

143) 「自民党政策速報・自民党内閣部会・国防部会・外交部会・国土交通部会・総務部会合同会議」2002年4月9日。
144) 『読売新聞』2002年4月10日。
145) 「自民党政策速報・自民党内閣部会・国防部会・外交部会・国土交通部会・総務部会合同会議」2002年4月11日。
146) 4月10日の段階での政府の法案原案は，「国民は必要な協力をするよう努めなければならない」との表現であったが，11日の自民党内閣部会・国防部会・外交部会・国土交通部会・総務部会合同会議に提示された修正案では，「国民は必要な協力をするよう努めるものとする」にトーンダウンすることとなった。その経緯については，水島朝穂『知らないと危ない「有事法制」』現代人文社，2002年，12頁を参照せよ。
147) 『読売新聞』2002年4月11日夕刊，『朝日新聞』2002年4月11日。

業務従事命令に対する罰則では，防衛庁が譲歩して罰則規定が見送られた。それは災害救助法の法的スキームとは異なる政治的妥協の産物であった。ついで，武力攻撃を受けた場合の国や地方自治体への国民の協力を，責務とするのか（自民党・保守党），協力とするのか（公明党）が，与党協議会において争点となった。両者の対立する中で，当初，個別法への先送りを検討していた内閣官房が与党安全保障プロジェクトチーム等の議論を受けて，国民の協力を努力義務とし，違反しても罰則はなしとする形の折衷案を示して，両者の調整を図り，対立の決着をつけることとなった。このように，与党内での意見の対立は，両者の中間点で妥協が図られたが，その一方で，公明党は，武力攻撃事態法案の基本理念に基本的人権の尊重を明記し，事態対処法制の整備の基本方針に，損失補償の原則を盛り込むことに成功し，相対的に大きな影響力を行使することとなった[148]。以上の決定過程において，自民党国防族や保守党は，軍事的合理性の観点から，業務従事命令違反への罰則や，国民の協力義務づけを求める防衛庁，特に制服組の組織的利害を代弁し，与党協議会やプロジェクトチームなどの場を通じて，その利害の実現を図ろうとした。これに対して，自衛隊の権限強化による国民の権利や自由の制限に反対する公明党が抵抗アクターとなり，与党間の協議において反対を強めた。両者の拮抗関係の中で，中立的な立場から内閣官房が折衷案を出したり，防衛庁が譲歩したりすることで，分裂は回避された。そこでは，連立与党内における公明党による抑制的統制が，自民党国防族や防衛庁などの能動的統制に対して，一定の有効性をもったといえよう。また，内閣官房の役割も，政治レベルでの対立が調整困難な中で妥協案を作り出すことで，シビリアン主導型の官僚制組織による間接的統制が調整や補完としての機能を果たしたと考えられよう。

6）国民保護法制の先送り

こうした国民に対する協力義務や，罰則規定など，義務づけが進む一方で，国民保護法制に関しては，所管官庁や推進体制を確定できず，細部を詰めないまま法整備は先送りされることとなった。

---

148) 公明党ホームページ「武力攻撃事態法制と公明党（上）・北側一雄政調会長に聞く」2002年4月25日。

住民の保護や避難・誘導などの国民の保護のための法制は，1980年代までの有事法制研究では，所管官庁が明確でなく，研究が終了していない第三分類に位置づけられていた。そのため，内閣官房チームは，当初，住民の避難・誘導など関係省庁や自治体との調整が必要な個別法をプログラム法案の枠組みの中に盛り込むことを検討していた[149]。2002年1月22日の自民党国防部会・安全保障調査会・基地対策特別委員会合同会議に報告された内閣官房の検討状況では，住民の保護や，避難・誘導など国民の安全確保を含めた幅広く総合的な対応が必要とし，現行の災害対策基本法のような対策本部の設置や住民の避難勧告のあり方などを検討しているとしたものの，具体的な法整備や所管官庁の振り分けなどは検討中とされた[150]。

1月28日の時点での内閣官房の検討状況では，第三分類は，①住民保護，②自衛隊の作戦上必要な規制，③捕虜の保護や文民の保護を規定したジュネーヴ条約関連の三種類に整理され，住民保護については，避難誘導の円滑化，民間防衛体制の確立などが挙げられた。この第三分類についての法案化のめどは立っていないものの，有事関連法案の全体像を示すためには具体化が必要であるとの観点から，内閣官房チームで作業が進められた[151]。こうした内閣官房による検討を受けて，2月5日の与党協議会では，基本法の中で，今後の法制の整備項目として，自衛隊と米軍の行動や，国民の安全確保，国際人道法の順守の事項を盛り込むことで政府・与党間の合意を得た[152]。

こうした国民保護法制に関して，政府内では，有事の際の国民の避難・誘導などを規定する国民保護法制などの個別法案では，拘束力を伴う規定が必要だとの意見が強く，国の自治体への指示権よりもさらに強い指揮権とすべ

---

149) 『朝日新聞』2002年1月17日。
150) 『朝日新聞』2002年1月22日，同2002年1月22日夕刊。内閣官房から説明された「第三分類の検討状況」では，①有事における住民の保護，避難又は誘導を適切に行う措置，②有事における民間船舶及び民間航空機の航行の安全確保・航空機の航行する航空路・空域等の指定，③有事における電波の使用の制限に関する措置，④ジュネーヴ諸条約等の実施にかかわる国内法制が挙げられた（「自民党政策速報・自民党国防部会・安全保障調査会・基地対策特別委員会合同会議」2002年1月22日）。
151) 『朝日新聞』2002年1月29日。
152) 『朝日新聞』2002年2月6日。

きだとの議論もなされた[153]。

しかし，武力攻撃事態における「国民の安全確保・生活の維持等に関する法制」については，法制整備のめどや推進体制についても検討中とされ，危険地域での住民の避難や救助活動をどういう仕組みにするのか，国民の役割をどう定めるのかなど，細部は議論されないままとなった[154]。

政府与党は，他の争点についての調整に手間取り，国民保護法制については，今後の法制整備項目に盛り込んだだけで，その内容も，具体化の手順も詰められないままとなった。しかし，こうした調整の遅滞に対して，内閣官房チームは，法制の整備の緊用性の観点から，法制整備の目標時期（この法律の施行の日から〇年以内）を明記して，総合的，計画的に実施することとした[155]。具体的な期限については，政府与党間で調整することとし，内閣官房は，与党との最終調整を前に，国民保護法制などの関連個別法の提出期限を「武力攻撃事態法の施行から2年以内を目標にする」方針を決め，4月12日の与党側との調整で了解を得ることとなった[156]。

こうして，国民保護法制については，武力攻撃事態法案の中の今後の整備項目（事態対処法制の整備）として，武力攻撃から国民の生命，身体及び財産を保護するため，又は武力攻撃が国民生活及び国民経済に影響を及ぼす場合において当該影響が最小となるようにするための措置として，6項目が示されただけで，私権制限など国民の生活に密接にかかわる部分は所管官庁も定まらないまま，個別法の制定まで先送りされることとなった[157]。

こうした政府側の先送りに対して，法案審査のための自民党の総務会では，国民保護法制など関連個別法の提出期限を2年以内としたことに，野中元幹事長から「国民の生命，財産を守るのが政治家の役目だ。2年間先送りした

---

[153] 『朝日新聞』2002年3月18日。
[154] 『朝日新聞』2002年3月20日，同2002年3月22日。
[155] 『朝日新聞』2002年4月3日。
[156] 『朝日新聞』2002年4月11日，同2002年4月13日。
[157] 『朝日新聞』2002年4月17日。条文では，警報の発令，避難の指示，被災者の救助，消防等に関する措置，施設及び設備の応急の復旧に関する措置，保健衛生の確保及び社会秩序の維持に関する措置，輸送及び通信に関する措置，国民の生活の安定に関する措置，被害の復旧に関する措置の6項目が規定された。

間に武力攻撃を受けたらどうするのか」と部分的な法整備を批判し，態度を保留する事態が生じることとなった[158]。また，公明党も，自治体や指定公共機関と早急に協議し，国民保護法制を少なくとも来年の通常国会に提出できるよう政府に求めた[159]。

　こうした国民保護法制に関する政策形成過程では，当初，内閣官房チームが基本法のプログラム法の中に個別法整備を盛り込むこととし，検討作業を開始することとなった。政府内には個別法では，国の地方に対する指示権よりも強い指揮権を規定すべきであるとの見解もあった。しかし，こうした内閣官房チームに対して，関係省庁の法制準備は整わず，所管省庁を確定することもできなかった。関係省庁との間で合意が得られないことによる国民保護法制の先送りを懸念した内閣官房チームは，国民保護法制の整備期限を2年間とすることで，縛りをかけることとした。しかし，こうした官僚機構内での調整の不作為に対して，自民党の野中元幹事長は，国民保護法制の先送りであると反発し，総務会で態度を保留した。また，公明党も国民保護法制のできるだけ早急な策定を求めるなど，与党内からの批判も高まることとなった。これらの政策過程において，イニシアティブをとったのは，内閣官房チームであった。しかし，首相や官房長官らの政治の側からの明確な指示がない中で，各省庁の利害に関わる国民保護法制を内閣官房が単独で企画立案することは現実には困難であった。この問題に関しては，防衛庁も所管外として消極的であり，政策形成に関与しなかった。与党側から早急な対応を求める要求が出たものの，結果的に，国民保護法制の整備に関するシビリアン・コントロールは，内閣官房チームへの委任による限定的なものにとどまることとなった。

7）国会の関与

　以上の有事関連法案をめぐる争点が，行政機関の内部関係や，国家権力と国民の間の権利・義務関係であったのに対し，続いて，有事の際の権力の発

---

158) 『朝日新聞』2002年4月16日。総務会では，堀内光雄総務会長が「2年間で指摘の問題に積極的に取り組む」と条件を出すことで，全会一致による了承の形をとった（『毎日新聞』2002年4月17日）。
159) 白保台一議員の質疑（第154回国会衆議院本会議録第29号（2002年2月26日））。

動をいかに民主的な観点から統制すべきかという国会の関与が焦点となった。

　自衛隊の行動について，国会承認が必要か否かについての内閣の基準は，それが我が国にとっての重大な事態への対応であるのか否か，そしてそれが国民の権利義務に直接関係する面があるのか否かという点である。防衛出動及び命令による治安出動の場合に国会の承認を要件としている理由について，政府は，「防衛出動とか治安出動の場合につきましては，そもそもこういった事態は我が国にとって重大な事態でございまして，また国民の権利義務に関係するところが多い面もあることから，慎重を期しまして国会の判断を求めるとしたものである」との説明を行い，我が国のPKOへの協力は，そうした二つの点から国会の承認までの手続を必要とするということにはならないとの答弁を行っている[160]。

　こうした基準に基づいて現行の自衛隊法では，防衛出動に対しては，国会の事前承認を原則とし，緊急の場合は，直ちに，国会の事後承認を必要とすると規定し（同法第77条），命令による治安出動の場合も，原則として出動命令から20日以内に付議して，事後に承認を得ると規定している（同第78条）。要請による治安出動や海上における警備行動などの場合は，国会承認は不要としている[161]。また，PKO協力法や周辺事態法，テロ対策特措法においても，国会の承認が規定されており，防衛出動，PKF（国連平和維持軍）本体業務への

---

160) 野村一成内閣審議官の答弁（第121回国会衆議院国際平和協力等に関する特別委員会議録第5号（1991年9月30日））。また，同じ委員会で畠山蕃防衛庁防衛局長は，「防衛出動になりますと，国を挙げまして，国が組織として侵略者に対して武力を行使するという事態でございます。これは我が国にとっては非常に重要な事態でございます。それからまた治安出動の場合にも，これは言葉がちょっと適当でないかもしれませんが，時と場合によりましては国民に対して銃を向けるという場合も想定されないわけではございません。それからまた，一般的に言って国民の権利，行動等が制約を受ける，国を守るというあるいは治安出動で治安を守るという観点からいたしますと，その目的を達成するために，一般的に通常認められております国民の権利義務が制約を受けるというような事態も招くわけでございまして，そういう意味において重大であるということでございます」との答弁を行っている。

161) 自衛隊の行動の要件としての国会承認について，防衛庁編『平成15年版日本の防衛―防衛白書』349頁を参照。

参加,周辺事態法に基づく後方地域支援等のいずれにおいても,国会の事前承認が要求され[162],テロ対策特措法については国会の事後承認が要件とされた[163]。テロ対策特措法が事前承認制を採用しなかったのは,特別措置法による時限立法であることがその理由の一つとされた。

有事関連法案に関しては,2002年3月19日の政府の検討状況では,首相は対処基本方針案の作成を安全保障会議に諮問し,首相は同会議の答申を受け,対処基本方針を閣議決定するとしていたのに対し,国会の関与については,検討課題として議論は煮詰まっていなかった[164]。

これに対して,与党の中では,公明党から国会承認規定を加えることが強く要求された[165]。公明党が対処基本方針の国会承認を要求したのは,緊急事態であるからこそ,民主的なプロセスが確保されることを重視したためである[166]。これに対して,自民党内には,国会の事前承認を要件とすることで,有事への対応に支障が出るとの異論もあった[167]。

内閣官房チームは,こうした与党の声を踏まえ,政府による武力攻撃事態の認定を国会承認とする案を検討することとなった。当初は,自衛隊の防衛

---

162) 周辺事態法(第5条)では,周辺事態に際して,自衛隊が行う後方地域支援,後方地域捜索救助活動又は船舶検査活動の実施前に,これらの対応措置を行うことについて国会の承認を得なければならないとしている。ただし,緊急の必要がある場合には,国会の承認を得ないで,これらの対応措置を行うことができる。国会の承認を得ないで対応措置を行った場合には,内閣総理大臣は,速やかに国会の承認を求めなければならず,不承認の議決があったときは,政府は,速やかに,その対応措置を終了させなければならない。また,基本計画の決定,変更,対応措置の終了については,国会に遅滞なく報告しなければならないと規定している。
163) テロ対策特措法(第5条)では,自衛隊の部隊による協力支援活動,捜索救助活動又は被災民救援活動を開始した日から20日以内に国会に付議し,これらの対応措置の実施につき国会の承認を求めなければならないとし,基本計画の決定・変更があったときや,対応措置が終了したときは国会に報告しなければならないと定めている。
164) 『朝日新聞』2002年3月20日,同2002年3月22日。
165) 『毎日新聞』2002年4月17日。神崎代表は,3月20日の記者会見で,国会承認や国会報告を念頭に,閣議後に何らかの国会の関与が必要ではないかとの見解を示した(『読売新聞』2002年3月21日,『ウイークリー・公明トピックス』第68号2002年3月22日)。
166) 白保台一議員の質疑(第154回国会衆議院本会議録第29号(2002年2月26日))。
167) 『読売新聞』2002年3月21日。

出動には自衛隊法に基づく国会承認が必要なため、それ以上の国会関与は必要ないとの判断から、対処基本方針について、国会承認を義務づけず、国会への報告にとどめるとの方針を固めていた[168]。しかし、公明党からの要求を受けて、国民の権利義務にかかわる決定には国会の関与を明確にする必要があると判断し、内閣官房チームでは、武力攻撃事態法案の中で、有事の認定を自衛隊の防衛出動の場合と同様に、原則的には事前、緊急時には事後の承認とすることが検討された[169]。4月3日に与党安全保障プロジェクトチームに示された内閣官房チームの法案概要では、対処基本方針について閣議決定後、直ちに国会に承認を求めなければならないとし、対処基本方針の実施前に国会の事前承認を得ることは必要としないとした。ただし、自衛隊法に規定されている防衛出動の場合は、原則として事前承認の規定を順守することを明記することとした[170]。

これに対して、与党側から武力攻撃事態への対処基本方針の国会承認について「規定が複雑で分かりにくい」との指摘があり、同案の了承は見送られた[171]。こうした指摘を受けて、政府は、4月7日、防衛出動の国会承認について、自衛隊法第76条の国会承認部分を削除し、武力攻撃事態法に基づく国会承認手続に一本化する方針を固め、与党の了承を得ることとした[172]。内閣官房チームの原案は、「内閣総理大臣は、対処基本方針の閣議決定後、直ちに対

---

168) 『毎日新聞』2002年3月27日。他国から武力攻撃を受けるか、そのおそれのある場合、①首相は武力攻撃事態の認定と対処基本方針案を安全保障会議に諮問する、②安保会議の答申を受けて対処基本方針を閣議決定する、③対処基本方針を国会に報告する、④対処基本方針に基づいて対策本部を設置する、という枠組みを採用することが検討されていた。

169) 『朝日新聞』2002年4月2日。

170) 『朝日新聞』2002年4月3日。内閣官房チームの法案原案では、「対処基本方針については、閣議決定後、直ちに国会に承認を求めなければならない。対処措置の実施前に対処基本方針の国会承認を得ることは必要としないが、不承認の議決があったときは、当該対処措置を速やかに終了しなければならない。ただし、防衛出動については、出動を命ずる前に国会の承認を得なければならない。特に緊急の必要がある場合は、承認を得ないでこれを命ずることができるが、この場合には、命令発出後、直ちに国会の承認を求めなければならない」としていた。

171) 『朝日新聞』2002年4月3日。

172) 『読売新聞』2002年4月8日。

処基本方針を告示するとともに，国会の承認を求めなければならない。不承認の議決があったときは，当該議決に係る対処措置は，速やかに終了されなければならない。内閣総理大臣は，対処措置を実施する必要がなくなったと認めるときは，対処基本方針の廃止につき，閣議の決定を求めなければならない」としていた[173]。政府は，同案をもとに与党と調整を行い，4月15日の与党との最終調整の結果，対処基本方針については，重複を避けるための措置として，その方針が自衛隊の防衛出動を含む場合，方針の国会承認のみを義務づけ，防衛出動の国会承認は不要とした。なお，武力攻撃事態には，防衛出動の要件となる武力攻撃（おそれを含む）が発生した事態だけでなく，その前の段階の武力攻撃が予測される事態が含まれる。このため，対処基本方針は，「予測」と「おそれ・発生」の二段階に分けて策定し，それぞれ国会承認を求めることとした。そうした措置をとらなければ，予測の段階から対処基本方針に防衛出動を盛り込むことが可能となり，防衛出動の国会承認を不要としたことで，防衛出動の発令がフリーハンドになってしまうとの理由によるとされた[174]。

閣議決定された法案の最終案では，「内閣総理大臣は対処基本方針（防衛出動を命ずることについての国会の承認の求めに関する部分を除く）の閣議の決定があったときは，直ちに国会の承認を求めなければならない。対処基本方針の承認の求めに対し，不承認の議決があったときは，対処措置は，速やかに，終了されなければならない」とした。防衛出動に関しては，自衛隊法第76条を改正し，「内閣総理大臣は，外部からの武力攻撃に際して，わが国を防衛するた

---

173) 『朝日新聞』2002年4月7日。対処基本方針に定める事項は，武力攻撃事態の認定，武力攻撃事態への対処に関する全般的な方針，対処措置に関する重要事項と規定していた。

174) 『朝日新聞』2002年4月16日。自衛隊法第76条1項の規定について，自衛隊の防衛出動については，原則として国会の事前承認とし，特に緊急の必要があり，事前に国会の承認を得るいとまがない場合に限り，事後承認とする改正前の自衛隊法の考え方を維持しているとする政府の解釈に対し，「国会の承認を得なければならない」とは，内閣総理大臣がとるべき手続を義務づけた規定で，命令としては第1項の外部からの武力攻撃の存在，わが国を防衛するため必要があると認める場合の二要件が備われば有効で，国会承認を得ていないことは内閣総理大臣の義務違反を生じるだけとする解釈も可能であるとする見解もある（自由法曹団編・前掲書174～175頁）。

め必要があると認める場合には，自衛隊の全部又は一部の出動を命ずることができる。この場合においては武力攻撃事態法第9条の定めるところにより，国会の承認を得なければならない」と規定し，武力攻撃事態法（第9条4項）では，防衛出動命令や防衛出動命令にあたっての国会承認が対処基本方針に関する重要事項として記載が求められ，防衛出動命令については，「特に緊急の必要があり事前に国会の承認を得るいとまがない場合でなければ，することができない」とされた。そして，「対処措置を実施する必要がなくなったと認めるときは，内閣総理大臣は対処基本方針の廃止につき，閣議の決定を求めなければならない」，「対処基本方針の廃止の閣議決定があったときは，速やかに，対処基本方針が廃止された旨及び対処基本方針に定める対処措置の結果を国会に報告しなければならない」として，自衛隊法第76条2項でも，「内閣総理大臣は，出動の必要がなくなったときは，直ちに，自衛隊の撤収を命じなければならない」と規定された。

　こうした法改正について，政府は，改正前の自衛隊法では国会承認の対象とされていない防衛出動待機命令も対処基本方針に記載し，対処基本方針そのものを国会の承認の対象とすることで，国会の関与を強化したとの説明を行った[175]。しかし，このことは，予測事態の防衛出動待機命令下でも防御施設構築など，一部私権制限を伴う，国民生活に影響を及ぼす内容が盛り込まれたことから，当然要求されるべきものであったといえる[176]。

　こうした国会の関与をどの程度規定するかについての政策決定では，当初，方針が明確でなかった内閣官房チームに対し，公明党が国会承認を要求することによって，内閣官房が検討を迫られることとなった。当初案では，対処基本方針について国会報告にとどめるとしていたが，最終的には国会の関与が必要と判断し，対処基本方針の国会による承認制（防衛出動の場合は事前承認）が盛り込まれた。しかし，それは自衛隊法の防衛出動の要件をベースにしたものであり，有事の即応性を必要とする軍事的合理性の優先の観点から，武力攻撃事態の認定や防衛出動命令が発せられることが予測される段階での防

---

175) 首相官邸ホームページ「武力攻撃事態等における我が国の平和と独立並びに国及び国民の安全の確保に関する法律」Q＆Aを参照。

176) 白保台一議員の質疑（第154回国会衆議院本会議録第29号（2002年2月26日））。

御施設構築の措置なども含まれる対処基本方針については，事後承認とされた。国会は，承認権限を得たものの，それは政府の行動をオーソライズするだけで，承認後の事態の変化に対応して，国会が対処措置を終了させることはできない。この問題は，後に，法案審議において，野党の批判を生んでいくことになる。与党内では，公明党以外の与党は国会の関与の盛り込みに関心を示さず，この問題は，内閣官房と防衛庁による法制技術的な対応に委ねられることとなったのである。

　こうしたことから，国会の関与をどう規定するかに関する政策決定でのシビリアン・コントロールは，公明党以外の政党や政治家は関心を持たず，内閣官房チームへの間接的委任に基づく面が強かったといえる。防衛庁は，軍事的合理性の観点から，防衛出動以外の対処方針については事後承認までとし，反対するアクターのない中で現行法制度と比較して，その利害を大きく損なうことはなかった。ここでは，統制主体の不在によるシビリアン・コントロールの欠落があった。一方で，公明党による抑制的統制は，国会報告までとしていた対処基本方針を国会の承認事項とした点で，シビリアン・コントロールの主体として実効性をもちえたといえよう。

　こうした政府・与党内における多様な争点をめぐる調整を経て[177]，政府案は，武力攻撃事態における基本法的な枠組みを定める「武力攻撃事態法案」と，武力攻撃事態において自衛隊が円滑に行動できるようにするための「自衛隊法等改正案」，首相の諮問機関である安全保障会議の機能を強化する「安全保障会議設置法改正案」の三法案によって構成される有事関連法案として，2002年4月16日，閣議決定され，翌17日，国会に提出されることとなった。

3．有事関連法案の作成過程におけるシビリアン・コントロール

　以上，各争点別にシビリアン・コントロールの各アクター間の統制主体の変化と，統制主体に対する客体である防衛庁，特に制服組の影響力，その結果としてのシビリアン・コントロールの内容について検証を行なってきた。これらの争点別の分析からは，以下のことが指摘できるだろう。まず，小泉首相を主体とする統制は，法案の議題設定において示されたものの，法案の内容面においては，限定的なものにすぎなかった。たとえば，同首相は，有

事関連法案にテロや不審船対策を含めて，包括的な緊急事態に対処するという「包括的処理論」の立場を一貫して示した[178]。しかし，これに対して，防衛庁，特に制服組は，自衛隊の行動の円滑化を図る自衛隊法改正に優先順位を置いていた。この制服組の組織的利害を共有する自民党の山崎幹事長や，有事の対象が拡大することを懸念する公明党の冬柴幹事長らの反対により，首相の意向を受けた内閣官房チームとの対立を生んだ。その結果，首相の意向はプログラム規定として武力攻撃事態法案に盛り込まれたものの，実質的には先送りの面が強かった。こうした首相のイニシアティブの挫折は，自民党幹部による制服組の組織的利害の代弁や，連立与党内における公明党の影響力の大きさによるものであった。その他の争点に関しては，小泉首相のイニ

---

177) 連立各党の法案事前審査では，自民党国防関係部会において若手議員からテロ対策の整備要求が出され，自民党総務会においては野中元幹事長から国民保護法制の整備が求められるなど，一定の留保がつけられた。公明党でも，党内に根強い慎重論があり，法案の了承は遅れた。最終的に，公明党は，①武力攻撃が予測される事態についての説明をできるだけ具体的に行うこと，②武力攻撃事態と周辺事態が並存する場合，周辺事態安全確保法に基づく米軍への後方地域支援と集団的自衛権の行使を禁じる憲法第9条との関係について明確にすること，③避難・誘導，保健衛生といった国民保護法制は，その具体的内容や方向性について今国会の議論で可能な限り国民の前に明らかにする，の3点について，今後の国会審議の中で明確にすることを条件に，法案の了承を行った（公明党ホームページ「武力攻撃事態法制と公明党（下）・北側一雄政調会長に聞く」2002年4月26日）。公明党の神崎代表は，法案の国会提出後の記者会見において，武力攻撃事態法案の中に公明党の主張が盛り込まれた点について，①対処基本方針が国会承認を経ることになり，民主的意思決定過程を確保することができた点，②基本的人権を最大限に尊重することが盛り込まれた。やむを得ず制約される場合も，必要最小限で，かつ適正な手続きの下でなされることが明らかにされた点，③やむを得ず財産権が制約される場合，損失補償の原則が明記された点，④憲法第9条の趣旨，つまり武力行使は事態に応じて合理的に必要と判断される限度にとどめるということが明記された点の4項目を挙げている（『ウイークリー・公明トピックス』第72号，2002年4月19日）。
178) 小泉首相は，2002年1月に田中眞紀子外相を更迭し，内閣支持率の急落に直面していた。党内には有事法制に慎重な抵抗勢力の存在があり，憲法問題に敏感な公明党との関係も盤石ではなかった。一方，野党の民主党内には，鳩山代表のように安全保障に関する包括的な基本法として緊急事態法制を整備すべきとする意見があった（『朝日新聞』2002年1月7日）。小泉首相には，テロ対策特措法の法案審議で模索されたのと同様に，有事関連法案においても包括的な基本法とすることで，民主党からの協力を取り付けることができればとの政治的思惑が存在していたと考えられる。

シアティブが特に明示されたものはなかった。

　代わって，古川官房副長官をトップとする内閣官房チームが，小泉首相や福田官房長官の委任を受けて，法案作成のイニシアティブをとることになった。武力攻撃事態の定義における予測的段階への拡大や，自治体・指定公共機関に対する国への指示権付与は，内閣官房が主導して導入されたものである。こうした争点に関しては，統制の客体である防衛庁・制服組においても，その利害は共通していた。制服組は，軍事部門の専門機関として，常に，軍事的合理性を優先させることに利害をもつ。そのためには，首相や閣僚に権限を一元化させ，執行段階では，軍事部門に実効性を担保するための権限を付与することが，武力攻撃事態への機動的対処にとって望ましいことになる。国家の緊急事態に対処するためには，政府や防衛当局にとっては，そうした権限集中型の法を整備することがもっとも合理的であるといえる[179]。首相を支える補佐部局である内閣官房と防衛庁の利害が一致したのは，そうした緊急事態法制の持つ特質によるものであった。その結果，内閣官房を通しての間接的統制は，制服組の軍事的合理性と組織的利害が同一化することによって，能動的な観点からのシビリアン・コントロールに作用することとなった。

　一方，国民の権利の制限や罰則規定，協力義務づけに関してイニシアティブをとったのは，公共の福祉優先論をとる自民党幹部や国防族であった。そこでは，制服組の組織的利害を代弁して，自民党幹部が影響力を行使し，制服組の主張する軍事的合理性が政策決定に反映されることとなった。ここでも，政治家によるシビリアン・コントロールは，客体である制服組との組織的利害の同一化によって，抑制的統制から能動的統制へとシフトする要素を強めることとなったのである。もっとも，こうした軍事的合理性の優先は，その反作用として，国民の自由や権利の制限を生じさせる。与党の中でも，公明党はこうした国民の自由や権利の制限に対する抵抗アクターとして，与党協議などを通じて自民党や防衛庁の要求を抑制する役割を果たした。国民の協力義務が努力義務となり，業務従事命令の罰則化を阻止し，基本的人権の保障を法案に明記したのは，こうした公明党による抑制的なシビリアン・

179)　英米圏では，緊急事態に際して，大統領や首相に権限を集中させ，事後的に議会や司法がその判断の是非を行い，救済措置を図るという法的枠組みが採用されている。

コントロールの作用の結果である。

　内閣官房チームは，国民保護法制やテロ・不審船対処などの争点に関して，防衛庁と関係省庁との間の利害関係に中立的な立場から，政府部内での調整にイニシアティブを限定的ながらも発揮した。また，自民党と公明党が対立する自治体への指示権付与や国民への協力義務づけでは，折衷案を示して，両者の対立を調整する役割を果たした。こうした内閣官房チームの役割は，官僚制内部での間接的統制の主体が外務省や防衛庁内局といった所管省庁から内閣官房に移行したことを示していよう。

　以上のことから，有事関連法案の作成過程では，官僚制への委任に基づく間接的統制は内閣官房チームによって主として行使されたものの，小泉首相や山崎幹事長らの自民党幹部，神崎代表や冬柴幹事長ら公明党幹部が強い関心を有する争点に関しては，政治家による直接的統制の要素が増すこととなった。また，統制主体である自民党幹部や国防族と制服組の間の組織的利害の同一化が進み，さらには，内閣官房チームと制服組の間にも，争点によっては，利害の同一化が見られた。これらの統制主体と客体の間に「同一化型」の関係が見られる争点に関しては，政治家や内閣官房チームが，制服組の利害を代弁したり，自衛隊と一致する利害を主張したりすることで，国の権限強化や，自衛隊の行動において軍事的合理性が優先される政策決定が行われ，シビリアン・コントロールの内容を能動的統制へと転換させた。もっとも，与党内における公明党などの抵抗セクターの存在によって，防衛庁・自衛隊・自民党国防族などの影響力を相殺する抑制的な観点からのシビリアン・コントロールが作用した面も少なくなかった。こうした間接的委任による内閣官房チームや，自民党幹部，国防族らによる能動的統制に対して，公明党によるシビリアン・コントロールは抑制的に作用し，結果的に，決定された政策内容を両者の中間的なものとすることとなった。それは，軍事的合理性と国民の権利や自由の保障という二律背反を抱えるシビリアン・コントロールに不可避の問題の現れでもあった。

第3節　有事関連法案の国会審議・決定過程

　本節では，有事関連法案の国会審議・決定過程において，政党を中心とした主体が，同法案の政策決定にどのような形で関与し，客体である防衛庁・自衛隊に対するシビリアン・コントロールがどのように作用したかの実態を分析することとする。同法案の国会提出後の展開は，第154回通常国会において法案審議が行われ，その審議を通じて明らかになった問題点を踏まえ，政府与党側の法案修正や政策内容の詰めが行われ，第155回臨時国会において，その提示と説明が行われた。この段階では，政府与党と野党との間の合意は得られず，翌年の第156回通常国会において，野党民主党の対案が作成され，与党側との修正協議を通じて，連立与党と民主党との合意が成立し，法案の成立を見ることとなった。以下では，各国会回次別にこうした政策決定プロセスの詳細を論じることとする。

１．国会による行政統制プロセス―第154回通常国会（2002年）―

　有事関連法案が国会に提出された第154回国会は，主に衆議院の本会議及び武力攻撃事態特別委員会において，政府と野党との論争が展開されることとなった。野党は，質疑を通じて政府案の問題点を抽出し，争点の設定を行い，政府側に立法制定の根拠と法解釈に関する疑義を明確化することを求めた。同国会では，政府与党の法案立案段階で問題点となった，武力攻撃事態の定義におけるおそれのある事態と予測されるに至った事態の違い，予測される段階での周辺事態との併存の問題，国民の権利の制限や協力の義務づけ，地方公共団体や指定公共機関に対する首相の指示権，国民保護法制や国会の関与のあり方等について，議員側からの質疑と政府側からの答弁を通じて，政府側の説明責任を明確にする試みがなされることとなった[180]。

---

[180]　第154回国会における有事関連法案をめぐる論議の焦点について，笹本浩・瀬戸山順一「動き出した有事法制」『立法と調査』第231号，2002年9月，20～22頁，前田・飯島・前掲書266～304頁を参照。

1）武力攻撃事態の定義問題―周辺事態との併存―

　法案審議でまず争点となったのは，法案作成段階で，与党内からも疑問が出されていた武力攻撃事態の定義問題であった。武力攻撃事態は，武力攻撃（おそれのある場合を含む）が発生した事態と，事態が緊迫し，武力攻撃が予測されるに至った事態の双方を含んで定義されており，おそれのある場合と予測されるに至った事態については，法文上，その区分が明示されていないことから，政府による恣意的な認定がなされるのではないかとの懸念があった。自衛隊法改正案では，防衛出動が予測される段階で，防御施設の構築や武器使用が認められるなど，有事の前倒し措置がとられていた。野党からは，こうした武力攻撃事態の定義があいまいなことにより，政府の判断次第で，予測されるに至った事態で，おそれのある場合と同様の自衛隊の防衛出動や，部隊の展開（おそれ出動）が発動されたり，おそれのある場合の段階で，武力攻撃が発生した事態と同様の武力行使が行われたりする可能性についての疑義が提起された[181]。

　一方で，こうした定義のあいまいさによって，周辺事態と武力攻撃事態のおそれのある場合や予測されるに至った事態との区別が不明確なため，周辺事態における自衛隊の米軍への支援が行われる一方で，武力攻撃事態が同時に発生したり，流動的に移行したりすることによって，武力行使と一体化した自衛隊の米軍支援が行われるという危惧が生じた。それは，周辺事態法において禁止されている集団的自衛権が，武力攻撃事態と政府が判断することで行使されるのではないかとの野党の批判を生んだ。

　武力攻撃事態の定義について，明確化を求められた政府は，おそれのある場合と予測されるに至った事態，周辺事態との関係について，福田官房長官より，「武力攻撃のおそれのある場合」とは防衛出動を下令しうる事態であり，その時点における国際情勢や相手国の軍事的行動，我が国への武力攻撃の意

---

[181]　武力攻撃事態法案では，おそれのある場合や予測されるに至った事態での，武力行使の禁止規定は明記されていない。このことについて，中谷防衛庁長官は，自衛隊法でおそれのある場合には，防衛出動はできても武力攻撃が発生しなければ武力行使はできないと規定されていることを挙げて，おそれのある場合や，予測されるに至った事態での武力行使の可能性を否定している（第154回国会衆議院武力攻撃事態への対処に関する特別委員会議録第3号（2002年5月7日））。

図が明示されていることなどから判断して，我が国への武力攻撃が発生する明白な危険が切迫していることが客観的に認められる事態を指し，「武力攻撃が予測されるに至った事態」とは，防衛出動待機命令等を下令しうる事態であり，その時点における国際情勢や相手国の動向，我が国への武力攻撃の意図が推測されることなどからみて，我が国への武力攻撃が発生する可能性が高いと客観的に判断される事態であるとの説明を行った[182]。

さらに具体的な事例として，政府は，「おそれのある場合」として，「ある国が我が国に対して武力攻撃を行うとの意図を明示し，攻撃のための多数の艦船や航空機を集結させていることなどからみて，我が国に対する武力攻撃が発生する明白な危険が切迫していると客観的に認められる場合」，「予測されるに至った事態」とは，「武力攻撃のおそれのある場合には至っていないが，その時点における我が国を取り巻く国際緊張が高まっている状況下で，ある国が我が国への攻撃のため部隊の充足を高めるべく予備役の招集や軍の要員の禁足，非常呼集や，我が国を攻撃するためと認められる軍事施設の新たな構築を行っていることなどからみて，我が国への武力攻撃の意図が予測され，我が国に対して武力攻撃を行う可能性が高いと客観的に判断される場合」といった例示を含む統一見解を示した[183]。

一方，周辺事態法では，周辺事態を，そのまま放置すれば我が国に対する直接の武力攻撃に至るおそれのある事態等我が国周辺の地域における我が国の平和及び安全に重要な影響を与える事態と定義している。周辺事態法案の審議の際に，政府は周辺事態に該当する6類型を示している[184]。

第一は，我が国周辺の地域において武力紛争の発生が差し迫っている場合

---

[182] 第154回国会衆議院武力攻撃事態への対処に関する特別委員会議録第3号（2002年5月7日），同第6号（2002年5月16日）。

[183] 民主党の岡田克也委員より，武力攻撃が予測される事態と武力攻撃のおそれのある事態を認定する基準（と具体的な例示），指定公共機関の対象についての政府見解を求められたのに対し，政府から委員会に統一見解が提示されることとなったものである（第154回国会衆議院武力攻撃事態への対処に関する特別委員会議録第6号（2002年5月16日））。

[184] 野呂田芳成防衛庁長官の答弁（第145回国会衆議院日米防衛協力のための指針に関する特別委員会議録第9号（1999年4月20日））。

であって，我が国の平和と安全に重要な影響を与える場合，第二は，我が国周辺の地域において武力紛争が発生している場合であって，我が国の平和と安全に重要な影響を与える場合，第三は，我が国周辺の地域における武力紛争そのものは一応停止したが，いまだ秩序の維持，回復等が達成されておらず，引き続き我が国の平和と安全に重要な影響を与える場合，第四は，ある国の行動が国連安保理によって平和に対する脅威あるいは平和の破壊または侵略行為と決定され，その国が国連安保理決議に基づく経済制裁の対象となるような場合であって，それが我が国の平和と安全に重要な影響を与える場合，第五は，ある国における政治体制の混乱等によりその国において大量の避難民が発生し，我が国への流入の可能性が高まっている場合であって，これが我が国の平和と安全に重要な影響を与える場合，そして，第六は，ある国において内乱，内戦等の事態が発生し，それが純然たる国内問題にとどまらず国際的に拡大しておる場合であって，我が国の平和と安全に重要な影響を与える場合である。こうしたある事態が周辺事態に該当するか否か，また周辺事態において我が国が周辺事態法に基づいていかなる対応措置をとるかについては，日米両国政府において密接な情報交換，政策協議を通じ共通の認識に到達する努力が払われるが，我が国がそれらの時点の状況を総合的に勘案し，あくまで我が国の国益を確保する観点から主体的に判断するとの答弁を行っている。

　この6類型に照らして，おそれ・予測の事態がどれに相当するのかについての質疑に対して，中谷防衛庁長官は，「この六つのケースすべて，状況によっては，我が国の武力攻撃のおそれのある場合，または事態が緊迫して武力攻撃が予測される事態に該当することとなる可能性が完全に排除されているわけではない」ので，「一概に入るか入らないかというのは，その状況等の推移をよく注視をしなければならない問題である」として，明確な線引きを示さなかった[185]。それは，実際に事態に直面した際に，できるだけ政府側の判断にフリーハンドを確保しておきたいとの狙いが透けて見えるものであった[186]。

---

185)　第154回国会衆議院武力攻撃事態への対処に関する特別委員会議録第3号（2002年5月7日）。
186)　『朝日新聞』2002年5月8日。

そして，武力攻撃事態と周辺事態との関係が不明瞭なために，周辺事態まで武力攻撃事態が広がるおそれがあるのではないかとの質疑に対して，中谷防衛庁長官は，「周辺事態は，我が国の周辺地域における我が国の平和及び安全に重要な影響を与える事態であり，武力攻撃事態のように，我が国に対する武力攻撃に直接関連づけて定義をされているわけではない。武力攻撃事態と周辺事態はそれぞれ別個の法律上の判断に基づくもので，状況によっては両者が事態として併存することはあり得るが，両者の事態は，周辺事態法と武力攻撃事態法のそれぞれの法律に基づいて別個に認定をされる」として，周辺事態と武力攻撃事態は異なる概念の事態であるが，同時に発生した場合，状況によっては，両者が併存することはあり得ることを認めた[187]。

また，周辺事態における米軍支援等が引き続き行われる一方で，武力攻撃事態における米軍支援等を併せて行うことが想定される[188]として，その可能性を認めた。しかし，予測・おそれの場合において，米軍の武力行使と一体化するような支援については，中谷防衛庁長官は，「周辺事態において米軍が武力を行使している状況下で我が国への武力攻撃の予測またはおそれの事態となった場合には，我が国は武力を行使できず，米軍も我が国の防衛のために武力を行使することはできない。周辺事態に対応している米軍に対する支援は，周辺事態法に基づいて行うこととなるが，この支援については，米軍の武力の行使と一体化をするということはない[189]」として，周辺事態や日本への攻撃が発生していない予測事態の段階で武力行使と一体化することはできないとの立場を示した。

ただし，「状況がさらに推移して，周辺事態において米軍が武力を行使している場合に，我が国がその相手国から武力攻撃を受けたときには，武力攻撃が発生した事態になる。武力攻撃に対応して我が国に対する武力攻撃を排除するために共同対処している米軍に対する支援は，今後整備される武力攻撃事態時の米軍支援のための法制に基づき行うこととなるが，この場合の対米

---

187) 第154回国会衆議院武力攻撃事態への対処に関する特別委員会議録第6号（2002年5月16日）。
188) 同上。
189) 同上。

支援については，米軍の武力の行使と一体化をしているものを含め，我が国の自衛権行使の三要件に合致する限り，憲法上も条約上も何ら問題はない。なお，我が国に対する武力攻撃を排除することを目的としたものである限り，集団的自衛権の行使に当たるということはない[190]」として，武力攻撃事態の場合には，武力行使と一体化しても問題がないことを主張した[191]。

こうした集団的自衛権の問題とともに，野党が武力攻撃事態の定義にこだわった理由は，周辺事態法による米軍への支援では，政府は自治体や関係機関に必要な協力を求めることができるなどの任意規定でしかないのに対して，武力攻撃事態法では，武力攻撃事態において，政府が自治体や指定公共機関の協力を指示や代執行によって強制できるという，根本的な相違があったことによる。周辺事態法では，自治体等の反対があり，協力を義務づけることができなかったのに対し，それを補完するために，周辺事態と重なる武力攻撃が予測されるに至った事態において，政府の判断で，米軍支援への協力義務づけを可能とする狙いがあるのではないかとの疑念が共産党などの野党内に存在した[192]。しかも，武力攻撃事態における米軍への支援内容は，別途新たな法律で定めるとして，有事関連法案では，明記されなかった。

福田官房長官は，「周辺事態と武力攻撃事態，それぞれ別個の法律上の判断に基づくものであり，周辺事態安全確保法による協力の求め，そして武力攻撃事態法による指示などについても，それぞれの法律に基づいて行われることになっている。仮に，これらの事態が併存する場合においても，それぞれの法律に定める要件に基づく措置が講ぜられることになっている[193]」として，適用法令の異なる措置であるとの切り分け論で答弁を回避した。この周辺事

---

190) 同上。
191) 野党の一部には予測事態で米軍に対して武器・弾薬の提供といった支援をするようになれば，周辺事態（武器・弾薬の提供はできない）との線引きがあいまいになり，日本の米軍との一体化が際限なく広がるとの懸念も示された（『朝日新聞』2003年6月4日）。なお，有事関連法案成立後，政府から国会に提出された日米物品役務相互提供協定改正案では，武力攻撃予測事態から自衛隊が武器・弾薬を米軍に提供できるとした。予測事態では米軍は武力行使をしているわけではないので，憲法の禁じる武力行使との一体化にはならないことを政府は理由として説明した（『朝日新聞』2004年3月1日）。
192) 志位和夫委員（共産党）の質疑（第154回国会衆議院武力攻撃事態への対処に関する特別委員会議録第3号（2002年5月7日））。

態と武力攻撃事態との対米支援の区別について，中谷防衛庁長官は，「周辺事態への対応としての米軍支援は周辺事態法，武力攻撃事態への対応としての米軍支援は今後整備される新たな米軍支援法制に基づきそれぞれ実施をされることになる」として，「新たな法制の整備に関しては，この法制に基づいて支援の対象となる米軍の行動の目的，支援の方法等を適切に規定することによって，この法制と周辺事態法のおのおのに基づく対米支援を区分して行い得るようにすることは十分可能である」との答弁を行った[194]。そして，両者の具体的な切り分けの判断について，「周辺事態法では日米調整メカニズムを設置し，日米の協力のあり方についてはそこで調整を行うことになっているが，我が国の武力攻撃事態においても，そういう共同の作業所をつくって，米軍の支援に関するものについては，そこで調整をするということで区別していきたい」との答弁を行っている[195]。

それは野党から出された武力攻撃事態法に基づく対米支援を周辺事態にまで拡張するための意図的な立法手法であるとの批判をかわすための先送りの説明に終始するものであった。結局，予測事態の場合に，米軍に対してどのような協力をするのかについては，政府は今後の対米支援法制でまとめるとしただけで，明確にならなかった。

2）地方公共団体・指定公共機関の協力義務と地方自治との関係

武力攻撃事態法案では，周辺事態法の協力要請・依頼（任意規定）と異なり，地方自治体や指定公共機関は，「武力攻撃事態等への対処に関し，必要な措置を実施する責務を有する」こととなった。そして，対策本部長（内閣総理大臣）は，自治体の長に対し，対処措置に関する総合調整を行い，応じない場合には，対処措置を実施すべきことを指示し，最終的には自ら対処措置を実施することができると規定された。その結果，一定の場合に，内閣総理大臣が，自治体や指定公共機関に対して，指示権や直接実施権を持つことになり，実

---

193) 第154回国会衆議院武力攻撃事態への対処に関する特別委員会議録第3号（2002年5月7日）。

194) 第154回国会衆議院武力攻撃事態への対処に関する特別委員会議録第6号（2002年5月16日）。

195) 第154回国会衆議院武力攻撃事態への対処に関する特別委員会議録第3号（2002年5月7日）。

質的な強制力を伴うこととなった。それは,地方自治を損なうことにもなる。小泉首相は,「地方自治の趣旨を踏まえ,具体的に国が地方に関与する場合には,個別の法律の根拠を持たなければならないこと等十分配慮する[196]」との答弁を行ったが,地方自治体の役割と対処の手続きを定めるための国民保護法制の提出が2年間先送りされたため,地方自治の問題は,法案審議の過程では大きな争点とはなりえなかった[197]。福田官房長官は「指示や代執行は武力攻撃事態という状況下においては,万全の措置を担保するこうした仕組みが必要[198]」と述べ,片山総務大臣も「地方自治法の代執行とは中身がかなり違う。こういう措置をどういうふうに組み立てるか,制度設計するかは,実はこれからだ[199]」として,指示・代執行という強制措置だけを制度化して,その具体的な説明は,国会答弁においても明確にされないまま,個別法に先送りされた。それは,法案立案時における与党内の政治的妥協によって,強制措置を盛り込んだものの,その中身が確定するまではそれを凍結するとした折衷案を採用せざるをえなかったことが,国会審議過程における説明責任を十分に果たしえない結果となって現れたといえよう。

　一方,指定公共機関の定義について,民主党の岡田克也委員の要求を受けて,政府は,統一見解を委員会に提出することとなった。それによれば,公共機関とは業務目的自体が公共的活動を目的とする機関,公益的事業を営む法人とは業務目的は営利目的等であるが,業務が公衆の日常生活に密接な関係を有する法人から政令で指定するとして,具体的機関名は示さなかった。福田官房長官も「指定公共機関は政令で指定するが,個別法で指定公共機関に実施を求める対処措置の内容を具体的に定めた上で,個別法が定める事項ごとに,業務の公益性の度合い,武力攻撃事態との対処の関連性などを踏まえて,当該機関の意見を聞きながら総合的に判断していく[200]」として,やはり具体的な内容は,明らかにしなかった。しかし,報道機関の側から,報道規

---

196) 第154回国会衆議院本会議録第29号(2002年4月26日)。
197) 前田・飯島・前掲書272頁。
198) 第154回国会衆議院武力攻撃事態への対処に関する特別委員会議録第7号(2002年5月20日)。
199) 第154回国会衆議院武力攻撃事態への対処に関する特別委員会議録第12号(2002年5月29日)。

制などの言論の自由が制限されるおそれがあるとの強い懸念が表明されたのに対し，福田官房長官は，「警報等の緊急情報の伝達のために民間放送事業者が指定公共機関に指定される可能性はあるが，現時点では，日本放送協会（NHK）を主として考えている[201]」，「新聞社は，その性格上，警報等の緊急情報の伝達の役割を担うとは考えにくいが，インターネットを使って即刻報道を通知することが現実に行われており，協力してもらうことが考えられないではない[202]」として，メディアが指定公共機関に幅広く指定される可能性を否定しなかった。ただし，これら報道機関に対し，「報道の規制など言論の自由を制約するようなことはまったく考えていない[203]」との答弁を行い，メディアに対してその理解を求めた。

3）国民の権利の制約と協力義務の導入

有事においては，国民の生活に対しても規制や制約を加える必要が生じうる。武力攻撃事態法案では，国等が対処措置を実施する際に，国民は必要な協力をするよう努めるとの協力義務が明記された。与党内で自民党や保守党の一部が主張した「責務」と規定しなかった理由について，福田官房長官は，「国民の生命，身体及び財産に危機が及ぶ武力攻撃事態において，過重な役割を課すことは困難であると考えられ，国民に責務を課すことは適切ではない」との説明を行った[204]。武力攻撃事態に際して，国民の自由や権利がどのように制限されるのかについて，政府は，一般的に，憲法第13条により，「公共の福祉のため必要な場合には，合理的な限度において国民の基本的人権に対する制約を加えることがあり得ると解されている[205]」との立場を示した上で，武力攻撃事態法案では，「法案の基本理念において，日本国憲法の保障する国

---

200) 第154回国会衆議院武力攻撃事態への対処に関する特別委員会議録第7号（2002年5月20日）。
201) 第154回国会衆議院武力攻撃事態への対処に関する特別委員会議録第3号（2002年5月7日）。
202) 第154回国会衆議院武力攻撃事態への対処に関する特別委員会議録第6号（2002年5月16日）。
203) 第154回国会衆議院武力攻撃事態への対処に関する特別委員会議録6号（2002年5月16日）。
204) 第154回国会衆議院武力攻撃事態への対処に関する特別委員会議録第3号（2002年5月7日）。

民の自由と権利を尊重しなければならず，これに制限が加えられる場合，その制限は必要最小限のものでなければならない[206]」と答弁し，武力攻撃事態における公共の福祉と基本的人権の保障との均衡に配慮する姿勢を示した。しかし，ここでも，具体的に制限される権利についての質疑に対して，福田官房長官は，「個別の法制整備において，制限される権利の内容，性質，制限の程度等と，権利を制限することによって達成しようとする公益の内容，程度，緊急性などを総合的に勘案してその必要性を検討する」として，その具体的内容について先送りをした[207]。

そして，基本的人権の重要な一つである思想，良心の自由，信仰の自由の保障について，「それが内心の自由という場面にとどまる限りにおきましては，これは絶対的な保障であると考えられる。しかし，思想，信仰等に基づき，またはこれらに伴い外部的な行為がなされた場合には，これらの行為も，それ自体としては原則として自由であるものの，絶対的なものとは言えず，公共の福祉による制約を受けることはあり得る[208]」との見解を示した。この法制局の解釈理論が適用されたのが，物資の保管命令違反に対する罰則化である。自衛隊法第103条に基づく物資の保管命令についての違反者に罰則を科すことによって，戦争への非協力という行為が処罰対象となり，思想・信条の自由を侵すことになるとの批判が野党側から相次いだ。これに対して，中谷防衛庁長官は，「物資の保管命令は自衛隊の任務遂行上，必要とされる物資を確保するために必要であり，内心には関係なく，保管命令に違反して，保管物資を隠匿，毀棄，搬出するという悪質な行為を行う場合に限り，罰則を科すものであり[209]」，「国が国民の生命，財産を守る責務に基づいて行う行為で，

---

205) 津野修内閣法制局長官の答弁（第154回国会衆議院武力攻撃事態への対処に関する特別委員会議録第12号（2002年5月29日））。
206) 武力攻撃事態法案についての福田康夫内閣官房長官の趣旨説明（第154回国会衆議院本会議録第29号（2002年4月26日））。
207) 第154回国会衆議院武力攻撃事態への対処に関する特別委員会議録第3号（2002年5月7日）。
208) 津野修内閣法制局長官の答弁（第154回国会衆議院武力攻撃事態への対処に関する特別委員会議録第12号（2002年5月29日））。
209) 第154回国会衆議院本会議録第29号（2002年4月26日）。

同じ日本人として，協力いただくのは当然である[210]」との答弁を行って，罰則を正当化した。

なお，事態対処法制による個別法整備に先送りされた国民保護法制における国民の協力について，福田官房長官は，「例えば，地域における被災者の搬送への協力など，国民の生命，身体等の保護のために地方公共団体が実施する措置への協力といった内容を想定している」との説明を行っている[211]。国民が協力要請に応じるか否かは任意であって，義務ではないとしているもの[212]の，自衛隊法改正案で罰則付きの防衛負担法（国民の権利に制限を加え，義務を課すこと）が導入されるなど，将来的に，国民の権利を制限する条項が拡大されていく懸念を払拭するものとはならなかった[213]。

4）国民保護法制の整備の遅れ

一方，武力攻撃事態法案では，国民の生命や財産保護を定める国民保護法制について，武力攻撃事態法施行後2年以内に整備するとして，具体的な内容が規定されなかったことに野党側からの批判が集中した。これに対して，福田官房長官は，「項目が多岐にわたり，関係機関の意見，国民的な議論の動向も踏まえ，十分な国民の理解をえられる仕組みを作ることを考慮すると，多少時間がかかるのはやむを得ないが，法案成立後に関係省庁と協議し，できるだけ早く法案作成作業に着手する[214]」との釈明に終始した。自民党内では，国民保護法制について，主務大臣を置いて責任を明確化し，内閣主導で整備することで野党や自治体の理解を得ようとの動きもあったが[215]，国会審議の空転の影響を受け，先送りされることとなった。

---

210) 第154回国会衆議院武力攻撃事態への対処に関する特別委員会議録第3号（2002年5月7日）。
211) 第154回国会衆議院武力攻撃事態への対処に関する特別委員会議録第4号（2002年5月8日）。
212) 首相官邸ホームページ「国民の保護のための法制」に関するQ＆A。
213) 水島『知らないと危ない「有事法制」』10～14頁。
214) 第154回国会衆議院武力攻撃事態への対処に関する特別委員会議録第9号（2002年5月9日）。
215) 『朝日新聞』2002年5月31日。

5）国会との関係

一方，武力攻撃事態の認定や対処措置の実施に国会の統制をどこまで及ぼすかについて議論がなされた。特に，武力攻撃事態法案では，防衛出動については国会の原則事前承認としたものの，対処基本方針については，閣議決定後の事後承認（対処措置を実施した後でも構わない）とされた。こうした対処措置の実施がつねに先行している点についての国会側の追及は十分でなかった[216]。民主党は，対処基本方針全体についての国会の原則事前承認と，国会承認後に国会決議等の方法で，対処措置の終了について国会の意思が表示された場合に終了する規定の創設を主張し，政府の対応を質した。これに対し，与党内にも，防衛出動時以外にも，対処基本方針全般についても国会の原則事前承認を適用すべきとの意見もあった[217]。福田官房長官も「武力攻撃事態が終了し，一連の対処措置を継続する必要がなくなれば，対処基本方針を速やかに廃止し，国会に報告するが，その際，対処基本方針についての国会の意思を尊重することは当然である[218]」として，国会決議による対処措置の終了について考慮することを認めるなど，国会の関与についての融和的な立場を示した。

6）国会質疑による法解釈の明確化と行政運営へのコントロールは可能となったか

第154回国会では，こうした与野党間の論戦によって，有事関連法案についての論点が設定された。しかし，野党側からの要求に対して，政府側は，①武力攻撃事態の定義，②指定公共機関の範囲，③武力攻撃事態における憲法で保障している国民の自由と権利についての三つの政府見解を提出したものの，それ以上の具体的な内容に踏み込んだ答弁を回避して，論議は深まらなかった[219]。特に，武力攻撃事態の予測に至った事態と武力攻撃のおそれの

---

216) 水島『世界の「有事法制」を診る』193～194頁。
217) 『朝日新聞』2002年5月31日。
218) 第154回国会衆議院武力攻撃事態への対処に関する特別委員会議録第3号（2002年5月7日）。
219) 『朝日新聞』2002年7月25日。前二者は，岡田克也委員の要求に基づくもので5月16日に，後者は前原誠司委員の要求に基づくもので7月24日の特別委員会でそれぞれ福田官房長官により説明が行われた。

ある場合の区別の不明確さや，周辺事態との併存の可能性については，政府の説明は複雑で分かりにくいとの批判が与党からも出された。首相の自治体への指示権や，国民の協力義務，国民保護法制についても，プログラム規定のみで，個別法制の具体的方針は示されなかった。その結果，法案の条項に基づく具体的な議論を展開するための材料が不足し，政府側からは，今後の個別法整備で検討するとの「先送り」の答弁が目立った。

こうした先送りの答弁の要因には，有事の際の政府側の裁量権をできるだけ確保しておきたいとの執行面での配慮が優先された点が挙げられる。さらに，野党側から出された批判の多くは，政府与党内の立案過程でも，自民党と公明党との間の争点となった領域と重複するものが多かった。与党内の政治的妥協の結果，争点を詰め切れないまま国会に提出された論点を，野党側から追求されたことにより，それに対する回答を政府側から出すことはできなかったのである。それは与党内の再調整を必要とするものであり，自民党が民主党と妥協することになれば，公明党の反発も予想された。また，省庁間の利害対立から個別法の整備については先送りされたものが多く，そうした政府内で未調整の内容について，内閣官房や防衛庁が代表して答弁することは不可能であった。こうした政党レベル，官僚制レベルでの不確定な要素が多い状況では，法案立案時の政府与党の方針を変更することなしに国会を通すことが政府側にとっての最善の選択肢であった。

もっとも，自民党内にも民主党との妥協を模索する動きもあった。しかし，それは防衛庁の情報公開請求者リスト作成問題の混乱で不可能となる。このリスト問題の混乱は有事関連法案の委員会審議を空転させ，政府与党と野党は双方の相違を縮めるための議論の時間を確保できなかった。このことが，国会質疑による法律解釈の明確化，政府の執行過程への国会側の意思の義務づけといった，国会の果たすべき行政統制機能を妨げることとなったのである。

7）第154回国会における与野党政治過程の展開

一方，同国会では，与野党が合意を形成するための政治過程がどのように展開されたのであろうか。有事関連法案が国会に提出されたのは，2002年4月17日であり，6月19日の会期末までの審議期間が2か月程度しかないと

表 4-1 第 154 回国会における有事関連法案の審議日程

年月日	法案ステージ	審議形態	法案審議時間	政治的駆引きと調整
2002.4.17	法案国会提出			
同	衆議院議院運営委員会理事会	特別委員会設置, 趣旨説明協議		4.23 武力攻撃事態対処特別委員会設置
同 4.26	衆議院本会議	趣旨説明聴取		
同	衆議院特別委員会	提案理由説明	10 分	
同 5.7	衆議院特別委員会	質疑	6 時間 38 分	連日審議 (〜9 日)
同 5.8	衆議院特別委員会	質疑	7 時間 21 分	
同 5.9	衆議院特別委員会	質疑	7 時間	
同 5.16	衆議院特別委員会	質疑	5 時間 5 分	
同 5.20	衆議院特別委員会	質疑	6 時間 1 分	連日審議 (〜23 日)
同 5.21	衆議院特別委員会	質疑	1 時間 53 分	5.21 与党公聴会開催日程単独議決⇒野党審議拒否
同 5.22	衆議院特別委員会	参考人質疑 (秋山元防衛次官)	(57 分)	
同 5.23	衆議院特別委員会	与党単独質疑	2 時間 15 分	
同 5.24	衆議院特別委員会	開会できず		5.24 自由党対案提出
同 5.29	衆議院特別委員会	質疑 (対案との一括審議)	6 時間 10 分	5.27 与党公聴会延期表明 5.28 防衛庁リスト問題発覚 5.29 野党参考人招致要求
同 6.3	衆議院特別委員会 (理事会)	開会できず		6.3 福田官房長官非核三原則見直し発言認める 6.3 野党, 福田発言・リスト問題の集中審議要求
同 6.5	地方公聴会 (新潟県・長崎県)	意見聴取		
同 6.7	地方公聴会 (宮城県・鳥取県)	意見聴取		
同 6.10	衆議院特別委員会 (理事会)	非核三原則発言集中審議	(3 時間 6 分)	6.11 民主党廃案要求決定 6.12 野党, リスト問題調査の第三者機関設置要求 6.13 与野党幹事長会談決裂 6.19 (会期を 7.31 まで 42 日間延長議決) 6.20 与野党幹事長会談で正常化合意
同 6.24	衆議院特別委員会	リスト問題集中審議	(2 時間 43 分)	6.24 野党, 山崎幹事長らリスト問題の参考人招致要求
同 6.28	衆議院特別委員会	参考人質疑 (秋山元防衛次官)	(1 時間 26 分)	
同 7.3	衆議院特別委員会	質疑	3 時間 36 分	
同 7.24	衆議院特別委員会	質疑	3 時間 29 分	7.23 与党協議会, 継続審議確認
同 7.31	衆議院特別委員会	閉会中審査議決		

いう時間的にタイトな審議スケジュールを余儀なくされていた。自民党執行部は，こうした限られた可処分時間の中で，野党の設定する障害物や党内の反対派を乗り越えて法案を審議，成立させるという難題を抱えていた（**表 4-1** 参照）。

　与党が可処分時間を最大限活用するための第一の手段は，定例日審査に拘束されない特別委員会を設置し，連日審議を行う方法の採用である。与党からの特別委員会の設置要求に野党は反対したものの，野党の要求する委員数を 50 人とすることで[220]，4 月 23 日，衆議院に武力攻撃事態対処特別委員会（以下，特別委員会と表記する）を設置することが決まった。次に，委員会における法案の審議入りのためには，衆議院本会議における法案の趣旨説明聴取と各党の質疑を行うことが必要となる。有事関連法案に関しては，野党は 55 年体制時のような吊るしによる引き延ばし戦術はとらなかった[221]。法案の審議入りに当たって，小泉首相は，特別委員会の瓦力委員長と会談し，民主党の協力を得るよう努力することを求めた[222]。小泉の念頭にあったのは，テロ対策特措法での民主党との修正協議の失敗であった。有事関連法案では，連立与党内の公明党のコンセンサスをえながら，できるだけ民主党の賛成を導き出す形で与野党合意を図ることが目指された[223]。後半国会では，有事関連法案とともに，郵政関連法案や健康保険法改正案，個人情報保護法案などの重要法案が積み残されており，小泉首相は，これらの重要法案をすべて成立させることを目標としていた[224]。

　委員会において，野党との交渉を進める上において，特に重要なのはその担当者の人選である。特別委員会の自民党筆頭理事には，与党内で有事法制

---

[220] 『朝日新聞』2002 年 4 月 23 日。
[221] 野党が審議入りに応じた背景には，4 月 28 日のトリプル選挙を前に，与党との対決構図を浮き彫りにし，選挙結果によっては，国会での主導権を握れるという戦術があったとされる（『朝日新聞』2002 年 4 月 27 日）。
[222] 『朝日新聞』2002 年 4 月 24 日。
[223] 小泉首相は，有事関連法案の総括質疑での民主党の岡田委員の質疑に対して，「民主党からもいい提案があればよく検討したい」として内容によっては修正に応じる考えを示していた（第 154 回国会衆議院武力攻撃事態への対処に関する特別委員会議録第 3 号（2002 年 5 月 7 日））。
[224] 『朝日新聞』2002 年 4 月 24 日。

の取りまとめに当たった久間章生政調会長代理（与党安全保障プロジェクトチーム座長兼任）が就任した。久間は国防族の中でも，穏健的な調整型の政治家であった[225]。一方，民主党の筆頭理事には，有事法制の必要性を主張しつつも，政府の有事関連法案には批判的な伊藤英成（ネクスト外務・安全保障大臣）が就任し，両者が実務者（現場）レベルでの与野党間の交渉窓口となった[226]。

有事関連法案は，4月26日に特別委員会に付託され，連休明けの5月7日から連日審議が開始された。委員会の総括質疑では，有事法制に前向きな民主党と自由党，否定的な共産党と社民党で野党内の立場が明確に分かれた[227]。野党第一党の民主党内では，岡田政調会長が有事法制は原則必要とする立場であったのに対し，鳩山代表は，テロ特措法案の承認案件で，旧社会党系議員を中心に党内から大量の造反議員を出したことから，有事法制に対する賛否について態度を明確にしていなかった。しかし，総括質疑が開始し，武力攻撃事態と予測事態の定義等について政府側の答弁が混乱する状況を受けて，反対する可能性を示すようになった[228]。

---

225) 『毎日新聞』2002年4月24日。
226) 政府案の閣議決定に際して，民主党の伊藤英成ネクスト外務・安全保障大臣は，政府案は，表現の自由など基本的人権の尊重，民主的統制のあり方，地方自治体との関係，国民の生命・財産の安全の確保，国民の損害への補償，米軍の活動との調整などの観点から，検討すべき課題が山積しているとの談話を発表している（伊藤英成民主党ネクスト・キャビネット外務・安全保障大臣「有事関連3法案の閣議決定をうけて（談話）」2002年4月16日）。
227) 民主党は，2002年3月28日に緊急事態法制についての党の基本方針を策定しており，同方針では，緊急事態法制の扱う対象として，外部からの武力攻撃や，外部から武力攻撃を受ける恐れが高い場合の他に，天災・人災を問わず大規模な被害が生じ又は生じるおそれのある災害の場合，大規模テロ等通常の警察力では対応が困難な治安上の重大事態の場合，を加え，緊急事態におけるルールがあらかじめ明確になっていなければ，超法規的措置によって民主主義そのものが危機にさらされ，また，国民の人権が侵害される事態に陥るおそれがあるとの認識から，緊急事態法制の整備が必要であるとしている。そして，緊急事態法制の整備に当たっては，①国及び地方公共団体は，緊急事態における国民・住民の生命・身体，財産を守るため，最善を尽くす責務を負う，②緊急事態においてもあってはならない基本的人権の侵害を防止する，③緊急事態においても民主的統制を確保することを明確にすべきことを主張していた（民主党「緊急事態法制に対する民主党の基本方針」2002年3月28日）。
228) 『朝日新聞』2002年5月9日。

こうした民主党の対応が消極的な方向に向かう中で，政府・与党側の不祥事が発覚し，野党の追及の矛先が向けられることになる。5月9日の委員会審議では，防衛庁が会計検査院の検査報告書を改ざんした問題で，民主党は中谷防衛庁長官の辞任を要求する[229]。また，秋山昌廣元防衛事務次官の台湾の情報機関からの資金提供問題なども絡み，5月16日まで，委員会審議が中断することとなった。一方，再開された16日の審議では，民主党の要求に応じて，政府側から，武力攻撃事態の定義，指定公共機関の範囲について統一見解が提示された。しかし，この政府統一見解でも，その定義はあいまいなままであり，個別法整備の内容についても検討課題とするものが多かった。民主党は，16日，臨時拡大役員会を開き，両院議員政策懇談会で意見集約することを決め，与党側の出方次第ではすべての国会審議に応じないとする一方，修正協議に応じることも選択肢の一つとして残しておくことを確認した[230]。

　こうした民主党の出方をにらみながら，政府与党は，小泉首相と山崎幹事長が17日に会談し，有事関連法案や郵政関連法案などの会期内成立を目指すことで一致した[231]。この段階で，自民党執行部は，有事関連法案の公聴会の

---

229) 『朝日新聞』2002年5月10日。
230) 同日の役員会では，有事法制推進派の議員も含めて，政府案の武力攻撃事態の定義があいまいである点，最低限守られるべき基本的人権があいまいである点，米軍と国内法との関係が不明確な点などについて批判が続出した（『毎日新聞』2002年5月17日，『朝日新聞』2002年5月17日）。こうした意見を踏まえて，5月21日の特別委員会の審議では，民主党の前原誠司委員による国民の権利制限についての質疑に対して，政府側が「今後の個別の法制で整備する」として，具体的な答弁をしなかったため，前原委員は，①憲法に定められた国民の権利，自由の中でどれが制限されうるのか，②どの権利，自由がどのような状況においても制限されないのか，③どのような制限が加えられうるのか，④制限についての救済（回復措置）があるのかについて，政府の統一見解を出すように求めた（第154回国会衆議院武力攻撃事態への対処に関する特別委員会議録第8号（2002年5月21日））。しかし，政府側から「武力攻撃事態における憲法で保障している国民の自由と権利について」の政府見解が提出されたのは，会期末の7月24日であった。しかも，その内容は，今後整備する事態対処法制において個別具体的に対処措置を定めていく際に，国民の自由と権利の制限の具体的内容を定めるとするもので，明確な回答は示されなかった（第154回国会衆議院武力攻撃事態への対処に関する特別委員会議録第18号（2002年7月24日））。
231) 『朝日新聞』2002年5月19日。

日程を設定し，法案採決のための前提を確保しようとの方針をとるようになっていった。重要法案の未成立による山崎幹事長ら執行部の責任問題と内閣改造・党役員人事への波及，自民党内の会期延長不要論，参議院での審議日程などを総合的に判断し，山崎幹事長，大島理森国会対策委員長が主導して，特別委員会の公聴会の日程設定を行うことが決められた[232]。特別委員会理事会における与党側からの公聴会開催の提案に対しては，野党側は時期尚早と反論した。しかし，与党は，5月21日の特別委員会において，与党単独で公聴会の日程を議決した[233]。こうした与党の単独採決に対して，民主党，自由党を含む全野党は，審議拒否で対抗し，5月27日の自民党と民主党による国会対策委員長会談まで，再び，委員会は空転することとなった。

こうした与野党が対決姿勢を強める中で，野党側からは，有事関連法案に対する対案が示されるようになった。まず，自由党は5月24日に，侵略以外のテロや大規模災害も含む非常事態への対処について，その基本理念，非常事態の布告，非常事態対処会議の設置等を定め，さらに，国の防衛並びに国際平和安全維持に関する国際協力についての基本理念や，常設の国連平和協力隊の設置などを内容とする非常事態対処基本法案と安全保障基本法案の対

---

[232] 『朝日新聞』2002年5月22日。衆議院議院運営委員長の鳩山邦夫は，5月21日の自民党役員連絡会において，「本日，武力攻撃事態対処特別委員会において公聴会の日程設定が行われた場合は，法律に基づいて処理しなければならないので，議院運営委員会の理事会および委員会開会の可能性がある」と発言し，公聴会設定は自民党執行部主導のものであったことを示唆している。また，こうした日程設定に対して，山崎幹事長は，野党が審議拒否することはありえないとの見通しを示していた（「山崎幹事長定例記者会見」2002年5月21日）。

[233] 与党は27日，28日の中央公聴会後，締めくくり総括質疑と委員会採決を行い，5月30日の衆院通過を目指していた（『読売新聞』2002年5月22日）。公聴会設定の与党単独採決の理由として，瓦委員長は「30時間を超えて質疑が行われている。公聴会を開いて広く意見を聴きながら審議することが国会としても大事だとなった」と綿貫衆議院議長に対して釈明している（『朝日新聞』2002年5月22日）。これに対して，野党は，安全保障関係の重要法案は，PKO協力法案の衆議院委員会での審議時間89時間，同じく周辺事態法案の93時間に対して，有事関連法案の同時点でのそれは32時間にすぎず，拙速との強い批判を行った（『朝日新聞』2002年5月22日）。なお，公聴会開催の日程は全会一致で決めるのが慣例であり，委員会で全野党が欠席したままの議決は，衆議院では1987年2月に売上税をめぐって自民党が単独で採決した予算委員会以来の事態であった。

案を単独で提出した。また，自由党からの共同提案を断った民主党は，両院議員政策懇談会を5月22日に開催し，有事関連法案についての党内での議論を行った。その場では，審議時間が短く，このまま与党単独審議で採決するなら賛成できないとの意見が相次ぐこととなった[235]。これに対して，岡田政調会長は政府案のずさんさを指摘するとともに，同懇談会でおおむね了承された①「武力攻撃事態」の定義について，②民主的統制（国会の関与）について，③国民の安全と基本的人権の確保について，④地方公共団体，指定公共機関等について，⑤自衛隊法関連，⑥米軍との関係，⑦安全保障会議設置法改正案関連などの8項目の論点に重点を置いて委員会で議論をしていくという方針を示した[236]。

こうした中で，民主党内での意見集約の責任者である岡田政調会長は，個人の議員の資格として，5月24日に，質問主意書を内閣に提出した。それは，政府与党に対して，民主党の考え方をメッセージとして示すものでもあった。同主意書には，武力攻撃事態への対応を国会決議で終わらせる規定の創設や，政府方針全体を国会の原則事前承認にすること，国民の権利が侵害された際の司法手続の法整備の方針明示，指定公共機関の法案への明記などが盛り込まれていた[237]。

このように，野党側の対応は，反対の共産党，社民党と，独自の対案を提出した自由党，党内に賛否両論を抱えるものの，政府与党の対応次第では，与党との協議も検討するという民主党の三極に分かれた。野党を結び付けている当面の課題は，与党による公聴会日程の単独採決撤回という問題だけであった。

与党内でも，公明党や保守党には与野党出席の上で十分な審議が望ましいとの声があり，自民党内でも，慎重派議員から単独採決への批判が出された[238]。

---

234) 『朝日新聞』2002年5月23日。
235) 『朝日新聞』2002年5月23日。
236) 岡田政調会長は，「今後党として最終的な意思決定をすることになる時には，党がなぜその意思決定をしたか国民にわかるように，現在の論点をさらに明確に提示していきたい」として，党内の方針取りまとめに意欲を示した（『民主党ニュース・トピックス』2002年5月22日）。
237) 『朝日新聞』2002年5月30日。

小泉首相は，5月23日，山崎幹事長と会談し，国民的なコンセンサスを得る必要がある法案なので，できるだけ超党派で議論し，決着をつけるべきだとして，野党の出席を求めて審議を進めるよう求めた[239]。こうした与党の方針の柔軟化を受けて，自民党の大島理森，民主党の熊谷弘両国会対策委員長による会談が5月27日に行われ，公聴会の開催を延期し，自由党の対案も正式議題とするなど，十分な審議時間をとる方針を伝え，国会が正常化することが決まった。自民党執行部の誤算の背景には，5月15日の与党三党首会談での合意に基づき，6月19日の会期末までに重要法案の成立を目指すとする時間的な制約要因があった。小泉首相自らが，「野党も有事法制の必要性は認めており，各党の意見を聞いてよく議論を深めるように」との指示を行うことで[240]，自民党は執行部主導の強行路線から，特別委員会の理事を中心とした現場レベルで，民主党を対象とする修正協議に軸足を移すこととなった。

　こうした与野党間の協議の足がかりをつかむ矢先に発生したハプニングが，防衛庁が情報公開請求者の個人情報をリストにしていた問題の発覚であった。以後，野党は，リストを作成した海上自衛官の参考人質疑，リスト問題を調査するための第三者機関の設置や，リスト問題の情報隠しに加担したとされる山崎幹事長の参考人招致を要求し，防衛庁の責任を追及していった。さらに，追い討ちをかけるように，福田官房長官による非核三原則の見直しの可能性に言及した発言が問題化し，野党はこれらの問題の集中審議や，福田官房長官と中谷防衛庁長官の罷免要求など，波状的にその要求を繰り出した。その結果，6月以降のほぼ1か月を両問題の処理に費やすこととなり，その間，特別委員会での実質的な法案審議を進めることは不可能となった[241]。

　一方，小泉首相の修正協議の指示を受けて，自民党内では，修正項目についての検討も開始されるようになっていた。検討作業に参加したのは，自民党の特別委員会理事や国防関係議員ら，「現場レベル」の議員であり，公明，

---

238)　『朝日新聞』2002年5月24日。
239)　『朝日新聞』2002年5月24日。
240)　『朝日新聞』2002年5月27日。首相の指示の背景には，国会の空転が長引けば，首相が重要視する郵政関連法案などの他の重要法案に悪影響を与えるとの判断も働いたと考えられる（『朝日新聞』2002年5月29日）。
241)　『朝日新聞』2002年7月1日。

第3節　有事関連法案の国会審議・決定過程

保守両党との調整を得た上で，民主党議員（特別委員会理事ら）との非公式の折衝で，意見をすり合わせることを目的としていた。そのため，民主党の国会質疑での論点に対応して，武力攻撃事態から武力攻撃が予測される事態を切り離し，武力攻撃予測事態を設ける案や，2年以内を目標として整備する国民保護法制や米軍支援法制などについて中間報告を義務づけ，主務大臣を置いて責任を明確化する，防衛出動時に加えて政府の対処基本方針全般にも国会の原則事前承認を適用する，テロや不審船などの緊急事態への対処については期限を設けて法整備を義務づける，国民の権利制限に対する補償や賠償を請求できるように法整備の方向性を明示するなどが修正項目として検討課題に挙げられた[242]。しかし，こうした自民党の民主党への働きかけの検討にもかかわらず，与野党間の水面下の折衝は，上記の問題への対応で，完全に頓挫することとなった。

　こうした状況の中で，民主党は6月11日に拡大役員会を開き，与党との修正協議を拒否し，審議時間が不十分で内容に問題が多いとの理由で，有事関連法案の廃案を要求することを正式に決定した[243]。

　政府に対する批判は，野党だけでなく，地方自治体や指定公共機関，業務従事命令の対象となる医療や輸送関係の労組からも提起されることとなる。6月12日には，政府は，首相，関係閣僚の出席の下で，有事関連法案に関する都道府県知事との意見交換を行ったものの，知事側からは，国民保護法制の整備や，知事の権限の明確化，米軍支援法制の内容の明確化，組織的不法入国者や不審船問題への対応などを求める意見が相次ぎ，地方自治体との調整を後回しにしたツケに直面することとなった[244]。

---

242)　『朝日新聞』2002年5月31日。
243)　民主党内で反対論を展開したのは菅直人幹事長らであった（『朝日新聞』2002年6月8日，2002年6月11日夕刊）。
244)　『朝日新聞』2002年6月13日，『毎日新聞』2002年6月13日。5月28日の全国知事会の会合において，知事側から知事の役割が不明確であることや，原発集中地域への対処方針が不明であること，国民の意見を聞いてほしいなどの，有事関連法案に対する不満や不安が噴出し，知事会から政府に対して自治体の役割の明確化などを求める要望書の提出を決めたことを受けて，政府が急遽説明会を開催することとなった（『毎日新聞』2002年5月28日，2002年6月12日）。

こうした状況に，自民党執行部は，重要法案の成立のためには，会期を大幅に延長して打開を図るとの判断を示すようになった[245]。しかし，参議院側は，青木幹雄参議院幹事長が郵政関連法案，健康保険法改正案は優先処理するが，有事関連法案は与党単独で衆議院を通過させても，野党の反発を招き，参議院審議には責任を持てないとの考えを，小泉首相，山崎幹事長，福田官房長官が出席した政府自民党幹部間の協議で示した[246]。会期延長に関しては，衆議院の議決が優先するものの，第二院での審議を残しているため，参議院側の意向が反映されることが多い。会期延長については，山崎幹事長と青木参議院幹事長の党内調整に一任することを自民党役員会で決定し，最終的には与党党首会談を開いて与党三党の合意を取り付けることとした[247]。その結果，会期は参議院自民党の意向を受けて7月31日までの延長にとどまった。また，防衛庁のリスト問題については，6月20日の与野党幹事長・書記局長会談で与党側が遺憾の意を表明し，集中審議を行うことで，ようやく国会の正常化が実現することとなった[248]。有事関連法案は，7月3日に法案審議を再開したものの，採決の出口は見えず，与党内には，次期国会につなぐため，与野党協議機関を設置する案も浮上した[249]。しかし，民主党は，7月4日に拡大役員会を開き，与野党協議機関の設置を拒否することを決め，原案を廃案にした上で，出し直すことを求めた[250]。こうした民主党の姿勢を受けて，民主党との修正協議を念頭に水面下での交渉を働きかけていた久間筆頭理事は，

---

245) 6月10日の政府与党連絡会議では，山崎幹事長より，「5月の党首会談において重要法案の処理を会期内に行うということになっていたが，会期末が近づき状況を十分見ながら必要な審議時間を確保する必要があるので，延長する場合の会期幅について，衆参の幹事長，国対委員長で今週中に調整を行っていきたい」との報告を行い，自民党執行部は，会期延長の検討を具体的に表明するようになった（「山崎幹事長定例記者会見（政府与党連絡会議後）」2002年6月10日）。

246) 『朝日新聞』2002年6月13日。この青木参議院幹事長との会談で，小泉首相は，有事関連法案を継続審議にした上で，次の国会で修正協議に取り組むとの方針を選択肢とすることとなった（『朝日新聞』2002年6月13日）。

247) 「山崎幹事長定例記者会見（役員会後）」2002年6月10日，「山崎幹事長定例記者会見」2002年6月11日。

248) 『朝日新聞』2002年6月20日。

249) 『朝日新聞』2002年6月30日。

250) 『毎日新聞』2002年7月4日，『朝日新聞』2002年7月7日。

民主党からの対案提出があった場合には，政府案に固執せず，修正協議を行うことや，国民保護法制などの法整備のプログラム規定だけを残して，後の条文を凍結するなどの手法も選択肢としてありうるとの考えを示した[251]。政府が重要法案と位置づけた郵政関連法案が7月9日に衆議院を通過し，有事関連法案の審議が積み残されたままとなったが，同法案の審議は，失速したまま，委員会が開会されない状態が続いた。こうして有事関連法案の成立断念が既定事実になったものの，どのような形で次国会に引き継ぐかについて執行部と委員会レベルの考え方は統一されていなかった。7月15日，自民党の大島国会対策委員長と久間筆頭理事，米田理事の協議では，特別委員会での採決は野党の反発を招くため困難として，特別委員会で採決しないまま，継続扱いとすることを確認した[252]。しかし，翌16日の与党三党幹事長会談では，山崎幹事長が委員会採決を主張し，冬柴幹事長が同調することで，特別委員会での採決を目指すことが確認された。しかし，直後の特別委員会の与党理事による懇談会では，逆に，採決の見送りを確認するという，与党内の混乱が生じた[253]。

　こうした与党内の混乱に対して，民主党は，有事関連法案の問題点を指摘し，政府側に法案の出し直しを求めることを表明した。民主党は，その中で，防衛庁や外務省の組織的な問題点と政府与党の不十分な審議姿勢を批判するとともに，法案の問題点として，①武力攻撃事態の定義及び認定の規定が不十分であること，②国会承認，民主的統制のあり方が不適切であること，③表現の自由など基本的人権の確保に関する規定が曖昧であること，④避難・警報，医療・救助など，国民の安全確保と被害の最小化への措置が先送りされていること，⑤国民への情報提供についての規定が欠如していること，⑥国民の損害への不服申立て，補償・賠償などの救済手続についての規定が不十分であること，⑦地方公共団体や指定公共機関の役割・権限・内容等が不明確であること，⑧米軍との関係についての基本方針が不明確であること，⑨「自衛隊法88条に基づく武力行使」と「本法案における自衛隊の活動」と

---

251)　『朝日新聞』2002年7月7日。
252)　『朝日新聞』2002年7月16日。
253)　『朝日新聞』2002年7月17日。

の関係が不明確であること，⑩迅速かつ適切な対処を図れる仕組みか疑問であることを指摘し，政府側の対応を求めた[254]。こうした民主党の見解の表明は，国会閉会後の政府与党に対する修正要求的な位置づけを持つものであった。

会期末を控えた7月29日，与党三党の党首会談が開かれ，有事関連法案について，政府与党で閉会中に国民保護法制の作業を進め，その内容を示すことなど国民の理解を得る努力を行うことを確認し，臨時国会を召集して成立させることで合意することとなった[255]。

このように，有事関連法案が第154回同国会で成立できなかった要因には，直接的には情報公開請求者リスト問題や，福田官房長官の非核三原則見直し発言によって，法案所管省庁である防衛庁が，厳しい批判を浴び，組織としての当事者能力を一時的に喪失してしまったことが挙げられる[256]。小泉内閣にとって後半国会での重要法案の中では，有事関連法案が一番先行していた。しかし，公聴会日程の白紙撤回以降，政府与党は国会運営の主導権を野党に奪われ，最後まで回復することはできなかった。結果的に，時限性があり，小泉内閣にとって優先度の高い，健康保険法改正案と郵政関連法案を処理するだけで限界となった。与党内でも，強行もやむなしとする三党幹事長に対して，国対や特別委員会の現場レベルでは，与党単独による強行採決を避け，民主党との修正交渉を働きかけるべきとする意見が強く，必ずしも一枚岩ではなかった。唯一，有事法制の推進を強く求めた自民党内の国防族議員も，山崎幹事長の強硬路線やリスト問題への介入が裏目に出て，法案の推進力を失ってしまった。こうした政治過程の混乱が法案成立の障害の要因になったといえよう。

もっとも，こうした有事関連法案が野党をはじめ世論からの支持を獲得できなかった最大の要因は，法案自体の内容の問題点によるものであった。武

---

254) 民主党「有事関連3法案をめぐる問題点〜政府に出し直しを求める理由」2002年7月18日。
255) 『毎日新聞』2002年7月30日。
256) 防衛庁は，情報公開の責任者であった柳澤協二官房長を更迭し，機能回復に向けて適切な対応をするために，組織のコントロールタワーである大臣官房の強化を図ることとなった（『読売新聞』2002年6月24日夕刊）。

力攻撃事態の定義のあいまいさや，国民保護法制の未整備，国民の権利の制限や協力の具体的内容が個別法に委ねられるなど，内容が未確定なまま，枠組みだけを先行させる政府案に対して，有事法制に基本的に賛成の立場の自由党や民主党も反対せざるを得なかったのである。世論の中には，冷戦時代に策定された有事法制を，冷戦後の現在，あえて整備することについての必要性や緊急性についての疑問も根強くあった。それに対して，政府は「今まで有事法制がなかったことの方が問題である」，「平時においてこそ有事に備えるべきだ」との立場を取ったが，国民にとって，最も緊急性と必要性の高い大規模テロ対策や，国民を保護するための法整備を後回ししたことから，逆に，その説得力を失うこととなった。

そのため，審議を経るにしたがって，与党内でも，武力攻撃に対する対策より，大規模テロ対策や国民保護を先行すべきとの声が強くなっていった。世論調査でも，有事法制の整備についての必要性については半数近くが必要としているものの，同国会での成立の是非については，成立させるべきでないとの意見が多数になった[257]。法案の内容に対する世論の理解が得られなかったことは，国会における基盤の弱い小泉首相には致命的となった。国会召集前には，高い内閣支持率を維持していた小泉内閣は，1月の田中外務大臣の更迭や，鈴木宗男衆院議員の問題によって急激な支持率の低下に直面することとなった。そのため，高い内閣支持率を背景に有事法制を成立させるという当初のシナリオは実現性を失ってしまった。

野党や自治体首長などから，国民の権利や自由の制限への懸念や，国民保護法制を先行すべきとの要求が，国会審議中，大きな高まりとなる中で，自民党議員の足元の地方議会でも反対・慎重審議を求める決議の採択が相次いだ。また，社民党，共産党を反対勢力の中核として，陸・海・空・港湾労組，医療，建設・土木従事者，日弁連，市民運動などの，組織系列を超えた有事法制反対運動が結集し，輸送協力や業務従事命令への反対が，デモ行進や署

---

257) 共同通信社が2002年5月1，2日に行った全国世論調査では，有事法制の整備が必要だとの回答が49.8%（必要ではない38.3%）であったのに対し，有事関連法案を今国会で成立させるべきだとの回答は39.1%にすぎず，今国会で成立させるべきでないとの回答47.2%を下回った（共同通信社全国電話世論調査2002年5月1・2日実施）。

名活動などの示威行動を通じて表明された[258]。こうした反対勢力の拡大に直面して，有事法制を必要とする立場の民主党が，社民党・共産党との野党共闘の中にとどまらざるを得なかったことが，自民党にとっての国会対策の失敗の要因となったともいえよう。

このように法案通過に対する様々な抵抗がある中で，政府与党は，障害物を乗り越えるための必要条件（法案内容の説得性）と，十分条件（野党対策）を満たすことはできなかった。与党は会期終了に当たり，三党党首会談を開き，有事関連法案の臨時国会での成立の方針で合意し，決着は，次国会以降に持ち越されることになった。

2．政府・与党による合意調達過程―第 155 回国会（2002 年）―
1）政府与党側の態勢立て直し

通常国会での継続審議を受け，小泉首相は，与野党間の修正協議を促進し，臨時国会で法案を成立させることを目指した[259]。そのためには，通常国会で明らかになった法案の不備を補完し，法案推進のための政府・国会の責任者を一新する必要があった。

法案作成には，従来の内閣官房チームの機能強化と各省庁間の連携強化を官邸主導で図り，政府の担当者である中谷防衛庁長官を改造人事で更迭し，石破茂元防衛庁副長官を後任に据えた。国会の特別委員会の委員長についても，瓦力に代えて，元民主党の鳩山邦夫を充てることとした。

内閣官房チームの再編強化は，古川官房副長官を中心として検討され，大森官房副長官補の下に有事法制担当審議官のポストを新設し，増田好平防衛庁官房審議官が，ほぼ専従の形で取りまとめのための作業チームのトップの役割を務めることとなった。内閣官房チームも，防衛，外務，総務からのスタッフを十数人増やして，約 30 人の体制に強化されることとなった。この増員されたスタッフには，陸海空各幕僚監部，統合幕僚会議の制服組も加わり，内閣官房の立案作業に制服組が関与する中で，事態対処法制の作成が行

---

258) 自由法曹団編『有事法制とアメリカの戦争―続『有事法制のすべて』』新日本出版社，2003 年，34～35 頁。
259) 『朝日新聞』2002 年 8 月 1 日，同 2002 年 8 月 27 日，『毎日新聞』2002 年 8 月 27 日。

われることとなった。政府は，2002年8月1日に全省庁参加の局長級による連絡会議を開き，全省庁参加態勢を確認し，個別分野ごとに，各省庁の課長級による作業チームを設置した[260]。この分野別の作業チームは，①国民保護（民間防衛），②自衛隊の行動の円滑化，③米軍の行動の円滑化，④捕虜の取り扱い，⑤武力紛争時における非人道的行為の処罰，⑥テロ対策，⑦不審船対策から構成された[261]。テロ・武装不審船対策については，政府部内では現行法の運用で対応できるとの見方が強かった。しかし，新たな脅威への対処方針が示されていないとの与野党からの批判を受け，小泉首相の指示により，内閣官房で検討されていた5分野に加えて，テロ対策と不審船対策の作業チームが設置されることとなった[262]。

一方，防衛庁では，リスト問題の処分を受けて，内局の幹部人事で，官房長，運用局長のポストを他省庁からの出向者に取られるなど，態勢の立て直しを迫られた。中谷防衛庁長官は，内局各局長，陸海空各幕僚長，統合幕僚会議議長をメンバーとする「国家緊急事態対処検討委員会」を8月に設置し，内閣官房に設置された7分野の項目について，防衛庁全体で検討作業を推進する態勢を敷いた[263]。しかし，中谷長官自身は，防衛庁のリスト問題処理の不手際の責任をとる形で，9月30日の内閣改造人事で更迭されることとなった。後任の石破茂は，自民党内でも有数の防衛政策通で知られていた。石破は武力攻撃事態特別委員会の委員として，通常国会修了後，関係の深い民主党の前原誠司議員らと法案修正を念頭に水面下で折衝を続けていた。そうした交渉をもとに，与党内での修正案の準備を久間政調会長代理らに進言するなど，与野党交渉のキーパーソンの役割を果たしていた[264]。石破の防衛庁長官への起用は，前任者においてギクシャクした防衛庁と野党との関係を，修

---

260) 『朝日新聞』2002年7月30日。
261) 西沢・松尾・大内・前掲書164～165頁。
262) 『朝日新聞』2002年8月2日。
263) 西沢・松尾・大内・前掲書165頁。
264) 石破は自民党内でテロ・不審船対策を進めるべきだと強く主張した経緯があり，同様の考え方を主張していた小泉首相と共通していた。民主党との折衝を受けて，武力攻撃事態の定義を二段階に見直すことを提案するなど，与党内での有事法制の論議を主導する立場にあった（『朝日新聞』2002年10月1日）。

復する意味合いもあった[265]。

こうした態勢の立て直しを受けて，政府与党は，野党との修正協議に応じてでも法案を成立させることを固め，臨時国会では，修正案を与党の議員提案として提出し，国民保護法制については，その要綱を提示する方向で事態打開を図ることを目指した。

通常国会で，野党側から攻撃された法案の最大の欠陥は，武力攻撃事態の定義のあいまいさにあった。武力攻撃事態法案では，武力攻撃事態を，①武力攻撃が発生した事態，②武力攻撃のおそれのある場合，③事態が緊迫し，武力攻撃が予測されるに至った事態の三段階に分けて定義していた。民主党など野党は，武力攻撃事態が，武力攻撃が予測されるに至った事態を含めて包括的に定義していることから，事態の緊迫度に応じた対処措置の違いが法律案上わかりにくいという批判や，「おそれ」と「予測」の違いがわかりにくく，判断基準もあいまいであるとして，定義の明確化を強く求めていた。

内閣官房では，武力攻撃事態と武力攻撃予測事態の二段階に再定義した上で，別々に対処手続を規定することが検討されていた[266]。安倍官房副長官は，おそれと予測の違いが分かりにくいので整理してほしいとの小泉首相の意向を，特別委員会の自民党幹部に伝え[267]，政府与党内では，武力攻撃事態の定義から「おそれのある場合」を削除するなどの方法が検討されることとなった。しかし，防衛庁内には，自衛隊法第76条の防衛出動命令の要件に，外国からの武力攻撃がない段階でも，武力攻撃のおそれのある場合も含まれており，「おそれ」を削除すると，武力攻撃が実際に起こるまで出動できない可能性が出てくることを問題点として指摘する向きもあった[268]。与党内では，公明党の冬柴幹事長のように，「武力攻撃は武力攻撃とそのおそれを含んだ概念に

---

265) 石破は防衛庁長官就任直後のインタビューにおいて，武力攻撃事態の定義を武力攻撃事態と武力攻撃予測事態の二段階に修正することに受け入れ可能との考え方を示し，テロ・工作船対策については自衛隊法改正で法整備が相当進んだとして，運用面で警察や海上保安庁と詰めていきたいとの方針を示した（『毎日新聞』2002年10月1日）。
266) 安倍晋三官房副長官より衆議院武力攻撃事態特別委員会の瓦委員長と自民党理事に政府側の検討状況が説明された（『朝日新聞』2002年9月13日夕刊）。
267) 『朝日新聞』2002年9月17日。
268) 『朝日新聞』2002年9月17日。

第 3 節　有事関連法案の国会審議・決定過程　　237

してはどうか」として，二段階に見直す修正に前向きの立場を示す意見も出された[269]。

　一方，国民保護法制については，10 月 7 日，内閣官房によって，基本的構成の概要がまとめられた。政府は，災害対策基本法を下敷きに法案作りを進め，首相の指示権を有事の際の警報発令や避難など個別の対処措置ごとに具体的に明記することを方針とした。災害対策基本法では，自治体に責務や権限があるのに対して，国民保護法制は国が前面に出て，首相の指示権には法的拘束力が伴い，従わない場合には，代執行などの措置も検討された。政府は，10 月 8 日の全国都道府県知事会議で検討状況を説明し，臨時国会で法制の輪郭を示すこととした[270]。

　10 月 18 日に臨時国会が召集され，政府与党は，与党側から修正案を提示し，民主党への修正交渉を呼びかけることを決めた。10 月 23 日，政府与党は，安倍官房副長官らと与党三党の幹事長・政調会長，特別委員会の委員長に就任した鳩山邦夫，特別委員会の与党理事らが会談し，有事関連法案についての与党側の議員修正案に合意した。

　同会談では，武力攻撃事態を自衛隊法第 76 条の防衛出動と同第 77 条の防衛出動待機命令に対応する形で武力攻撃事態と予測事態の二段階に定義し直した上で，判断基準があいまいで，違いがわかりにくいとの批判を受けていた「おそれ」の表現を削除することとした。これに伴い，自衛隊法第 76 条の防衛出動規定に盛り込まれているおそれの表現も修正することとした。その結果，武力攻撃事態の定義を「武力攻撃が発生した事態または武力攻撃が発生する明白な危険が切迫していると認められるに至った事態」とし，武力攻撃予測事態の定義については，「武力攻撃には至っていないが，事態が緊迫し，武力攻撃が予測されるに至った事態」として，事態を二段階に分け，それぞれの事態について，対処の基本理念を明らかにするとともに，対処基本方針に記載すべき重要事項を列記することとした。

　また，テロや不審船などの新たな脅威に対する政府の対応が具体的に明確でないとの与野党からの批判や，小泉首相がテロ・不審船対策を強く盛り込

---

269)　『朝日新聞』2002 年 9 月 13 日。
270)　『朝日新聞』2002 年 10 月 8 日。

むよう指示したことを受け，武力攻撃や武力攻撃予測事態に至らない場合でも，大規模テロや武装不審船に対処できるように武力攻撃事態法案の補則（第24条）を修正することとした。修正案では，武装不審船事案や大規模テロなどの新たな脅威への対処に取り組む旨を明示し，これらの事態に対処するために必要な施策の内容として，情報の集約並びに事態の分析及び評価を行うための態勢の充実，各種の事態に応じた対処方針の策定の準備，警察，海上保安庁等と自衛隊の連携の強化等を速やかに講じることを求めることとした。しかし，その具体化についての手順や内容については，明記されなかった。さらに，国民保護法制については，各省横断的な検討のために，閣僚から構成される「国民保護法制整備本部」を内閣に設置することとした[271]。

　10月29日，与党は，安全保障プロジェクトチームを開き，政府側から，罰則規定，国民の協力，国と地方自治体との役割分担などを規定した国民保護法制の輪郭の説明を受け，了承することとなった。同時に，与党は有事関連法案の修正案を正式に決定し，この修正案と，国民保護法制の輪郭を野党側に提示し，11月以降，会期末に向けて修正協議を働きかけることが決定された。

2）野党・地方自治体等との交渉

　こうして与党内で修正方針を固めた与党執行部は，通常国会で反対勢力を形成していた民主党や地方自治体，民間関係事業者に対する説得工作を開始することとなった。有事法制をめぐる政府与党と各アクターとの関係（図4-1参照）は，社民党や共産党は，有事法制自体に反対しているため，合意形成の可能性はなく，これに対して，民主党は旧社会党勢力が社民党や共産党と近い立場にいながらも，党内の保守勢力は与党と比較的近い位置にあった。民主党や地方自治体は，政府案の軍事的合理性の優先や，国（政府）の裁量権の

271）　同本部の設置は，石破防衛庁長官らのアイデアによって導入されたもので，首相を除く全閣僚で構成されることとなった（礒崎陽輔『武力攻撃事態対処法の読み方』ぎょうせい，2004年，171頁）。なお，同本部は，閣僚でメンバーを構成するとともに，霞ヶ関だけでなく，地方自治体や民間事業者などの現場の意見を反映させるために広く国民の意見を求め，整備を迅速かつ集中的に推進することを目的とした（石破茂防衛庁長官及び福田康夫内閣官房長官の答弁・第155回国会衆議院武力攻撃事態への対処に関する特別委員会議録第2号（2002年11月11日））。

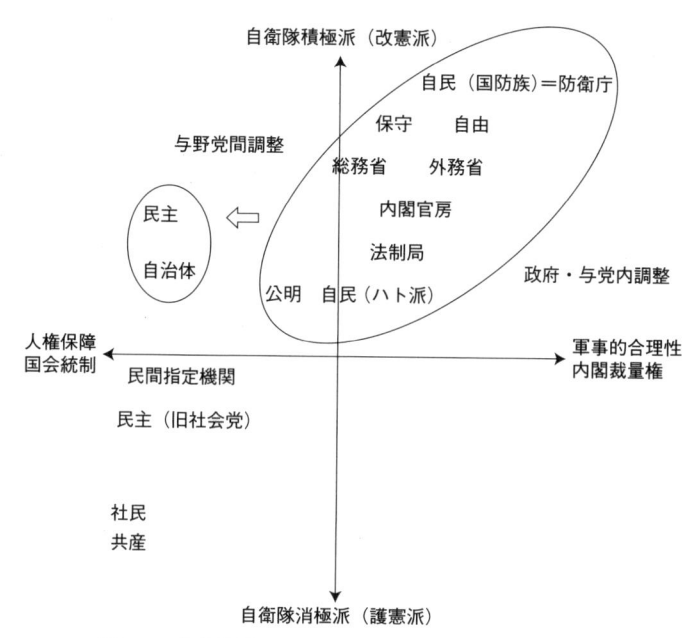

第3節　有事関連法案の国会審議・決定過程　239

```
                    自衛隊積極派（改憲派）
                         ↑
                            自民（国防族）＝防衛庁
                         保守    自由
      与野党間調整        総務省   外務省
                         内閣官房
         民主          ⇐ 法制局
         自治体                              政府・与党内調整
                       公明 自民（ハト派）

人権保障                                              軍事的合理性
国会統制   ←    民間指定機関          →              内閣裁量権

            民主（旧社会党）


         社民
         共産


                         ↓
                    自衛隊消極派（護憲派）
```

図4-1　有事法制をめぐる各アクターの政策選好の位置

拡大などに対して，国民の権利や自由の保障，国と地方の役割分担の明確化，国会の統制機能強化などの立場を主張し，相互に共通するベクトルを持っていた。与党は，こうした民主党と自治体等の支持を得るために，その政策スタンスをより柔軟にシフトしていくことになった。臨時国会では，武力攻撃事態の定義の見直し，テロ・不審船対策の追加，国民保護法制の輪郭の提示といった説得材料を用意し，特別委員会理事レベルで野党との交渉に当たり，自治体への説明は，内閣官房が実施することになった。通常国会では，一枚岩になれなかった政府与党が現場レベルに調整権限を委ねることで，打開策が講じられることとなったのである。

3）与党による国会対策の停滞

こうした与党の中で，民主党との修正合意を一貫して求めていたのは小泉首相自身であった[272]。与党側は，与党安全保障プロジェクトチームで決定した有事関連法案の修正案と，国民保護法制の輪郭を基に，野党に対する働きかけを始めた。交渉の場としては，特別委員会の理事懇談会が用いられた（**表**

表4-2　第155回国会における有事関連法案の審議日程

年月日	法案ステージ	審議形態	法案審議時間	政治的駆引きと調整
2002.10.18	臨時国会召集，法案委員会付託			
同　10.23	衆議院本会議	代表質問		小泉首相，野党との協力表明
同　11.11	衆議院特別委員会	質疑	4時間10分	
同　11.11	衆議院特別委員会（理事懇談会）	協議		政府与党「法案の修正について」「国民保護法制について」を提示⇒野党国対委員長会談で審議を進めないことに合意
同　12.12	衆議院特別委員会	修正案（自公保提出）趣旨説明　閉会中審査議決	8分	

4-2参照)。11月11日，臨時国会の最初の特別委員会で法案審議が行われた後，同特別委の理事懇談会に，与党から，有事関連法案の「法案修正について」と題するペーパーが提示され，また，政府側から「国民の保護のための法制について」のペーパーが野党に提示された[273]。政府与党側には，野党からの批判に答える形で修正案(たたき台)を提示することで，民主党を修正協議の場につかせたいとの狙いがあった[274]。これに対して，民主党は，これまでの疑問に対する答えになっておらず，国民保護法制を法案として同時に出すべきだとして批判した[275]。与党から提示された修正案(たたき台)に対して，野党四党(民主，自由，共産，社民)は，11月12日，国会対策委員長会談を開き，有

---

272) 小泉首相は，2002年10月22日の青木幹雄参議院幹事長の代表質問に対する答弁で，与党だけでなく，国益を中心に野党の意見も参考にすべきは参考にするとして，野党の協力を求める立場を強調した（第155回国会参議院本会議録第2号（2002年10月22日))。
273) 西沢・松尾・大内・前掲書166頁。
274) 『朝日新聞』2002年11月12日。
275) 『毎日新聞』2002年11月11日。民主党の対応には，9月の代表選挙後，党内が分裂し，党を二分しかねない有事法制に踏み込む余裕がなかったという面もあった（『朝日新聞』2002年11月12日)。

事関連法案についての国会審議は進めないとの対応をとることで合意した[276]。野党は，与党側からの修正案を非公式なもので参考資料にすぎないとして，修正協議に応じなかった。その結果，臨時国会では，特別委員会での法案審議は11月11日以降，まったく進まなかった。

　与党は，12月4日，三党の幹事長・国会対策委員長の会談を開き，12月5日の特別委員会理事会に修正案を正式に提出し，野党側が修正協議に応じない場合には，与党単独で修正案を委員会に提出することが決定された[277]。この段階で与党側は有事関連法案の通常国会への継続を事実上決めていた。そうした中で，成立の見込みのない修正案を与党が法案審議中に提出することは，衆議院の委員会運営の慣行上では異例のことであった[278]。

　与党側は，12月10日，修正案を特別委員会に提出し，同日の理事懇談会で，修正案の審議を求めたが，野党側は修正案に強く難色を示した。結局，翌12日の特別委員会で，与党提出の修正案の趣旨説明が行われたものの，次国会での審議再開の糸口をつけるだけの形で臨時国会の審議を終えた。

　特別委員会で閉会中審査が決まった12月13日，与党三党幹事長は，小泉首相に対して，国民保護法制の輪郭を基に法案作成に向けた準備作業を加速し，通常国会の特別委員会再開時までに「骨子」を提出すること，テロ・不審船対策への対処態勢の充実に最優先で取り組むこと等の申し入れを行った[279]。これを受けて，小泉首相は，16日，自民党の山崎幹事長，中川秀直国会対策委員長と会談し，北朝鮮情勢に鑑みて，有事法制の早期成立の必要性があるので，民主党に協議の呼びかけをするように指示し，野党への説得をさらに進めることを確認した[280]。

　一方，12月10日の代表選挙で勝利した民主党の菅直人新代表は，党内では，左派としての位置づけにあるものの，安全保障政策に関しては，現実主

---

276) 西沢・松尾・大内・前掲書166頁。
277) 『朝日新聞』2002年12月4日。
278) 自民党理事は修正案を提出する理由について「今国会は何もやらなかったことになる」との指摘をしている（『朝日新聞』2002年12月6日）。
279) 与党三党幹事長「テロ・不審船対策を含む有事法制の早期成立に関する申し入れ」2002年12月13日。
280) 『朝日新聞』2002年12月17日。

義的なスタンスをとるようになっていた。菅は代表就任後，テロやゲリラ，大規模災害に対応できる緊急事態法制が必要であるとの認識を示し，ネクスト安全保障大臣に前原誠司を任命し，党としての法案作成を検討する考えを示した[281]。民主党の代表交代によるリーダーシップの確立は，小泉首相の民主党との合意形成への意欲と重なり合うことによって，次期通常国会における両者の接点を求めることにつながっていった。

4）政府による自治体・指定公共機関への説明

一方，有事関連法案に対する世論の支持が集まらなかった理由は，有事に際しての住民の避難や救援などの国民保護法制を後回しにした点にあった。第154回通常国会での継続審議を受けて，政府は内閣官房に関係省庁の課長級によるチームを設置し，国民保護法制の検討を進めてきた。こうした作業の結果，取りまとめられた輪郭や骨子を順次，地方自治体や関係民間機関に対して説明し，その意見を吸い上げることによって，調整を図る手法をとった。まず，2002年10月8日には，全国都道府県知事会議において，国民保護法制の基本的な考え方や，法制の基本的な構成について説明を実施した。さらに，政府は，11月に，「国民の保護のための法制について（輪郭）」を策定し，衆議院武力攻撃事態特別委員会理事懇談会に提出することとなった。この輪郭では，地方自治体から批判が出ていた国と地方の関係について，国が基本方針の策定や都道府県知事への避難措置の指示，警報の発令，原子力関連施設の安全確保などの対処を行い，地方自治体の経費についての国費負担や，地方自治体支援など，国の責任を明記した。また，地方自治体の役割についても，都道府県知事と市町村長が，それぞれ，住民の避難や，避難住民の救援などで行う役割分担を明確化することとなった。さらに，指定公共機関や国民の役割についても，項目が列挙されることとなった[282]。

こうした輪郭に対して，野党や地方自治体からは，説明が不十分であり，より詳しい国民保護法制の内容を提出すべきだとする意見が出された。2003年1月17日には，国民の保護のための法制に関する関係閣僚会議がはじめて開催され，1月から2月にかけて，政府は，都道府県代表者，全国市長会，

---

281)『朝日新聞』2002年12月18日。
282)『朝日新聞』2002年11月12日。

全国町村会などの地方自治体関係者や，放送，運輸，電気・ガス，電気通信事業者などの関係する民間事業者に対して個別の説明会を合計24回にわたって実施し，輪郭の内容に対する参加者からの意見を聴取して，法整備へ反映させることとなった[283]。同時に，総務省は，地方自治体に対し，国民保護法制に関する質問・意見を照会し，2003年3月には，地方自治体から出された質問・意見に対する回答集 (78問に及ぶ) を作成して自治体に送付している。また，5月にかけて関係民間事業者からの質問・意見に対する個別の回答を送付するという手続を踏んだ[284]。これらの手続は，立法作成段階において利害関係者に対して情報を公開し，政策形成への参加の機会を提供することによって，その支持調達を図ることを狙いとするものであった。

こうした手続によって，地方自治体，関係民間機関の意見を踏まえて，内閣官房は，「国民の保護のための法制について（骨子）」を取りまとめ，4月18日の衆議院特別委員会に提出することとなった。骨子では，国が，自治体や指定公共機関による国民の保護に関する計画の策定の指針となる「国民の保護に関する基本指針」を策定し，閣議で指定された都道府県と市町村は「国民保護対策本部」を設置するとし，都道府県知事と市町村長のそれぞれの権限と役割，指定公共機関の役割と国民の役割が規定されることとなった[285]。

3．与野党間の合意形成過程—第156回国会 (2003年)—
1) 民主党の変化と対案の作成

政府与党の野党や自治体に対する説得材料の蓄積が進められる中で，第156回通常国会における与野党交渉の鍵を握っていたのは，民主党内におけ

---

283) 説明会では，自治体側より「武力攻撃を受けた場合の事態想定がなければ避難の指示を行えない」，「国や知事の指示の実効性がどの程度担保されるのか」などの意見が出され，政府から，指示には法的拘束力があり，警察官職務執行法を適用して，強制的に指示に従わせることもありえるとの説明があったが，その他の部分については，具体案が示されなかった（『朝日新聞』2003年1月21日）。
284) 内閣官房ホームページ「国民の保護のための法制に関するこれまでの経緯について」
285) 法案要綱として具体案を提示しなかった理由について，政府関係者は，「全体像を示すことが可能」だが，「法案に近いものを出すと，有事関連法案から国民保護法制に審議の焦点が移ってしまう」との理由を明らかにしている（『朝日新聞』2003年4月15日）。国民保護法制の「要旨」が公表されたのは，法案成立後の2003年11月21日であった。

る対案提出の可否であった[286]。民主党は，2002年12月の代表選挙で，菅直人が新代表に選出されると，党内の大幅な人事刷新を行い，幹事長に政調会長の岡田克也を任命し，政調会長（ネクスト官房長官）には枝野幸男を充てた。有事法制の立案と与党との交渉に当たるネクスト安全保障大臣には，武力攻撃事態特別委員会の委員であった前原誠司を充てた。この人事によって，特別委員会の筆頭理事も，伊藤英成から前原に交代することとなった。代表となった菅は，有事法制では，テロ・不審船対策，国民保護などで政府与党に代替案を示すことで政権担当能力を示し，小泉政権に対する追求は経済失政に絞るという現実主義的なスタンスをとっていた。民主党は，菅代表による対案取りまとめの表明を受け，前原ネクスト安全保障大臣を中心に原案の作成作業を進めてきた。2003年4月1日には，民主党案の取りまとめのため，枝野政調会長ら党幹部を含めた調整作業を始めた。これに対して，与党側は民主党案の提出期限を4月14日に設定し，同期限までに提出がない場合は，政府与党案の審議入りをするとの条件を出して，民主党の対案作成作業に揺さぶりをかけた[287]。民主党は，4月8日，次の内閣の閣議を開き，「緊急事態法制プロジェクトチーム」（前原誠司座長）を設置し，関連四部門（外交・安保・内閣・国土交通）との合同会議を開始して，政府案に対する対案の取りまとめに当たることとなった[288]。同チームは，4月14日から連日，論議を行い，同24日の次の内閣の臨時閣議で，緊急事態対処・未然防止基本法案と政府案の武力攻撃事態法案に対する民主党修正案を了承することとなった。民主党案は，政府与党が法案策定時に検討していたものの，省庁間の権限争いから見

---

[286]　衆議院院武力攻撃事態特別委員会は，3月11日に，理事懇談会の初会合を開き，与党側から，予算案が衆院通過した以上，委員会の責任を果たさなければいけないとして，有事関連法案の早期審議入りを求めた。しかし，野党側は態度を保留したため，与党は，三党幹事長・国会対策委員長会談を3月20日に開き，民主党が対案を提出するか見極めたうえで，4月に審議入りすることで一致した（『朝日新聞』2003年3月12日，2003年3月20日）。

[287]　『朝日新聞』2003年4月3日。与党が有事関連法案の審議入りを強く要求したのは，イラク戦争が開戦し，戦後のイラクの復興支援が，急遽公式アジェンダに浮上したため，有事法制が後回しになることに対する懸念が背景にあったと考えられる（『朝日新聞』2003年4月12日）。

[288]　『民主党ニュース・トピックス』2003年4月8日。

送られた基本法の形式を採用するものであった。

　同基本法案では，政府案が想定している外部からの武力攻撃に加えて，テロリストによる大規模攻撃や，大規模災害などの新たな脅威についても対処すべき緊急事態として定義した。そして，緊急事態における国家権力の濫用・暴走を防ぐため，侵してはならない基本的人権として，思想・良心の自由の絶対的な保障，政府を批判する自由等報道・表現の自由の不可侵，権利の制限に伴って生じる特別な犠牲に対する正当な補償，不服申し立てその他の救済手続の必要性等，基本的人権の具体的在り方を明記した（政府案は基本的人権の制限は必要最小限にとどめるとしているだけであった）。国会による民主的党統制については，緊急事態における国の施策に関して原則として国会の事前承認を必要（政府案は防衛出動以外の対処基本計画を事後承認としていた）とした。さらに，危機管理の権限を集中し，国民の保護に関する中枢的機能を担う新たな組織として危機管理庁を内閣に設置することを明記した。

　一方，政府案の武力攻撃事態法案に対する修正案では，与党提出の修正案と同じ内容の武力攻撃事態及び武力攻撃予測事態への定義の変更，国民保護法制整備本部の設置を盛り込み，さらに，民主党の独自案として，政府の恣意的な認定を防ぐために，武力攻撃事態及び武力攻撃予測事態と認定した判断の根拠を対処基本方針の中で明記することとし，武力攻撃事態に関して適時適切に国民への情報提供を行うことを義務づけるとした。また，基本的人権として確保すべき事項を明記し，国会の議決により対処措置を中止させることができることとした。さらに，指定公共機関の定義から「民間放送事業者」を除外するなどの項目が盛り込まれた[289]。一方，民主党案では国民保護法制の作成は間に合わず，国民保護法制が整備されるまで，武力攻撃事態法の施行を凍結することを修正案に盛り込んだ[290]。

　こうした民主党案の取りまとめの過程では，旧社会党系議員から，「武力攻撃事態の認定対象を日本の領海・領域に限定すべき」という意見や，基本法方式でなく，自衛隊法改正など個別法改正で対応できるとの主張がなされ，

---

289) 民主党「緊急事態への対処及びその未然防止に関する基本法案」，「武力攻撃事態対処法案に対する修正案」いずれも 2003 年 4 月 30 日。
290) 『毎日新聞』2003 年 4 月 25 日。

また，旧民社党系議員からは，国民の権利を強調しすぎ，責務の記述が足りないとの指摘もあった。こうした意見の違いがあったものの，結局，民主党は，前原座長の提示した原案にほぼ沿った形で意見集約を行った[291]。民主党案は，4月30日，国会に提出され，政府与党は，小泉首相と山崎幹事長が会談し，衆議院特別委員会の審議入りと並行して自民党・民主党間の修正協議を5月の連休明けから開始することで合意することとなった[292]。

2）与党と民主党の修正協議

民主党からの対案の提出を受け，第156回通常国会における与党と民主党による修正協議がようやく開始されることとなった（**表4-3**参照）。

民主党の対案の提出を受け，2003年5月6日の特別委員会では，自由党案と民主党案の趣旨説明が行われた。これを受けて，同日，自民党の久間特別委員会筆頭理事から，民主党の前原同筆頭理事に対して修正協議の申し入れが行われた。与党側は，民主党が提出した基本法案については，受け入れを拒否したものの，修正案については，一部内容を取り入れる姿勢を示した[293]。その理由として，与党は，民主党提出の緊急事態対処・未然防止基本法案に対して，①憲法で保障された国民の権利と自由を法律で更に制度化することは，かえって憲法上の権限等をせまく解することにならないのか，②緊急事態の概念に自然災害をもとり入れることは，現在の災害対策基本法や原子力災害対策特別措置法との上下関係に連なり，現在機能している諸法との整合性や無用の混乱を招くことになり，十分な検討が必要と思われる，③緊急事態に限らず行政各部が実施した措置については，国会は絶えず当該措置の相当性に係る事後的検証が法律がなくても行われるべきものである，④危機管理庁を常設機関として設置すると現在の警察，消防，原子力委員会，自衛隊，災害における地方自治体の諸活動との合理的な区分けが必要になり特に各地方支分部局まで置くことにすると行政改革，地方分権の流れに逆行することになるおそれがあり，慎重に検討する必要がある，等の観点から基本法制定には，なお検討すべき問題が多く，会期がせまっている今国会において，成

---

291) 『朝日新聞』2003年4月19日，『毎日新聞』2003年4月23日。
292) 『朝日新聞』2003年4月25日。
293) 『民主党ニュース・トピックス』2003年5月7日。

表 4-3　第 156 回国会における有事関連法案の審議日程

年月日	法案ステージ	審議形態	法案審議時間	政治的駆引きと調整
2003.1.20	通常国会召集，法案委員会付託			
同 4.9	衆議院特別委員会	修正案（自公保守新提出）趣旨説明	7分	
同 4.18	衆議院特別委員会	質疑	1時間56分	政府「国民保護法制について（骨子）」を提出
同 4.24	衆議院特別委員会	質疑	3時間10分	4.30 民主党対案提出
同 5.6	衆議院特別委員会	自由党対案，民主党対案の趣旨説明	16分	5.6 第一回久間・前原修正協議
同 5.8	衆議院特別委員会	質疑	2時間55分	5.8 第二回久間・前原修正協議
同 5.9	衆議院特別委員会	質疑	3時間1分	5.9 第三回久間・前原修正協議 5.11 第四回久間・前原修正協議
同 5.12	衆議院特別委員会	質疑	3時間9分	5.12 与党三党幹事長会談 5.12 民主党拡大役員会
同 5.13	衆議院特別委員会	質疑	2時間40分	5.13 民主党全議員政策懇談会 5.13 第五回久間・前原修正協議 5.13 与党三党民主党幹事長会談 5.13 小泉首相・菅代表党首会談
同 5.14	衆議院特別委員会	修正案（自民・民主・公明・保守新提出）趣旨説明，質疑，討論，採決	2時間30分	修正議決（賛成―自民・民主・公明・自由・保守新・無所属，反対―共産・社民）附帯決議決定
同 5.15	衆議院本会議	審議議決		修正議決
同 5.19	参議院本会議	趣旨説明聴取		5.19 から 6.5 まで 11 回特別委員会の審議を実施
同 6.5	参議院特別委員会	審議採決		可決（賛成―自民・民主・公明・自由・保守新，反対―共産・社民）附帯決議決定
同 6.6	参議院本会議	審議議決		可決成立

立を図ることは困難であるとした。

　また，武力攻撃事態法案に対する民主党修正案に関しては，武力攻撃事態の定義及び認定について，民主党が認定の根拠となった具体的事実を対処基本方針に書き込むよう求めているのに対して，与党は，「判断の根拠」まで示すこととすると，主観的な要素が強く，機微にわたる点まで示すことにもなりかねないとして，判断の前提となった事実だけを示すことで十分ではないかとし，基本的人権の保障についても，民主党修正案に対して，すでに，憲法の保障する国民の自由と権利の尊重について規定しており，重ねて規定する必要性に乏しいとした。さらに，指定公共機関の定義について，民主党修正案が指定公共機関の定義から民間放送事業者を除外することを求めていたのに対し，与党側は，NHK が放送できなくなった時などを考えると，民放を指定公共機関に指定できる仕組みは必要とした。一方，民主党修正案が，武力攻撃事態法の施行期日を国民保護法制の整備を待って施行するとしたのに対して，与党側は，国民保護法制と密接な関係を有する条項については，国民保護法制の整備を待って施行することについて検討の余地があると答え，民主党案との接点に近づける考えを示した。また，この協議の場で，久間は，国民への情報提供を政府に義務づけることと，国会の議決で武力攻撃の対処措置を終了させる手続については修正可能との考えを示した[294)]（表4-4照参）。

　民主党は，この与党見解への対応について，5月7日，全議員政策懇談会を開き，与党との修正交渉の窓口役となっている前原ネクスト安全保障大臣を中心に修正協議を進め，節目，節目に全議員による政策懇談会を開いて意見集約を図っていくことを確認した[295)]。

　与党と民主党との修正協議の成否は，与党が当初受け入れを拒否した民主党の基本法を修正案と一緒に，どの程度受け入れることができるのか[296)]，また，

---

294) 『毎日新聞』2003年5月7日。

295) 『民主党ニュース・トピックス』2003年5月7日。

296) 前原は，基本法が党内の議論をまとめる際の根幹部分であることから，基本法が否定されれば交渉の余地は少ないとしていた（『朝日新聞』2003年5月8日，『毎日新聞』2003年5月7日）。自民党が基本法を拒否したことを受けて，民主党は基本法案の内容を武力攻撃事態法案の修正点に盛り込むことを次善の策として求めることとなった（『毎日新聞』2003年5月8日）。

表 4-4　与党と民主党との修正協議の論点と最終合意

争点	与野党	修正協議における与野党の論点	最終合意
緊急事態基本法	民主党	テロや災害を含む緊急事態における国の責務や、対処のための指針・理念を規定し、基本的人権の保障、民主的統制の原則を明記した緊急事態対処未然防止基本法を提出	緊急事態基本法制について四党間で真摯に検討しその結果に基づき速やかに必要な措置をとることを四党の覚書において合意
	与党	将来の課題とすることを両党間で確認するなどの方法で妥協が図れないか	
基本的人権の保障	民主党	人権保障についての差別的取扱いの禁止、思想・良心の自由の絶対的な保障、報道・表現の自由の不可侵、国民の協力は強制にわたってはならない、権利制限に対しては正当な補償、不服申し立てその他の救済手続の必要性を確保すべき旨を明示	日本国憲法14条, 18条, 19条, 21条その他の基本的人権に関する規定は最大限に尊重されなければならない（武力攻撃事態法案を修正）。民主党の修正要求については、国民保護法制で措置する
	与党	憲法にすでに明記されているものを改めて規定する必要性に乏しい	
危機管理庁の設置	民主党	緊急事態における国民保護に関する中枢機能を担う危機管理庁を内閣に設置し、危機管理の専門家を確保する	事態対処法附則に「政府は国及び国民の安全に重大な影響を及ぼす緊急事態へのより迅速かつ的確な対処に資する組織の在り方について検討を行うものとする」規定を明記
	与党	行政改革、地方分権の流れに逆行することになり慎重に検討する必要がある	
武力攻撃事態の認定	民主党	武力攻撃事態（武力攻撃予測事態）の認定の根拠となった具体的事実を対処基本方針に書き込むよう修正し、政府の恣意的な運用を避ける	武力攻撃事態及び武力攻撃予測事態の「認定の前提となった事実」を文言に追加修正する
	与党	判断の根拠まで示すこととすると主観的な要素が強く、機微にわたる点まで示すことにもなりかねない。判断の前提となった事実だけを示すことで十分ではないか	
国会の承認	民主党	緊急事態基本法で原則として国会の事前承認を規定。武力攻撃事態での対処措置を実施する必要がなくなったと国会が判断した場合は国会の議決により対処措置を終了できることを規定する	国会の議決により対処措置を終了させる手続を追加（武力攻撃事態法案を修正）
	与党	対処措置の終了手続を法案に盛り込むことは検討できる	

表 4-4 つづき

争点	与野党	修正協議における与野党の論点	最終合意
国民への情報提供	民主党	政府が適時適切に国民に情報提供を行う旨を義務付ける規定を盛り込む	政府による適時適切な国民への情報提供にかかる規定を基本理念に追加する（武力攻撃事態法案を修正）
指定公共機関の定義	民主党	緊急事態基本法で表現・報道の自由の不可侵を定める。武力攻撃事態法案の指定公共機関の定義から「民間放送事業者」を除外する	指定公共機関の指定に当たって「報道・表現の自由を侵さない」を附帯決議で明記
	与党	NHKが放送できなくなった時などを考えると，民放を指定公共機関に指定できる仕組みは必要。報道の自由を制限することは全く考えていない	
事態対処法制（国民保護法制）の整備	民主党	緊急事態基本法で，国・地方公共団体が行う国民保護のための措置について列挙。事態対処法制（国民保護法制を含む）について「2年以内に整備」とのプログラム規定を削除する	「事態対処法制は2年以内を目標として整備」の規定を削除し，事態対処法制の整備を「速やかに」行う旨を規定する。「国民保護法制の整備は法施行から1年以内を目標に実施すべき」旨を附帯決議に盛り込む
施行期日	民主党	武力攻撃事態法の施行期日を事態対処法制（国民保護法制を含む）の整備を待って施行する	武力攻撃事態法第14条，第15条及び第16条の施行は別に法律で定める日から施行することを附則に規定（国民保護法制の整備まで，首相の総合調整権，指示権，代執行権等を凍結）
	与党	国民保護法制と密接な関係を有する条項について，国民保護法制の整備を待って施行することについて検討の余地がある	

（資料）民主党の要求については，民主党「緊急事態への対処及びその未然の防止に関する基本法案」2003年4月30日，民主党「武力攻撃事態対処法案に対する修正案」2003年4月30日を，与党の見解については，「武力攻撃事態における我が国の平和と独立並びに国及び国民の安全の確保に関する法律案に対する修正案にかかる問題点・緊急事態への対処及びその未然の防止に関する基本法案に係る問題点について」2003年5月6日及び新聞縮刷版，最終合意については，民主党「有事関連法案の修正に関する民主党と与党三党との合意文書」2003年5月13日等を利用して作成。

　与党の対応に対して，民主党内の保守派と旧社会党系議員の間で意見集約ができるかであり[297]，民主党が党内手続を重視したのは，そうした党内の勢力バランスへの配慮でもあった。

　党からの交渉権限の委任を受けた前原は，続く，5月8日の第2回目の修正協議で，久間に対して，自民党が示した民主案の問題点に対する10項目

297)『朝日新聞』2003年5月1日。

の反論文書を提示した。この反論では，①差別的取扱いの禁止，思想及び良心の自由の絶対的保障，報道の自由，政府を批判する自由の不可侵など基本的人権の保障に関する6項目の法案への明記，②武力攻撃事態とは別のテロ，不審船，大災害に一元的に対処するための緊急事態基本法の整備，③武力攻撃事態への対処措置の終結にかかわる国会関与を明記，④国民保護法制が整備されるまで武力攻撃事態法案の施行期日を先送り，⑤危機管理庁の設置，⑥指定公共機関から民放を除外するなどの内容からなり，党内を説得するためにはこれらが何らかの形で担保されなければならないとして，民主党案の重点項目を要求した[298]。同会談で，久間は，政府による武力攻撃事態への対処措置を国会の議決で終結できるようにすることについて，「あえて反対するほどのことではない」とし，基本的人権の入念な保障規定についても，「書き振りを内閣法制局に相談したい」と柔軟な姿勢を示した。また施行期日についても，内閣総理大臣の総合調整権や指示権，代執行権などを定めた第14条，第15条について，国民保護法制の整備まで部分的に凍結する構えもみせた。

　現場レベルでの実務者協議を受けて，与党三党は幹事長・政調会長・国対委員長会談を開き，久間筆頭理事（政調会長代理）から，修正協議の状況や民主党の要求内容の報告を受けた。同会談において，公明党の冬柴幹事長は，「基本的人権を保障する文言としては政府案で過不足なく十分であり，民主党の要求は屋上屋を架すもの」として反対し，自民，保守両党の幹事長もこれに同調することとなった[299]。公明党の反対とは別の理由で，防衛庁内では，制服組を中心に人権保障の規定が個別法に盛り込まれることで「自発的に協力しない理由に使われかねない」との懸念もあった[300]。また，危機管理庁の設置に

---

298) 『朝日新聞』2003年5月8日夕刊，同2003年5月9日。
299) 『朝日新聞』2003年5月9日。冬柴は，法案成立後のインタビューにおいて，民主党案では，武力攻撃事態時に内外人の差別をしてはならないという重大な問題が発生し，また，信教の自由が欠落していることから，信教の自由が侵害されかねないなど，法体系上の整合性が整理されておらず，不適格であることが反対の理由であったとの説明を行っている（「有事関連法案修正合意と公明党の対応冬柴鉄三幹事長に聞く」『公明党デイリーニュース』2003年5月15日）。
300) 『読売新聞』2003年5月9日。

ついても，保守新党の二階幹事長が，行革に逆行するとの理由で反対を明言した。こうした与党や防衛庁の反対によって，民主党が強く要求する重点項目のうち，基本的人権の保障の明記と危機管理庁の設置，基本法の制定については，民主党との合意が困難になった。

　第三回目となる5月9日の久間・前原の実務者協議では，こうした与党内の意向を受けて，民主党が主張する基本法の制定や，危機管理庁の設置について，与党と民主党の間で，合意文書を取り交わすなどの方法で実現を担保する方向で調整することになった。また，法案の施行期日について，久間は，第14条，第15条について部分的に凍結することを提案し，前原は武力攻撃事態への対処の手続を定めた第2章全体を凍結することを求め，調整がつかなかった[301]。

　同日の修正協議を受けて，与党は，前日のメンバーと同じ幹事長・国会対策委員長会談を開き，公明党は，前日の会議で反対した基本的人権の法案への明文化について，附帯決議で対応する提案には前向きに検討するとして，柔軟な姿勢を示すようになった[302]。

　その結果，与党と民主党の修正協議の焦点は，基本的人権の保障規定を法案に盛り込むか否か，法案の施行期日の凍結の範囲，基本法の制定・危機管理庁の設置などに絞り込まれていった。

　5月11日に，第四回目の実務者協議が開かれた。与党側は，実務者レベルでの修正協議はそこまでとし，未調整の部分については，13日に幹事長レベルの協議に上げる方針としていた。11日の協議では，久間から，①緊急事態基本法は，今後政党間で真摯に検討し，速やかに結論を得る，②危機管理庁は「緊急事態へのより迅速，的確な対応をするべき組織について検討する」との附帯決議を行う，③武力攻撃事態への対処措置を国会の議決で終了できるように法案を修正する，④国民への情報開示の重要性を基本理念に追加する，⑤指定公共機関に関連して，「報道の自由を侵すことがあってはならない」との附帯決議を行う，⑥国民保護法制の整備は，法案の「2年以内」を削除して，「速やかに」とした上で，附帯決議に「1年以内の整備」を盛り込むとの

---

301) 『朝日新聞』2003年5月10日。
302) 『朝日新聞』2003年5月10日。

修正原案を示した。ただし，民主党との間で争点となっていた国民保護法制が整備されるまで武力攻撃事態法の施行を凍結する問題については，与党側は第15条の凍結のみを提示し，基本的人権の保障規定についても，法案修正は困難との考えを伝えた。これに対して，前原は，基本法や危機管理庁は「検討では不十分」として，さらに強い確約を求め，国民保護法制が整備されるまでの施行凍結について，第2章全体の凍結を求め，基本的人権の保障規定についても，法案修正を求めていくとの考えを示した[303]。両者の相違点は，基本法の制定確約，武力攻撃事態法案の施行凍結範囲の拡大，基本的人権の保障規定の法案修正に絞られた[304]。

　与党側は，5月12日，与党三党幹事長・政調会長・国対委員長会談を開き，久間筆頭理事から報告を受け，久間が野党側に提示した8項目の修正提案を与党見解として了承した[305]。民主党側の意見集約を待って対応を決めることとし，以後の自民党の修正協議については，山崎幹事長に一任することとなった[306]。一方，民主党は，自民党の修正案について，党に持ち帰り，12日の党拡大役員会，13日の全議員政策懇談会を開き，与党との修正協議を基本的に岡田幹事長に一任することとなった[307]。同政策懇談会で岡田幹事長は，①緊急事態対処基本法の制定，②危機管理庁の設置，③基本的人権の保障の明文化，

---

303) 『朝日新聞』2003年5月12日，『毎日新聞』2003年5月12日。民主党が修正要求で与党側に対して強い態度をとったのは，同党内で横路副代表ら旧社会党系議員グループが民主党案を最低ラインとして全部通さないとだめだとの強硬論をとっていたことが背景にあった（『読売新聞』2003年5月10日，同2003年5月13日）。

304) 民主党の提案する法律全体の施行凍結や，緊急事態全般に対処する基本法策定について公明党が反対していた理由について，公明党の冬柴幹事長は，前者については万一その間に武力攻撃が発生した場合に，国会の関与などシビリアン・コントロールが効かないまま，超法規的な自衛隊の行動につながりかねないという点を，後者については，民主党が盛り込むように主張したテロや不審船，ゲリラ対策などは，本来警察が治安行為として第一義的に対処する問題であり，今回の立法とは法体系が違い，また，これらに対応するための個別法がすでに整備されている点，民主党が主張するような包括的な基本法を作るとなれば，大議論になってしまい，今回の議論とは別に，将来の議論にしてほしいと譲歩を求めたことを指摘している（『公明党デイリーニュース』2003年5月15日）。

305) 『毎日新聞』2003年5月13日。

306) 「山崎幹事長定例記者会見（役員会後）」2003年5月12日。

④国民保護法制が整備されるまでの法施行の凍結を交渉で重視する考えを表明した[308]。

　民主党内に強硬な意見があることを受けて，13日に，久間・前原による協議が再度行われ，久間は，①基本的人権の保障について，「憲法14条，18条，19条，21条その他の基本的人権に関する規定は最大限尊重されなければならない」旨の規定を法案に追加することを初めて提示し，さらに，②緊急事態対処基本法の制定について，前向きな合意文書を交わす，③危機管理庁の設置についての検討を法案の附則に盛り込む，④国民保護法制が整備されるまでの法施行を凍結する条文の範囲を広げるなどの譲歩案を示した。久間はその上で，民主党との幹事長会談では，さらにもう一歩踏み込む必要があるとの考えを表明した[309]。これまで，基本的人権保障の法案修正に難色を示していた与党側が最終的な詰めの段階で譲歩したのは，公明党の柔軟化が背景にあった[310]。また，基本法制定や，施行凍結の範囲拡大についてもより民主党の要求に近づける案が示された。

　久間・前原による調整を受けて，民主党は幹部会を開き，基本法の扱いや基本的人権の修正内容についてさらに詰めることを決め，与党においても，

---

307)　『民主党ニュース・トピックス』2003年5月13日。民主党はまず全議員政策懇談会を開いて反対派らの意見表明の場を設け，次の内閣で対応を決めることへの了承を求めるという二段構えの方法で，党内手続きに慎重を期した(『読売新聞』2003年5月13日)。

308)　『朝日新聞』2003年5月13日夕刊。有事法制に慎重な旧社会党系議員からは人権保障規定の法案修正，緊急事態基本法の制定確約など民主党の要求を与党がのまなければ席をけるべきだとして，執行部が妥協しないよう求める意見が相次いだ(『毎日新聞』2003年5月13日夕刊)。続いて開かれた次の内閣の臨時会合では，与党との修正協議について菅代表，岡田幹事長，枝野政調会長，前原ネクスト安保大臣に対応を一任することとなった。

309)　『朝日新聞』2003年5月13日夕刊，『読売新聞』2003年5月13日夕刊。

310)　公明党が民主党の主張を一部受け入れた理由として，冬柴幹事長は，安全保障政策で野党第一党の賛成を得ることの重要性を重視したことを挙げている(『公明党デイリーニュース』2003年5月15日)。また，民主党の修正案では，思想・良心の自由の絶対的保障を明記するとして，信教の自由が欠落していたのに対して，公明党は，その他の基本的人権に関する規定は最大限尊重されなければならないとの文言を追加することで，信教の自由についての担保を重ねて取ることとしたとしている(『公明党デイリーニュース』2003年5月15日)。

三党の幹事長会談で久間政調会長代理の提案に沿って，民主党との合意文書や法案の修正内容についての具体的な検討を行った。こうしたそれぞれの党内手続を経て，13日の夕刻，山崎，冬柴，二階の与党三党幹事長と，民主党の岡田幹事長の四党幹事長・国会対策委員長の間で会談が開かれた。その結果，①緊急事態基本法制については，与党三党と民主党間で真摯に検討し，その結果に基づき，速やかに必要な措置を取る，②基本的人権の保障に関する民主党の修正要求事項については国民保護法制で措置する，の2項目について覚書が結ばれた[311]。最終的には，同日の夜，小泉首相と菅代表の党首会談が行われ，与党三党と民主党の間で有事関連法案の修正に関する合意が成立し，合意文書が交わされることとなった[312]。

3）与野党修正合意と法案の成立

こうした修正協議の終盤で，与党側が譲歩した結果，民主党の修正要求が相当程度取り入れられた形で最終合意が成立した（**表4-4**参照）。

修正合意では，「緊急事態における基本法」については，与党と民主党で，「政党間で真摯に検討し，その結果に基づき，速やかに必要な措置をとること」で合意し，危機管理庁については，武力攻撃事態法の附則で，「国及び国民の安全に重大な影響を及ぼす緊急事態へのより迅速かつ的確な対処に資する組織の在り方について検討を行うものとする」ことを規定することとした。そして，基本的人権の保障の明記については，武力攻撃事態法案を修正し，同法第3条4項に「この場合において，日本国憲法第14条，第18条，第19条，第21条その他の基本的人権に関する規定は最大限に尊重されなければならない」を追加し，民主党修正案が掲げる事項（権利制限に対する正当な補償，国民の協力は強制にわたってはならない，不服申し立てその他の救済手続等）については，国民保護法制において措置することを合意した。

次に，武力攻撃事態法案の修正については，武力攻撃事態及び武力攻撃予

---

311) 当初自民党が提示した「速やかに結論を得る」との文言に対して，民主党から，検討では不十分との反論があり，最終的に，「速やかに必要な措置を取る」とより踏み込んだ文言とすることで，民主党も基本法の先送りに応じることとなった（『毎日新聞』2003年5月14日）。

312) 『朝日新聞』2003年5月14日。

測事態の「認定の前提となった事実」を対処基本方針に定める事項に追加し，「認定の前提となった事実」の文言の内容について，政府答弁で明らかにするとした。さらに，国会承認に関しても，国会の議決により対処措置を終了させる手続を追加することとなった。国民への情報提供に関しても，政府による適時適切な国民への情報提供に関する規定を基本理念に追加することとなった。指定公共機関の定義についての修正は行わず，「指定公共機関の指定に当たっては，報道・表現の自由を侵すようなことがあってはならない」ことを附帯決議で明記することとした。

　一方，国民保護法制については，武力攻撃事態法の「事態対処法制は2年以内を目標として整備」の規定を削除し，事態対処法制の整備を「速やかに」行う旨を規定し，「国民保護法制は，法施行から1年以内を目標に実施することを附帯決議に盛り込むこととなった。そして，内閣総理大臣の地方公共団体等への指示権，代執行権等（第14条から第16条まで）については，国民保護法制が整備されるまで施行しないことを，「第14条，第15条及び第16条の規定は，別に法律で定める日から施行する」として附則に規定することとした。

　このように，四党間の合意に至る交渉過程では，修正の内容に加えて，法案修正，附帯決議，覚書といった，どのような法形式を採用するかによって，合意を実現するための担保を明確にすることができるかが，重要な点となった。民主党が強く求めた基本法制の制定や，危機管理庁の設置については，覚書や附則修正の形で決着を先送りしつつ，基本的人権の保障明記については法案修正（ただし，権利制限を受けた場合の補償や救済措置については国民保護法制に先送り）を実現し，国民保護法制についても同法制が整備されるまで武力攻撃事態法の根幹部分の施行を凍結し，国民保護法制の整備期限を1年以内に短縮することを法律に明記することで，政府の迅速な法整備への対応を引き出すことを可能とすることとなった[313]。

---

313) 有事関連法案の成立から1年後，第159回通常国会（2004年）において，国民保護法等有事関連7法が成立し，有事法制のほぼ全体が完成することとなった。なお，四党合意にあった緊急事態基本法の制定や危機管理庁の設置については，与党との協議の決着はついていない。

こうした与野党合意を受けて，衆議院特別委員会では，5月14日，与党提出の修正案と四党合意内容を合同した修正案が，与党三党と民主党の共同提案の形式で提出された[314]。独自案を提出していた自由党も，民主党から賛成するよう要請を受け賛成に転じることとなった[315]。その結果，与党三党と民主党，自由党を加え，衆議院の約9割の議員の賛成を得て，有事関連法案は，衆議院を通過することとなった。参議院審議においても，無修正で法案審議を終了し，2003年6月6日，参議院でも8割超の議員の賛成を得て，政党レベルでの幅広い合意を形成して成立することとなった。

4．有事関連法案の国会審議・決定過程におけるシビリアン・コントロール

　有事関連法案の国会審議は，三会期にわたって展開された。各国会におけるシビリアン・コントロールの統制主体は，法案が提出された154回通常国会では，提案者側の政府を野党が追及することで，野党がその統制主体となった。野党は，趣旨説明要求などの審議引き延ばし策はとらず，法案質疑において，武力攻撃事態の定義のあいまいさや，国民保護法制，テロ・不審船対策の先送り，国会の関与の強化などの争点について，政府案の問題点を追及することで，政府に対して法案内容の再調整の必要性を認識させた。そうし

---

314) 与党三党と民主党の共同修正案に盛り込まれた自民党が先に提出した修正案は以下のとおり。①武力攻撃事態の定義を「武力攻撃が発生した事態または武力攻撃が発生する明白な危険が切迫していると認められるに至った事態」，武力攻撃予測事態の定義を「武力攻撃には至っていないが，事態が緊迫し，武力攻撃が予測されるに至った事態」として，事態を二段階に分け，それぞれの事態について，対処の基本理念を明らかにするとともに，対処基本方針に記載すべき重要事項を列記する，②武装不審船事案や大規模テロなどの新たな脅威への対処に取り組む旨を明示し，これらの事態に対処するために必要な施策の内容として，情報の集約並びに事態の分析及び評価を行うための態勢の充実，各種の事態に応じた対処方針の策定の準備，警察，海上保安庁等と自衛隊の連携の強化等を速やかに講じることを求めること，③国民保護法制の整備のために，閣僚から構成される「国民保護法制整備本部」を内閣に設置すること。
315) 自由党は，「日本国憲法の理念に基づき，安全保障政策の基本原則を確立する」との附帯決議を行うことを前提に賛成に回ることを決めた。賛成に転じた背景には，民主党との合流問題に得策との判断が働いたと考えられる（『朝日新聞』2003年5月14日，2003年5月15日）。しかし，5月14日の特別委員会の附帯決議には，こうした自由党の要求は盛り込まれなかった。

た点で，国会における法案審議での統制の客体は，直接的には政府を対象にして，政府の自衛隊に対する統制内容を変更させることにあった。

　通常国会の終了後，政府与党は，小泉首相の指示により，野党との修正交渉に優先順位を置くこととなった。小泉は，首相としての閣僚任免権を用い，民主党の前原議員らとパイプを持つ石破茂を防衛庁長官に任命した。また，国民保護法制等の事態対処法制の作成のために，内閣官房内に作業チームを設置し，各省庁からのメンバーに加え，制服組も官房のスタッフに加えた。官邸主導による省庁間の協力体制の構築を担ったのは，小泉首相を補佐する立場の古川官房副長官であった。通常の政府提出法案の場合，国会提出後は，主導権は国会に移行し，政府側が法案修正を自ら行うことはほとんどない。しかし，有事関連法案は，法案の国会提出後において，野党等の賛成を得るために政府側が修正の必要性を認識し，自ら修正案の作成や国民保護法制の検討・作成に関与した。そうした点で，155回臨時国会における法案の作成・決定を通じてのシビリアン・コントロールの統制主体は，野党から政府与党側にいったん移行することとなった。そこでは，野党や自治体の指摘や批判を受けて，それらの反対セクターが受容可能なような案への調整が行われた。そうした点で，野党も間接的ながら，シビリアン・コントロールの主体としての役割も果たしたといえる。

　こうして，政府与党と野党との間の政策的相違が縮小する中で，156回通常国会において，法案が成立に至ることとなった。同国会では，民主党から対案が提示され，自民党と民主党の間で修正協議が行われた。民主党案と政府案との対立点は，基本法の制定，危機管理庁の設置，武力攻撃事態の認定の根拠の対処基本方針への書き込み，基本的人権の保障の明記，国会の議決による対処措置の終了，指定公共機関の定義からの民間放送事業者の除外，国民保護法制の整備まで武力攻撃事態法の施行期日を凍結することなどであり，民主党の修正要求を与党側がどこまで認めるかが成立の可否を握っていた。両党間の調整は，ともに特別委員会の理事である自民党の久間政調会長代理と民主党の前原ネクスト安全保障大臣に委任され，両者の協議内容は，それぞれの党の執行部を中心とした与党協議会や民主党幹部会で検討され，その承認を得る形で進められた。最終的には，自民党や公明党が譲歩し，武

力攻撃事態・予測事態の認定の前提となった事実の対処基本方針への明記，国会の議決による対処措置の終了手続の追加，国民への情報提供に関する規定の追加，基本的人権の保障の明記と国民保護法制における人権保障のための措置の合意，国民保護法制の整備期限の1年以内への短縮などが法案修正され，基本法の制定や危機管理庁の設置についても，与党と民主党の四党間で検討することが合意された。

　こうした与党と民主党との修正協議が合意に至った要因は，北朝鮮の脅威をめぐる国際情勢の緊迫化と世論の変化が影響したと考えられる。154回通常国会においては，有事関連法案は，時限性が低いとして成立が見送られたのに対し，翌年の156回通常国会では，同法案を成立させることが，より緊急性，必要性の高いものとして，与党，野党双方に認識されるようになった。その背景には，有事関連法案に対する世論の認識の変化があった[316]。そうした問題状況が変化したときに，小泉首相が，民主党との修正協議や，有事関連法案で後回しにされたテロ・不審船対策などの追加にリーダーシップを発揮することとなった。また，民主党も，菅直人への代表交代を契機に，積極派の前原誠司をネクスト安保大臣に起用し，党内の対案取りまとめに主導権を委任した。こうした人事交代や，トップリーダーのリーダーシップの発揮が，硬直的であった与野党関係を転換させる政治的契機となり，実務者段階での自民党と民主党の合意形成を促進することとなった。そうした点で，156回通常国会での法案決定におけるシビリアン・コントロールの高次元での主体は，小泉首相や民主党の菅直人代表らトップリーダーであり，実質的な調整を通じての統制主体は，執行部からの委任を受けた久間政調会長代理と民主党の前原ネクスト安全保障大臣（ともに特別委員会の筆頭理事）の実務担

---

316) 北朝鮮が2002年12月の核施設再稼動の宣言から，2003年1月の核拡散防止条約（NPT）からの脱退宣言，さらには，4月の米朝中会議で，既に核兵器を保有しているとの発言を行うなど，北朝鮮による核・ミサイル開発や，武装不審船などの現実的脅威の増大によって，国民の不安感が高まり，有事に対する備えをしておくべきとの世論を醸成することとなった。そうした世論の変化は，世論調査においても国民の過半数が有事法制に対して賛成に回る結果として現れることとなった（共同通信社が2003年5月17, 18日に行った全国世論調査では，有事関連法案への賛成が53.5％と過半数を超え，反対は31.1％にとどまった（共同通信社全国電話世論調査2003年5月17・18日実施）。

当者が担うこととなった。こうした政府・与党と野党との共同作業による国会の場での政策決定は，与党と民主党が連携して，シビリアン・コントロールの統制主体となったことを意味している。国会の持つ主要機能には，行政統制と統合の二つの機能がある。有事関連法案の決定過程においては，政府与党と野党の間の法案を巡る意見の相違を国会での討論を通じて，より合意可能な範囲に調整し，立法府としての意思を法案修正や附帯決議などによって形成する行為を通じて，国会が統合機能を持ったともいえよう。

　こうした国会の審議・決定段階におけるシビリアン・コントロールの統制主体は，法案作成過程における官僚制への委任的統制と異なり，小泉首相や山崎，冬柴両幹事長ら各政党の幹部，久間，前原両議員らの政策実務者といった政治家を主体とする直接的統制によって行使されることとなった。一方，こうした統制主体である政治家に対しては，その客体である制服組の組織的利害が反映された場面も見られた。特に，有事関連法案が国会審議段階であったにもかかわらず，政府側が法案の修正案と国民保護法制等の事態対処法制を同時並行的に作成することとなったため，制服組が内閣官房の事態対処法制検討のチームに参加したり，防衛庁内の検討委員会に参加したりするなど，政策形成への関与を通じて内閣官房や防衛庁長官に対する制服組の影響力が増すこととなった。また，民主党が修正案で要求した基本的人権を盛り込んだ法案の修正や，武力攻撃事態の定義からの「おそれ」の削除については，軍事的合理性を損なうとの観点から，制服組を中心に防衛庁からの反対が強かった。154回通常国会において，有事関連法案の審議の遅滞に対して，自民党内の国防関係議員を代弁して，山崎幹事長がしばしば強行路線を唱えたのも，こうした政治家と制服組との組織的利害の同一化の表れであった。しかし，そうした党内の強硬路線を抑制し，制服組からの主張に対して，民主党との協力路線を一貫して主張したのは小泉首相であった。こうした小泉首相の方針のもと，155回臨時国会以降，山崎幹事長や石破防衛庁長官は制服組の組織的利害よりも，民主党などとの合意形成に優先順位を置くような行動をとることとなった。その結果，統制主体である政治家と制服組との関係は，小泉首相や福田官房長官，安倍官房副長官らを中心にシビリアン主導容認型の要素が強くなることとなった。他方で，民主党との修正合意に対

して，連立与党内でブレーキ役となってきたのは，抑制的統制の立場をとる公明党であった。法案作成段階からテロや不審船対策などの必要性を主張してきた小泉首相は，野党からの国会審議における批判を受けて，テロ・不審船対策を武力攻撃事態法案の中に盛り込むことを指示することとなった。これに対して，公明党は，法案作成段階からテロや不審船などに武力攻撃事態の対象が拡大することによる国民の権利や自由への制約に反対してきた。さらに，民主党と与党との修正協議に際しても，民主党が主張するテロ・不審船対策の盛り込みや，基本的人権の法案修正による明記に一貫して反対を主張していた。しかし，こうした公明党の反対も，同党の懸念を払拭する修正規定の書きぶりを採用し，抑制的観点からの統制が担保されることで，柔軟な対応に収束することとなった。

　一方，野党の民主党も，有事法制自体には基本的に賛成の立場であり，与党との修正協議の担当となった前原誠司ネクスト安全保障大臣は，これまで自衛隊の活用について積極的な立場をとってきた政治家である。防衛庁・制服組と国会議員との日常的な接触（それは議員レクや勉強会などによって日常化している）は，自民党の国防関係議員だけに限定されず，民主党内の安全保障政策を専門領域とする議員においても，そうした互酬関係は存在している。党内に自衛隊に消極的な議員グループを抱え，政府に対する批判的な立場をとることが優先される野党としての立場から，安全保障関係の議員であっても，自衛隊の運用に関して，政府与党と政策面で対立することは多く見られる。しかし，党派的な対立を越えた制服組の組織的利害については，自民党国防族と同様にその代弁役となる場合が少なくない。野党の中にも，安全保障政策に関して利害を共通する議員を持っていることが，防衛庁・制服組が推進する有事関連法案が成立に作用する要因となったともいえよう。

　こうした小泉首相や与野党の政党幹部，実務者からなる政治家を主体とする統制の相互作用の結果，有事関連法案は，当初の政府案に対して，基本的人権の明記や，国会の関与の強化，国民保護法制の整備推進など，法案修正を通じて，国民の生命・安全やその自由や権利がより担保される内容に改変されることとなった。そうした点で，有事関連法案の国会審議・決定過程におけるシビリアン・コントロールは，法案作成過程に比べて，より抑制的観

点からの統制の要素を増すものとして作用したと考えられよう。緊急事態に対処するための有事法制は，本質的に，国家権力の発動たる自衛隊の行動に対して，それをいかに法律上明文化された枠組みや，国会の承認議決権のもとで統制するかという，行政府と立法府の権限関係を主要な争点の一つとするものであった。そうした点で，自衛隊の海外派遣法制が，自衛隊の活動領域と内容を拡大させる能動的立法の要素が強かったのに対し，有事関連法案は，能動的立法と同時に抑制的統制の要素をもつものであった。有事関連法案の立案作成段階においてイニシアティブをとったのは政府与党であった。しかし，それに対して法案の審議・決定過程や，国会の承認議決過程で，行政統制を行使するのは国会，特に野党である。民主党は，そうした点で反対のための反対よりも，政権交代の可能性を視野に入れた現実的な立場から，国家の緊急事態への対応を目的とする有事法制の整備に協力することで，自衛隊の運用を事前に統制するシビリアン・コントロールに積極的に関与することとなったといえよう。

第5章　イラク復興支援特措法の立法過程

はじめに

　本章は，イラク復興支援特措法（以下，イラク特措法と表記する）の立法過程を対象に，同法案の政府・与党内における法案作成過程と国会における政府与党・野党間の審議・決定過程の時系列的な記述分析を行い，争点ごとの政策決定に至る参加アクター間の主導性または影響力を分析する。そして，同法案の立法過程における統制主体であるシビリアンと統制の客体である制服組との影響力関係から，イラク特措法の形成・決定過程におけるシビリアン・コントロールの内容を分析することとする。

第1節　イラク特措法案の作成過程

1．特措法制定に向けての議題設定
1）内閣官房による水面下の作業と政治的判断

　2002年11月8日，国連安全保障理事会は，イラクに対して大量破壊兵器の査察の全面的受け入れを求める米英両国提案による国連決議1411号を全会一致で採択した。同決議は，安保理決議687号で定められた大量破壊兵器の廃棄等の義務にイラクが違反していることを認定し，同時に最後の機会としての査察の受け入れと大量破壊兵器の破壊をイラクに要求するものであった。決議1411号には武力行使を容認する文言は含まれていないものの[1]，同決議の採択は，米英の武力行使の正当性を強めるものとなった。アメリカ国内では，ドナルド・ラムズフェルド国防長官を中心に米国の単独であっても

---

1) 小沢隆一「イラク特措法の問題点」『法律時報』75巻10号，2003年9月，80頁。

イラクへの攻撃も辞さないとする強硬派に対して，コリン・パウエル国務長官らは，国際社会の合意を取り付けることに腐心していた。小泉首相は，こうした国際社会との協調路線を支持し，ブッシュ大統領にも9月の日米首脳会談で，イラクへの先制攻撃の自制を促していた。しかし，決議1411号の採択後も，イラク側の出方は不透明であり，日本政府内でも，首相周辺では米国による武力攻撃が単独でも行なわれる可能性が高いとの見方がなされていた[2]。こうした状況下で，日本では，2002年11月中旬の段階で，古川内閣官房副長官の指示により，大森官房副長官補や増田好平内閣審議官ら内閣官房の少人数のスタッフによって密かに新法の検討が始められることとなった。テロ対策特措法案が，同時多発テロを契機に，首相のイニシアティブと外務省の積極性のもとで進められたのに対し，イラク特措法（当初はイラク新法と呼ばれていた）では，政治の側からの意思決定が遅れる中で，首相や官房長官らの指示を待たずに，内閣官房の独自の判断で水面下の作業が進められることとなった[3]。

当時の政府内には，予想される米国のイラク攻撃に対して，日本がどう対応するかについて，複数の選択肢があった。防衛庁内では，間接または直接的な方法で，米軍に対する支援を実施する考え方があった。2002年12月，政府は，それまで自民党内の消極派や公明党の反対により見合わせていたイージス艦の派遣を決定した。それは，アフガニスタンでのテロ掃討作戦の後方支援を強化することで，米軍の負担を軽くする間接支援の意味合いがあった[4]。さらに，自衛隊法に基づいて，機雷掃海や，海上警備行動の発令による護衛艦の派遣などが防衛庁内で検討されていた。これらの議論をリードしたのは，石破防衛庁長官であった[5]。さらに，政府与党内には，テロ対策特措法を援用して，イラクにおいて戦闘行動中の米軍への後方支援を行うとの意見もあった[6]。しかし，同時多発テロ攻撃によってもたらされている脅威

---

[2] 丸楠恭一「第2章小泉政権の対応外交」櫻田大造・伊藤剛『比較外交政策—イラク戦争への対応外交』明石書店，2004年，50頁。

[3] 内閣官房チームの検討作業は，外務省や防衛庁にも極秘で開始されたとされる（読売新聞政治部『外交を喧嘩にした男』155頁）。

[4] 『朝日新聞』2002年12月8日。

[5] 同上。

の除去に努めることにより国連憲章の目的の達成に寄与する諸外国の軍隊の活動を支援することを目的とするテロ対策特措法を，イラクに対する軍事行動への協力支援活動として適用することは困難との判断が多勢であった。

　これに対して，内閣官房では，フセイン政権崩壊後の復興支援活動をPKOの枠外で実施することを可能にするための復興支援新法が浮かんでいた。福田内閣官房長官の私的諮問機関として設置された国際平和協力懇談会は，2002年12月に，紛争終了後，国連決議に基づいて派遣される多国籍軍への日本の協力について一般的な法整備の検討を開始することを提言した報告書を提出していた[7]。福田官房長官は，この提言を踏まえて，復興支援新法を制定することも視野に置いていた[8]。

　こうした中で，極秘に検討作業を進めてきた内閣官房イラク新法検討チームは，テロ対策特措法をベースに，復興支援に重点を置いたイラク特措法を制定することを検討し，2002年の年末には，復興人道支援，米軍への後方支援，大量破壊兵器処理の三分野を復興支援新法の骨格とする方針がまとめられることとなった[9]。

　年が明けて，2003年になると，イラク情勢はさらに，緊迫したものとなっていった。イラクは，国連の査察に対して，大量破壊兵器廃棄の立証義務を果たさず，2003年1月27日，国連査察団のハンス・ブリックス委員長は，大量破壊兵器の疑惑が解消されていないとの報告を行った。2月5日，パウエル国務長官は，安保理において自ら新証拠を提示して，イラク側の兵器秘匿を訴え，2月24日，米国はイギリス，スペインと共同で新決議案を提出し，武力行使を事実上容認することを求めた。この新決議案に対して，フランスとドイツが反対し，拒否権を行使する姿勢を示した。新決議の採択が見込めない中，ブッシュ大統領は，サダム・フセイン大統領に最後通告を出した。3月20日，米英は単独で武力行使に踏み切り，イラク戦争を開始した。

---

6)　『朝日新聞』2003年2月12日。
7)　国際平和協力懇談会「国際平和協力懇談会報告書」2002年12月18日。
8)　『朝日新聞』2002年12月6日。
9)　読売新聞政治部『外交を喧嘩にした男』155～156頁，森本敏編『イラク戦争と自衛隊派遣』東洋経済新報社，2004年，263頁。

日本政府はイラク戦争の開戦を受けて,小泉首相自ら,米国の武力行使の開始を理解し,支持するとの表明を行なった。開戦の当日,政府は,安全保障会議,そして,新たに設置したイラク問題対策本部（首相を本部長として全閣僚によって構成された）の会議を開き,イラクにおける大量破壊兵器等の処理,海上における遺棄機雷の処理とともに,復旧・復興支援や人道支援等のための所要の措置を講じることを対処方針として決定した[10]。この対処方針には,軍事行動を展開する米英軍への後方支援のために自衛隊を派遣する措置の項目は見送られ[11],また,米国側からのニーズが高い戦後の治安維持活動とその後方支援についても,対処方針には盛り込まれなかった[12]。

与党内では,開戦前の3月12日に与党イラク・北朝鮮問題協議会が設置され,大量破壊兵器の開発阻止という共通の目的で,イラクと北朝鮮問題を切り離さずに,協議していく体制ができていた[13]。しかし,自民党と公明党との溝は大きく,積極派の山崎自民党幹事長は,治安維持の必要があれば,新法を制定して,自衛隊を出したいとし,そのためには,国連決議が必要との見解を示していた[14]。これに対して,公明党の冬柴幹事長は,自衛隊を運用することは不可能との見解を示していた[15]。こうした与党内の対応が分かれる中で,政府内では,外務省が,早期の戦争終結をにらみ,復興支援に関する国連決議の採択を安全保障理事会の理事国に働きかける動きを本格化させることとなった。小泉首相は,国連の決議の内容に沿って,新法の制定の必要性について検討するとして,明確な意思を示さなかった[16]。そうした中で,福田

---

10) 同対処方針には,アフガニスタン等におけるテロとの闘いを継続する諸外国の軍隊等に対し,テロ対策特措法に基づく支援を継続・強化することも盛り込まれた。
11) この点について,政府内では,外務省が,戦争終結後でなければ自衛隊による後方支援を行うことができないと主張していた（読売新聞政治部『法律はこうして生まれた』261～262頁）。
12) この点については,内閣法制局が,既存の国連決議1472だけでは,治安維持活動まで読み取ることはできず,人道復興支援までしかできないとして,戦後の米英軍が行う治安維持活動への後方支援活動に難色を示していた（読売新聞政治部・同262頁）。
13) 信田『官邸外交』104頁。
14)『朝日新聞』2003年3月26日。
15)『朝日新聞』2003年3月24日。
16)『朝日新聞』2003年4月27日。

第1節　イラク特措法案の作成過程　　267

官房長官から古川官房副長官に対して，復興支援を行なうための新法の検討の指示がなされたのは，開戦から1か月が過ぎた4月下旬であった[17]。

　政府内では，外務省を中心に新法の見通しが定かでない中で，PKO協力法による自衛隊の派遣を先行させる案も検討課題として上がっていた[18]。しかし，人道復興支援に限定した活動であっても，イラク国内で活動するためには，紛争当事者間の停戦合意と，派遣先国の政府から自衛隊を受け入れる旨の同意が必要であった[19]。この段階では，イラクに暫定行政機構ができる見通しもはっきりしていなかった。

　イラク戦争は5月1日にブッシュ大統領によって主要な戦闘行為の終結が宣言され，米英軍による占領統治が開始されることとなった。5月9日，米英とスペインは，対イラク制裁解除決議案を安全保障理事会に共同提案した。同19日には，米英が国連の役割強化などについて一定の譲歩をした再修正決議案を提出した。国連安保理は，5月22日，イラク戦争後の米英軍主導による占領統治を認知し，加盟国及び国際機関にイラクの国民に対する人道上の支援やイラクの復興支援を行い，イラクの安定と安全に貢献することを要請する決議1483号を全会一致で採択した。同決議の採択は，日本政府が，米英両国に積極的に働きかけてきた成果でもあり，決議に盛り込まれたイラク

---

17) 読売新聞政治部『外交を喧嘩にした男』167頁。なお，正式に具体的な検討の指示が福田官房長官よりなされたのは，有事関連法案が衆院を通過した5月20日であった（『朝日新聞』2003年5月21日）。
18) 『朝日新聞』2003年5月8日，同2003年5月24日。
19) この点について，外務省の担当官であった中村仁威は，イラクの政権が消滅して，停戦合意の成立が期待できない状況では，PKO参加のための五原則を満たすことができず，PKO法に基づく自衛隊のイラク派遣は先送りにならざるを得なかったと述べている（中村仁威「海外派遣は自衛隊の顔だ」『Voice』2003年10月号，152～153ページ）。なお，新法制定が必要となった理由について，福田内閣官房長官は，「現行法では，自衛隊がイラクに行って活動することはできず，その都度，法律で，規模，活動範囲等を規定しなければならない」とし（第156回国会衆議院イラク人道復興支援並びに国際テロリズムの防止及び我が国の協力支援活動等に関する特別委員会議録第2号（2003年6月25日）），石破防衛庁長官は，「イラクには国連PKOが展開していないので，本法案で規定する安全確保支援のような活動は行い得ない」（第156回国会衆議院イラク人道復興支援並びに国際テロリズムの防止及び我が国の協力支援活動等に関する特別委員会議録第4号（2003年6月27日））とした。

の安定・安全への貢献や，人道復興支援は，日本がイラクに自衛隊を派遣する際の法的根拠づけとなった[20]。

安保理決議が採択された翌5月23日，訪米中の小泉首相は，ブッシュ大統領との日米首脳会談の場で，イラクの戦後復興に国力にふさわしい貢献をする意向を表明した[21]。しかし，同会談では，小泉首相から自衛隊を派遣するための新法の制定については表明されず，帰国後の与党との党首会談でも，新法制定についての明言はなかった。こうした首相の慎重な態度には，日米首脳会談後に開催される先進国首脳会議（エビアン・サミット）における各国の意向を探る必要や，参議院で審議中の有事関連法案の成立を待つという政治的な判断があった[22]。

6月6日，有事関連法案が成立し，小泉首相は，内閣官房にイラク新法の早急な法案作成を指示することとなった。半年前から水面下で新法の検討を行っていた内閣官房チームは，この段階で，法案の基本方針をほぼ固めていた。その内容は，テロ対策特措法と同様に，派遣の根拠を国連決議に求める方式をとり，安保理決議1483号に基づいて自衛隊を派遣し，自衛隊の活動内容は，人道・復興支援，大量破壊兵器の処理，治安維持活動への後方支援を柱とすること，活動地域は非戦闘地域に限定するというものであった。また，武器使用基準の緩和も見送るという方針をとっていた[23]。6月7日，小泉首相は，福田官房長官とともに，与党三党の幹事長と会談し，首相から新法制定の意向が正式に伝えられるとともに，すでに内閣官房チームによって作成されていた新法の基本方針と適用期限を4年間の時限立法とすることが合意された。また，法案要綱を与党側に9日に示し，閣議決定を13日とすることが決められた。

このように，イラク新法は，首相や官房長官から法案提出の公式の意思表示がぎりぎりまでなされないまま，実質的には，内閣官房チームによる法案

---

20) 朝日新聞「自衛隊50年」取材班・前掲書78～79頁。
21) 『朝日新聞』2003年5月24日夕刊。
22) 『朝日新聞』2003年6月6日夕刊。イラク新法の提出に伴う国会会期の大幅な延長に反対する自民党内の意見に対する政治的な配慮もあったとされている（『朝日新聞』2003年6月4日）。
23) 『朝日新聞』2003年6月6日。

作成と省庁間の調整が水面下で行われるという，異例の扱いとなった。首相が法案の提出を表明した時点で，法案の内容はほぼ固まっており，与党側に変更の余地をほとんど残さないトップダウン方式であった。

2．法案作成段階における争点の調整と選択

以下，この法案の作成過程において，争点別に各アクターの影響力と，立案を通じての自衛隊に対する統制がどのような形で行使されたかを分析していくこととする。

1）イラクへの自衛隊派遣の正当性

日本が米国のイラク攻撃に際して，米国を支持した根拠は，湾岸戦争時の国連安保理決議 678, 687 号及び 2002 年 1 月に採択された決議 1441 号であった。しかし，フセイン政権が早期に崩壊しても，決議の理由となった大量破壊兵器は，イラク国内で発見されず，戦争自体の正当性が国内外で強く問われるようになっていた。内閣官房チームは，イラクへの米英による武力行使の根拠が国連決議にあることを強調するために，法案の目的規定に「国連安保理決議 678, 687 及び 1441 号並びにこれらに関連する安保理決議に基づき国連加盟国によりイラクに対し行われた武力行使並びにこれに引き続く事態」をイラク特別事態と位置づけた。また，自衛隊の派遣についても，日本の復興支援が，国際社会の総意に基づくものであることを示す必要があり，法案の目的に，「イラク特別事態を受け，国家再建のためのイラク国民による自主的な努力を支援・促進しようとする国際社会の取組に関し，我が国が主体的かつ積極的に寄与するため，国連安保理決議 1483 号を踏まえ，人道復興支援活動及び安全確保支援活動を行うこととし，国際社会の平和と安全の確保に資すること」を明記した。法案に国連決議を列挙したことは，イラク戦争から戦後の復興支援までの一連のプロセスが国連の枠組内で行なわれているとの論理に基づくものであった[24]。こうした国際協調路線は，もともと外務省がイラク開戦に至るまでに努力してきた外交姿勢を反映したものであった。しかし，そうした建前とは別に，外務省，防衛庁ともに，イラクへの自衛隊の派遣を盛り込んだ理由には，日米の同盟関係の維持と同時に，北朝鮮の核やミサイルの脅威に対する米国の協力を担保するという要因があったと

考えられる。

2) 自衛隊派遣の必要性

こうした国際協調やイラクの人道復興支援を前面に出して自衛隊派遣を正当化しても，そこでは，日本がなぜ自衛隊の派遣による協力をしなければならないのかという説明責任を政府側が負うことになる。外務省は，自衛隊をイラクに派遣することの意義を「日本とイラクの伝統的な関係，イラクが世界第二の原油埋蔵量を持つ国であること，イラクの復興と民主的な国家になることが中東全体の和平の進展，安定，発展に大きく貢献すること等の観点から，日本として自衛隊を派遣することが国益である[25]」として，日本の国益に見出した。一方，防衛庁は，「自己完結性を備えた自衛隊の能力や，PKO活動等への参加など，これまで積み重ねてきた他国軍隊との協力に関する自衛隊の経験等を活用する必要がある[26]」として，自己完結能力を持った唯一の組織が自衛隊であることをその派遣の必要性としていた。しかし，政府案の検討過程において，米軍側からのニーズが強かった治安維持活動は，武力行使に抵触する可能性があることから見送られ[27]，それに代替するものとして，米英軍などの活動を支援するための安全確保支援活動と大量破壊兵器等処理支援活動，人道復興支援活動の三つの分野が，自衛隊の活動分野とされた。この三分野のうち，外務省と防衛庁内局は，日米同盟を優先する観点から，当初，米軍からのニーズが高い安全確保支援活動を重視していた。法案策定の段階で，現地に派遣された政府や与党の調査団が，自衛隊派遣のニーズを探ったのも，イラクの国民に対する支援よりも，まず，米軍に対する支援が優先されていた[28]。しかし，実際の米軍からの自衛隊に対するニーズは，治安

---

24) 停戦合意が法的に成立し，国連の統治の下の復興協力活動が行なわれるのではなく，いまだ戦闘が完全に終了しない中で，他国軍と国連決議に基づいて協力して活動を行なうという点で，イラク特措法はテロ特措法と共通の性格を持つとされる（正木靖「イラクにおける人道復興支援活動及び安全確保支援活動の実施に関する特別措置法案について」『ジュリスト』第1254号，2003年10月，125頁）。

25) 川口順子外務大臣の答弁（第156回国会衆議院イラク人道復興支援並びに国際テロリズムの防止及び我が国の協力支援活動等に関する特別委員会議録第3号（2003年6月26日））。

26) 石破茂防衛庁長官の答弁（第156回国会衆議院本会議録第42号（2003年6月24日））。

27) 『日本経済新聞』2003年6月4日。

維持活動への参加や輸送ヘリの派遣など，自衛隊にとってより危険性の伴う米軍への後方支援が中心であった[29]。これに対し，陸上幕僚監部（陸幕）は，武器使用の権限が認められない中での地上部隊の派遣には消極的であった[30]。

また，内閣官房は，イラク戦争支持の理由として小泉首相があげたイラクの大量破壊兵器の処理をはずせないものとしていた。これに対しても，陸幕は，化学兵器処理の能力がないとして，この任務に否定的であった。一方で，自衛隊の派遣に対する世論の批判も強かった。そのため，外務・防衛両省庁は，世論からの批判をできるだけ少なくするためにも人道復興支援活動を自衛隊派遣目的の中心にすえるようになっていった。陸幕も，安全確保支援活動において，米軍と一緒に行動することによる危険性を重視し，米軍に対する支援よりも，イラク国民への人道支援を強調する方針をとるようになっていった[31]。政府内においては，米国側から地上部隊を派遣する要請があった段階[32]から，陸上自衛隊の派遣そのものについては避けられないものと認識

---

28) 6月3日に派遣された外務省，防衛庁・自衛隊を中心とする政府調査団の報告により，防衛庁が当初検討していたのは，バグダッド空港における米英軍への給水支援であった（朝日新聞「自衛隊50年」取材班・前掲書79頁）。

29) 読売新聞政治部『外交を喧嘩にした男』169～170頁。

30) 先崎一統幕議長のインタビュー（朝日新聞「自衛隊50年」取材班・前掲書113～114頁）。

31) 読売新聞政治部『外交を喧嘩にした男』170～171頁，朝日新聞「自衛隊50年」取材班・同82～83頁。

32) 日本政府の公式の立場は，米国政府から我が国に対して，自衛隊派遣について具体的な要請があったという事実はなく（川口順子外務大臣の答弁・第156回国会衆議院外務委員会議録第13号（2003年6月13日）），自衛隊の派遣を含むイラク復興支援の実施は，我が国の主体的な判断によるものであり，米国からの要請だけによるものではない（小泉純一郎首相の答弁・第156回国会参議院本会議録第37号（2003年7月7日））とするものである。しかし，政府ベースでの公式の要請はなくとも，6月3日に行われたウォルフォウィッツ米国防副長官と与党三党幹事長との会談では，同副長官から，自衛隊に対して，施設整備や輸送，通信などの後方支援について期待が表明されるなど，与党に対する水面下での働きかけがあったものと考えられる。外務省も，国防省を含む米国政府から米英が考えているイラクにおける情勢の判断やニーズを各国にシェアするための説明が外交ベースで日本に対しても行われたことを認めている（西田恒夫政府参考人（外務省総合外交政策局長）の答弁・第156回国会衆議院イラク人道復興支援並びに国際テロリズムの防止及び我が国の協力支援活動等に関する特別委員会議録第7号（2003年7月2日））。

されていた。そのため，法案には三つの活動分野がメニューとして載せられ，実際にどの活動をどの地域において実施するかは，法成立後の基本計画において決定することで，立法段階では問題の先送りが図られることとなった[33]。

3）非戦闘地域概念の援用と安全性の確保

イラク戦争に対して一応の終結宣言が出されたものの，現地の治安は安定せず，派遣された自衛隊が行う安全確保支援活動や，さらには，人道復興支援活動においても，その安全性が確保されるのかという問題があった。この問題に対しては，内閣官房チームは，すでにテロ対策特措法と同様に，「非戦闘地域」の概念をそのまま準用することとした。法案では，自衛隊による対応措置を，「現に戦闘行為[34]が行われておらず，かつ，そこで実施される活動の期間を通じて戦闘行為が行われることがないと認められる地域」で実施することが基本原則に盛り込まれた。この概念は，国連平和協力法案（1990年廃案）の政府答弁で初めて示され，周辺事態法の制定以来，自衛隊の海外での活動の合憲性を担保するために法文の中で用いられてきたものと同じである。この規定の立法趣旨は，憲法9条との関係から自衛隊が武力の行使や，他国による武力行使との一体化の問題を生じないことを制度的に担保する仕組みとして設けられた法律上の概念であり，実際の活動地域の安全性とは一致するものではなかった。そのため，政府は，イラク特措法では，PKO協力法やテロ対策特措法にはなかった自衛隊の活動への安全配慮義務を課す（イラク特措法第9条）ことで，安全性確保に万全を期すことをより明確にすることとした[35]。そこでは，法律要件である非戦闘地域の中で，さらに安全な地域を選んで派遣する地域を決定する[36]ことで，自衛隊の活動の安全性を担保するという二段構えの備えが取られるようになった。しかし，こうした戦闘地域か

---

33)『朝日新聞』2003年6月8日。
34) 法案には，テロ特措法と同様に定義規定がおかれ，戦闘行為は国際的な武力紛争の一環として行われる人を殺傷し又は物を破壊する行為と定義された。
35) なお，この安全確保配慮義務が，武器使用基準の新たな拡大につながる条項として付加されたとの指摘もある（前田・飯島編著・前掲書221頁）。
36) 福田康夫内閣官房長官の答弁（第156回国会衆議院イラク人道復興支援並びに国際テロリズムの防止及び我が国の協力支援活動等に関する特別委員会議録第3号（2003年6月26日））。

非戦闘地域かの概念は，国際通念とは異なる日本独自の定義に基づくものであり，実際に，占領当局による統治が始まって以降も，イラク全土で米軍等に対する攻撃が頻発し，安全な活動地域を選ぶことは容易ではなかった。そうした中で，陸幕は，調査団の派遣により，安全な地域を選定することに専念し，外務省ではODAなどの資源を使いながら，自衛隊の安全性を高める手段が検討されていた。

4）武器使用基準の緩和

こうした非戦闘地域と安全確保配慮義務という要件を設定したものの，イラクの治安状況が不安定な中，陸幕からは，自衛隊による武器使用を任務遂行中の妨害行為に対しても可能とする武器使用基準の見直しの声が出ていた。石破防衛庁長官も，武器使用基準の緩和をせずに派遣しても，任務が遂行できなければ意味がないとして，見直しを求めた[37]。2002年末には，福田官房長官の私的諮問機関である国際平和協力懇談会から，国際平和協力業務における「警護任務」及び「任務遂行を実力をもって妨げる試みに対する武器使用（いわゆるBタイプ）」を可能とする法整備の提言が出されていた。自民党の国防関係議員からは，この報告書を根拠に，武器使用基準を国際基準に合わせることを，イラク特措法において先行実施するべきとの声も上がっていた。その一方で，自民党内には，野中元幹事長のように現行の武器使用基準のままでは自衛隊を派遣することはできないとの意見もあった[38]。これまで，慎重派だった公明党も，神崎代表が自衛官の安全確保を実際に確保するために，現行の武器使用基準を緩和することを認める発言をするなど，防衛庁，制服組，与党の中から武器使用基準の見直しの声が強くなっていった。しかし，内閣法制局は従来から，「（武器使用基準の緩和によって）武力行使に該当する状況が生じ，場合によっては憲法との関係で問題が生じうる」との立場をとってきた[39]。イラク特措法案においても，内閣法制局は，イラクでは，治安警察活動をやるわけでもなく，自己または他の隊員，自己の管理下にある者の危険がある場合に限定して武器を使用できれば，それ以外の事態は想

---

37)『朝日新聞』2004年5月26日。
38)『朝日新聞』2004年5月28日。
39) 読売新聞政治部『法律はこうして生まれた』195頁。

定する必要はないとして，任務遂行の妨害に対処する武器使用については，否定していた[40]。こうした内閣法制局の対応から，山崎自民党幹事長は，基準緩和に踏み込めば，行政内部での合意調達の困難性から，法案成立が難しくなるとの考えを表明していた[41]。そのため，内閣官房チームは早期の新法成立を優先する与党執行部の意向に配慮し，基準見直しには踏み込まないことを方針とした。こうした与党執行部の対応に対して，自民党の内閣・国防・外交の三部会合同会議は，法案の事前審査に際して，現行の武器使用基準を改正せずに，イラクへ自衛隊を派遣することに強い異論が出され，結局，国際的基準に合致した武器使用権限の規定を含む恒久的な法制の早期整備を付帯決議し，条件付で法案を了承することとなった[42]。

一方，こうした政治的判断による武器使用基準の緩和見送りの方針を受け，防衛庁は，法律改正ではなく，基本計画に定める携行する武器の装備強化によって，代替する方法を検討することとなった[43]。

5）武器・弾薬の陸上輸送

一方，この法案に基づく安全確保支援活動には，テロ対策特措法では除外されていた武器・弾薬の外国領土における陸上輸送が排除されなかった。内閣官房チームが，イラク国内での武器・弾薬・兵員の輸送を含むこととした理由は，「荷物の中の一つ一つを点検して武器・弾薬だけを別にして選び出すことは実際のオペレーションではできないという，円滑な輸送業務の支障」であった[44]。こうした論理は，実際のオペレーションを担当する米軍や制服

---

40)「坂田雅裕内閣法制次長インタビュー」『中央公論』2003年9月号，124～125頁。
41)『朝日新聞』2004年5月29日。
42) 米田健三内閣府副大臣の答弁（第156回国会衆議院イラク人道復興支援並びに国際テロリズムの防止及び我が国の協力支援活動等に関する特別委員会議録第7号（2003年7月2日））。
43)『朝日新聞』2003年6月13日夕刊。なお，携行する武器について，政府は，法的に明示された制限はないとしている（石破茂防衛庁長官の答弁・第156回国会衆議院イラク人道復興支援並びに国際テロリズムの防止及び我が国の協力支援活動等に関する特別委員会議録第3号（2003年6月26日））。
44) 福田康夫内閣官房長官の答弁（第156回国会衆議院イラク人道復興支援並びに国際テロリズムの防止及び我が国の協力支援活動等に関する特別委員会議録第2号（2003年6月25日））。

組の意見を強く反映したものであった。一方，テロ対策特措法にも同様の規定があったものの，国会における法案修正で削除されたこととの違いについて，内閣官房チームは，「テロ特措法が，戦闘を行う諸外国の軍隊への支援を主眼としていることから，議院修正で外国領域における武器弾薬の陸上輸送は行わないとした」のに対し，イラク特措法では，「イラク国内における戦闘が基本的に終了していると考えられること，イラク復興のための国際社会の取り組みに対して寄与することを目的としていることから，あえて業務から除外する必要がない」との考え方をとった[45]。しかし，こうした説明は実際のイラクの治安情勢の悪化に伴い，妥当性を欠いていくことになる。なお，テロ対策特措法案の決定過程では，武器・弾薬の陸上輸送に反対し，衆議院段階で，与党修正にイニシアティブを発揮した公明党は，イラク特措法に関しては，武器・弾薬だけの輸送を行なうことは認めないとの考え方を政府の基本計画策定の際に強く申し入れるとの方針を採ることで，同規定を容認することとなった[46]。

6）国会の関与をどうするか

さらに，イラク特措法に基づく，対応措置の実施計画について，国会の関与をどの程度認めるかという争点があった。法案立案を担当した内閣官房チームは，国会の関与に関しては成立したテロ対策特措法と同じ論理を採用した。すなわち，法案が成立すれば，自衛隊の派遣について承認が得られたものとみなし得ることから，イラク特措法では迅速な派遣を目指す観点から事後承認制を採用するとの立場をとった。また，法的整合性の観点からも，テロ対策特措法とイラク特措法を切り分けて国会の関与に差異を設ける必要性もなかった。また，内閣官房チームは，イラク特措法に基づく自衛隊の活動が人道的な復興支援のために行うことから，防衛活動とは根本的に違う点も挙げ，事後承認制をとった理由とした。一方で，PKO協力法に基づく

---

45) 福田康夫内閣官房長官の答弁（第156回国会衆議院イラク人道復興支援並びに国際テロリズムの防止及び我が国の協力支援活動等に関する特別委員会議録第2号（2003年6月25日））。

46) 『朝日新聞』2003年6月11日，同2003年6月12日，「Q＆Aイラク支援特措法案で冬柴幹事長に聞く」『公明新聞』2003年6月14日。

PKFへの参加や周辺事態法では，いずれも国会の審議過程において，議院修正で事前承認制に修正された経緯があった。しかし，イラク特措法の政府与党による作成過程では，国会の関与を事後承認制とすることに関して，与党側からは公明党も含めて特に反対する意見は出なかった[47]。

3．与党による事前審査

こうした内閣官房チームによる法案作成の手法は，外務省や防衛庁などの関係省庁間の利害調整を内閣官房が一元化して進め，内閣法制局を含めた官僚制組織内部での合意調達を迅速に進めるという点で特徴をもっていた。しかし，その反面で，イラク特措法案は，与党の自民党への説明を欠いたまま手続が進められた。同法案の要綱が与党に正式に提示されたのは2003年6月9日の与党イラク・北朝鮮問題協議会に対してからであり，11月に期限切れとなるテロ対策特措法の延長法案についても併せて提示された。その段階では，既に国会の会期は，残り10日間程度しか残されていなかった。イラク特措法案の事前審査は，自民党の内閣・国防・外交の三部会合同会議によって，3日連続で開催され，武器使用基準の国際標準化，戦闘地域と非戦闘地域の区分け，現地のニーズについての調査，恒久法の制定の必要性などの議論が行なわれた後，同意を取り付けることになった[48]。また，反対派の議員が一角を占める総務会も，国防関係三部会と同時に開催され，その了承を得るのに6月10日から13日までの数日間を要するという異例の事態となった。反対の急先鋒に立った野呂田元防衛庁長官（橋本派）は，イラクの大量破壊兵器問題を理由とする開戦について，イギリスやアメリカ国内で情報操作の疑いがあるとして強い批判が提起されているのに，日本が自衛隊に大量破壊兵器

---

47) 公明党が事後承認を容認した理由の一つとして，事前承認では，国会閉会中の場合，国会を召集して派遣の承認を得なければならず，法案審議と承認のための審議が屋上屋を架す手続になることを指摘している（「Q&Aイラク支援特措法案で冬柴幹事長に聞く」前掲記事）。

48) 『朝日新聞』2003年6月12日夕刊。また，自民党側から疑問が出されていた戦闘地域と非戦闘地域の区分けについて，内閣官房側からは，イラク特措法で非戦闘地域を特定するのではなく，具体的な派遣地域を現地の調査や情勢を踏まえて基本計画作成時に決めるという方針が打ち出された（信田『官邸外交』106～109頁）。

の処理をやらせることは行き過ぎであるとして，当該部分を削除することを強く主張した。また，野中元幹事長は，戦闘地域と非戦闘地域の線をどこで引くのかと自衛隊の派遣そのものに異議を示した[49]。総務会の承認が得られないまま，法案の閣議決定期限が迫る中で，橋本派の久間章生政調会長代理が政府側と反対派の間をあっせんし，大量破壊兵器の処理項目の削除で同意を取り付けようと試みた[50]。この動きに対しては，福田官房長官ら官邸側から，法案の目的がわからなくなるとして，削除に抵抗があったものの，結局，現時点で大量破壊兵器処理について国際社会の関与を求める安保理決議が採択されていないとして，政府案から大量破壊兵器処理の部分を削除する事前修正を受け入れ，総務会による了承手続を終えた[51]。なお，同総務会では，自衛隊派遣のための恒久法の早期制定を法案附則に盛り込むことを要求したが，これについては，恒久法のイメージが不明確として政府は受け入れを見合わせた[52]。

一方，このイラク特措法案では，国会段階での民主党との修正合意を念頭に，あらかじめ譲歩しても可能な事項を上乗せして法案に含めるという「のりしろ」が設定されていた。総務会において削除された大量破壊兵器処理支援活動に加えて，政府がイラク戦争の正当性の根拠として法案に列挙した国連安保理決議の法案の目的からの削除や，基本計画の国会事前承認への変更，法の期限の2年への短縮，武器・弾薬の陸上輸送を除外することなどが，民主党対策として検討されていたともされる[53]。

4．イラク特措法案の作成過程におけるシビリアン・コントロール

イラク特措法案の作成過程を特徴づけたのは，イラク戦争の開戦を支持した小泉首相が，イラクへの自衛隊の派遣を可能とする新法の制定を明言しない中で，内閣官房のスタッフにより，法案作成のための作業が水面下で行な

---

49)『朝日新聞』2003年6月11日。
50) 鈴木棟一「連載新・永田町の暗闘第532：イラク特措法で自民審議大荒れ民主党の妥協を取り付ける青木幹事長の思惑」『週刊ダイヤモンド』2003年6月28日号，125～126頁。
51)『朝日新聞』2003年6月14日。
52) 森本・前掲書265頁，『朝日新聞』2003年6月14日。
53)『朝日新聞』2003年6月23日。

われていたことである．首相が意思表示を明らかにしなかったのは，イラク戦争に対する国内外の批判が強く，また，戦争終結後もイラクの治安が回復しない中で，国内世論や国際社会の動向，有事関連法案の進捗状況といった周辺環境を見極める必要があったからである．しかし，首相がイラク戦争への支持を表明し，開戦当日のイラク問題対策本部で，大量破壊兵器の処理や復旧・復興支援のための所要の措置を講じることが対処基本方針に盛り込まれた段階で，自衛隊の派遣が必要になることは，政府部内では既定の事項であった．焦点は，既存の国連決議では，自衛隊による治安維持（安全確保）支援活動ができないとしていた内閣法制局を説得するための新たしい国連決議の可否であった．外務省はこの問題に積極的に関与し，安保理で決議1483号の採択にこぎつける．

この段階で，イラク新法の法的な制約はなくなり，福田官房長官の指示により法案準備を進めてきた内閣官房チームは，テロ対策特措法を準用したイラク特措法の骨格を固めていた．両法案は，どちらも国連決議を自衛隊派遣の根拠とし，活動地域を非戦闘地域に限定して武力行使との一体化を避け，国会の事後承認を盛り込んだ時限措置の特措法としていた．両者の相違点は，テロ対策特措法が，戦時における米軍への協力支援活動に重点があったのに対し，イラク特措法では，後方支援としての安全確保支援活動に加え，大量破壊兵器の処理支援と，人道復興支援が盛り込まれていた点である．また，安全確保支援活動では，武器・弾薬の陸上輸送を除外せず，外国領域における受入国の同意は，安保理決議に基づき，イラクにおいて施政を行なう機関（連合暫定施政当局（CPA））の同意を得ることとされた．しかし，これらの相違点については，内閣法制局との事前調整は終わっており，問題は，治安情勢が悪化しているイラクにおいて，いかに自衛隊の活動の安全を確保するかに絞られていた．米軍に対する後方支援が予定されていた陸幕は，任務遂行中の妨害行為に対する武器使用を可能とする武器使用基準の見直しを求め，石破防衛庁長官もこうした制服組の考えを支持した．与党内部でも，自民党国防族から武器使用基準の緩和が強く求められた．しかし，内閣法制局は従来の解釈を踏まえ，武器使用基準の見直しには応じなかった．こうした状況下で，イラク特措法の早期成立を優先する自民党の山崎幹事長の判断で，

武器使用基準の見直しを見送り,「軽め」の法案とすることが事実上決められた。

こうした政治判断を受け,陸幕は,米軍に対する安全確保支援活動よりも,より危険度の少ない人道復興支援に重点を置く方針をとるようになっていった。また,武器使用基準の緩和が不可能な中で,石破防衛庁長官は,携行武器の重装備化や部隊行動基準の運用などによって対応する方針を決めた。安全確保支援活動における輸送業務においても制服組の要求から,武器・弾薬の陸上輸送を含むという法案内容に影響を及ぼすこととなった。

こうした内閣官房チームと防衛庁長官,陸幕,与党幹部が主導して法案内容を固めていく中で,小泉首相は,自衛隊派遣のための新法制定の決断を有事関連法案が成立した国会会期末になって,ようやく表明する。その時点で,政府内での法案作成の調整がほぼ終わっていたという事実は,首相の指示が明示的なものではなくとも,首相の意向を福田官房長官や古川官房副長官が忖度して,スタッフとしての補佐機能を果たしたとも考えられる。もっとも,小泉首相は,法案作成の指示をしてからも,その内容については,細かな指示を与えておらず,同首相のイニシアティブは,自衛隊の派遣を行なうための新法を制定するという政治的決断の役割に限定されていたといえる。そうした点で,同首相の関与は,具体的な内容の決定について政府と与党の調整に一任する委任型のスタイルであった。これに対して,閣僚の中で法案作成に関与したのは,所管大臣の福田官房長官と石破防衛庁長官であった。特に,石破長官は,制服組の意見を代弁しながら,自衛隊の派遣や武器使用基準の見直しについて積極的な発言を続けて,政府内での議論に影響力を及ぼした。一方,こうした政治からの要求に対して,内閣官房は,福田長官の指示のもと水面下で法案の立案作業を進め,外務省も,国際協調を前面に出して,米国と国際社会の間を仲介する役割に取り組み,自衛隊の派遣に関しても,イラク戦争を支持した同盟国の観点から積極的な方針をとった。こうした点から,政府レベルにおけるシビリアン・コントロールは,首相のリーダーシップが明示されない中で,内閣官房を中心とした官僚制組織への委任に基づく間接的統制が維持されることとなったといえる。その反面で,首相のリーダーシップに代替するものとして,石破防衛庁長官や福田官房長官らの担当

閣僚や，山崎自民党幹事長らが法案の作成過程において影響力を行使することで，政治レベルでの直接的統制の要素も強まることとなった。

こうした政府内の各アクターによるシビリアン・コントロールが，自衛隊のイラクにおける活動内容の拡大といった能動的統制に作用したのに対し，政府内で唯一ブレーキの役割を果たしたのは内閣法制局であり，武器使用基準の緩和見送りなどにおいて，抑制的統制として作用することとなった。こうした統制主体に対応する客体は，陸上部隊の派遣を中心とすることから，テロ対策特措法の時における海幕に代わって，陸幕が対象として前面に出ることになった。陸幕は，武器使用基準の見直しで利害を共有する防衛庁長官や国防族を通じて，その要求を主張した。他方で，大量破壊兵器の処理支援活動に関しては，陸上自衛隊に処理能力がないとして，事実上の拒否をし，内閣官房との間で齟齬を来たす場面もあった。武器・弾薬の陸上輸送に関しては，オペレーション上の合理性の観点から，従来からの主張を実現した。このように，イラク特措法案の作成過程では，シビリアン・コントロールの客体であるはずの制服組が，法案作成の当事者として，政策決定者に対して一定の影響力を持つこととなった[54]。

一方，こうした政府レベルでの法案作成に対して，事前審査等の枠組みを通じて，影響力をもってきた与党は，自民党国防族が武器使用基準の見直しなどを通じて，積極的関与を試みたが，結局は実現しなかった。また，自民党総務会は，反対派の要求によって，大量破壊兵器処理の条項を削除することで，抑制的統制の役割を担った。一方，従来，与党内で抑制的統制の役割を果たしてきた公明党は，イラク特措法案の作成過程においても，武器・弾薬だけの陸上輸送を認めない方針を明らかにするなど，一定の政策的関与はしたものの，その影響力はより限定的なものにとどまった。

与党の部会レベルでの影響力が限定的だったのは，連立与党の執行部が，部会に比してより強い指導力を発揮したためである。自民党では，国防族の

---

54) 大量破壊兵器の処理支援活動に関して，陸幕が事実上の拒否を通したことは，シビリアン・コントロールの客体である制服組が，法案作成のレベルにおいても統制主体の側の反対を押し切ってその要求を実現しようとした点で，「逆転現象型」の要素も含んでいたとも考えられる。

関与は限定的なものとなり，公明党においても，党執行部の柔軟な対応が，党の方針を形成した。各幕僚監部にとっては，応援団的な存在である自民党国防族が影響力を持たない中で，部会等に対する働きかけは自制されたものとなった[55]。

こうした事例は，各省庁官僚や部会幹部といった分権化されたアクターが政策形成の主体を担ってきた従来型の政策決定のパターンから，首相や閣僚とそれを支える内閣官房，与党幹部などの執政部が政策形成の主体となるパターンへの変化を示すものであった。そこでは，シビリアン・コントロールの客体となる制服組は，統制主体となる省庁官僚制の後退と政権中枢部の政治家の影響力の増大に伴い，閣僚や与党執行部の政治家との組織的利害の共有や同一化を通じて，影響力を行使する傾向を強めることになったといえよう。

第2節　イラク特措法案の国会審議・決定過程

1. 民主党の対応—自衛隊派遣への反対—

2003年6月13日，イラク特措法案及びテロ対策特措法延長法案が国会に提出されると，政府は与党三党の党首会談を開き，大幅な会期延長を決めた。6月17日の衆議院本会議では，7月28日まで会期を延長することが議決された。法案が国会に付議されたこの段階で，民主党は依然として法案に対する賛否を明確にしていなかった。党内には，当初，執行部の中に北朝鮮問題などを控え，日米関係の重要性の観点から同法案への賛否を保留する考え方もあったからである。しかし，末松義規衆院議員を団長とする民主党イラク調査団が帰国し，イラク国内では，戦闘地域と非戦闘地域を区別することは困難であり，現地でのニーズは，医療，教育，衛生，水などで，自衛隊を派遣する必要性はないとの報告を6月12日に行ったことから，民主党は反対の姿勢を明確にしていくことになる。

一方，与党内では自民党の青木幹雄参議院幹事長が法案作成の段階から，

---

55) 半田・前掲書57頁。

民主党との修正合意による衆院通過を唱えていた。参議院では，特別委員会の委員長ポストを各会派持ち回りとしており，次の順番は共産党となっていた。そのため，衆議院ではイラク人道復興支援特別委員会の設置を決め，自民党の高村正彦元外務大臣が委員長に決まったものの，参議院では与党は特別委員会ではなく，常任委員会の外交防衛委員会において審議することを方針としていた。特別委員会と異なり，常任委員会は定例日による審議日の制約があり，週に2日間の審議しか確保できない。そのことが，有事関連法案と同様にイラク特措法案においても，法案の修正で民主党の協力を得ようとする青木参議院幹事長の主張の背景にあった。しかし，民主党は，国家の緊急事態に対応する有事法制と違い，イラク戦争自体に正当性がなく，大量破壊兵器も見つかっていない状況では，自衛隊をイラクに派遣することは認められないとして，法案審議入り前の与党からの事前協議の申し入れを拒否した。

　法案が審議入りした6月25日，民主党イラク問題等プロジェクトチームは，その検討結果をまとめた。そこでは，法案に対する論点として，目的に列挙された国連安保理決議を根拠とすることの是非，戦闘地域と非戦闘地域の峻別，海外での武力行使・武力行使一体化との関係，CPAによる同意の意味と占領行政との関係，武器・弾薬の陸上輸送の妥当性，対応措置の実施に関する国会の事前承認，現行の武器使用基準と当該危険地域での自衛隊の任務，4年間の期限の妥当性等を指摘した。その上で，イラク復興支援のあり方に対する考え方として，PKO参加五原則を満たさない条件のもと自衛隊でなければ果たせない緊急ニーズの特定は困難であり，戦闘区域と非戦闘区域の区別が困難であることなどから自衛隊の任務遂行は危険との問題点を示した[56]。

　他の野党においても，自由党は加盟国に部隊派遣を要請する国連決議に基づく派遣ではないこと，共産党と社民党は，米英の占領への協力は憲法に違反するといった理由から，本法案に対する反対の立場をとった[57]。

---

56) 民主党イラク問題等PT「イラク特別措置法案及びテロ対策特別措置法案の論点」，「イラク復興支援のあり方に対する考え方」2003年6月25日。

2. 法案審議での政府との論争

　こうした野党の対応が事前にほぼ固まっていたことにより，国会での法案審議は，主に野党側から政府に対する質疑・批判の形で審議が展開されることとなった。野党からは，法案審議において，米英の武力行使の正当性や，大量破壊兵器の存在の有無，自衛隊を派遣する根拠，占領行政への協力と憲法との関係などが問われた[58]。その中でも政府と野党第一党の民主党との最大の争点となったのは，自衛隊の派遣をめぐる是非であった。論点は三つあった。一つは自衛隊の活動は，非戦闘地域において行なうこととされているが，治安状況が悪化しているイラクにおいて，果たして非戦闘地域が存在するのか，あるいは，非戦闘地域という概念事態が非現実的であるとの批判である。これに対する政府の説明は，同法が規定する戦闘行為とは，国際的な武力行使の一環として行なわれる人を殺傷し又は物を破壊する行為であり，ある行為が「国際的な武力行使の一環」として行なわれているかどうかは，「当該行為の実態に応じ，国際性，計画性，組織性，継続性などの観点から個別具体的に判断する」とするものであった。つまり，政府の立場は，通常の観念では戦闘であっても，組織性や継続性，計画性がなければ戦闘行為には該当しないというものである。石破防衛庁長官は，国会答弁において，「国内治安問題にとどまるテロ行為，散発的な発砲や小規模な襲撃などのような組織性，計画性，継続性が明らかではない，偶発的なものと認められ，それらが全体として国または国に準ずる組織の意思に基づいて遂行されていると認められないようなものは戦闘行為には当たらない[59]」と政府の見解を述べた。もっとも，こうした戦闘地域と非戦闘地域の区別は，便宜的なものにすぎず，実際には，石破防衛庁長官が，非戦闘地域の要件を「我が国が憲法の禁ずる武力の行使をしたとの評価を受けないよう，他国による武力行使と

57）瀬戸山順一「イラク人道復興支援特措法案をめぐる国会論議」『立法と調査』第239号，2004年，37頁。

58）イラク特措法案の国会審議については，瀬戸山・同37〜42頁及び福田直行「イラク人道復興支援特措法と派遣承認要件について」衆議院調査局『RESEARCH BUREAU 論究』創刊号，2005年1月，243〜251頁を参照。

59）第156回国会衆議院イラク人道復興支援並びに国際テロリズムの防止及び我が国の協力支援活動等に関する特別委員会議録第7号（2003年7月2日）。

の一体化の問題を生じないことを制度的に担保する仕組みの一環として設けたもの[60]」と答弁しているように，非戦闘地域そのものが安全な地域を意味するものではない。小泉首相も，どこが戦闘地域でどこが非戦闘地域か私に分かるわけがないと答弁[61]したように，この概念は，戦闘地域と非戦闘地域を線引きして，非戦闘地域の中から活動地域を選び出すというようなものではなく，むしろ，活動の実施区域を定める際に，その区域がこの要件を満たすことを確保するというものであった[62]。野党側は，この実際の非戦闘地域と法律上の概念とを使いわける政府の立場を厳しく追及したが，両者の溝は埋まらなかった。また，法案では，自衛隊の活動への安全配慮義務を政府に対して課しており，自衛隊の活動地域を，法律要件である非戦闘地域の中で，さらに安全な地域を選んで派遣を決定することで，自衛隊の活動の安全性が担保されるとの説明がなされた[63]。しかし，法案に盛り込まれた業務は，自衛隊の活動が幅広く実施できるように並べられたメニューにすぎず，その中から，実際に派遣される予定の自衛隊が，どの活動を，どの活動地域において実施するかは，現地に派遣した政府調査チームの報告等に基づき，水の浄化，補給や航空機による物資の輸送などの活動分野が想定されるとしたものの，現時点において，自衛隊が実施する業務の内容及び具体的な活動地域は決まっていないとして，政府側は明確にしなかった[64]。国会が，実際の自衛隊の活動内容や地域の決定に関与できるようになるのは，法成立後の基本計画や実施要項に関する事後承認の段階においてであり，特措法であるにもかかわらず，国会が判断するための必要な情報を立法段階で欠くという点で，同法案の審議決定プロセスは，国会の行政統制上の問題点を残すものとなった[65]。

　第二の論点は，そもそも自衛隊の派遣自体のニーズが現地にどれだけある

---

60) 第156回国会衆議院イラク人道復興支援並びに国際テロリズムの防止及び我が国の協力支援活動等に関する特別委員会議録第3号（2003年6月26日）。
61) 第156回国会国家基本政策委員会合同審査会会議録（2003年7月23日）。
62) 正木・前掲論文126頁。
63) 福田康夫内閣官房長官の答弁（第156回国会衆議院イラク人道復興支援並びに国際テロリズムの防止及び我が国の協力支援活動等に関する特別委員会議録第3号（2003年6月26日））。
64) 小泉首相の答弁（第156回国会参議院本会議録第37号（2003年7月7日））。

のかという点である。これについては，民主党は，独自に現地に派遣した調査団の報告を受け，政府側が重視している人道復興支援において，自衛隊に対する現地の緊急ニーズはないとの判断から否定的な立場をとった。また，社民党や共産党からは，自衛隊の活動内容に，米軍に対する安全確保支援活動が含まれていることから，米軍に対する後方支援を目的とした対米追従であるとの批判も出された。これに対して，小泉首相は，国家再建に向けたイラク国民の努力を支援する国際社会の取組に対し，我が国としてふさわしい貢献を行うためには，厳しい環境においても効果的な活動を遂行できる自衛隊の活用を求めるとし[66]，さらに，自衛隊の派遣は戦争のためではなく，人道復興支援のためであることを強調し[67]，野党側の理解を求めた。また，現地のニーズに関しては，自衛隊派遣の具体的必要性について，引き続き情報を収集し，その把握に努めるとし，政府調査チームの報告を踏まえて，給水や航空機による輸送が想定されるとしたが，法案審議の段階では，具体的な内容を明確にできなかった。しかし，自衛隊の派遣そのものを違憲とする社民党や共産党のみならず，PKOを含めた将来的な自衛隊の派遣そのものの必要性を否定していない民主党も，現地の治安悪化を背景に，自衛隊の派遣を否定し，文民のみによる人道復興支援活動を求めるという立場を明確にして，

---

65) 実際の派遣地域の選定に当たって，政府は9月14日から10月9日にかけて，現地の治安状況と派遣のニーズを把握するため，政府調査団（内閣官房，外務省，防衛庁，自衛官から構成）を派遣し，その報告を踏まえ，陸上自衛隊の派遣先としてイラク南東部のサマワにおいて給水，医療支援などに当たる方針が決められた。これを受け，防衛庁は，サマワの治安維持にあたるオランダ軍やCPAなどと受け入れ態勢を調整するため，11月中旬に，防衛庁内局，陸上自衛隊，航空自衛隊で構成する専門調査団を派遣した。こうした派遣地域の決定過程では，軍事プロフェッショナルである自衛官の情報が重視されることとなったのに対し，調査団の報告については，国会のみならず与党にも提供されないなど，官邸側の秘密主義に対する批判が高まった（信田『官邸外交』118〜119頁）。なお，陸上自衛隊の派遣後の現地の情勢判断は，実質的に現場の指揮官に委ねられ，第一次イラク復興支援群長であった番匠幸一郎一佐は，後に，非戦闘地域というのは法律上の用語で，一般用語として使うべきでなく，現地の判断では，自衛隊が十分活動できる情勢にあると考えていると述べている（『朝日新聞』2004年12月22日）。
66) 第156回国会衆議院本会議録第42号（2003年6月24日）。
67) 第156回国会衆議院イラク人道復興支援並びに国際テロリズムの防止及び我が国の協力支援活動等に関する特別委員会録第2号（2003年6月25日）。

政府与党との対峙を強めることとなった。

　第三の論点は，武器・弾薬の陸上輸送が除外されていない点である。これについては，法案作成段階から，公明党が，慎重な対応を求めており，法案審議においても，自衛隊による輸送業務は，食糧や医薬品など人道的な見地にもとづくものを主任務とし，武器弾薬の輸送を主任務としないことを求めた[68]。野党の民主党は，安全確保の見地からテロ対策特措法において除外されたこととの整合性を指摘し，また，共産党や社民党は，米軍の武力行使との一体化になるとして追求した[69]。これに対して，政府側は混在した荷物の中から，一つ一つ点検して選び出すことになると，円滑な業務の実施ができなくなるおそれがあるとして，その必要性を説明するにとどめた[70]。

　一方，与党側から主張されたのは，イラクの治安状況が不安定な中，派遣される自衛官の安全確保を実際に確保するために，現行の武器使用基準を緩和するべきではないかという論点である。これについては，国際基準にすべきとする自民党内での議論が繰り返された。また，民主党もPKOを念頭に武器使用基準の緩和自体については必ずしも否定的ではなく，むしろ見直しを避けて法改正を行なわず，部隊行動基準の変更で対応するのでは，自衛隊員の危険をさらに増すことになると批判した[71]。しかし，武器使用基準の緩和に関しては，内閣法制局は，海外に派遣された自衛隊による武器の使用の態様が，自己保存のための自然的権利として認められてきたものを超えるものについては，憲法第9条の禁ずる武力行使に該当するおそれがあるとの見解[72]をとっており，任務遂行の妨害に対処する武器使用については，否定していた。そのため，石破防衛庁長官は，自衛官には，イラク特措法第17条・95

---

68) イラク人道復興支援特措法案の趣旨説明聴取に対する太田昭宏議員（公明党）の質疑（第156回国会衆議院本会議録第42号（2003年6月24日））。

69) イラク人道復興支援特措法案に対する民主，共産，社民各党の反対討論（第156回国会衆議院イラク人道復興支援並びに国際テロリズムの防止及び我が国の協力支援活動等に関する特別委員会議録第8号（2003年7月3日））。

70) 福田康夫内閣官房長官の答弁（第156回国会衆議院イラク人道復興支援並びに国際テロリズムの防止及び我が国の協力支援活動等に関する特別委員会議録第2号（2003年6月25日））。

71) イラク人道復興支援特措法案の趣旨説明聴取に対する中川正春議員（民主党）の質疑（第156回国会衆議院本会議録第42号（2003年6月24日））。

条によって，危険を回避する権限と能力が付与されており，現行の武器使用基準によっても自衛官の安全は確保されるとした[73]。しかし，それは非戦闘地域が存在するという仮定の下での保証にすぎず，実際には，正当防衛と緊急避難に限定した現行の危害許容要件では自爆テロなどに対して，安全確保を図ることが困難になることが危惧された。そのため，防衛庁は法律改正ではなく，基本計画に定める携行する武器の装備強化や部隊行動基準（ROE）の作成によって代替する方法を検討することとしていた。防衛庁は，部隊行動基準を作成する理由として，自衛隊の特質として，組織的な行動をするので，どのようなケースにどのような武器の使用を行うかは，あらかじめ基準を設け，訓練で徹底していかなければ，現場の不測の事態に柔軟に対応することができないとして，現地の情勢に合った部隊行動基準を作成したうえで，部隊を派遣する考えを示した[74]。こうした手法は，法改正が困難な場合に，それに代替する手段として，基本計画や部隊行動基準の作成という行政裁量によって法の制約を実質的に乗り越えるものとなりかねない。この点に関しては，政府は，部隊行動基準を定めることによって，法の制約を超えることが可能になるわけでは決してなく，あくまで法の範囲内で行うものであるとした[75]。

---

72) 第157回国会衆議院国際テロリズムの防止及び我が国の協力支援活動等に関する特別委員会議録第5号（2003年10月9日）。

73) 第156回国会衆議院イラク人道復興支援並びに国際テロリズムの防止及び我が国の協力支援活動等に関する特別委員会議録第2号（2003年6月25日）。

74) 守屋武昌政府参考人（防衛庁防衛局長）の答弁（第156回国会衆議院イラク人道復興支援並びに国際テロリズムの防止及び我が国の協力支援活動等に関する特別委員会議録第5号（2003年6月30日））。

75) 石破茂防衛庁長官の答弁（第156回国会衆議院イラク人道復興支援並びに国際テロリズムの防止及び我が国の協力支援活動等に関する特別委員会議録第4号（2003年6月27日））。なお，実際のイラクへの自衛隊の派遣に際して防衛庁は部隊行動基準を策定することとなった。政府は，その目的について，派遣に当たって，部隊行動の要領等を隊員に示し，訓練を行うことにより適正な武器使用を徹底するためとして，さらに，武器使用に係るこれまでの政府の考え方（自衛官は，万一，自己等の生命，身体の防衛のため必要と認めるやむを得ない場合に自己保存のための自然権的権利として武器を使用することができる）に変更はない旨の答弁を行っている（小泉純一郎首相の答弁・第159回国会衆議院本会議録第4号（2004年1月27日））。

なお，政府は，民主党の長妻昭衆院議員の質問主意書に対して，イラク特措法第17条または自衛隊法第95条に規定される武器使用について，①自衛隊員の誘拐，②自衛隊が行っている業務に対する妨害行為，③他国軍と共同活動をしている際に，活動地域が戦闘地域になってしまった場合，他国軍の者が自己と共に現場に所在する，その職務を行うに伴い自己の管理の下に入った者に該当する場合などのケースについて，一定の要件を満たす場合は，武器を使用することも排除されないとの答弁書を閣議決定している[76]。野党内でも，PKO協力法の場合には武器使用基準の緩和を認めてもよいとする立場の民主党に対し，共産党や社民党は，こうした政府の武器使用の運用基準について武力行使をなし崩しに行うものとして強い批判が出されることとなった。

さらに，法案審議において野党側が強く要求したのは，国会への事前承認権の付与である。民主党は，民主的統制の見地から，自衛隊の海外での活動には事前承認を必要とし，さらに，国会の議決による撤退と国民に対する情報提供を規定することを求めた[77]。これに対し，政府は，特措法であることを根拠に法律が成立することが，自衛隊の派遣について国会の同意が得られたことを意味するとして事前承認を否定した。事前承認にした場合の問題点として，福田官房長官は，事前承認となると，審議期間がどのくらいかかるのか，また，審議の間，資材の調達ができないなどの観点から，機動的に対応するのは非常に難しいことを指摘した[78]。しかし，イラク特措法よりも，緊急性を要する周辺事態法においてすら，原則事前承認であるのに対して，緊急性のないイラク特措法が事後承認であることの整合性の問題について社民党

---

[76] 「長妻昭衆議院議員の質問主意書に対する答弁書」2003年7月15日。山内は，この閣議決定されたケースの場合に，武器使用を認めることが，個人的な正当防衛権の範囲をはるかに逸脱するのみならず，とりわけ最後のケースでは，集団的自衛権に踏み込む武力行使というべきであろうと指摘している（山内敏弘「イラク特措法の批判的検討」『龍谷法学』第36巻第4号，2004年3月，16～17頁）。

[77] イラク人道復興支援特措法の趣旨説明聴取における中川正春議員（民主党）の質疑（第156回国会衆議院本会議録第2号（2003年6月24日））。

[78] 第156回国会衆議院イラク人道復興支援並びに国際テロリズムの防止及び我が国の協力支援活動等に関する特別委員会議録第3号（2003年6月26日）。

第 2 節　イラク特措法案の国会審議・決定過程　*289*

表 5-1　イラク人道復興支援特措法案の委員会審議における政府側答弁回数の比較
(2003 年・衆議院イラク人道復興支援特別委員会)

答弁者別	自民	公明	保守	民主	自由	共産	社民	合計
小泉首相	8	5	2	35	7	15	9	81
川口外務大臣	3	7	11	95	26	41	28	211
石破防衛庁長官	17	12	9	97	40	54	28	257
福田官房長官	12	5	7	60	5	29	9	127
塩川財務大臣	0	0	0	4	0	0	0	4
平沼経済産業大臣	0	0	0	6	0	0	0	6
茂木外務副大臣	0	0	0	1	0	0	3	4
米田内閣府副大臣	0	0	0	3	0	0	0	3
新藤外務大臣政務官	0	0	0	2	0	0	0	2
秋山内閣法制局長官	0	1	0	14	0	0	3	18
増田内閣官房内閣審議官	1	0	0	5	3	4	0	13
小町内閣府国際平和協力本部事務局長	0	0	0	2	0	0	1	3
林外務省条約局長	0	0	0	12	3	0	4	19
西田外務省総合外交政策局長	0	0	0	4	0	7	0	11
安藤外務省中東アフリカ局長	0	0	0	2	0	0	2	4
谷崎外務省大臣官房審議官	0	0	0	3	0	0	0	3
天野外務省軍備管理・科学審議官	0	0	0	2	0	0	0	2
守屋防衛庁防衛局長	0	0	0	0	10	0	0	10
西川防衛庁運用局長	0	1	0	2	0	0	0	3
南川環境省環境保健部長	0	0	0	2	0	0	0	2
合計	41	31	29	351	94	150	87	783

注) 委員会議録の記載回数で集計

などから強い批判が出された。

3．法案審議における政府側答弁の主体

　一方，こうした国会における法案審議において，政府側の答弁を担当することにより，法案の解釈や執行過程における政策方針を明示化するのは，担当大臣の役割である。イラク特措法案は，テロ対策特措法と同様に，内閣官房の所管となり，担当大臣は，福田官房長官となった。また，自衛隊の派遣を法案の主目的としたため，自衛隊の指揮監督権者である小泉首相や石破防衛庁長官も法案審議で重要な役割を果たした。**表 5-1** は，イラク特措法案の衆議院イラク人道復興支援特別委員会における政府側答弁を担当者別に比較したものである。ここでは，石破防衛庁長官の答弁量がもっとも多く，以下，川口外務大臣，福田官房長官の関係三閣僚の順となっている。これに対して，

小泉首相の発言量は，テロ対策特措法と比べてその比重が小さくなっている。これは，イラク特措法案の審議が，米国のイラクへの武力行使やその後の占領統治などに対する日本の外交方針や，イラクの現地における治安や復旧状況などのより専門的な問題に委員からの質疑が集中したことの表れでもあろう。同様に，法的な問題への質疑や，法成立後の執行スケジュール等への質疑がより多く行なわれたため，政府参考人の答弁者数と答弁量がテロ対策特措法と比べてより比重を高めることとなった[79]。しかし，こうした国会答弁の主役が閣僚であることに変わりはなく，政府委員制度廃止以前の官僚依存に比べて，政治家主導の傾向は定着したといえよう。その要因には，石破防衛庁長官や福田官房長官ともに，それぞれ防衛，外交政策に強い関心と政策知識を持つ「族」議員出身であるということがいえる。また，官僚出身の川口外務大臣も手堅い答弁では定評があった。小泉内閣は派閥順送り人事をやめ，主要閣僚は再任し，政策の継続性と閣僚自身の政策ノウハウの蓄積を重視してきた。また，外務，内閣府等の副大臣，大臣政務官が大臣と役割分担して，現地調査や国会答弁にも対応したのは，このイラク特措法案の審議で見られた特徴であった。副大臣制度の導入後も，政治主導は政治家の専門性の度合いに応じて多様であると指摘されるが[80]，このイラク問題においては，政治家チームが一定の関与をすることとなった。こうしたことから，国会審議の場において，旧政府委員を通じて官僚に答弁を依存する間接的委任から，政治家が主体となる直接的統制の要素を増すこととなったといえよう。

4．法案採決をめぐる与野党の攻防

　法案の審議と前後して，与野党は，それぞれ議員による調査団をイラクに派遣し，その結果を受けて，自衛隊派遣のニーズがあるとする与党と[81]，派遣の危険性を主張する野党との間で不一致が生じ，法案審議を通じてもその溝

79）テロ対策特措法案における全答弁回数に占める政府参考人の占める割合は，政府特別補佐人の内閣法制局長官を含めて6％であったのに対し，イラク特措法案では，同じく11％に増加している。なお，政府委員制度が廃止される直前の周辺事態法案においては，政府委員の答弁量は全体の14％であったので，制度改正前に戻りつつあるともいえる。
80）飯尾潤「副大臣・政務官制度の目的と実績」『レヴァイアサン』第38号，2006年4月，56〜57頁。

は容易に埋まることはなかった。修正の可否の鍵を握っていた民主党は，2003年7月1日のネクスト・キャビネット（次の内閣）の閣議において，法案に反対する立場から与党との修正協議を事実上拒否する内容の修正案を決定することとなった[82]。民主党の修正案は，①イラク攻撃の正当性の根拠として法目的に挙げられている安保理決議の削除，②戦闘地域と非戦闘地域，戦闘員と非戦闘員の峻別の困難さ，武力行使の可能性，あるいは武力行使と一体化する可能性，自衛隊派遣のニーズが特定できない等の判断から，自衛隊の派遣を削除，③法律の期限を4年間から2年間に短縮する，というものであった[83]。与党三党は，民主党の修正案を受けて，目的からの1483号以外の安保理決議の削除と，法律の期限の2年間への短縮を内容とする与党の非公式の妥協案を，イラク人道復興支援特別委員会の与野党筆頭理事の会談で提示した[84]。しかし，民主党は，自衛隊派遣の削除を要求し，協議は決裂することとなった[85]。

　政府与党は，イラク特措法案の与党単独採決を避けるために，民主党が反対していたテロ対策特措法延長法案の採決を先送りすることを決めた。イラ

---

81) 2003年6月下旬の与党調査団の一員である新藤外務大臣政務官は「イラクにおいてはもはや戦闘は終了している。しかし，旧政権の勢力が散発的な襲撃を行っている状態だ。しかし，組織的，計画的な攻撃は見られていない」という報告を行っている（第156回国会衆議院イラク人道復興支援並びに国際テロリズムの防止及び我が国の協力支援活動等に関する特別委員会議録第3号（2003年6月26日））。
82) 民主党の修正案としては，自衛隊の活動を制限する妥協案も検討されたが，最終的には，自衛隊の派遣を全面的に削除する強硬案が決定された（『朝日新聞』2003年7月2日）。
83) 民主党「イラクにおける人道復興支援活動及び安全確保支援活動の実施に関する特別措置法案に対する修正案要綱」2003年7月2日。
84) 正式の与党修正案は示されていない（「山崎幹事長記者会見（役員連絡会後）」2003年7月4日）。そのため，与野党協議の決裂後も，与党単独での修正は行われなかった。
85) イラク特措法案の閣議決定の直前に成立した武力攻撃事態対処法案では，武力攻撃事態特別委員会において，自民党の久間筆頭理事と民主党の前原筆頭理事の間で実質的な修正交渉が行なわれ合意が成立した。しかし，イラク特措法案では，新たに，イラク人道復興支援並びに国際テロリズムの防止及び我が国の協力支援活動等に関する特別委員会が6月24日に設置され，同特別委の自民党の筆頭理事を中谷元前防衛庁長官が，民主党の筆頭理事を中川正春政調会長代理が担当することになり，有事法制時の自民・民主間の交渉パイプは通じにくくなっていた。

ク特措法案は，結局，与党と民主党との間で修正合意に至らず，原案のまま無修正で衆議院を通過した[86]。参議院では，与党が特別委員会の委員長ポストを取れないため，定例日審議の縛りのある常任委員会の外交防衛委員会で審議が行われることとなった。7月28日の会期末が近づく中で，野党は，法案阻止のために四党共同による川口外務大臣，石破防衛庁長官，福田官房長官らの問責決議案を提出し，本会議場ではPKO協力法案の採決に見られたような一部牛歩戦術も行われた。並行して衆議院に内閣不信任決議案の提出を行ったが，与党は参議院外交防衛委員会で強行採決に踏み切り，7月26日，イラク特措法案が可決，成立することとなった。こうした与野党のイラクへの自衛隊派遣をめぐる敵対的関係は法案成立後も継続・強化され，イラク自衛隊派遣承認案件の国会審議でも，2004年1月30日の衆議院イラク復興支援特別委員会で与党は同案件を強行採決し，本会議においても与党単独で議決することとなった[87]。

5．イラク特措法案をめぐる民主党の対応の要因

同じ156回国会で，有事関連法案について与党との間で修正に合意した民主党が，イラク特措法案については，一転して政府与党との間で敵対的な関係をとった要因には，法案自体に対する政策的判断と，予想された総選挙を念頭に与党との対決を強調する政治的判断があったと考えられる。

まず，政策的観点については，民主党は，米英によるイラク武力攻撃自体を正当性のないものとして強く反対していた。さらに，政府が，現地のニーズ，憲法上の問題，対イラク・対中東政策に関する戦略，国際社会の安定した枠組み構築に関するヴィジョンを欠いたまま，イラク特措法が自衛隊の派

---

86) 衆議院では，自民党から野中広務，古賀誠，野呂田芳成の三人の議員が本会議採決を棄権した。
87) 民主党は，2003年11月の総選挙においてイラクへの自衛隊派遣の是非を争点に掲げ，イラクへの自衛隊派遣の承認案件審査では，イラクの治安悪化により，非戦闘地域の特定は困難であり，自衛隊の派遣は憲法に抵触するおそれもあるとして徹底した反対表明を行なった。さらに，2004年7月の参議院選挙においても，同党はイラクへの自衛隊派遣撤退を公約に掲げ，選挙後の2004年11月にイラク特措廃止法案を提出することとなった。同法案は審査未了で廃案となった。

遣を優先していることに対し，日本の国益に禍根を残し，断じて看過できないと厳しく批判を行った[88]。その一方で，民主党は，イラク国民による政府からの要請やPKOの創設という状況になれば，自衛隊の派遣も検討すべきであるとして，将来における自衛隊の派遣については否定していない。しかし，政府案による現状における自衛隊の派遣は，憲法上の疑義がある上に，現地ニーズにも乏しく，認められるものではないと断じた[89]。法案の採決における反対討論では，政府案が，立法目的に国連憲章違反の疑義がある対イラク攻撃を安保理決議678, 687及び1441号に基づくものと位置づけている点や，戦闘員と非戦闘員を峻別することも困難な現地で自衛隊の活動を非戦闘地域に限ることの虚構性，国会による事前承認の必要性，武器弾薬の陸上輸送の安全確保の観点を含む問題，現行武器使用基準による自衛官の安全への危惧，4年の時限立法を2年に短縮すべきことなどを民主党の政府案に対する反対の論拠として提示し，政府案への批判を展開した[90]。

また，これまで民主党は，自衛隊の権限拡大に対して，シビリアン・コントロールの徹底の観点から，国会による包括的な事前承認制を導入することを安保・防衛立法の法案賛成のための必要条件としてきた[91]。しかし，イラク特措法は，特措法であることを理由に，事後承認にとどまり，しかも派遣される自衛隊の安全確保の理由から，法案審議の段階から，政府側から提供さ

---

88) 伊藤英成委員（民主党）の政府案に対する修正案趣旨説明（第156回国会衆議院イラク人道復興支援並びに国際テロリズムの防止及び我が国の協力支援活動等に関する特別委員会議録第7号（2003年7月2日））。

89) 枝野幸男民主党政策調査会長「イラク特別措置法案の通過に当たって（談話）」2003年7月3日。

90) 渡辺周委員（民主党）の政府案に対する反対討論（第156回国会衆議院イラク人道復興支援並びに国際テロリズムの防止及び我が国の協力支援活動等に関する特別委員会議録第8号（2003年7月3日））。

91) 民主党は，従来から自衛隊の活動に対する国会の統制として，事前承認制と国民への情報提供義務，国会の議決による活動の終了を主張してきた（中川正春委員の質疑・第156回国会衆議院イラク人道復興支援並びに国際テロリズムの防止及び我が国の協力支援活動等に関する特別委員会議録第7号（2003年7月2日））。イラク特措法案の審議に際しても，同党は，対応措置の実施の事前承認と国会の議決による撤退規定，国民に対する情報提供義務規定を置くことを法案の論点として挙げていた（民主党イラク問題等PT・前掲）。

れる情報は質量ともに不足することが多かった（基本計画決定後の派遣承認案件の審査においても同様の問題があった[92]）。こうした憲法上の問題や，国会による関与の限定性を踏まえ，民主党は，あえて与党との妥協を図らず，むしろ，政府与党を国会の審議の場で徹底的に批判することで，占領軍への後方支援を目的とする自衛隊の派遣をストップし，イラクに暫定行政機構ができた段階で，人道復興支援のためにPKO協力法に基づいて自衛隊を派遣するという民主党の代替案を提言する立場を選択した[93]。ゆえに，民主党は，イラク特措法案の衆院委員会採決に際し，法案から自衛隊の活動を削除するゼロ回答に等しい修正案を提出し，与党との合意を拒否することとなったのである。

　一方，民主党の政治的判断の要因には，世論のイラクへの自衛隊派遣に対する支持の低さが挙げられる。テロ対策特措法に基づく自衛隊のインド洋への派遣を中心とする国際的なテロリズムへの対応のための活動に関する内閣府の世論調査では，約65％の支持があった[94]。これに対し，イラクへの自衛隊の派遣に対する世論の支持は，法案審議中の2003年6月の朝日新聞の調査では賛成46％，反対43％とほぼ二分されていた[95]。有事法制のように日本の安全保障の根幹に関わる基本法制や冷戦後の実績の積み上げで国民のコンセンサスを得てきたPKOと異なり，無差別テロ攻撃など治安情勢の悪化したイラクに自衛隊を派遣することについて，世論の十分な支持は形成されていなかったのである[96]。これまで，民主党は，政権担当可能な政党であることを示すために，日米安保を重視し，国連PKFへの参加や，テロ対策特措法に

---

[92] 民主党は，自衛隊のイラク派遣承認について，政府がまず派遣ありきで，形ばかりの先遣隊調査で取り繕い，説明責任も果たさず，すりかえと強弁で誠意のない答弁を繰り返してきたと強く非難している（岡田克也民主党幹事長「衆議院における自衛隊のイラク派遣承認について（談話）」2004年1月30日）。

[93] 前原誠司委員（民主党）の答弁（第156回国会衆議院イラク人道復興支援並びに国際テロリズムの防止及び我が国の協力支援活動等に関する特別委員会議録第7号（2003年7月2日））。

[94] 調査は2003年1月16日から同26日の間に実施（朝雲新聞社編集局『平成17年版防衛ハンドブック』朝雲新聞社，2005年，853頁）。

[95] 『朝日新聞』2003年7月1日。

[96] 柳澤協二「国益の観点から，自衛隊イラク派遣の意義を考える」防衛研究所ブリーフィング・メモ，2003年12月。

基づく自衛隊派遣，武器使用基準の見直しについても，柔軟な姿勢を示してきた。しかし，イラク問題に関しては，復興支援そのものは必要としながらも，自衛隊の派遣に世論が二分されている状況では，自らの政策スタンスを変更してまでイラクに自衛隊を派遣しなければならないという誘因は働かなかった。むしろ，想定されていた総選挙や翌年の参議院選挙を有利に導くために，政府に対する質疑や反対討論を通じて，政府の失政を強調し，自らの立場表明や与党との争点明示によって，票の獲得を最大化させることが優先された。イラク特措法案（及び2004年1月のイラク派遣承認案件）では，国会を討議の舞台とする「延長された選挙戦」として，与党と民主党の間の党派的対立が討議アリーナ型の国会審議を作り出すこととなったのである。

6．イラク特措法案の国会審議・決定過程におけるシビリアン・コントロール

以上のイラク特措法案の国会での審議・決定過程におけるシビリアン・コントロールの政党の側からの統制主体は，野党の民主党や社民党，共産党等であった。野党の中で，政府与党に対して，もっとも影響力をもちうるのは第一党の民主党である。しかし，民主党の国会戦略は，与党との合意によって，安全保障政策における政権担当能力を示すといった現実的対応よりも，政府与党との対決姿勢を示すことで，有権者へのアピールを図るということに重点が置かれていた。そのため，民主党は与党との事前交渉を拒否し，最終段階で，与党側から示された法の目的規定からの安保理決議の削除と時限措置の2年短縮の妥協案にも非妥協的姿勢を貫き，両者間の合意形成は当初から困難なものであった。こうした民主党のスタンスは，自衛隊のイラクへの派遣自体を法案から削除する修正案を出すことで，自衛隊に対するシビリアン・コントロールの面において，より抑制的な統制の要素を持つものであった。結果的に，与党の修正が不調に終わったことにより，当初，政府側が民主党との妥協案として法案に上乗せしていた（国会ではのりしろといわれていた）4年間の時限措置や，安保理決議の列挙規定，国会の事後承認などは，何の見直しもされないまま成立することとなった。

もっとも，同党や公明党が国会質疑で問題とした武器・弾薬の陸上輸送については，基本計画の決定に際して，小泉首相より，安全確保支援活動にお

いて米軍等の武器・弾薬の輸送を実施せず，自衛隊の派遣が人道復興支援に重点があることが表明されることとなった。こうした首相の判断には，世論の批判を背景とする野党などからの根強い主張が影響を及ぼしたともいえる[97]。そうした点で，野党の国会審議における反対は，実施段階での政府の意思決定にも一定の影響力を持ち，自衛隊の運用に関しても，間接的な形でシビリアン・コントロールに関与したといえなくもない。しかし，総じて，野党のシビリアン・コントロールにおける役割は小さく，また，与党は政府との協議に重点を置き，国会における野党との交渉による法案決定や実施過程への影響力の行使の方法は選択しなかった。そうした点で，イラク特措法案の国会審議・決定過程における各統制主体によるシビリアン・コントロールでは，政党，特に野党による役割は十分でなかったといえる。

また，客体である制服組の側も，法案の国会審議過程では法案作成時における武器使用基準の見直しで当初見られたようなロビー活動は実施せず，シビリアン・コントロールの主体である議員と客体である制服組との強い同一化や逆転現象は見られなかった。その結果，与野党の幹部や特別委員会の筆頭理事といった現場レベルの政治家が，制服組からの影響を受けて，国会での決定過程に関与する度合いは低かった。代わって，国会審議・決定過程を主導したのは，小泉首相や石破防衛庁長官，福田官房長官らの関係閣僚とそれを補佐する省庁官僚制であった。こうした国会段階での野党の影響力の低下や，執政部のトップリーダーである首相や官房長官，防衛庁長官などの法案所管大臣が国会答弁などを通じて執行段階での自衛隊の運用方針の方向性を示すことで，国会審議・決定過程におけるシビリアン・コントロールは，政府側がその統制主体として主導し，自衛隊の活動範囲や内容を，既存の自衛隊の海外派遣法制に比べてより拡大する能動的統制として作用することとなったのである。

---

97) 法律が想定した範囲を超えた治安の悪化と攻撃対象の無差別化という事態の発生によって，自衛隊の派遣を決定するまでの過程において，与党内で公明党を中心に慎重な対応を求める声が強くなり，また，世論からの支持を調達することも困難になっていた。

結章 冷戦後日本の安全保障政策の立法過程における シビリアン・コントロールの変容と民主的統制 の強化

第1節 統制主体の変化と制服組の影響力によるシビリアン・コントロールの変質

前章までの4件の事例研究の分析に基づき，冷戦後日本の安全保障政策の立法過程におけるシビリアン・コントロールがどのように変質したかについて，以下のような特徴と傾向があることが指摘できる。

1．シビリアン・コントロールにおける統制主体の変化

まず，統制主体の変化については，周辺事態法，テロ対策特措法，有事関連法，イラク特措法の4法案の立法過程において，法案作成の実務を通じて主導的に影響力を行使した主体は，いずれも外務省や防衛庁内局，内閣官房，内閣法制局といった官僚制組織であった。周辺事態法では，外務省や防衛庁内局が主体となり，同時多発テロを契機とするテロ対策特措法以降は，防衛庁内局や外務省とともに，内閣官房がより中心的な主体となった。そうした点からは，法案作成という実務面では，冷戦後においても依然として，安全保障政策の立案を政治家が官僚制に委任し，官僚制組織を通じてシビリアン・コントロールが行使されるという間接的統制が維持されることとなったと考えられる。

しかし，こうした法案作成過程においても，法案の方向性や重要な内容に関しては，小泉首相や福田官房長官などの執政部や，石破防衛庁長官らの閣僚が主導権を行使する直接的統制の要素が，テロ対策特措法以降，顕著になってきたということが指摘できる。たとえば，周辺事態法においては橋本首相

が，テロ対策特措法以降は，小泉首相が法案作成の議題設定においてイニシアティブをとることとなった。特に，小泉首相は，法案の内容面にも具体的な指示を出す場合が度々みられた。また，防衛庁では，中谷元や石破茂らが長官の立場から，制服組の利害を代弁して発言する機会も増えるようになった。一方，自民党では，山崎幹事長や久間政調会長代理らの国防族が与党の幹部や，党の調査会・部会の幹部として，法案の作成・決定過程に影響力を行使する場面も増えた。こうした政治家による安全保障政策への積極的な関与は，1998年まで継続されてきた自社さ連立政権から1999年以降の自自公連立政権への政権枠組みの変化や，2001年の小泉内閣の発足が契機となった面が強い（**表結-1**）。自由党の連立政権への参加は，抑制的統制の作用を果たしてきた社民党に代わって，連立政権内における重要課題に安全保障政策を引き上げることとなった。また，首相に就任した小泉は，自身のイニシアティブの行使や，自民党国防族を防衛庁長官や与党幹部に充てるといった人事任用によって，ハト派主導であった自民党内の権力の所在を積極派が主流になるような人的配置をもたらした。

　一方，冷戦後の安全保障立法は，安全保障政策に消極的な社民党や公明党との連立政権のもとで進められた。こうした冷戦後の安全保障立法は，55年体制下のような，自民党国防族と防衛庁内局・制服組の政策共同体によって合意を形成すれば成案を得ることが可能になるといった単純な政治過程とは異なることとなった。冷戦期までの防衛庁は，こうした閉ざされた利害関係者の中で，自民党の選好を暗黙の内に反映させることで，与党から官僚制への委任を正当化する面もあった。しかし，異なる政策選好を持つ政党の連立への参加は，安全保障立法の政策形成・決定に対する影響力を独占してきた自民党の国防族に加えて，連立を組む各党が明示的な影響力を及ぼすこととなった。結果的に，自社さ連立政権以降，連立与党が安全保障政策の政策形成に関与する度合いは強まり，自民党の国防関係部会よりも，連立与党の協議会やプロジェクトチームが，安全保障政策の実質的な決定の場となった。

　自社さ連立政権においては，加藤紘一幹事長や国防族の山崎拓政調会長が，与党間協議の取りまとめの任に当たり，周辺事態法の政府内作成過程では，連立与党のパートナーである社民党やさきがけとの調整に当たった。同法案

第1節　統制主体の変化と制服組の影響力によるシビリアン・コントロールの変質　299

表結-1　安全保障関係法案の作成・審議時の政府・与野党の主要アクター

法案	ステージ	首相	外務大臣	防衛庁長官	内閣官房長官	自民党幹事長	社民党幹部	自由党幹部	保守党幹部	公明党幹部	民主党幹部
周辺事態法	法案作成・提出時	橋本龍太郎	小渕恵三	久間章生	村岡兼造	加藤紘一	土井たか子党首/伊藤茂幹事長	―	―	神崎武法代表/冬柴鉄三幹事長	菅直人代表/鳩山由紀夫幹事長
	法案審議・成立時	小渕恵三	高村正彦	野呂田芳成	野中広務	森喜朗	同上	小沢一郎党首/藤井裕久幹事長	―	同上	菅直人代表/羽田孜幹事長
テロ対策特措法	法案作成・提出時	小泉純一郎	田中眞紀子	中谷元	福田康夫	山崎拓	―	―	野田毅党首/二階俊博幹事長	神崎武法代表/冬柴鉄三幹事長	鳩山由紀夫代表/菅直人幹事長
	法案審議・成立時	同上	同上	同上	同上	同上	―	―	同上	同上	同上
有事関連法	法案作成・提出時	小泉純一郎	川口順子	中谷元	福田康夫	山崎拓	―	―	野田毅党首/二階俊博幹事長	神崎武法代表/冬柴鉄三幹事長	鳩山由紀夫代表/菅直人幹事長
	法案審議・成立時	小泉純一郎	川口順子	中谷元→石破茂	福田康夫	山崎拓	―	―	熊谷弘代表/二階俊博幹事長	同上	鳩山代表/菅幹事長→菅直人代表/岡田克也幹事長
イラク特措法	法案作成・提出時	小泉純一郎	川口順子	石破茂	福田康夫	山崎拓	―	―	熊谷弘代表/二階俊博幹事長	神崎武法代表/冬柴鉄三幹事長	菅直人代表/岡田克也幹事長
	法案審議・成立時	同上	同上	同上	同上	同上	―	―	同上	同上	同上

の国会提出後は，自社さ連立は閣外協力を解消し，小渕政権のもとで，野中官房長官を中心とする執行部が，連立を組んだ自由党や連立政権への参加を念頭においた公明党との修正協議を通じて，両党の意向を反映した修正を行い，法案成立を可能とした。自公保連立政権に転じて以降は，テロ対策特措法，有事関連法，イラク特措法のいずれにおいても，三党の幹事長を中心に法案の作成と国会への対応についての調整が図られた。法案作成過程では，政府による法案作成に対して，連立与党の協議会やプロジェクトチームが，法案内容に対するモニタリングと主張の注入を行い，官僚主導から与党主導へと法案作成プロセスを変化させることとなった。連立与党の法案協議では，自民党の山崎幹事長が，制服組の組織的利害を反映させながら積極的な立場をとることが多かった。これに対して，平和主義を掲げる公明党は，冬柴幹事長を中心に抑制的な立場からの主張を展開した。両者の安全保障政策に対する立場は相異なるものの，最終的には政治家が主導することで，省庁側の主張や抵抗を抑制し，対立点についての妥協と決着が図られることとなった。国防族である山崎ら自民党幹部が公明党に対して融和的であったのは，連立政権の維持に優先度が置かれていたからである。また，連立政権にとどまっていた社民党が周辺事態法案の国会提出をめぐって閣外協力の解消に至ったのに対し，公明党が自衛隊の権限を拡大させる内容を持つこれらの安全保障立法に関して譲歩した背景には，社民党のような非妥協的な姿勢をとることが，結局は，野党の民主党と自民党の接近を招くという現実認識があった。公明党は，ゼロ・サム的な対応をすることよりも，連立政権の中でより同党の主張に近い形で法案の内容を改めることに連立与党内での均衡点を求めた。その結果，公明党は，自民党との連立政権の中で抑制的な観点からのシビリアン・コントロールにおいて重要な役割を担うこととなったのである。

　一方，国会の審議・決定過程では，周辺事態法の場合，自民党は，参議院で過半数を失っていた。社民党など旧与党からの賛成を得ることが容易ではない同法案を成立させるためには，連立に参加するパートナーを新たに得ることが必要であった。こうした野党側と対立する政策を推進するための一部の政党との提携が，自社さから自自公への連立政権の組み替えを生むことと

なった。自公保連立政権以降のテロ対策特措法やイラク特措法では，国会における野党第一党である民主党との合意よりも，連立与党内における自公の間の結束維持が優先されることとなった。また，有事関連法では，小泉首相や自民党執行部は，野党第一党の民主党との連携による広範な連合を形成する方法を選択した。このように，野党が国会において政策決定での実質的な影響力を行使するためには，国会における与党側との政治的な駆引きなどによって左右される場合が多い。しかし，安全保障関係の重要立法に関しては，他の政策領域と比較しても，法案審議や修正交渉を通じて，野党の影響力がその議席数以上のものとして決定内容に反映されることとなってきたといえる。そこでは，55年体制のような国会のヴィスコシティを使った抵抗戦術ではなく，党執行部からある程度の裁量を与えられた現場レベルの担当者同士の交渉によって，野党も与党とともに法案修正に関与することとなった。特に，民主党は，与党の公明党よりも，安全保障政策においては自民党との政策の近似性があった。そのため，イラク特措法のように，国政選挙を意識した敵対型政治の局面を例外として，テロ対策特措法に基づく自衛隊派遣の承認案件や有事関連法などの政策決定では，自民党との合意形成を志向してきたといえる。それは，日米関係に配慮し，政権担当能力を示すという民主党の基本姿勢に基づくものでもあった[1]。こうした二大政党間の安全保障政策における共通性が，国会の審議・決定過程における野党の影響力を可能としてきたともいえるだろう。

以上の分析から，冷戦後の日本の安全保障政策の立法過程においては，官僚制組織においては，外務省や防衛庁内局に加えて，首相の補佐部局である内閣官房の役割が増し，内閣においても，防衛庁長官以外にも，首相のイニ

---

1) 55年体制時の日本の政党間政治は，英米のような政策動員的な与野党対立よりも，与野党のイデオロギーの差が大きい，政権対抗的与野党競合であった（樋渡展洋「「五五年」政党制変容の政官関係」『年報政治学1995 現代日本政官関係の形成過程』岩波書店，1995年）。これに対し，政権交代の可能性の存在は，基本政策をめぐる与野党間の接近を促進し，政権担当可能な有力野党の現実化をもたらす。1993年の政権交代とその後の連立政権の経験は，与野党の安全保障政策をめぐる政策距離を近接させ，イデオロギー対立によって政治動員を図るよりも，政策の内容や優先順位を競う政策動員的な与野党競合を形成することとなったといえる。

シアティブや官房長官の関与が増すこととなった。政党レベルでも，自民党に限らず，連立政権のパートナーである連立各党や，野党の民主党なども一定の政策決定への影響力を持った。こうした官僚制組織以外の多様なアクターが統制主体として，立法過程を通じてシビリアン・コントロールに関与するようになったことが，55年体制崩壊後の1990年代後半以降の安全保障政策の決定過程における特徴であろう。そこでは，冷戦期のように，防衛庁内局がもっぱらシビリアン・コントロールの主体となる文官統制は決定的な存在ではなくなったということができる。

2．間接的統制におけるシビリアン・コントロールの特徴

次に，こうした統制主体の変化との関係から，4件の事例ごとに，影響力をもった組織またはアクターと制服組との関係を，序章で示した主体・客体関係の指標で分類した結果が，**表結-2 及び表結-3** である。

政治家がその統制を官僚制に委任する間接的統制において，影響力を持った組織が防衛庁内局や外務省の場合，統制の主体であるシビリアンとその客体である制服組の組織的利害が一致し，シビリアンの側が制服組の利害を代弁する「同一化型」の傾向があることが指摘できる。このパターンは，制服組の影響力が統制主体であるシビリアンに浸透し，両者の組織的利害が一致することで，シビリアン・コントロールにおける文民と制服組との優劣関係は相対的なものとなり，文民優位は必ずしも確保されない場合がある。

これに対して，間接的統制であっても，内閣官房や内閣法制局が影響力をもつ場合，統制の主体であるシビリアンと客体である制服組との関係は統

表結-2　間接的統制における影響力をもった組織と制服組との関係

影響力をもった組織	防衛庁内局	外務省	内閣官房	内閣法制局
周辺事態法	同一化型	同一化型		シビリアン主導強制型
テロ対策特措法	同一化型	同一化型	シビリアン主導容認型	シビリアン主導強制型
有事関連法	同一化型		シビリアン主導・同一化の混合型	シビリアン主導強制型
イラク特措法	同一化型	同一化型	シビリアン主導・同一化の混合型	シビリアン主導強制型

第1節 統制主体の変化と制服組の影響力によるシビリアン・コントロールの変質　303

表結-3　直接的統制における影響力をもったアクターと制服組との関係

影響力をもったアクター	首相	内閣官房長官	防衛庁長官	自民党国防族	自民党ハト派	公明党	社民党	民主党	その他政党
周辺事態法	シビリアン主導容認型		シビリアン主導容認型または同一化型	同一化型		シビリアン主導強制型	シビリアン主導強制型		自由党（同一化型）
テロ対策特措法	シビリアン主導容認型	シビリアン主導容認型	同一化型	同一化型	シビリアン主導強制型	シビリアン主導強制型		シビリアン主導強制型	自由党（同一化型）
有事関連法	シビリアン主導容認/強制型	シビリアン主導・同一化の混合型	同一化型	同一化型		シビリアン主導強制型		同一化型	保守党（同一化型）
イラク特措法	シビリアン主導容認型	シビリアン主導容認/強制型	同一化型	同一化型	シビリアン主導強制型	シビリアン主導強制型		シビリアン主導強制型	

制―服従関係にあり，主体の側の判断によって，制服組の行動が規律される「シビリアン主導型」である傾向が指摘できる。こうしたパターンでは，一般的には，シビリアン・コントロールにおける文民優位が確保されている場合が多い。もっとも，内閣法制局は，本来，外交・安全保障政策の所管官庁ではなく，制服組との関係においても上下関係にはない。それは，外交・防衛当局の「外部」機構からの統制であり，そうした点で，制服組の側が主体との統制―服従関係を結果的に受け入れざるを得ない「シビリアン主導強制型」の側面が強いといえる。そうした例として，周辺事態法以降，武力行使との一体化の制約をクリアする法制上の概念として「後方地域」，すなわち戦闘地域と一線を画す地域の概念が採用され，自衛隊による海外での活動範囲が拡大することとなった。それに伴う武器使用基準の見直しは，制服組の最大の要求項目でありながら，内閣法制局が一貫して拒否したため，制服組が自民党国防族との連合の形成により，その統制を乗り越えようとの試みもなされた。その結果，部分的な武器使用基準の緩和は実現したものの，内閣法制局の憲法解釈を変更させるような影響力は持ちえなかった。こうした事実は，内閣法制局による統制が他のアクターに対して優位するものであったことを

示していよう。なお，内閣官房は，テロ対策特措法では制服組と一定の距離を置き，集団的自衛権との関係でより慎重な立場をとった。しかし，イラク特措法では，武器・弾薬の陸上輸送に関しては，制服組の利害を重視して，武力行使一体化とのグレーゾーンについても踏み込むこととなった。さらに，有事関連法では，武力攻撃事態における内閣による意思決定を支える部局として，また，国を代表して，地方自治体や民間事業者との調整に関与する立場から，制服組と組織的利害を共有する同一化型のパターンが見られることもあった。そうした点で，内閣官房と制服組との関係は，シビリアン主導型と同一化型が混合した中間型の傾向を強めることとなった。こうした官僚制への委任に基づく間接的統制において，その主体・客体関係が，同一化型とシビリアン主導型とに異なることとなったのは，外交・安全保障政策を所管する省庁として，自衛隊の運用に直接の責任を持つ外務・防衛両省庁と，内閣の機関として，行政全体の総合的視点や法令審査の観点から，安全保障政策に非軍事部門官庁として関与する機関との，それぞれの統制主体の組織的特質を反映したものであると考えられる。

　こうした統制主体と客体との一般的な関係図式の下で，各法案の作成過程と国会審議・決定過程において，各主体がどのような内容の政策に関して，影響力を及ぼしたかを法案ごとに示したのが，**表結-4** から **表結-7** である。この具体的例示からは，防衛庁内局や外務省は，自衛隊の活動範囲や内容，権限を拡大し，自衛隊を積極的に活用して運用する能動的統制の立場をとり，内閣法制局は，こうした外務省・防衛庁の要求を部分的に受け入れつつ，憲法適合性の観点から，自衛隊の活動内容や権限を憲法に適合するように抑制する抑制的統制の立場を基本とした。また，内閣官房は，自衛隊の積極的活用を図りつつ，首相の意向や，各省庁や自治体，民間指定機関との利害を調整しながら，政府としての総合的な視点から自衛隊を運用する立場をとり，能動的統制と抑制的統制の中間的な位置にあったといえる。こうした各主体の統制の内容の相違は，それぞれの主体の制度的位置づけや政策選好とともに，客体である制服組との組織的利害の共通性や人的関係の距離の度合いなどを反映したものであったといえよう。

第1節 統制主体の変化と制服組の影響力によるシビリアン・コントロールの変質 305

表結-4 各主体が主導または影響力を及ぼした統制の内容—周辺事態法の場合

官僚制レベル		防衛庁内局	外務省	内閣官房	内閣法制局	他省庁
各主体が主導または影響力を及ぼした統制の内容	法案作成過程	新ガイドラインの策定 新法制定を推進 戦闘地域の概念規定 武器使用範囲の拡大 国会承認制に反対	新ガイドラインの策定 周辺事態の地理的範囲を極東周辺と明示	国会承認制を採用せず国会報告とする	武器・弾薬の補給含めない 戦闘作戦行動発進準備中の米軍機への給油禁止 警告射撃を除外 国会報告を義務づけ	

政治レベル		首相	内閣官房長官	防衛庁長官	与党	野党
各主体が主導または影響力を及ぼした統制の内容	法案作成過程	ガイドライン見直しの指示 周辺事態が地理的概念を持つことを否定		周辺事態が地理的概念を持つことに反対	新法制定を要求（自民） 船舶検査を国連決議に限定（社民）	
	国会決定過程				周辺事態定義追加（自由） 船舶検査の除外（自由）→別法で成立（公明）	周辺事態の認定基準の明確化（民主，公明） 自治体・民間協力義務づけについての明示化（民主，社民） 国会事前承認制（公明）

3. 直接的統制におけるシビリアン・コントロールの特徴

　こうした官僚制による間接的統制に対して，政治家主導による直接的統制では，以下の特徴が指摘できよう。まず，直接的統制において影響力を持ったアクターが国防族出身の中谷，石破両防衛庁長官や，自民党の国防関係議員，自由党，保守党などの保守政党の場合，統制の主体であるシビリアンとその客体である制服組の利害が一致し，シビリアンの側が制服組の利害を代弁する「同一化型」の傾向があるといえる。これに対して，首相の場合，統制の主体であるシビリアンと客体の制服組の関係は，指揮命令系統上の上下関係にあり，主体の側の指示または判断によって制服組の行動が規律され，

表結-5 各主体が主導または影響力を及ぼした統制の内容——テロ対策特措法の場合

官僚制レベル		防衛庁内局	外務省	内閣官房	内閣法制局	他省庁
各主体が主導または影響力を及ぼした統制の内容	法案作成過程	武器使用防護対象の拡大 武器・弾薬の陸上輸送	新法制定を主張 国会承認を不要	新法制定の合意取り付け 法案作成チームによる立案	武器使用基準の緩和に反対	

政治レベル		首相	内閣官房長官	防衛庁長官	与党	野党
各主体が主導または影響力を及ぼした統制の内容	法案作成過程	自衛隊派遣の方針決定	政府内取りまとめ（福田官房長官）		外国領域における活動（自民） 法の目的に国連憲章を強調（公明） 2年間の時限立法（公明）	
	国会決定過程				自民・民主トップ会談（決裂） 武器・弾薬の陸上輸送除外 国会事後承認制（自公保）	武器使用に人道的見地を追加（民主）

　制服組の側が主体との統制——服従関係を抵抗なく受け入れる「シビリアン主導容認型」である場合が理想的であるといえる。しかし，実際には，橋本首相の場合には，制服組の意向を重視し，防衛庁内局や制服組に対して首相から直接指示がなされるというシビリアン主導容認型であったのに対し，小泉首相の場合は，制服組との間で必ずしも組織的利害を共有しない側面もあった。そのため，同首相のイニシアティブは，首相を補佐する内閣官房の大森副長官補や山崎幹事長らの自民党執行部を通して行使されるというのが一般的であった。そこでは，首相の補佐役である福田内閣官房長官や古川官房副長官が内閣の要として，小泉首相のイニシアティブを補完したものの，内閣官房と防衛庁・自衛隊の関係は，必ずしも上下関係にあるわけではなく，シビリアンの側からの統制を制服組が抵抗なく受け入れるシビリアン主導容認型よりも，シビリアン主導強制型に近かったといえる。そのため，小泉首相の意向は，防衛庁や与党の抵抗によって妥協を余儀なくされることもあったのである。小泉首相がトップダウンで指示した武力攻撃事態対処法へのテ

第1節　統制主体の変化と制服組の影響力によるシビリアン・コントロールの変質　307

表結-6　各主体が主導または影響力を及ぼした統制の内容―有事関連法案の場合

官僚制レベル		防衛庁内局	外務省	内閣官房	内閣法制局	他省庁
各主体が主導または影響力を及ぼした統制の内容	法案作成過程	武力攻撃事態の定義の拡大 自衛隊法改正案作成 物資保管命令違反への罰則化		法案作成チームによる立案 自治体・指定公共機関への指示権付与 国民保護法制の輪郭・骨子の取りまとめ		テロ・不審船対策含むことに消極的（警察・海保庁） 自治体への指示権に消極的（総務省） 国民保護法制の先送り

政治レベル		首相	内閣官房長官	防衛庁長官	与党	野党
各主体が主導または影響力を及ぼした統制の内容	法案作成過程	テロ・不審船対策を指示（補則追加）	与党との調整（安倍官房副長官）	防衛庁内の推進体制の構築	国民の協力義務づけ（自民・保守） 自治体への指示権個別法措置必要 国民の協力義務を努力義務・罰則なし 人権保障・損失補償規定 対処基本方針の国会承認制（以上，公明）	
	国会決定過程	与野党修正協議を指示 防衛庁長官の交代			武力攻撃事態の定義の変更し直し テロ・不審船対策のための補則修正 国民保護法制整備本部の設置	事態認定の前提事実の対処方針への明記 人権保障規定の明記 国会の議決による対処措置終了 国民への情報提供 国民保護法制の整備期限の短縮等（与党・民主合意）

ロ・不審船対策の追加や，福田官房長官が推進していたイラクにおける大量破壊兵器の処理は，制服組にとっては受容しがたい問題を抱えていた。その

表結-7　各主体が主導または影響力を及ぼした統制の内容—イラク特措法の場合

官僚制レベル		防衛庁内局	外務省	内閣官房	内閣法制局	他省庁
各主体が主導または影響力を及ぼした統制の内容	法案作成過程	携行武器の装備強化	国連決議1483号推進	法案作成チームによる立案 国会事後承認 武器・弾薬の陸上輸送	武器使用基準の緩和に反対	

政治レベル		首相	内閣官房長官	防衛庁長官	与党	野党
各主体が主導または影響力を及ぼした統制の内容	法案作成過程	自衛隊派遣の方針決定	与党との調整（福田官房長官）	武器使用基準の見直しなど内局・自衛隊を代弁	武器使用基準の緩和要求（自民）国連決議を要求（公明）大量破壊兵器処理削除（自民党総務会）	
	国会決定過程				委員会レベルでの与野党折衝（決裂）	民主党・自衛隊派遣削除の修正案提出（否決）

ため，制服組は，他の統制主体である自民党国防族などとの連携を形成して，官邸からの統制の骨抜きを図ったともいえる[2]。

一方で，野中広務を始めとする自民党内のハト派議員や，連立与党の社民党，公明党は，制服組との組織的利害を共有せず，政党または議員としての独自の立場から，自衛隊の活動に一定の制約を加えることで影響力を行使した。同様に，野党の民主党なども，国会の場において政府への質疑や与党との修正交渉などを通じて，自衛隊に対する統制の主体となった。これらの政

---

[2] こうした制服組の行動は，統制主体である本人の複数性を理由とする意図的なサボタージュであるとの見方も成り立つであろう。テロ対策特措法に基づく自衛隊の派遣プロセスにおいても，同法施行後，アフガニスタン復興支援のために，陸上自衛隊に対して，地雷除去活動や衛生部隊の派遣などが検討課題にあがった（谷勝宏「テロ対策特別措置法の政策過程—同時多発テロ以後の自衛隊派遣」『国際安全保障』第30巻第1-2合併号，2002年9月，145〜146頁）。しかし，現行武器使用基準のもとでの安全確保の困難性から陸上幕僚監部は，中谷防衛庁長官や自民党国防族への組織的なロビー活動を展開し，陸上部隊の派遣を案の段階で回避することとなった（朝日新聞「自衛隊50年」取材班・前掲書38〜41頁，半田・前掲書50〜53頁）。

党または議員と制服組との関係は，直接的な上下関係に立たない，組織外部からのシビリアン主導強制型の統制であった。

なお，これらの立法過程の事例の分析では，統制の主体であるシビリアンが，客体である制服組の影響力を強く受け，制服組がシビリアンの意向に反して，その利害を実現する「逆転現象型」はほとんど見られなかった[3]。ファイナーが指摘したような，政治に対する軍の圧力が強まり，制服組が政治に介入するといった問題は，現在の時点の日本の立法過程では存在せず，制服組の影響力は，政治家や省庁に対する合法的な範囲内で，政策の変更や実施に一定の作用を及ぼす限定的なものであるといえる。そうした点で，日本の安全保障政策のあり方を決定する立法過程においては，シビリアンの側に統制能力が備わっておらず，制服組の利害が過剰に反映されることで，文民優位が喪失するといった事態は現在のところ生じていないといえる。

こうした直接的統制における主体・客体関係の相違は，政党が主体の場合は，それぞれの主義や政策などの属性的な要因によって規定されるのが一般的であり，また，主体が個々のアクターである場合には，どのポストにどの政党のだれが就くのか（任用されるのか）によっても左右されるものである。また，こうした主体と客体との関係は，各主体（組織またはアクター）が，法案の作成過程や国会審議・決定過程においてどのような行動をとるかを一定程度規定する要因となる。自民党の国防族議員は，制服組との組織的利害がより密接な関係にあり，その直接的な影響も受けやすいのに対して，首相や官房長官といった内閣の責任者のレベルにあっては，より高次の次元で政策の判断がなされることになる。また，防衛庁長官と制服組との組織的利害が同一化しているのは，その補佐機能を担う内局と各幕僚監部の組織的利害が一体化している現状を反映したものである。小泉政権以降の国防族から防衛庁長官を任命するという人事運用も，防衛庁長官が制服組の利害を代弁した行

---

[3] イラクでの大量破壊兵器の処理支援活動やアフガニスタンでの地雷除去活動に対する制服組の対応は，シビリアン・コントロールの客体である制服組が，法案作成や実施段階において，統制主体の側の案や反対を押し切ってその要求を実現することに成功したという点では，制服組による統制主体に対する「逆転現象型」の要素を含んでいたとも考えられる。

動をとる要因の一つとなったといえる。これに対して，自民党国防族でも，山崎幹事長のような与党の幹部になると，国防族としての個人的利害よりも，連立与党内のパートナーとの調整を優先せざるをえないというケースもありうる。それは，連立与党の公明党幹部においても同様であり，また，野党の民主党の幹部にも，制服組との政策距離や利害の一致度において，緊密な者から疎遠な者まで大きな幅がある。

　こうした直接的統制に関与する各主体による統制の内容は，それぞれの客体との関係を反映しながら，橋本首相や同内閣における久間防衛庁長官，小泉首相や同内閣における中谷，石破防衛庁長官，そして，山崎幹事長らの自民党国防族の各主体は，いずれも，自衛隊を積極的に活用する観点からの能動的統制の立場をとった。これに対して，与党内でも，自民党ハト派や社民党，公明党などは制服組との政策的な距離が大きく，自衛隊の活動を抑制的に統制する抑制的統制の立場をとった。また，野党時代の自由党や公明党は，前者が能動的，後者が抑制的な立場から関与し，民主党については，1998年に野党第一党になって以降，周辺事態法やテロ対策特措法，イラク特措法について，党内に多様な勢力を抱えていることを要因として，反対の立場から抑制的統制の立場をとった。しかし，民主党内には，前原ネクスト安全保障大臣のように，制服組との距離が相対的に近く，内容によっては，制服組との利害が一致する場合もあった。しかし，党全体の立場は，自衛隊の活動範囲や権限の拡大に対しては，国会の立場からの統制を強化することを基本方針とし，法案の賛否で唯一賛成した有事関連法においても，民主党の修正要求は政府案に対して，抑制的な作用を持つものとして行使された。

　このように，政治家を主体とする直接的統制においても，主体・客体関係が同一化型の場合，能動的統制に作用し，シビリアン主導型の場合は，抑制的統制に作用することとなった。そこでは，統制主体であるシビリアンと制服組との組織的な利害の一致度や政策上の距離が，各主体の統制の内容にも反映することとなったといえる。ただし，その例外として，首相や内閣官房長官の場合は，そうした制服組との関係は，橋本首相を除いて，必ずしもその組織的利害との共有があったわけではなかった。小渕内閣における野呂田防衛庁長官や野中官房長官らハト派の閣僚の場合は，制服組との距離はむし

第1節　統制主体の変化と制服組の影響力によるシビリアン・コントロールの変質　311

ろ遠かったともいえる。小泉首相や福田官房長官の場合は、ともに制服組との関係はシビリアン主導型であった。もっとも、小泉首相の場合、自衛隊の活用については一貫して能動的統制の立場をとった。同首相が安全保障政策に関して、歴代政権と比べてより積極的な立場をとったのは、日米同盟の維持・強化や、ミサイル攻撃、テロ・不審船などによる緊急事態への備えに自衛隊を主体的に活用するという自身の政策選好を反映したものであった。

　以上の分析から、自衛隊を一定の目的実現のために積極的に活用し、その役割を拡大させる能動的統制に橋本首相や小泉首相がイニシアティブをとったのは、制服組との利害の一致によってもたらされたものではなく、特に、小泉首相の場合は、内閣官房の補佐機能を用いることで、安全保障政策の決定過程における自らの主導性や影響力を行使しようとしたといえる。そうした点から、小泉首相によるシビリアン・コントロールは、制服組の影響力によって左右されるという受動的なものではなく、自らのイニシアティブによる直接的統制と内閣官房等の官僚制への委任による間接的統制を加味させることで、シビリアン・コントロールの有効性を確保しようとしたともいえる。これに対して、橋本内閣における久間防衛庁長官や、小泉内閣における中谷、石破両防衛庁長官や、自民党の国防族議員の影響力は、究極的には、その源泉が安全保障政策の責任者または専門家として、制服組織との利害の同一化に求められるという点で、首相のリーダーシップのスタイルとは対照をなすものであった。そこでは、防衛庁や制服組の個別的利益を代弁する防衛庁長官や国防族の主張を、首相や内閣官房がより広い次元から調整し、統合する形で、シビリアン・コントロールを行使することが目指されたといえよう。問題は、防衛庁や国防族の主張が優位し、首相や内閣によるリーダーシップや総合調整が機能しなかった事例も存在したことである。そうした事例としては、小泉内閣におけるテロ対策特措法における民主党との修正合意の失敗や、有事関連法におけるテロ・不審船対策、国民保護法制の遅れなどにみることができよう。

　こうした橋本・小泉両首相や久間、中谷、石破の各防衛庁長官、自民党国防族などの政治家や、外務省、防衛庁内局などの官僚制組織の統制が能動的統制に作用したのに対し、自衛隊の活動内容や範囲、権限の拡大に対する

チェック機能の役割を，内閣法制局や，連立与党における社民党や公明党，国会における野党などが担うことで，シビリアン・コントロールの機能を役割分担することとなったともいえる。後者のアクターの影響力は首相や，防衛庁長官，国防族，外務省，防衛庁などによる能動的統制に対して，抑制的統制として作用した。こうした各主体の多様な立場からの相互の綱引きが展開される中で，内閣や国会という公式の決定機関においてコンセンサスの得られた選択肢が，最終的な政策として採用され，自衛隊に対する立法を通じてのシビリアン・コントロールの内容を規定することとなった。そこでは，制服組の主張する軍事的合理性が常に優先されたわけではなく，国民の権利や自由の保障，憲法との適合性の観点からの抑制的統制も一定程度，決定内容に反映されたものとなった。しかし，既存法制との比較で見た場合，自衛隊の海外派遣における活動範囲は漸進的に拡大し，非戦闘地域の概念や武器使用基準の制約なども実質的に希薄化し，自衛隊の運用面での能動的統制がより強まることとなった（表結-8）。日本国内の有事法制においても，自治体や民間機関との関係や国民の権利義務の制約などに関して，既存法制よりも，自衛隊の権限はさらに拡大することとなり，自衛隊の運用を抑制的に統制する作用よりも，能動的な観点からの統制が立法過程において強く作用した結果であることを示している[4]。

4．抑制的統制から能動的統制へのシビリアン・コントロールの変質

以上のことから，シビリアン・コントロールの抑制的統制から能動的統制への変化の要因としては，以下の点が指摘できるであろう。

第一に，国防族や防衛庁長官，外務省，防衛庁内局などの統制主体と客体である制服組との組織的利害の共有または同一化が進み，両者の関係において制服組の影響力が増加することとなった点である（同一化型パターンの増加）。自衛隊の海外での活動範囲の拡大，武器使用基準の見直しや緊急事態における自衛隊への強制権限の付与などの法制化では，政府与党による法案作成過程や国会の審議・決定過程において，制服組との組織的利害を共有または同一化する国防族や防衛庁長官などの政治家が，能動的統制の立場から影響力を行使し，従来型の間接的統制においても，自衛隊を目的達成のための手段

として積極的に活用することを志向する外務省や制服組の利害を代弁する防衛庁内局が、法案の作成過程を主導した。首相の補佐機関として、政府全体の立場から法案作成の企画立案を担った内閣官房も、首相や官房長官の意向実現のために制服組と齟齬をきたした面もあったものの、全体的には、制服組と利害を共有する要素を強めていった。こうした統制主体の側と客体である制服組との組織的利害の一致が、自衛隊の運用に関する能動的統制をもたらした主な要因となったのである。

　第二に、冷戦期までの官僚制への委任に基づく間接的統制に対して、自民党国防族や防衛庁長官などの政治家が統制主体として積極的に関与する直接的統制の要素が増加し[5]、内閣法制局の影響力が低下した点である。外務省、防衛庁内局が湾岸危機以降、自衛隊を積極的に活用する能動的統制を強めたのに対し、内閣法制局は、官僚機構の中で、唯一抑制的の統制の作用を果たし

---

4) 能動的統制の具体例としては、自衛隊の海外派遣法制において、その活動範囲を周辺事態法において日本周辺の公海と上空に限定されていたのが、テロ特措法以降は外国領域が中心となり、テロ特措法で要件とされていた受入国の同意も、イラク特措法では連合暫定施政当局（CPA）の同意で可能となった。武力行使との一体化による制限についても、外国領域での武器・弾薬の輸送や医療の提供は従来グレーゾーンに当たるとされていた。しかし、戦闘地域と一線を画すとの条件つきで周辺事態法以降可能となり、テロ特措法では外国領域での武器・弾薬の陸上輸送は認められなかったが、イラク特措法以降では陸上輸送も法的に可能となった。武器使用基準についても、PKO協力法では自己および自己と一緒の隊員に防護対象が限定され、携行武器も小型武器に限定されていたのが、周辺事態法では自衛隊の武器等および避難者が追加され、携行武器も武器対等原則（合理的に必要と判断される限度で武器使用ができる）に変更された。テロ特措法では防護対象に自己の管理下に入った者が追加され、イラク特措法では任務遂行への妨害行為にも武器使用を認める基準緩和は認められなかったが、携行武器の装備強化や部隊行動基準（ROE）の作成によって運用段階で実質的に代替させる方法がとられた。一方、周辺事態や武力攻撃事態における自治体や関係民間企業の協力については、周辺事態法では一般的な協力義務であったものが、武力攻撃事態法では、国が自治体や指定公共機関に対して指示権を持ち、自治体等は実施する責務を負うこととなった。また、国民についても協力することが努力義務となった。国会の関与に関しては、PKFや周辺事態法が事前承認を要件としていたのに対し、テロ特措法やイラク特措法ではいずれも事後承認のみで可能としている。

5) 周辺事態法案においては、橋本首相や外務省・防衛庁などの官僚制組織が、テロ対策特措法以降は、小泉首相や中谷・石破両防衛庁長官、山崎幹事長らの自民党国防族などの政治家や外務省、防衛庁、内閣官房などの官僚制組織が統制主体となった。

表結-8　自衛隊の海外派遣における活動範囲の拡大

	国連平和協力法（1990年廃案）	PKO協力法（1992年）	周辺事態法（1999年）	テロ対策特措法（2001年）	イラク特措法（2003年）
現場の状態	戦時	平時	準戦時	戦時	準戦時
地理的な活動範囲	限定なし	限定なし	日本と日本周辺の公海と上空	限定なし	限定なし
外国領域への派遣の要件		受入国の同意 停戦合意（参加五原則）	外国領域含まず	受入国の同意	連合暫定施政当局（CPA）の同意
自衛隊の活動地域	政府答弁（現に戦闘が行われていない地域）	停戦合意下	非戦闘地域	非戦闘地域	非戦闘地域
主要な活動	・平和協力業務 ・物資協力	・国連平和維持活動 ・人道的国際救援活動 ・物資協力	・後方地域支援 ・後方地域捜索救助活動	・協力支援活動 ・捜索救助活動 ・被災民救援活動	・人道復興支援活動 ・安全確保支援活動
武器・弾薬の輸送・補給	政府答弁（武力行使と一体となるような輸送協力は行えない）		武器・弾薬を含む輸送 武器・弾薬を除く補給	武器・弾薬を含む輸送（陸上輸送不可） 武器・弾薬を除く補給	武器・弾薬を含む輸送（陸上輸送可） 武器・弾薬を除く補給
国連の関与	国連決議	国連決議か国際機関の要請を要件		国連安保理決議（目的）	国連安保理決議（目的）
国会承認	不要	PKF事前承認	事前承認	事後承認	事後承認
国会報告		実施計画の内容等について遅滞なく報告	基本計画の内容等について遅滞なく報告	基本計画の内容等について遅滞なく報告	基本計画の内容等について遅滞なく報告
武器使用による防護対象	・自己 ・他人	・自己 ・自己と一緒の隊員（2001年改正で、自衛隊の武器等、自己の管理下に入った者を追加）	・自己 ・自己と一緒の隊員 ・自衛隊の武器等 ・避難者	・自己 ・自己と一緒の隊員 ・自衛隊の武器等 ・自己の管理下に入った者	・自己 ・自己と一緒の隊員 ・自衛隊の武器等 ・自己の管理下に入った者
携行武器の範囲	小型武器に限定	小型武器に限定	武器対等原則	武器対等原則	武器対等原則
有効期間	期限なし	期限なし	期限なし	2年間（6年間に改正）	4年間（6年間に改正）

てきた。しかし，自衛隊の後方支援の範囲の拡大や武器使用基準の緩和などの法案の作成過程では，外務省・防衛庁やその応援団としての自民党幹部・国防族，そして防衛庁長官が主導して，「政策実施の必要性」の観点から法制局解釈という従来の制約を取り払い，内閣法制局は合憲性をかろうじて確保する範囲内での譲歩を余儀なくされた。こうしたシビリアン主導強制型の要素を持つ内閣法制局の後退と，同一化型の要素を強めた政治家の主導という統制主体間の権力の移動が，自衛隊の積極的運用という結果をもたらすことになったといえる。

　第三は，2001年以降，政権の座にあった小泉首相の政策選好の反映である。一般的に制服組との関係を重視した橋本首相に対して，小泉首相は制服組の組織的利害の代弁者では必ずしもなかった（テロ・不審船対策の有事法制との包括的処理や民主党との修正合意のための譲歩を指示するなど，シビリアン主導強制型の要素を強く持っていた）。しかし，同首相は，日米同盟の維持・強化や，有事における危機管理に政策課題の優先順位を置いており，こうした首相の政策選好に基づくイニシアティブは，結果的に自衛隊を実際の活動で積極的に運用するという能動的統制の立場につながった。

　第四に，連立与党における公明党，国会における民主党が，制服組との同一化が進む外務・防衛両省庁や自民党に対して，抑制的統制の観点から一定の影響力を発揮したものの（シビリアン主導強制型），その影響力は一定の限界があった点である。特に，連立与党の公明党の場合，その議席数以上の影響力を与党間協議で発揮したものの，最終的には連立政権の維持の観点から，自衛隊の役割や権限拡大にも妥協することとなった。また，民主党も与野党協議において，有事法制などでは法案修正を通じて影響力を持ちえたが，国政選挙における争点設定の必要性や衆参両院で多数を得ていない野党としての立場から，その他の法案決定過程では，政府側答弁以上の結果を引き出すことはできなかった。

　以上の点から，自衛隊の積極的な活用に関する政策選好を持つ小泉首相や内閣官房，制服組と組織的利害を共有，同一化する防衛庁長官や自民党国防族，外務省や防衛庁内局によって行使される能動的統制が，その対抗セクターとして制服組とは異なる政策選好と組織的利害を持つ内閣法制局や連立与

党，野党などのシビリアン主導強制型のアクターによる抑制的統制よりも，相対的に強く働くことで，冷戦期までの自衛隊に対する抑制的統制は，冷戦後の安全保障政策の立法過程において能動的統制として作用することとなったのである。

　本節では，こうした政治家や官僚制組織と制服組との関係が，冷戦期のシビリアン主導型から，冷戦後に両者の間で組織的利害の共有や同一化が進んだことを主な要因として，抑制的統制から能動的統制への変化がもたらされたことを説明した。では，なぜ，こうした統制主体と客体である制服組との組織的利害の共有や同一化が冷戦後に進むことになったのであろうか。その背景には，冷戦後の国際安全保障環境の変化による外生的要因や，制服組の利害が統制主体に反映されることを可能とする制度的な変更があったことを指摘しておきたい。序章で指摘したように，冷戦後の安全保障政策は，湾岸危機において，日本が人的な貢献をしなかったことにより，国際社会からの信任を得られなかったことがその転機となった。以後，外務省や防衛庁内局は，国際社会への貢献と，日米同盟の観点から，自衛隊の海外への派遣と，米国との防衛協力の強化を安全保障政策の優先事項とするようになった。PKO協力法以降の自衛隊の海外派遣法制は，こうした国際社会への日本の貢献をその政策的正統性の根拠として進展してきたものであった。一方，PKOや国際緊急援助活動への自衛隊の派遣は，その実績を積むにしたがって，世論の理解と支持を獲得し，政治レベルでも自衛隊を違憲とする政党勢力の衰退により，冷戦後，自衛隊は政治的な正統性を高めることとなった。そうした時期に，北朝鮮による核開発やミサイルの発射実験が強行され，2001年に発生した同時多発テロを起因として顕在化した新たな脅威の出現が，日本人の安全保障観を変え，有事に対する危機管理の必要性を認識させることとなった。こうした国際テロや有事法制に対する世論の認識の変化が，政党レベルでの制服組との利害の共有や同一化を進め，自民党内において，自衛隊を能動的に活用しようとする積極派を多数派に転換することとなったのである。また，自衛隊を目的達成の手段として能動的に活用することを通じて，外務省や防衛庁内局は，実施部隊である制服組の組織的利害を代弁し，それを強化する役割を担うようになったのである。

一方，こうしたシビリアン・コントロールの統制主体と客体である制服組との関係をより緊密なものにした制度的な要因としては，防衛庁内局と制服組との関係及び制服組による中央各省庁や官邸，国会議員との接触を規制してきた保安庁訓令第9号が，1997年に橋本首相によって廃止されたことも，一定の変化をもたらしたといえる。この訓令の廃止をきっかけに，防衛庁内での実質的な意思決定機関である防衛参事官等会議に統幕議長や各幕僚長がメンバーとして参加するようになり，統幕や各幕の幹部による首相官邸や国会議員へのブリーフィングも増加するようになった。こうした制服組からの情報の提供による政治家への働きかけが，自民党や一部の民主党の政治家と制服組との組織的利害の共有や同一化に影響を及ぼしたと考えられる。また，防衛庁内のみならず，内閣官房における法案作成や関係省庁との協議にも，制服組がメンバーとして参加するようになり，官僚制組織と制服組との組織的な融合が一層進むようになったことも，統制主体との関係の変化の要因となったのである。

第2節　国会によるシビリアン・コントロール強化の必要性

1．内閣の裁量権の拡大と制服組の影響力の増大

　前節では，冷戦後の日本の安全保障政策の立法過程において，シビリアン・コントロールの統制主体とその客体である制服組との関係を中心に，日本の安全保障政策におけるシビリアン・コントロールが，抑制的統制から能動的統制へと変化がもたらされたことを検証した。その要因としては，官僚制への委任に基づく間接的統制から，首相や防衛庁長官，自民党国防族などの政治家が主体となる直接的統制の要素が増すとともに，自民党の政治家に加えて，外務省，防衛庁内局などの官僚制組織についても，制服組との組織的利害を共有・同一化することで，自衛隊を目的達成のための手段として能動的に活用しようとするアクターの主導性や影響力が，自衛隊を抑制的に運用しようとする対抗アクターに対して優位になったことを指摘した。しかも，こうした制服組の政治家や官僚制組織に対する働きかけは，冷戦期における組織の拡充から，冷戦後には自衛隊という実力組織がいかに機能するかという

軍事的合理性の追求へとその影響力の内容を変質させるようになってきた[6]。こうした制服組との利害の共有化や同一化に基づいて行使される能動的統制への変化は，必然的に，自衛隊の権限や活動範囲の拡大を伴い，その実施段階における軍事的合理性が優先されることにより，憲法との抵触や国民の権利や自由に対する侵害という，シビリアン・コントロールの目的である「軍隊からの安全」を損なう可能性を持つものとなりうる。実際にも，一連の自衛隊の海外派遣法制の制定によって，武力行使との一体化の可能性のある活動や武器使用基準の緩和を認める法制化が行われたり，武力攻撃事態における自治体や民間指定機関の協力の義務づけや，国民に罰則付きで防衛負担を課すといった法制化が行われたりしたことは，そうした危惧を抱かせるものであろう。

　こうした冷戦後の安全保障政策に関する法整備の結果，自衛隊の運用に関する広範な決定権限が内閣に集中することとなり，内閣の決定段階での裁量権も同時に拡大されることとなった。内閣への権限集中とその裁量権の拡大は，たとえば，周辺事態法に基づく周辺事態の認定や，武力攻撃事態法に基づく武力攻撃事態の認定のように，認定基準が法文に明記されず，内閣の判断によって閣議で決定されるといった決定権限にみられるものである。具体的な認定の判断基準については，政府側からの答弁で例示がなされただけで，その構成要件は，必ずしも明確なものとはなっていない。政府の考え方は，詳細な基準を法文に明記することが，自衛隊の機動的な対応を損なうことになり，一定の裁量の幅を持たせることが必要であるとする軍事的合理性に基づくものであるといえよう。また，周辺事態法やテロ対策特措法，イラク特措法では，後方地域あるいは非戦闘地域という概念が法律上採用されたが，

---

6) 信田は，元陸上自衛隊北部方面総監の志方俊之の「自衛隊とは作戦目的を遂行するために，なるべく短い時間に最も少ない損失で最も大きい成果をあげようと，物理的な合理性を追求するものである。したがって，できれば行動上の制約を少なくし，現場における自由裁量の幅をなるべく広くしておいてほしいと思うのが常である。これに反し，軍隊は政治目的を達成するための一手段にすぎないし，できれば使わないで済ませようと考えるのが政治の常である」との言を引用し，その典型例として，自衛隊の海外派遣時の武器使用規定が緩和されるに至った経緯を挙げ，安全保障政策の決定過程において制服組の発言力が強まったことを指摘している（信田『冷戦後の日本外交』115〜117頁）。

実際の運用では，そうした戦闘地域と非戦闘地域の線引きは，実施段階での基本計画や実施要項に委ねられるため，国会が立法段階で武力行使との抵触や自衛隊の安全性の確保の観点からのチェックを行うことはできない。さらに，海外での自衛隊の活動に際しての武器使用基準の国際標準化が見送られた代わりに，派遣される自衛官の携行武器を実施段階での装備強化によってカバーする措置がとられることとなった。こうした携行武器や装備は，本来，武器使用に関する限界を法律で明記するという立法統制を明確にした上で，政府側に対して，武器の種類や使用条件，部隊の取りうる対処行動などの運用基準が法律の範囲内であることを厳格に定めた部隊行動基準（ROE）を作成することを強く求め，現場の指揮官や自衛官に対する統制を事前に担保しておくべきものであるといえよう。にもかかわらず，携行武器や装備，その運用基準に関して，国会が事前にチェックする統制権限は，テロ対策特措法やイラク特措法では付与されていない。このように，自衛隊の権限拡大に伴うその活動の根幹にかかわる内閣の決定権限に対する法律の留保は明確ではなく，法的な制約を事前に設けないことによって，内閣に実質的なフリーハンドを与えることとなっている。こうした内閣への決定権限と裁量権の付与の背景には，有事における内閣の自由度を高めることによって，対応措置の機動性や迅速性を確保するという軍事的合理性の優先が存在している。

　しかし，問題は，こうした行政府の裁量権限を首相や防衛庁長官などの執政部が適切に行使するための判断力と運用力がシビリアンの側に十分に確保されているかであろう。官邸への情報提供の手段としては，安全保障会議や内閣官房副長官補の仕組みがあるものの，実際には，外務省や防衛省などの関係省庁が情報を独占し，官邸が独自の政策判断を行うことを困難にしている。現行の安全保障会議の欠点は，独立の事務局を持たず，しかも，そのスタッフ組織が，各省庁からの出向者を中心とする構成であることから，外務省や防衛省からの情報に依存し，独自の情報収集能力や中長期的な観点からの政策提言能力を持っていない点にある。米国のNSCが，独立した事務局として200人規模のスタッフを抱え，大統領に対する安全保障政策の分析と助言を提供するとともに，各種の地域別・機能別の政策委員会を下部機構としてもつことで，省庁間の政策調整を行うことを可能としているのとは大き

な格差がある[7]。日本版国家安全保障会議の創設は，そうした官邸の情報機能を強化することを目的とし，米国の大統領のように，首相が独自の政策判断をするための制度的装置をつくることに主眼があるともされた[8]。政府によって提出された国家安全保障会議を設置するための法案は，結局，廃案となったが，現行の安全保障会議を内閣における意思決定のための装置として活用するためには，いかに必要かつ適切な情報を内閣に集中させ，首相を中心とする少人数の閣僚からなる会議メンバーが官僚制組織と制服組の双方からの助言を得ながら，最適な選択肢を迅速に選ぶことが可能な仕組みを構築することができるかが議論される必要があろう。

なお，防衛省への移行や軍事専門的な見地からの防衛大臣に対する補佐の統合幕僚長への一元化など，2006年以降の組織改革は，シビリアンに対する制服組の影響力をより強化する作用を持つものとなろう[9]。また，自衛隊の海外派遣の本来任務化によって，自衛隊の国際平和協力活動が恒常化すれば，その具体的な計画を決定する安全保障会議の開催回数も，より増加することになる。こうした安全保障会議において，正規のメンバーに加えて統合幕僚長が実施機関の責任者として参加することで，制服組の意見や組織的利害に影響を受けた形で，内閣の方針が事実上，決定される可能性が生じることも考えられよう。

さらに，2007年11月に官邸主導で設置された防衛省改革会議（座長・南直哉

---

7) 等雄一郎「「日本版NSC（国家安全保障会議）」の課題—日本の安全保障会議と米国のNSC」『調査と情報 ISSUE BRIEF』第548号，2006年9月，1〜10頁。

8) 日本の憲法が議院内閣制を採用し，行政権は首相ではなく，内閣に属することになっていることから，首相に決定権を全て委ねるような考え方については消極的な意見が事務当局に強いとの指摘もある（内閣官房幹部の発言による）。

9) 防衛省への移行によって，閣議請議，予算要求，省令の制定，諸外国の国防担当組織との対等化など，実務的な面からも同省の機能が強化されることにより，様々な緊急事態が発生した際にも，防衛省が主体的により迅速かつ的確に対応することが可能となるとの指摘がなされている（田村編著・前掲書142〜145頁）。しかし，米国において，1980年代以降の統合参謀本部の強化によって，その影響力が大幅に高まったように，国の防衛に関する主任の大臣としてその権限が強化された防衛大臣に対して，軍事専門的見地からの補佐機能が統合幕僚長に一元化され，統合幕僚監部の比重が高まることになると，防衛大臣の政策判断における制服組の影響力がより拡大する可能性も考えられよう。

東京電力顧問）では，防衛省より，防衛大臣の補佐体制の強化の観点から，防衛大臣補佐官や新たな防衛会議を設置し，さらに，防衛省・自衛隊の中央組織の主要業務を，①文官中心の文官・制服混合組織による「政策企画立案・発信部門」，②，制服中心の制服・文官混合組織による「運用部門」，③文官・制服混合組織による「整備部門」の３つの機能に集約する案が提示された[10]。これを受けて，同改革会議は，2008年7月15日に，①防衛大臣を中心とする政策決定機構の充実（防衛参事官制度の廃止と防衛大臣補佐官の設置，政治家・文官・自衛官によって構成される防衛会議を法律で明確に位置づける等），②防衛政策局の機能強化（自衛官の登用），③統合幕僚監部の機能強化（運用企画局の廃止），④内局，陸・海・空三幕の防衛力整備部門の一元化等の防衛省の組織改革案を答申することとなった[11]。こうした文官と制服組の組織的一体化は，防衛大臣に対する組織的な補佐機能を通じて，制服組の影響力を一層拡大させるものになることが予想される[12]。

　以上の観点からも，制服組の組織的利害を反映した軍事的合理性が，シビリアンの意思決定の内容に過剰に反映されることを防止するためには，軍隊からの安全の視点に基づくシビリアン・コントロールの機能を，平時の段階から「ルールの設定」を通して制度化するとともに，それが実際に作動するような運用の確立が必要であると考えられる。冷戦後の日本は，有事への対処法制を整備するとともに，周辺事態法からイラク特措法に至る立法を通じて，日本有事から，周辺事態，海外における後方支援や人道復興支援までの対応が可能となった。これらの法制化は，防衛庁や外務省，内閣官房などの政府側によって立案され，国会における審議・議決を経て決定されたもので

10）防衛省「防衛省改革会議（第9回）説明資料」2008年5月。
11）防衛省改革会議の報告書に沿って，防衛省は，防衛省改革の実現に向けての実施計画を策定し，2009年度から2010年度にかけて，防衛省の組織再編を実現する方針としている（防衛省「防衛省における組織改革に関する基本方針」2008年8月26日）。
12）久江は，防衛省改革会議の報告書では，制服組が重要意思決定過程への関与の度合いを高めることになるとして，自衛官が大臣の自衛隊に対する命令の作成過程に権限を有すれば，命令を受ける側の人間（制服組）が，命令する側にも入ることになり，また，自らの実質的な人事権を有する各幕僚長の意向に反し，大臣の意思決定を支持することは困難を伴うといった問題を指摘している（久江雅彦「何のための防衛省改革か」『世界』2008年10月号，80~82頁）。

表結-9　冷戦後の安全保障関係法案の国会における修正事例

	修正項目	合意の枠組み
PKO協力法案（92年）	PKF凍結，PKF派遣の国会事前承認制	自民・公明・民社三党の賛成で修正議決
駐留軍用地特措法改正案（97年）	可決	自民・さきがけ・新進・民主・太陽の賛成で可決
PKO協力法改正案（98年）	可決	自民・民主・平和・自由の賛成で可決
周辺事態法案（99年）	周辺事態の定義に，自由党の主張により「そのまま放置すれば我が国に対する直接の武力攻撃に至るおそれのある事態等」の例示を追加。公明党の主張により自衛隊の部隊が実施する後方地域支援，後方地域捜索救助活動については，緊急時を除き国会の事前承認を得るものとすることに修正。船舶検査活動については国連決議を不要とする自由党と必要とする公明党が譲らず，別途立法措置を講じることで削除。	自民・自由・公明三党による賛成で修正議決
船舶検査活動法案（2000年）	可決	自民・公明・民主による賛成で可決
テロ対策特別措置法案（01年）	武器・弾薬の陸上輸送の除外，派遣後の国会事後承認制度を追加	自民・公明・保守与党三党賛成で修正議決
PKO協力法改正案（01年）	可決	自・公・保与党三党と民主党の賛成で可決
武力攻撃事態対処法等有事関連法案（03年）	緊急事態基本法について政党間で真摯に検討し，速やかに必要な措置をとることを覚書にする，危機管理庁は附則に組織の在り方について検討することを規定，基本的人権の保障は法案修正し，憲法14条，18条，19条，21条その他の基本的人権の最大限尊重を規定，武力攻撃事態・武力攻撃予測事態の認定の前提となった事実を対処基本方針に盛り込む，国会の議決で対処措置を終了させる手続きを追加，政府による適時適切な国民への情報提供に関する規定を追加，指定公共機関の指定に当たって「報道・表現の自由を侵さない」ことを附帯決議で明記，国民保護法制を法施行から1年以内を目標に実施すべき旨を附帯決議で明記，首相の自治体への指示・代執行の権限などを国民保護法制が整備されるまで施行しないことを附則に規定	自・公・保与党三党と民主党の賛成で修正議決

表結-9　つづき

	修正項目	合意の枠組み
イラク人道復興支援特措法案（03年）	可決	自・公・保与党三党賛成で可決
テロ対策特措法延長法案（03年）	可決	自・公・保与党三党賛成で可決
国民保護法案等有事関連7法案（04年）	武力攻撃事態対処法に緊急対処事態対処方針に関する規定を設け，事態の認定を含む同対処方針の国会承認を置くとともに，国会が緊急対処措置を終了すべきことを議決したときは，同対処方針の廃止について，閣議の決定を求めなければならないものとすることを追加。	自民・公明・<u>民主</u>三党賛成で修正議決
防衛庁設置法等改正案（05年）	事態が急変する前に緊急対処要領に従い，防衛庁長官があらかじめ部隊に破壊命令を出す規定を明確化する	自民・公明賛成で修正議決
テロ対策特措法延長法案（05年）	可決	自民・公明賛成で可決
テロ対策特措法延長法案（06年）	可決	自民・公明賛成で可決
防衛省移行法案（06年）	可決	自民・公明・<u>民主</u>・<u>国民新</u>賛成で可決
イラク人道復興支援特措法延長法案（07年）	可決	自民・公明賛成で可決
補給支援特別措置法案（08年）	可決	自民・公明賛成で衆議院再可決

（注）合意の枠組みにおける下線を示した政党は野党を示している。

あり，立法段階での国会の修正機能は，政府与党による能動的統制に対して，抑制的統制として作用した（**表結-9**）。こうした国会による法案修正は，法的ルールの決定を通じて，行政府による自衛隊の運用を「事前」に統制する一定の役割を持つものであった[13]。しかし，こうした国会における法案修正や

---

13) 議院内閣制を採用する日本の国会では，衆議院の委員会での内閣提出法案の修正率は形式修正を含めても2割程度にすぎない。これに対して，冷戦後の安保防衛立法の場合（対象としたのは表結-9の17事例），その内容修正の割合は約3分の1と高くなっている。これらの国会による法案修正では，国会の関与を強化する項目が含まれており，国会承認等を通じた国会によるシビリアン・コントロールの役割を増加させることとなっている。

政府側の答弁による明確化といった立法統制における国会の影響力は，議院内閣制の制度のもとでは，政府与党がその内容決定を主導し，野党の立場からの関与は限定的なものにすぎなかったといえよう。

2．国会による行政統制機能の強化

現行の日本の法体系のもとでは，自衛隊の活動の実施段階での権限行使は，すべて内閣による行政権の一環として行われる。しかし，制服組の行動原理が軍事的合理性の追求にある以上，自衛隊の運用を決定する内閣（及び防衛省）の判断にも，自衛隊の組織的利害が過剰に反映される可能性は排除できないといえよう。前節で指摘したように，こうした自衛隊の運用を事前に統制する立法統制も，議院内閣制の制度的要因からの制約を受けざるを得ない。ゆえに，自衛隊の役割や権限の拡大とその運用に関する行政権の強化に対して，それが権限の濫用や逸脱に陥らないような仕組みが不可欠である。行政権に対するカウンターバランスとなるのは国会と裁判所であり，特に，行政統制の観点からは，国会に，自衛隊の運用に対する事前の承認権限と事後的な評価によるチェック機能を付与し，その民主的統制の役割を強化しなければならないといえよう。

そうした点で，内閣において自衛隊の運用に関する決定がなされた場合，国会は，武力攻撃事態に対処するための防衛出動や自衛隊の海外派遣における対応措置の実施[14]などに対する承認制度をもつことで，一応の統制権限が付与されている。しかし，国会の承認制度については，防衛出動，PKF本隊業務，周辺事態法に基づく後方地域支援等では事前承認であるのに対して，テロ対策特措法やイラク特措法における自衛隊による対応措置の実施に対しては事後の承認権限しか与えられていない（**表結-10**）。後二者については特別措置法であり，法案の成立自体が国会の事前承認の意味をもつとするのが

---

14) なお，テロ対策特措法，イラク特措法ともに，基本計画そのものを国会の承認の対象とはしていない。その理由としては，対応措置の多様性，複雑性，流動性の観点から，具体的な措置は行政府の責任において迅速になされることが実効的であること，防衛出動や周辺事態についても国会の承認が求められるのはいずれもその実施についてであること等が指摘されている（田村・髙橋・島田・前掲書261頁）。

第2節　国会によるシビリアン・コントロール強化の必要性

表結-10　自衛隊の主な活動と国会の関与

承認・報告の別	事前または事後	対象事項	要件
国会承認	事前承認	防衛出動	原則事前，緊急時事後承認
同	同	平和維持隊（PKF本隊業務）	派遣前の国会承認。2年ごとに改めて国会承認を受けることが必要。
同	同	・周辺事態法に基づく対応措置（後方地域支援，後方地域捜索救助活動）の実施 ・船舶検査活動法に基づく対応措置（船舶検査活動）の実施	原則事前，緊急時事後承認
国会承認	事後承認	武力攻撃事態等への対処基本方針	対処基本方針の閣議決定後，直ちに国会の承認を求めなくてはならない。不承認の場合は，対処措置を速やかに終了しなければならない。国会が対処措置を終了すべきことを議決したときは，同対処方針の廃止について，閣議の決定を求めなければならない。
同	同	緊急対処事態対処方針 ※大規模テロ，武装不審船等による武力攻撃の手段に準ずる手段を用いて多数の人を殺傷する行為が発生した事態又は当該行為が発生する明白な危険が切迫していると認められるに至った事態	対処方針の閣議決定後，20日以内に国会に付議し，承認を得なければならない。不承認の場合は，緊急対処措置を速やかに終了しなければならない。国会が緊急対処措置を終了すべきことを議決したときは，同対処方針の廃止について，閣議の決定を求めなければならない。
同	同	命令による治安出動	内閣総理大臣が出動を命じた日から20日以内に国会に付議し，承認を得なければならない。
同	同	防衛施設構築の措置	対処基本方針に記載し，同方針の閣議決定後，国会承認を受けることが必要。
同	同	防衛出動下令前の役務提供	対処基本方針に記載し，同方針の閣議決定後，国会承認を受けることが必要。
同	同	テロ対策特措法に基づく自衛隊による対応措置（協力支援活動，捜索救助活動，被災民救援活動）の実施 *2007年11月1日失効	対応措置を開始した日から20日以内に国会に付議し，承認を求める。不承認の場合は，対応措置を速やかに終了させる。

表結-10 つづき

承認・報告の別	事前または事後	対象事項	要件
同	同	イラク特措法に基づく自衛隊による対応措置（人道復興支援活動，安全確保支援活動）の実施	対応措置を開始した日から20日以内に国会に付議し，承認を求める。不承認の場合は，対応措置を速やかに終了させる。
国会報告		国連平和維持活動（PKO）の基本計画の決定，変更，対応措置の終了時の国会報告	
同		周辺事態法に基づく対応措置の基本計画の決定，変更，対応措置の終了時の国会報告	
同		テロ対策特措法に基づく対応措置の基本計画の決定，変更，対応措置の終了時の国会報告 *2007年11月1日失効	
同		補給支援特措法に基づく補給支援活動の実施計画の決定，変更，補給支援活動の終了時の国会報告	
同		イラク特措法に基づく対応措置の基本計画の決定，変更，対応措置の終了時の国会報告	
同		弾道ミサイル等に対する破壊措置	

（出所）防衛省編『平成20年版日本の防衛―防衛白書』ぎょうせい，2008年，339～340頁等に基づき作成。

政府の説明である。しかし，一般法と特措法によって，事前，事後に国会の承認を区別する論理は，合理的な根拠や法的な整合性を欠くものである。実際には，国会の関与を国会報告または事後承認とする当初の政府原案が，国会における与野党間の駆引きの結果，修正された（逆に，修正されなかった）ことによる差異が生じたのがこの制度的不均衡の原因である。政府は，これまで，迅速な派遣の障害になるとの理由で，国会の事前承認を否定してきた。しかし，これまで実際に行なわれた承認案件の2例では，事後承認であるにもかかわらず，国会は一定期間内に承認しており，仮に事前承認としても承

表結-11　承認案件の提出から国会承認までの所要日数

年	承認案件	基本計画の閣議決定から最初の派遣までの所要日数	対応措置の開始から国会提出までの所要日数	国会提出から衆議院通過までの所要日数	衆議院送付から参議院通過までの所要日数	国会提出から国会通過までの所要日数
01	テロ対策特措法に基づく自衛隊による対応措置の実施承認案件	10日	マイナス4日	6日	4日	9日間
04	イラク特措法に基づく自衛隊による対応措置の実施承認案件	32日	11日	13日	10日	22日間

認の著しい遅れによる派遣への支障は生じないと考えられるのではないだろうか（**表結-11**）。

　もっとも，こうした国会の承認案件に関しては，法律案のような衆議院の優越はなく，衆議院，参議院それぞれの多数による承認を得なければならない[15]。第168回臨時国会に提出され，2008年1月に成立した補給支援特別措置法案は，既存のテロ対策特措法が国会の事後承認を規定していたのに対し，参議院での与野党逆転状況から，参議院での承認を得る見込みがないため，国会の承認規定そのものを削除して提出されることとなったのである[16]。しかし，こうした立法形式は，国会の行政統制機能を無視するものであり，本来，こうした与野党間の対立による国会承認の機能不全を解決するためには，法案作成段階もしくは承認案件の国会付議の事前の段階から与野党間の政策

---

[15] 法律案の議決には憲法に基づく衆議院の優越規定が適用されるが，承認案件には国会法第87条に基づく両院協議会の規定があるのみである。しかし，政府と野党との間の不一致が解消されない限り，両院協議会が実質的に機能することはない。

[16] こうした問題については，衆参ねじれ国会の出現の前から閣僚の中で問題意識として存在していた。久間防衛庁長官（当時）は，法律改正や自衛隊の活動の承認について衆参両院の承認を得なければならず，衆議院の過半数を得ても，参議院の反対があれば何もできないことについて，二院制のあり方を含めた議論を求める旨の発言を行っている（第165回国会衆議院安全保障委員会議録第11号（2006年11月30日））。

協議を十分に行うか，国会承認をめぐる両院間の対立時に衆議院の議決を優先するような議事決定のルール化を図るのがあるべき姿であるといえるだろう。

　なお，自衛隊の海外派遣は，防衛省への移行と併せて，自衛隊法第３条に規定する本来任務への位置づけが行われた[17]。その結果，政府は，次の課題として，PKO協力法では対処できない事態において特別措置法の形式によって対応してきた方式に変えて，自衛隊の海外派遣法制を恒久法（一般法）として整備することを目指すようになっている。特措法の問題点としては，事態対処的な時限立法として，自衛隊の海外派遣の根拠法を整備するたびに，行政や政治の多大な資源を動員し，政治的なリスクや対処活動の遅れという弊害をもたらすこととなったとの指摘もみられる[18]。現在のような特措法形式のもとで，自衛隊の海外派遣のニーズが生じたときに，その時々の政治情勢によって法律の内容が大きく左右される現状[19]（立法による行政統制）に対して，一般法が制定された場合には，同法に基づいて，自衛隊の海外派遣についての政策的な是非を与野党が承認案件として可否を決する方式，すなわち政策判断による行政統制が，国会によるシビリアン・コントロールの主要手段となると考えられる。

　政府による一般法の検討作業は，内閣官房チームによって2003年から開始されたものの現在のところ法案化に至っていない。これに対して，与党サイドでは，2006年８月に，自民党の国防部会防衛政策検討小委員会（石破茂小委員長）によって，国際平和協力法案が公表されている（同法案は小委員会での了承にとどまり，自民党としての正式な承認は得られていない）。同案は，①国連決議や国際機関の要請が無い場合でも，政府の判断で自衛隊派遣を可能とする，②活動の範囲を人道復興支援や停戦監視のほか，安全確保（治安維持），警護，船

---

17) 黒江哲郎「防衛庁設置法等の一部を改正する法律案（省移行関連法）」『ジュリスト』第1329号，2007年３月１日号，40〜41頁。
18) 森本敏「恒久法（一般法）の考え方と今後の展望」『別冊 RESEARCH BUREAU 論究・自衛隊の海外派遣法制と国会』衆議院調査局，2005年，12〜13頁。
19) こうした特措法と一般法が並列していることが，自衛隊の派遣要件や，活動内容，国会の承認手続きなどが，法的・政策的整合性のないまま混在する問題点を生んでいるとも考えられよう。

舶検査，後方支援活動にも拡大する，③正当防衛などに限定されている武器使用基準を緩和し，民間人の防護も対象とした駆けつけ警護や治安維持活動での武器使用を可能とする，④国連の統括の下に行われる人道復興支援活動を除いて，国際平和協力活動を実施することについて，国会の事前承認を必要とする，⑤国会は，随時，当該活動を修了させることを議決することができること等を内容としている[20]。

　これまでの自衛隊の海外派遣では，国連の決議等を要件とすることが，政府の派遣が恣意的なものとならないようにするための一定の歯止め措置となってきた。しかし，自民党案では，国連決議や国際機関からの要請がなくても，政府が独自の判断で自衛隊を派遣できるとしている。石破茂小委員長は，国連決議がある場合だけに活動を限定すると，安保理で拒否権を行使された場合には，何もできなくなることを，国連決議を要件から外した理由に挙げている[21]。そのため，自民党案では，国連決議などに基づかない活動を1年間を超えて継続する場合には改めて国会承認を得ることを必要とすることで，国会のチェック機能が働くようにするとしている。自民党案において，事前承認制等の国会の関与が強化される形で盛り込まれたのは，従来の自衛隊に認められていなかった活動範囲が加えられたり，武器使用基準の緩和や，さらに，国連決議等がない場合にも，自衛隊の派遣を可能としたりしたことに対する歯止めとしての意味合いが強いと考えられる。

---

20) 『読売新聞』2006年8月31日，『毎日新聞』2006年8月31日，「自民党デイリーニュース」2006年8月23日（http://www.jimin.jp/jimin/daily/06_08/23/180823a.shtml），同2006年8月30日（http://www.jimin.jp/jimin/daily/06_08/30/180830c.shtml），秋山信将「国際平和協力法の一般法化に向けての課題と展望—自民党防衛政策検討小委員会案を手掛かりとして」『国際安全保障』第36巻第1号，2008年6月，89頁。なお，一般法の制定については，与党内でも公明党に慎重論が強く，与党は，国際平和協力の一般法に関するプロジェクトチームにおいて，2008年5月23日に中間報告をまとめるにとどまっている。同報告では，国連決議のない国際平和協力活動については引き続き議論するとし，新たに警護任務を付与するか否かについても，武器使用権限との関係も併せて引き続き検討するとして結論に達していない。また，国会の関与については，自衛隊の部隊の派遣については，原則として個別案件ごとに国会の事前承認を要することとするとしている（「与党・国際平和協力の一般法に関するPT中間報告」防衛省編『平成20年版日本の防衛—防衛白書』318頁）。

21)「自民党デイリーニュース」2006年8月30日。

このように，自民党案や与党のプロジェクトチームの案では，国会の事前承認制が盛り込まれたものの，こうした国会の関与については，国連決議等の有無にかかわらず，また，人道復興支援活動を含めて，国会の事前承認や一定期間経過後の再承認を原則とすることで，今後制定される可能性のある一般法では，統一を図るべきであろう。現行の特措法における事後承認制は，法律の制定が事前承認の意味をもつとの理由で説明されているが，こうした事後承認制では，仮に国会の承認が得られない事態が生じた場合には，派遣命令によって既に派遣された自衛隊は活動を中止して海外から撤収することになる。しかし，派遣命令が出され，派遣準備や実際の派遣がなされるという事実行為が先行した状況では，派遣の中止や撤収のコストは，事前承認制の場合と比較して相対的に大きくなり，結果的に，国会の対応も現状追認にならざるを得ないのではないか。こうした現状先行に対する追認行為に国会の統制が陥らないための制度的担保としても，事前承認制を採用することが必要であろう。もちろん，政府が重視する機動的対処の必要性に関しては，緊急時に事後承認を認めることとすれば問題は生じないはずである。なお，承認案件については，議院修正はできないが，条約と異なり，国会側が承認しない部分を削除し，一部承認とすることも先例上は可能であり（衆議院先例352号），事前審査により，国会側が政府の対応措置の実施を事前に変更することも実質的に可能となろう。基本計画自体の修正についても，政府側は，議院の決議によってある事項が不適当で計画の修正が必要との国会の判断が明確になれば，政府としてこれを尊重するとの答弁を行っている[22]。

一方，日本の安全保障法制においても，武力攻撃事態法の議院修正によって，国会の議決による対処措置の終了が初めて導入されることとなった。こうした国会による対処措置の終了議決権は，これまで国会承認を取り消す手段のなかった国会に強力な監視・統制機能を付与するものとなろう。特に，米国の戦争権限法のように，部隊の海外への派遣に際しては，行政府に権限が集中する傾向があるのに対して，それを統制する国会側のカウンターバランスが必要である[23]。そうした点で，自衛隊を部隊として海外に派遣した場

---

22) 村田保史内閣官房内閣審議官の答弁（第153回国会衆議院安全保障委員会議録第2号（2001年11月6日））。

合には，派遣時の事前・事後承認とは別に，派遣後も，随時，国会に派遣中止議決権や，一定期間ごとの定期的な承認権限を付与することを検討すべきである。後者は，「有効期限付き承認制」[24]ともいうべきもので，国会承認に有効期限を設け，2年間の経過とともに再度承認を受けることを義務づけているPKF本隊業務に関する現行法制度を参考にすべきであろう。現行法では，基本計画の決定とその変更については，国会報告にとどまっており，テロ対策特措法では，2年間の時限立法のため，延長のための法改正が3回もなされたにもかかわらず，自衛隊による対応措置の実施については，最初の1回限りの国会承認が失効期限の6年間を通じて有効とされた。イラク特措法に基づく派遣においても4年間の期限の延長が法改正で行われたが，国会承認は最初の1回限りで，国会側が有効な統制を行うことができていないのが現状である[25]。なお，当初の基本計画の枠を超えるような活動が新たに行われるなど，国会に承認された対応措置の実施について基本的な前提に変更が生じたと認められる場合には，改めて国会の承認が必要になると考えられる[26]。しかし，政府答弁では，その対象として，承認を受けた活動と別の活動を実施する場合や別の国における活動を追加する場合が例示されているのに対して，同一の活動の中での業務の種類の追加や，実施区域の範囲の変更などは国会報告だけになるとしている[27]。こうした答弁に示されているように，国会の承認の対象についての政府側の判断には，裁量的な要素が強い。政府

---

23) もっとも，戦争権限法では，大統領の軍隊投入に対する議会の同意に60日以内という猶予が与えられており，きわめて短期間で作戦が終了した場合には，議会の統制は及ばないことになる。
24) 森本・浜谷・前掲書87～97頁，浜谷英博「国際平和協力懇談会報告書と自衛隊の海外派遣恒久法の検討―国際平和協力活動の新段階」『松阪大学政策研究』第4巻第1号，2004年，56頁。
25) 一般法と異なり，延長法案の議決でもって国会承認に代替しうるという考え方もあるが，派遣の根拠を制度として決定する法案の議決と，法律に基づいて行なう行政執行の可否についての国会の承認議決は対象となる行為が異なるものであり，法律案と承認案件の二本立てで審議・議決し，国会による二重のチェックが行なわれるべきであろう。
26) 田村・高橋・島田・前掲書261頁。
27) 村田保史内閣官房内閣審議官の答弁（第153回国会衆議院安全保障委員会議録第2号（2001年11月6日））。

側は，議院の決議で，政府が国会の承認の対象とならないと考えている事項について，国会の承認を要するとの国会の判断が明確となれば，政府として当該事項について，承認を求めることになるとの答弁も行っている[28]。

しかし，実際には与党が多数を占める議院では，そうした決議の可能性も低いと考えられる。自衛隊の海外派遣を巡っては，国民からの支持を調達する観点からも，こうした国会承認の対象を限定せず，むしろ国会の関与を基本計画の変更毎に，もしくは一定期間の経過毎に多段階に組み込むことが望ましいといえよう。上述の自民党防衛政策検討小委員会の案においても，国連決議等に基づかない派遣に限り，継続的な活動に対する国会の再承認が必要という限定を付している。しかし，国連決議等に基づく活動であっても，現地の状況やニーズ，自衛隊の活動内容は時間的経過とともに変化するものであり，国会が一定期間毎に，活動の実態を評価し，以後の継続の可否について審査の上，承認を決定することの必要性は大きいといえよう[29]。

自衛隊の海外派遣に関する国会承認に関しては，日本と同様に，戦後，軍隊の国外派遣について消極的な態度をとってきたドイツの動向が参考になろう。ドイツでは，1994年の連邦憲法裁判所の判決により，武装軍隊の国外出動の決定には原則として連邦議会による事前の同意が必要であること，出動に際しての議会の同意手続等について定めることは，立法府の任務であることが示された[30]。同判決を受け，ドイツでは，2005年に国外への武装軍隊の出動に関する決定に際しての議会関与に関する法律（議会関与法）が制定され，武装した軍隊が国外に派遣される場合には連邦議会に事前の承認（急迫の危険がある場合は事後承認も認められる）を求めることを義務づける法制度が確立さ

---

28) 同上。
29) 秋山は，自民党防衛政策検討小委員会が提示した1年ごとの延長承認制について，手続き規定の厳格化という点で評価されるべきであろうとし，さらに，国会の関与のあり方については，国会において，平和支援活動と国際平和協力の意義に係るコンセンサスが形成され，活動の実質及び政策効果を審議する政治環境，もしくは国会運営規範が確立され得るのかにかかっているとの指摘を行っている（秋山信将・前掲論文89～90頁）。
30) 渡邉斉志「短信：ドイツ・軍隊の国外出動に関する立法動向」『外国の立法』第219号，2004年2月，119頁，松浦一夫「ドイツ連邦軍域外派遣の法と政治（Ⅰ）」『防衛法研究』第28号，2004年10月，6～8頁。

れた。同法に基づき，ドイツが関与するべき国際紛争が勃発した場合には，まず安全保障会議が招集され，政治レベルの意思決定のメカニズムが開始されると同時に，連邦軍総監のもとにある統合作戦司令部を中心に，その作戦に係る予算，人員の確保，派遣の期限，規模といった作戦計画が同時に練り上げられる。こうして策定された軍隊出動計画案は，直ちに連邦議会の防衛委員会及び外務委員会に議案として諮られ，少なくとも3回の委員会審議を経て，連邦議会が承認をして初めて派遣命令が下される。このように，ドイツでは，行政府による意思決定と計画策定のメカニズムが同時に動きながら，最後に議会の承認という形で結実する仕組みが機能し，連邦議会での委員会質疑を通じての情報公開も確保されるようになっている[31]。

3. シビリアン・コントロールにおける政府と国会の情報の共有

　こうしたドイツにおける軍隊出動議案の国会承認が，政府と議会との間の情報の共有を前提としているのに対して，日本では，テロ対策特措法やイラク特措法に基づく対応措置の内容は，基本計画の閣議決定後，国会に遅滞なく報告され，派遣命令後に国会に対して承認案件として提出されるのみで，事前段階では一切開示されない。こうした行政府が持つ情報と国会に提供される情報の非対称性を解消するためには，政府による閣議決定の事前，事後の定期的かつ十分な情報の提供が国会に対して行われなければならない。これまで，国会の側からの政府に対する情報や資料の要求は，法案審議に際して，野党側から請求されるものが多かった。国政調査権の発動は，委員会の多数決を要するために，実際には，与党側が消極的な場合，正式の調査権の発動は行いえない[32]。法案や承認案件の審査の際には，人質となる議案があるため，政府側も野党からの情報提供の要求に応じる場合もあった。しかし，安全保障政策の場合は，通常の議案と異なり，憲法との関係や従来の政府答弁との整合性，軍事・作戦事項の機密性，外交戦略的な要素などから，法案審査や承認案件の審査の段階であっても，政府側が委員の要求に対して明確

---

31) 第165回国会衆議院安全保障委員会議録第11号（2006年11月30日）。なお，ドイツの連邦議会には，武装軍隊の出動への承認を撤回する権限が付与されている（議会関与法第8条）。

な回答を示さないことがしばしば見られた。その場合，特に野党側からは，政府の統一見解や資料提出などを理事会の協議事項として政府側に求める手段がとられることが多い。周辺事態法からイラク特措法に至る４法案の法案審査に際しての，野党の側からの政府統一見解や資料要求に対する政府側の対応を示したのが**表結-12**である。そこでは，20件の要求に対して，政府側がなんらかの対応を行った事例は13件と6割程度にすぎなかった。このように，安全保障に関する情報は，内容の性質上，秘匿を要することが多く，国会に対する情報提供は不十分となりがちである。たとえばイラクへの自衛隊派遣についての国会による承認審査では，自衛隊の安全確保の理由から，基本計画や実施要項の中でも非公開とする部分が多く，情報が不足する中で，国会側が十分な統制を行使することができなかった[33]。こうした情報の非対称性の問題を解決するためには，自衛隊の海外派遣に関する政府側からの国会に対する事前・事後の定期的な情報の提供を義務づける制度を法制化する必要がある[34]。さらに，実際の承認案件の審査の際に，政府側から情報非開示の申し出があった場合でも，政策，外交，議員の身分の身上その他重要事項に関し秘密を要する場合に開催することが可能な秘密会を委員会において開催する運用も検討すべきであろう[35]。国会への情報の提供は，情報の流出による弊害が危惧されるが，議員に対して守秘義務を課し，委員の人選に関しても議員の所属政党が責任をもって行うこととすればそうした懸念も解消さ

---

32) 1997年に国会法（第104条）が改正され，内閣または官公署が報告または記録の提出を拒否した場合に，その理由の疎明を求め，委員会が理由を受諾できない場合には，報告または記録の提出が国家の重大な利益に悪影響を及ぼす旨の内閣声明を要求することができるとする国政調査権の強化が行われた。現在までそうした内閣声明が出されるような国会と内閣の決定的な対立が生じていないのは，与党が政府の防波堤になっているからでもある。

33) 自衛隊のイラク派遣承認審査に際して，委員から，部隊行動基準の内容について説明を求める質疑がなされたが，これに対して，石破防衛庁長官は，（オープンにすることによって）その裏をかけば何でもできるということになり，何を定めているかは言及することができないとして拒否している（第159回国会参議院イラク人道復興支援活動等及び武力攻撃事態等への対処に関する特別委員会会議録第4号（2004年2月6日））。

34) PKO協力法，周辺事態法，テロ対策特措法，イラク特措法のいずれも，基本計画の決定，変更，対応措置の終了時の国会報告が義務づけられているのみで，一定期間毎の定期的な国会への報告は義務づけられていない。

第2節　国会によるシビリアン・コントロール強化の必要性　335

表結-12　安全保障関係主要法案の委員会審査時における政府統一見解もしくは資料提出の要求（理事会協議事項となったものを対象）

法案	委員会	要求事項	要求議員（会派）	結果
周辺事態法案	衆・ガイドライン特委	周辺事態の定義・類型化についての統一見解	遠藤乙彦（公），伊藤英成，前原，横路（民）	理事会協議→締めくくり総括質疑時に政府側より六類型の政府統一見解を理事会に提出
同	同	朝鮮半島核危機におけるアメリカからの対日支援要求についての資料提出	志位（共）	理事会検討→回答なし
同	同	周辺事態における自衛隊の活動に当たっての武器使用（武器防護）についての統一見解	岡田（民）	内閣法制局長官答弁→理事会協議→理事会に文書提出
同	同	日米合同委員会での協議経過と1059項目の内容についての資料提出	上原（民）	理事会協議→回答なし
同	同	法12条の政令委任についての骨格の提出	伊藤茂（社）	理事会協議→理事会に文書提出
同	同	米軍への情報提供と集団的自衛権との関係の類型化についての統一見解	前原，横路（民）	内閣法制局長官答弁→理事会協議→理事会に文書提出
同	同	事前協議の密約についての統一見解	前原（民）	理事会協議→回答なし
同	同	地方公共団体への協力義務の限度についての統一見解	上原（民）	理事会協議→理事会に文書提出
テロ対策特措法案	衆・テロ対策特委	脅威の除去の対象についての説明	安住（民）	理事会協議→会話記録などの証拠についての文書提出

---

35) 本来，議会政治は，民主政治の観点から公開の場で行われることを原則とする。憲法も会議公開の原則を保障している（第57条1項）。もっとも，本会議及び委員会を秘密会とすることが憲法または国会法により認められており，委員会の場合，過半数の決議によって秘密会とすることができる（国会法第52条2項）。衆議院では，戦後の新憲法下の1947年から2003年までに98回の秘密会が実施されてきた。その内，安全保障関係の秘密会は昭和20年代に行われた防衛海域問題の交渉経過報告と保安隊の装備数量の2件と，昭和40年代に行われた昭和40年度統合戦略見積もりの資料に関する問題の3件があるのみであった（衆議院事務局『衆議院委員会先例集（平成15年版）』衆栄会，2003年，417～425頁）。なお，海上自衛隊補給艦による給油量の誤りを海上幕僚監部内で隠蔽したとされる問題で，衆議院テロ対策特別委員会は，2007年11月7日，当時の海幕防衛課長だった寺岡正義参考人を招致し，秘密会を開催した。

表結-12　つづき

法案	委員会	要求事項	要求議員（会派）	結果
同	同	自衛隊の管理下にある自衛官以外の要員の生命、身体を守るための武器使用の根拠についての統一見解	岡田（民）	理事会協議→人道的見地から妥当とする政府統一見解を提出
有事関連法案	衆・武力事態特委	武力攻撃が予測される事態と武力攻撃のおそれのある事態を認定する基準、指定公共機関の対象	岡田（民）	理事会協議→例示を含む政府統一見解を提出
同	同	基本的人権の制限の類型化についての統一見解	前原（民）	理事会協議→政府統一見解を提出
同	同	予測事態における米軍支援の具体的な内容と枠組みについての統一見解	児玉（共）	理事会協議
同	参・武力事態特委	防衛出動下令下の自衛隊の武力行使についての判断権者に関する統一見解	平野（自由）	理事会協議→内閣総理大臣とする政府統一見解を提出
イラク特措法案	衆・イラク特委	イラクにおける自衛隊の活動の具体的内容についての提示	前原（民）	理事会協議
同	同	イラク復興支援職員の法的位置付けについての統一見解	平岡（民）	理事会検討
同	同	現行のPKO法でイラクの外の国に対して自衛隊を派遣することができるとする根拠についての統一見解	平岡（民）	理事会検討→内閣府より政府統一見解提出、官房長官・内閣法制局長官より答弁
同	同	イラク復興支援職員が派遣される安全の区域の基準についての統一見解	末松（民）	理事会協議→内閣官房より文書提出
同	同	CPA占領行政と自衛隊の関与についての資料提出及び非戦闘地域の定義と具体的内容についての統一見解	春名（共）	理事会協議
同	同	占領行政への自衛隊の参画と交戦権の関係についての統一見解	金子哲夫（共）	内閣法制局長官より政府統一見解答弁

（資料）衆参両院委員会議録等により作成。

れると考えられる[36]。何よりも安全保障政策に関しては，政府とともに議員も秘密情報を共有することで，行政府と立法府が共同で決定責任を負うような国会運営を実施すべきではないだろうか。

行政監視の観点からは，安全保障委員会に軍事監視を専門とする小委員会を設置し，自衛隊の活動についての定期的な報告を受けるとともに，委員会が本来持っている国政調査権を活性化させるために，与党の反対があっても野党側が行使できるような少数者調査権を付与し，委員会の国政調査活動を活性化させるべきであろう[37]。これまでの委員会における国政調査活動は，与党側からの制約と法案審査に委員会活動が拘束されるため，委員会の活動の中では，法案審査の補完にすぎず，立法行為のための補助的権能にとどまっているのが現実であった[38]。そうした点で，2007年参議院選挙の結果，参議院における与野党逆転が実現し，参議院における野党主導による国政調査権の発動が注目された。しかし，補給支援特別措置法案の審議過程では，インド洋での海上自衛隊による給油活動でのイラク作戦への燃料転用や給油量取り違えの問題が浮上し，防衛省側から調査結果が報告されたものの，補給艦の航海日誌など大量の資料について非公開とされた事項が多く，軍事機密に

---

36) 米国議会においては，秘密会の委員の人選は所属政党の幹部が行い，秘密情報が漏れないような議員が選ばれるという。また，こうして選ばれた委員については，連邦捜査局（FBI）などによるチェックが行われるという（元在米日本大使館スタッフによる）。ドイツにおいても，連邦議会秘密保全規則により，秘密事項に指定された情報に関しては，議員に守秘義務が課されることになっている。
37) 1998年に議員40人以上の要求によって，衆議院調査局及び法制局が予備的調査を実施する制度が導入されたが，同制度の導入後，2007年までの間に実施された35件の事例の内，安全保障関係の調査は1件も実施されていない。
38) 1991年から2005年までの15年間で，衆議院安全保障委員会及び安全保障関係特別委員会における国政調査は，合計123回開催され，その内，政府側（大臣及び官僚）のみの調査が116回と大部分を占め，参考人質疑は全体のわずか5％程度であった。大臣と官僚に対する質疑が中心の現行の運営方式では，政府への情報の依存が強まり，政府側によって情報提供の選択が行われたり，提出する時期を遅らせたりするなどの「情報操作」が行なわれるという問題が生じうる。また，同期間に衆議院の安全保障関係の委員会で，法案審査の際に実施された公聴会の公述人・意見陳述者と参考人の延べ人数は159人に上っているが，その人選は，会派の推薦制であり，当該問題の専門家の意見を幅広く深く聴取し，委員会としての調査や法案審査に反映させるという機能は十分に果たせていない。

関する国会側の追求には一定の限界があることも指摘されている[39]。

なお，国会側が軍事に関する専門情報を行政側と共有するためには，現役の制服組幹部を国政調査などにおいて参考人として招致することを実現すべきであろう。こうした国会のチェック機能を法的，運用面で整備・充実することで，内閣の裁量権限における軍事的合理性の優先を，憲法との適合性や軍隊からの安全を重視したものに民主的統制の観点から見直すことが可能となろう。

4．政党によるシビリアン・コントロールの在り方

もちろん，こうした制度を実際に運用するのは政党であり，個々の国会議員である。現在の政治状況は，自民党と公明党という政策選好の異なる政党が連立を組むことにより，与党内部でのチェックアンドバランスによって，自衛隊の能動的活用を公明党が抑制的にチェックしているともいえる。しかし，現在の連立政権が永続化するとは限らず，将来，政策選好の近似した政党同士が連立政権を形成するとき，与党内部でのチェック機能は働かなくなる。同様に，政府と与党を政府レベルで一体化させるイギリス型の権力融合が現実化すれば，政府と与党との二元的体制は解消され，内閣の主導性に対するブレーキはきかなくなる。一方で，2007年参議院選挙をきっかけに，今後当分の間は，自公連立政権が続く限り，衆参ねじれ状態は解消されることはなく，野党が法律案や承認案件での拒否権パワーを握ることが予想される。そこでは，国会による野党主導のシビリアン・コントロールが相当の影響力を持ちうる事態も生まれている。

こうした政治状況の変動の一方で，2006年の統合幕僚監部の発足と統合幕僚長による防衛庁長官への補佐の一元化や，2007年の自衛隊の海外派遣の本来任務への位置づけによって，首相や防衛大臣と制服組トップである統合幕僚長との関係はより緊密化し，政策決定・実施過程における制服組の影響力も従来と比べてより拡大する可能性がある[40]。その場合，内閣の主導による直接的統制を強化するだけでは，たとえ内閣と制服組との関係がシビリアン

---

39) 『朝日新聞』2008年1月11日。

主導型であったとしても，自衛隊の運用の必要性から，結局は能動的統制に作用することになり，軍隊による安全に対して，軍隊からの安全に関してのシビリアン・コントロールが十分に確保されるとは限らなくなる。そこでは，自衛隊の活用による能動的統制とともに，それが過剰にならないような抑制的統制との間のバランスの取れたシビリアン・コントロールを実現すべきであり，そのためにも，行政府や与党の主導による自衛隊の運用をチェックする国会，特に野党による直接的統制，すなわち，国会による行政統制をより活性化させなければならないといえよう[41]。

そうした点で，2007年参議院選挙以降の自公連立政権においては，日米同

---

40) 2006年に成立した防衛庁設置法改正案に対して，自民，民主，公明の三党は，附帯決議を行っている。同決議では，シビリアン・コントロールに関して，①これまで行ってきた自衛隊の管理運用のみならず，今後は防衛政策に関する企画立案機能をも強化すること，②内閣総理大臣が自衛隊の最高の指揮監督権を保持する等，現行のシビリアン・コントロールの基本的な枠組みを徹底させるとともに，さらに国会によるシビリアン・コントロールを実効あらしめるため，国会に対する説明責任を果たすこと，③防衛政策の企画立案及び執行に係る防衛大臣の補佐体制を強化し，もって自衛隊に対する防衛大臣によるシビリアン・コントロールの徹底を図ることが明記された。また，自衛隊の国際平和協力活動に関しては，①我が国の主体的判断と民主的統制の下に参加することを原則とし，今後，自衛隊が海外活動を展開する際には，その国際的な根拠，必要性及び自衛隊が当該活動を行わなければならない必然性等を明確にして，国会における関係法律の審議などあらゆる局面において，国民に対する十分な説明責任を果たすこと，②個々の活動の内容や情勢の変化等に照らして，装備品や人員の配置等について適切な整備を行うことを明記することとなった（第165回国会衆議院安全保障委員会議録第11号（2006年11月30日））。民主党は，小沢代表を含む党内の大勢が防衛省への昇格自体には賛成であり，防衛庁設置法改正案に対しては，シビリアン・コントロールの確保を附帯決議で明記することを条件として法案に賛成することとなった（『朝日新聞』2006年11月25日）。

41) 安倍首相が2007年4月に設置した「安全保障の法的基盤の再構築に関する懇談会」は，公海における米艦防護，米国に向かう弾道ミサイル迎撃について集団的自衛権の行使を認め，国際平和活動での駆けつけ警護や国際平和活動に参加する他国への後方支援について従来の憲法解釈の変更を求める報告書を作成し，福田首相に提出した（「安全保障の法的基盤の再構築に関する懇談会報告書」2008年6月24日）。そこでの議論は，外務省・防衛庁・制服組のOBや一部の有識者による検討に委ねることで，政府解釈を変更することが目的とされていたように思われる。しかし，本来，こうした憲法解釈にかかわる議論は，超党派による憲法論議や政策論争として国会（憲法審査会や安全保障委員会）をベースにして展開すべきものであろう。

盟に基づく自衛隊の海外派遣に否定的な民主党執行部の反対によって，自衛隊の活動についての抑制的統制が作用する局面が増えることが予想される。テロ対策特措法は，2001年に制定され（2年間の限時法），2003年，2005年，2006年の三回の延長措置が図られてきたが，2007年参議院選挙における与野党逆転によって，同法の延長に反対する民主党の動向を受けて，政府は，海上給油・給水に活動を限定した補給支援特別措置法案を国会に提出することとなった。同法では，参議院での与野党逆転を踏まえ，国会の承認制度を削除し，国会報告のみにとどめるなど，国会のシビリアン・コントロールを後退させた面が否めない。民主党が主導する国会による自衛隊のこれまでの活動に対する低い評価と海外派遣の撤退が強制された場合，制服組のモラールの低下とシビリアンに対する反発を招くという危惧も生じかねない。こうした野党（国会）の拒否権パワーの強大化と政府による国会への決定権限の委譲は，最悪の場合，政軍関係の悪化要因となる可能性も孕んでいる。しかし，参議院による与野党逆転は，これまで十分でなかった国会の国政調査機能が野党の主導によって強化されることで，より多くの情報が政府側から国会に対して提出されることを可能としよう。そこでは，統制主体における政府与党の独占が崩れ，野党との共同による国会主体の直接的統制かつシビリアン主導強制型のシビリアン・コントロールが現出する可能性が高いとも考えられよう。

第3節　シビリアン・コントロールと民主主義

　本章における前節までの議論は，シビリアンに対する制服組の影響力の増大が，シビリアン・コントロールの内容を能動的統制に変質させ，軍隊からの安全の観点からの抑制的統制の作用を低下させることの問題点を指摘するものであった。しかし，シビリアン・コントロールが形骸化し失敗するのは，こうした軍隊の政治への介入とは異なる次元において，シビリアンの側の判断の誤りや，不適切な情報操作によって引き起こされる場合もあることに注意しなければならないだろう。シビリアン・コントロールが制度や運用において確立しているとされる英米両国においても，シビリアンによる政治指導

が，軍事力の運用を誤るという政策の失敗をもたらす場合が少なくないのである。イラク戦争は，そうした英米の政治リーダーによるシビリアン・コントロールの失敗例であった。両国は，大量破壊兵器の廃棄を求める国連決議への違反を理由に，イラクへの武力攻撃に踏み切った。イラク戦争の開戦に際しては，イギリス議会は，トニー・ブレア首相から提出された「イラクの大量破壊兵器の武装解除を確実にするためにイギリスは必要なあらゆる手段を取るべきという政府の決定を支持する」とする動議案に対し，賛成412票，反対149票（内，労働党の造反投票84人）で可決することとなった[42]。米国議会においても，2002年9月，ブッシュ大統領から「大統領が適切と認める武力行使を含むあらゆる手段を行使する権限」を与えることを求める武力行使決議案が送付され，同年10月に対イラク武力行使決議案を上下両院の大差の賛成で可決している[43]。しかし，武力行使を正当化する根拠であったイラクにおける大量破壊兵器の保有の事実は戦闘終結後においても確認されず，両国の情報機関による情報操作があったとする疑惑がもたれるようになった。米国では，2004年7月に上院情報特別委員会が中央情報局（CIA）による大量破壊兵器に関する情報が誇張したものであったとする報告書を発表し[44]，さらに2005年3月には，イラクの大量破壊兵器開発の情報収集活動を調査するための独立調査委員会より，情報機関の分析に深刻な誤りがあったことを認める最終報告書が提出された[45]。イギリスにおいても，2003年7月の下院

---

42) 三橋善一郎「対イラク武力行使に関する英国議会の意思決定」『議会政治研究』第66号，2003年6月，54〜55頁。なお，イギリスでは，軍事行動を行う際に政府が議会の承認を得る義務は生じないが，クック下院内総務ら閣僚の抗議による辞任があいつぐ状況で，ブレア首相は，あえて政権の存続をかける形で投票を実施し，過半数の支持を得ることで事態の打開を図ったとされる（小川浩之「第5章ブレア政権の対応外交」櫻田・伊藤・前掲書168〜169頁）。

43) 上院では賛成77票，反対23票，下院では賛成296票，反対133票の大差の議決となった（森黒土「米議会・対イラク武力行使決議の政治過程」『議会政治研究』第66号，2003年6月，43〜45頁）。

44) *Report of the Select Committee on Intelligence on the U.S. Intelligence Community's Prewar Intelligence Assessments on Iraq together with Additional Views*, U.S. Senate Report 108-301, 108th Cong., 2nd Sess., July 9, 2004.

45) The Commission on the Intelligence Capabilities of the Regarding Weapons of Mass Destruction, *Report to the President of the United States*, March 31, 2005.

の外交委員会によって，政府によるイラクの大量破壊兵器に関する議会に対する誤った誘導はなかったものの，政府が強調したイラクの脅威については，十分な裏づけがないものがあったとする報告書が作成された[46]。さらに，合同情報委員会（JIC）の情報に基づく文書に情報操作があったとするBBCの報道によりケリー博士（国防省顧問）が自殺した事件の真相究明を目指して独立司法調査委員会（ハットン委員会）が設置され，ブレア首相を含む証人喚問の実施などによって報告書が作成された[47]。しかし，この報告書は，イラクの大量破壊兵器の機密情報の本質に迫るものでなかった。そのため，機密情報の調査に関する独立調査委員会（バトラー委員会）が設置され，同委員会は，2004年7月，イラクが生物・化学兵器を保有しておらず，情報機関の情報に深刻な欠陥があり，疑わしいとする報告書を発表することとなった[48]。両国では，ともに議会の委員会や独立調査委員会による独自の調査を実施することで，誤った情報のもとで戦争を遂行した責任の所在をうやむやにせず，自ら自浄作用を発揮することが試みられることとなった。こうした政府のミスコンダクトに対しては，さらに，有権者の側が国政選挙によってその審判を行うこととなった。イギリスでは，2005年5月の総選挙において，与党労働党が大きく議席を減らし，ブレア首相は任期途中での退陣の意思を固めざるを得なくなった[49]。また，米国では，2004年の大統領選挙でブッシュ大統領が再選されたものの，2006年の中間選挙では，イラク政策に対する有権者の批判が高まり，共和党が議席を大きく減らした結果，イラク戦争の責任者であるラムズフェルド国防長官の更迭につながった[50]。ハロルド・ニコルソンが指摘

---

46) Foreign Affairs Committee, Ninth Report, *The Decision to go to War in Iraq*, HC 813-I of 2002-03, 7 July 2003.
47) 小川・前掲書174～175頁。
48) 『朝日新聞』2004年7月15日。
49) ブレアの後を受けたゴードン・ブラウン政権は，2008年3月，国外での武力行使や条約批准にあたって議会の承認を必要とすることを内容とする法案を下院に提出している。
50) ラムズフェルド国防長官の辞任の背景には，イラク戦争開戦時におけるラムズフェルドと大規模地上兵力の投入を必要とするエリック・シンセキ陸軍参謀総長ら制服組幹部との間で齟齬が生じて以降，現地での治安情勢が泥沼化する原因となったラムズフェルドの戦略ミスに対する退役将軍ら制服組からの反発があったとも考えられよう。

するように，民主主義国における外交は，究極的には主権者である国民の意志に従うべきものであり[51]，民意の支持なしに，政権が勝手に外交政策や安全保障政策を進めることはできない。そうした点で，イラク戦争に関する英米両国におけるシビリアン・コントロールを最終的に担保したのは，有権者であったといえよう。

翻って，日本の政治指導者は，イラク戦争における武力行使を支持した理由について，判断の誤りがあったことについての説明責任を十分には果たしていない[52]。また，国会の側も，イラク戦争に関する問題点が明らかになった後に，イラクへの自衛隊の派遣を承認し，さらに，英米のような政府の責任を追及する手段も野党単独では行使できない[53]。2003年総選挙や2004年参議院選挙においてイラクへの自衛隊派遣が争点となり，それぞれ自民党が議席を減らしたものの[54]，政府のイラク政策に変化はなく，2004年6月のイラクへの主権移譲に伴う多国籍軍への自衛隊の実質的な参加に関しても，新た

---

51) H・ニコルソン（斎藤眞・深谷満雄訳）『外交』東京大学出版会，1968年，76頁。
52) 小泉首相は，イラクが大量破壊兵器を保有していると判断した根拠について，過去にイラクが化学兵器等を自国民に対して使ってきたこと，国連の査察等に対して疑いを払拭するような行動をしてこなかったこと，完全に破棄したという証拠を見せなかったことから，ほとんどの国が大量破壊兵器を保有していることに対して多くの危険性を抱いていたことを挙げ，今までの疑惑があるということを認めて，その説明責任はイラクが果たさなければいけないとして，その責任を転嫁する答弁を行っている（第156回国会国家基本政策合同審査会会議録第4号（2003年6月11日））。
53) イラク戦争開始時に小泉首相の米英支持の政府方針の表明に対する緊急質問が衆参両院本会議で実施され，また，政府から提出されたイラク人道復興支援特措法案の国会審議が実施された。その過程において，政府側の戦争支持とその判断についての野党側からの追求がなされたが，結果的に与党側の多数で押し切られた。また，衆議院イラク人道復興支援特別委員会では，2003年から2005年にかけて，合計28回の国政調査が実施されたが，調査結果をまとめた報告書などは作成されていない。なお，民主党等からイラク特措法廃止法案が提出されたが審議未了に終わり，野党四党共同提出の内閣不信任決議案も与党の反対で否決された。
54) 2003年総選挙は，イラク問題が争点化することを避けるために，政府側からは自衛隊のイラク派遣についての方針は明らかにされなかった。また，2004年参議院選挙では，自衛隊の多国籍軍への参加が自民党の得票が減る要因になったとの分析もある（山田真裕「2004年参院選における自民党からの離反と小泉効果」日本政治学会編『年報政治学2005-I 市民社会における参加と代表』木鐸社，2005年，91～98頁）。

法的権限の付与や従来の政府見解の変更も行うことなく，十分な説明責任を果たしたとはいえない[55]。このような現実は，日本のシビリアン・コントロールを支える基盤としての民意が政治指導者に対して十分浸透せず，政治家の側も国民に対する説明責任を十分に認識していないという実態を浮かび上がらせるものであろう。こうした脆弱な民主主義のもとでは，内閣による軍事の統制や国会による行政統制を制度としていくら規定しても，その可視性は低く，国民の立場から見たシビリアン・コントロールが有効性を持つものとはならないだろう。そうした点から，政治家や官僚制組織による安全保障政策の決定については，その理由や目的，方法，結果予測などについての情報を広く国民に明らかにし，その理解を求める説明責任を十分に果たすことによって，政治指導者や行政担当者と国民との間の信頼関係を構築することがまず必要であるといえる[56]。その上で，国家主導の安全保障政策の立案・決定過程に対して国民自身が深い関心を持って自衛隊の運用を監視し，シビリアン・コントロールを民主的統制として作動させていくことが重要であるといえよう[57]。

---

55) 政府はこれまで「自衛隊が多国籍軍の中で活動を行うことは憲法との関係で許されない」との政府見解をとってきた。これに対し，2004年6月18日に閣議了解されたイラクの主権回復後の自衛隊の人道復興支援活動等に関する政府見解では，自衛隊は統合司令部の下にあるが，その指揮下には入らず，自衛隊が日本の主体的な判断の下に，日本の指揮に従って人道復興支援活動等を行うものであり，このことは米英政府も了解済みであるという理由で，従来の政府見解を変更しなくても問題はないとした。その上で，政府はイラク特措法施行令を改正し，占領の終了およびイラクの完全な主権の回復を宣言し，多国籍軍の任務に人道復興支援活動が含まれることを明確化した国連安保理決議1546号を追加した（清水隆雄『シリーズ憲法の論点⑦自衛隊の海外派遣』国会図書館調査及び立法考査局，2005年3月，9～10頁）。これに対し，民主党は多国籍軍への参加について，「他国の指揮下での活動や武力行使の一体化といった憲法上の問題を明確にした上で，少なくとも新法を制定しなければ容認されるものではない」との批判を行っている（前原誠司民主党「次の内閣」ネクスト外務大臣「談話・国連安保理決議第1546号を受けて」2004年6月9日）。

56) 一般的に，参加の平等と討論を媒介とした合議という民主的決定手続は，迅速な決定を要求される緊急事態にはなじまないことから，緊急事態では，決定が少数者に集中するのは避け得ないとされる。谷藤悦史は，現代デモクラシー国家の危機管理の課題は，緊急事態ないし危機管理の少数者決定の不可避性を前提に，民主的な管理をどのように達成するかに求められるとして，管理にかかわる決定がどこで，どの時点で，だれによってなされるかが制度化され，決定の理由の説明と管理の結果に基づく責任が明確にされるという「責任性」の原則と，危機管理に関わる決定の内容が，地域社会から国家に至る政治社会システムを構成する成員のニーズに応じていなければならないという「充足性」の原則が満たされなければならないとしている（行政管理研究センター編『行政の危機管理に関する調査研究』行政管理研究センター，1998 年，12～14 頁）。

57) 自衛隊の海外派遣の差止請求について，これまで日本の裁判所は，憲法判断を回避してきたが，2008 年 4 月 17 日，名古屋高等裁判所は，自衛隊のイラク派遣について，傍論ながらも，「現在イラクにおいて行われている航空自衛隊の空輸活動は，政府と同じ憲法解釈に立ち，イラク特措法を合憲とした場合であっても，武力行使を禁止したイラク特措法 2 条 2 項，活動地域を非戦闘地域に限定した同条 3 項に違反し，かつ，憲法 9 条 1 項に違反する活動を含んでいることが認められる」との判断を示した（名古屋高判平成 20 年 4 月 17 日）。これに対して，政府は，判決の傍論であり，これまでの政策に変更はないとの立場をとった。しかし，その後，政府は，多国籍軍駐留の根拠となる国連安保理決議の 2008 年末の期限切れに伴い，イラク政府の意向を踏まえ，航空自衛隊のイラクへの派遣を年内に終了することを決定することとなった（『朝日新聞』2008 年 11 月 28 日夕刊）。

参考文献

日本語文献

第一次資料

(国会会議録)

第119回国会衆議院国際連合平和協力に関する特別委員会議録。
第121回国会衆議院国際平和協力等に関する特別委員会議録。
第136回国会衆議院予算委員会議録。
第136回国会参議院本会議録。
第136回国会参議院内閣委員会会議録。
第140回国会衆議院安全保障委員会議録。
第141回国会衆議院本会議録。
第141回国会衆議院予算委員会議録。
第141回国会参議院本会議録。
第142回国会衆議院外務委員会議録。
第142回国会衆議院安全保障委員会議録。
第142回国会参議院行財政改革・税制等に関する特別委員会議録。
第145回国会参議院本会議録。
第145回国会衆議院安全保障委員会議録。
第145回国会衆議院予算委員会議録。
第145回国会衆議院日米防衛協力のための指針に関する特別委員会議録。
第145回国会参議院本会議録。
第145回国会参議院日米防衛協力のための指針に関する特別委員会会議録。
第153回国会衆議院本会議録。
第153回国会衆議院安全保障委員会議録。
第153回国会衆議院予算委員会議録。
第153回国会衆議院国際テロリズムの防止及び我が国の協力支援活動等に関する特別委員会議録。
第153回国会参議院外交防衛委員会・国土交通委員会・内閣委員会連合審査会会議録。
第153回国会参議院予算委員会会議録。
第154回国会衆議院本会議録。
第154回国会衆議院国際テロリズムの防止及び我が国の協力支援活動等に関する特別委員会議録。
第154回国会衆議院武力攻撃事態への対処に関する特別委員会議録。
第155回国会衆議院決算行政監視委員会議録。
第155回国会参議院本会議録
第156回国会衆議院本会議録。
第156回国会衆議院外務委員会議録。
第156回国会衆議院予算委員会議録。
第156回国会衆議院イラク人道復興支援並びに国際テロリズムの防止及び我が国の協力支援活動等に関する特別委員会議録。
第156回国会参議院本会議録。
第156回国会国家基本政策委員会合同審査会会議録。
第159回国会参議院イラク人道復興支援活動等及び武力攻撃事態等への対処に関する特別

委員会会議録。
第 165 回国会衆議院安全保障委員会議録。
(閣議事項)
閣議決定「テロ対策特措法に基づく対応措置の実施及び対応措置に関する基本計画について」2001 年 11 月 16 日。
閣議決定「阿部知子衆議院議員の質問主意書に対する答弁書」2005 年 11 月 4 日。
閣議決定「稲葉誠一衆議院議員の質問主意書に対する答弁書」1981 年 5 月 29 日。
閣議決定「春日正一参議院議員の質問主意書に対する答弁書」1969 年 12 月 29 日
閣議決定「土井たか子衆議院議員の質問主意書に対する答弁書」2001 年 5 月 8 日。
閣議決定「長妻昭衆議院議員の質問主意書に対する答弁書」2003 年 7 月 15 日。
(政府関係文書)
安全保障と防衛力に関する懇談会「安全保障と防衛力に関する懇談会報告書—未来への安全保障・防衛力ビジョン—」2004 年 10 月。
　<http://www.kantei.go.jp/jp/singi/ampobouei/dai13/13siryou.pdf>。
「安全保障の法的基盤の再構築に関する懇談会報告書」2008 年 6 月 24 日。
「大野長官会見概要」2005 年 8 月 5 日。<http://www.jda.go.jp/j/kisha/)。
国際平和協力懇談会「国際平和協力懇談会報告書」2002 年 12 月 18 日。
　<http://www.kantei.go.jp/jp/singi/kokusai/kettei/021218houkoku.html>。
「国家安全保障に関する官邸機能強化会議報告書」2007 年 2 月 27 日。
「自衛隊法第 95 条に規定する武器の使用について（1999 年 4 月 23 日）」衆議院日米防衛協力のための指針に関する特別委員会提出資料
「周辺事態について（1999 年 4 月 26 日）」衆議院日米防衛協力のための指針に関する特別委員会理事会提出資料。
首相官邸ホームページ「国民の保護のための法制」に関する Q & A。
首相官邸ホームページ「政策調整システムの運用指針案等について」2002 年 5 月 22 日。
　<http://www.kantei.go.jp/jp/komon/dai18/si3.html>。
首相官邸ホームページ「武力攻撃事態等における我が国の平和と独立並びに国及び国民の安全の確保に関する法律」Q & A。
情報機能強化検討会議「官邸における情報機能の強化の基本的な考え方」2007 年 2 月 28 日。
第 9 回安全保障と防衛力に関する懇談会資料「政府の意思決定と関係機関の連携について」2004 年 9 月 6 日。
　<http://www.kantei.go.jp/jp/singi/ampobouei/dai9/9siryou1.pdf>。
内閣官房ホームページ「国民の保護のための法制に関するこれまでの経緯について」。
「武器の使用と武力の行使の関係について（1991 年 9 月 27 日）」衆議院国際平和協力等に関する特別委員会提出資料
防衛省「防衛省改革会議（第 5 回）説明資料」2008 年 2 月。
防衛省「防衛省改革会議（第 9 回）説明資料」2008 年 5 月。
防衛省「防衛省における組織改革に関する基本方針」2008 年 8 月 26 日。
　<http://www.mod.go.jp/j/news/kaikaku/20080827a.pdf>。
防衛問題懇談会『日本の安全保障と防衛力のあり方—21 世紀へ向けての展望』大蔵省印刷局，1994 年。
防衛庁ホームページ「自衛隊法及び防衛庁職員の給与等に関する法律の一部を改正する法律 Q & A」。
(白書)
防衛庁編『昭和 45 年版防衛白書』

<http://jda-clearing.jda.go.jp/hakusho_data/1970/w1970_00.html>。
防衛庁編『平成9年版防衛白書』大蔵省印刷局，1997年。
防衛庁編『平成11年版防衛白書』大蔵省印刷局，1999年。
防衛庁編『平成14年版防衛白書』財務省印刷局，2002年。
防衛庁編『平成15年版日本の防衛—防衛白書』ぎょうせい，2003年。
防衛庁編『平成18年版日本の防衛—防衛白書』ぎょうせい，2006年。
防衛省編『平成19年版日本の防衛—防衛白書』ぎょうせい，2007年。
防衛省編『平成20年版日本の防衛—防衛白書』ぎょうせい，2008年。

(政党機関紙)
『公明新聞』
『公明党デイリーニュース』<http://www.komei.or.jp/news/>。
『さきがけ通信』
 <http://politics.j.u-tokyo.ac.jp/lab/edu/seminar/study/1st-semi/seifu/sakigake/09-2.htm>。
『SAKIGAKE WEEK』
『社会新報』
『デイリー自民』(「自民党デイリーニュース」) <http://www.jimin.jp/jimin/main/daily.html>。

(政党文書)
公明党
「神崎代表国会内記者会見 2002年1月23日」『ウイークリー・公明トピックス』第60号，2002年1月25日。
公明党「第四回公明党全国大会重点政策」2002年11月2日。
公明党ホームページ「解説のページ・武力攻撃事態対処法案・公明の主張」2002年5月29日。
公明党ホームページ「武力攻撃事態法制と公明党（上）（下）・北側一雄政調会長に聞く」2002年4月25日，26日。

自民党
自民党安全保障調査会「ガイドラインの見直しと新たな法整備に向けて」1997年7月8日。
自民党安全保障調査会・外交調査会・国防部会・外交部会「当面の安保法制に関する考え方」1998年4月8日。
自民党国防部会「提言わが国の安全保障政策の確立と日米同盟—アジア・太平洋地域の平和と繁栄に向けて」2001年3月23日。
「自民党政策速報・自民党国防部会・安全保障調査会・基地対策特別委員会合同会議」2002年1月22日。
「自民党政策速報・自民党国防部会防衛政策検討小委員会」2002年1月30日。
「自民党政策速報・自民党内閣部会・国防部会・外交部会・国土交通部会・総務部会合同会議」2002年4月9日。2002年4月11日。
「山崎幹事長定例記者会見」。<http://www.jimin.jp/jimin/main/seimei.html>。

社民党
社会民主党常任幹事会「臨時国会における立法政策活動」1997年10月2日。

新進党
野田毅新進党政策審議会長「新ガイドラインに対する談話」1997年9月24日。

民主党
伊藤英成民主党ネクスト・キャビネット外務・安全保障大臣「有事関連3法案の閣議決定をうけて（談話）」2002年4月16日。

枝野幸男民主党政策調査会長「イラク特別措置法案の通過に当たって（談話）」2003 年 7 月 3 日。<http://www.dpj.or.jp/seisaku/gaiko/BOX_GK0125.html>。

岡田克也民主党幹事長「衆議院における自衛隊のイラク派遣承認について（談話）」2004 年 1 月 30 日。<http://www.dpj.or.jp/seisaku/kan0312/bouei/BOX_BOE0133.html>。

前原誠司民主党「次の内閣」ネクスト外務大臣「談話・国連安保理決議第 1546 号を受けて」2004 年 6 月 9 日。
<http://www.dpj.or.jp/seisaku/kan0312/gaimu/BOX_GAI0008.html>。

民主党「イラクにおける人道復興支援活動及び安全確保支援活動の実施に関する特別措置法案に対する修正案要綱」2003 年 7 月 2 日。
<http://www.dpj.or.jp/seisaku/gaiko/BOX_GK0123.html>。

民主党「緊急事態への対処及びその未然防止に関する基本法案」,「武力攻撃事態対処法案に対する修正案」いずれも 2003 年 4 月 30 日。

民主党「緊急事態法制に対する民主党の基本方針」2002 年 3 月 28 日。
<http://www.dpj.or.jp/seisaku/gaiko/BOX_GK0067.html>。

民主党「今回の同時多発テロに関わる国際的協調行動（米軍等への後方地域支援活動など）をとるための特別措置への取り組み」2001 年 10 月 4 日。
<http://www.dpj.or.jp/seisaku/gaiko/BOX_GK0050.html>。

民主党「有事関連 3 法案をめぐる問題点〜政府に出し直しを求める理由」2002 年 7 月 18 日。<http://www.dpj.or.jp/seisaku/gaiko/BOX_GK0079.html>。

民主党安全保障政策プロジェクトチーム「日米防衛協力指針の見直しに関する基本方針」1997 年 5 月 21 日。

民主党イラク問題等 PT「イラク特別措置法案及びテロ対策特別措置法案の論点」2003 年 6 月 25 日。<http://www.dpj.or.jp/seisaku/gaiko/BOX_GK01211.html>。

民主党イラク問題等 PT「イラク復興支援のあり方に対する考え方」2003 年 6 月 25 日。
<http://www.dpj.or.jp/seisaku/gaiko/BOX_GK01212.html>。

民主党外交・防衛合同部会「ガイドライン関連法案への対応について―中間報告―」1998 年 6 月 4 日。<http://www.dpj.or.jp/seisaku/gaiko/BOX208.html>。

『民主党ニュース・トピックス』2002 年 5 月 22 日。

横路孝弘民主党安全保障政策プロジェクトチーム座長「「日米防衛協力指針」見直しの中間報告について」1997 年 6 月 8 日。

政党間文書

「PKO 法改正に関する与党 3 党合意」2001 年 11 月 13 日。

与党三党幹事長「テロ・不審船対策を含む有事法制の早期成立に関する申し入れ」2002 年 12 月 13 日。

（新聞）
『朝日新聞』
『産経新聞』
『東京新聞』
『中日新聞』
『日本経済新聞』
『毎日新聞』
『読売新聞』

第二次資料

秋山信将「国際平和協力法の一般法化に向けての課題と展望―自民党防衛政策検討小委員会案を手掛かりとして」『国際安全保障』第 36 巻第 1 号, 2008 年 6 月。

秋山昌廣『日米の戦略対話が始まった』亜紀書房, 2002 年。

朝雲新聞社編集局編『平成10年版防衛ハンドブック』朝雲新聞社，1998年．
朝雲新聞社編集局編『平成11年版防衛ハンドブック』朝雲新聞社，1999年．
朝雲新聞社編集局編『平成13年版防衛ハンドブック』朝雲新聞社，2001年．
朝雲新聞社編集局編『平成15年版防衛ハンドブック』朝雲新聞社，2003年．
朝雲新聞社編集局編『平成17年版防衛ハンドブック』朝雲新聞社，2005年．
朝雲新聞社編集局編『平成20年版防衛ハンドブック』朝雲新聞社，2008年．
朝日新聞「自衛隊50年」取材班『自衛隊知られざる変容』朝日新聞社，2005年．
安部文司「第四章政軍関係：シビリアン・コントロールとは何か」木村昌人・水本和実・山口昇・安部文司・デーヴィッド・ウェルチ『日本の安全保障とは何か』PHP研究所，1996年．
飯尾　潤「副大臣・政務官制度の目的と実績」『レヴァイアサン』第38号，2006年4月．
五百旗頭真・伊藤元重・薬師寺克行編『90年代の証言・外交激変元外務事務次官柳井俊二』朝日新聞社，2007年．
池田五律『米軍がなぜ日本に―市民が読む日米ガイドライン』創史社，1997年．
礒崎陽輔「武力攻撃事態対処法等有事3法」『ジュリスト』第1252号，2003年9月．
礒崎陽輔『武力攻撃事態対処法の読み方』ぎょうせい，2004年．
伊奈久喜「ドキュメント9・11の衝撃―そのとき，官邸は，外務省は」田中明彦監修『「新しい戦争」時代の安全保障―いま日本の外交力が問われている』都市出版，2002年．
岩井奉信『立法過程』東京大学出版会，1988年．
岩井奉信・猪口孝『「族議員」の研究―自民党政権を牛耳る主役たち』日本経済新聞社，1987年．
上田章編『国会と行政』信山社，1998年．
宇佐美正行・笹本浩・瀬戸山順一「テロ対策関連の法整備と自衛隊派遣の国会承認」『立法と調査』第228号，2002年3月．
太田文雄「ゴールドウォーター・ニコルズを越えて―自衛隊統合の将来に向けてのさらなるステップ―」『国際安全保障』第34巻第4号，2007年3月．
大橋巨泉『国会議員失格』講談社，2002年．
大平善悟・田上穣治『世界の国防制度』第一法規出版，1982年．
ドン・オーバードーファー（菱木一美訳）『二つのコリア―国際政治の中の朝鮮半島』共同通信社，1998年．
大森政輔・鎌田薫『立法学講義』商事法務，2006年．
岡留康文「転換期を迎えた防衛政策」『立法と調査』第195号，1996年9月．
岡留康文・森下伊三夫「周辺事態関連法の成立と海上警備行動の発令」『立法と調査』第213号，1999年9月．
小川浩之「第5章ブレア政権の対応外交」櫻田大造・伊藤剛編著『比較外交政策―イラク戦争への対応外交』明石書店，2004年．
小沢隆一「イラク特措法の問題点」『法律時報』第75巻第10号，2003年9月．
小針　司『防衛法概観』信山社，2002年．
カート・キャンベル，マイケル・グリーン「私の視点・日本版NSC まずは国家安全保障戦略を」『朝日新聞』2006年11月6日．
我部政明「日米はなぜ沖縄基地に執着するか」『世界』1998年4月号．
亀野邁夫「日本型シビリアン・コントロール制度」『レファレンス』第599号，2000年12月．
川西晶大「アメリカ合衆国の戦争権限法（資料）」『レファレンス』592号，2000年5月．
川人貞史『日本の国会制度と政党政治』東京大学出版会，2005年．
菅　直人『大臣』岩波書店，1998年．

菊地茂雄「米国における統合の強化―1986 年ゴールドウォーター・ニコルズ国防省改編法と現在の見直し論議」防衛研究所ブリーフィング・メモ，2005 年 7 月。

木村修三「独自の機能が低い国会―日本」日本国際交流センター編『アメリカの議会・日本の国会』サイマル出版会，1982 年。

行政管理研究センター編『行政の危機管理に関する調査研究』行政管理研究センター，1998 年。

草野　厚『政策過程分析入門』東京大学出版会，1997 年。

草野　厚『連立政権―日本の政治 1993〜』文藝春秋，1999 年。

クラウゼヴィッツ（篠田英雄訳）『戦争論（上）』岩波書店，1968 年，14 頁。

倉持孝司「自衛隊のイラク「派遣」と国会審議」『法律時報』第 76 巻第 4 号，2004 年 4 月。

黒江哲郎「防衛庁設置法等の一部を改正する法律案（省移行関連法）」『ジュリスト』第 1329 号，2007 年 3 月 1 日号。

纐纈　厚『文民統制―自衛隊はどこへ行くのか』岩波書店，2006 年。

国会図書館調査及び立法考査局『主要国における緊急事態への対処総合調査報告書（調査資料 2003―1）』2003 年，67〜68 頁。
〈http://www.ndl.go.jp/jp/data/publication/document/2003/1/20030101.pdf〉。

権鎬淵『シビリアン・コントロールからみた，日本の防衛政策の決定過程』東京大学博士学位論文，1994 年。

「坂田雅裕内閣法制次長インタビュー」『中央公論』第 118 年第 9 号，2003 年 9 月号。

佐々木芳隆『海を渡る自衛隊―PKO 立法と政治権力』岩波書店，1992 年。

笹本浩・瀬戸山順一「動き出した有事法制」『立法と調査』第 231 号，2002 年 9 月。

佐道明広『戦後政治と自衛隊』吉川弘文館，2006 年。

佐道明広『戦後日本の防衛と政治』吉川弘文館，2003 年。

新治　毅「二つのガイドライン―日米防衛協力の過去と今後―」『防衛法研究』第 22 号，1998 年。

信田智人『官邸外交―政治リーダーシップの行方』朝日新聞社，2005 年。

信田智人『冷戦後の日本外交―安全保障政策の国内政治過程』ミネルヴァ書房，2006 年。

清水隆雄『シリーズ憲法の論点⑦自衛隊の海外派遣』国会図書館調査及び立法考査局，2005 年 3 月。

社会批評社編集部『最新有事法制情報・新ガイドライン立法と有事立法』社会批評社，1998 年。

衆議院事務局『衆議院委員会先例集（平成 15 年版）』衆栄会，2003 年。

自由法曹団編『有事法制とアメリカの戦争―続『有事法制のすべて』』新日本出版社，2003 年。

自由法曹団編『有事法制のすべて―戦争国家への道』新日本出版社，2002 年。

自由民主党「政務調査会日誌」『月刊自由民主』自由民主党，2006 年 5 月号。

城山英明・細野助博編著『続・中央省庁の政策形成過程―その持続と変容』中央大学出版部，2002 年。

鈴木棟一「連載新・永田町の暗闘第 532：イラク特措法で自民審議大荒れ民主党の妥協を取り付ける青木幹事長の思惑」『週刊ダイヤモンド』2003 年 6 月 28 日号。

セキュリタリアン編集部「指針見直しの会議・協議等の経過について」『セキュリタリアン』1997 年 12 月号。

セキュリタリアン編集部「対談ガイドラインの見直しに関する中間とりまとめ」『セキュリタリアン』1997 年 8 月号。

瀬戸山順一「イラク人道復興支援特措法案をめぐる国会論議」『立法と調査』第 239 号，2004 年。

瀬端孝夫『防衛計画の大綱と日米ガイドライン―防衛政策決定過程の官僚政治的考察』木鐸社，1998年．
曽根泰教・岩井奉信「政策過程における議会の役割」日本政治学会編『年報政治学1987 政治過程と議会の機能』岩波書店，1987年．
高橋和之『国民内閣制の理念と運用』有斐閣，1994年．
建林正彦「第3章官僚制」平野勝・河野勝編『アクセス日本政治論』日本経済評論社，2003年．
建林正彦『議員行動の政治経済学―自民党支配の制度分析』有斐閣，2004年．
田中明彦『安全保障―戦後50年の模索』読売新聞社，1997年．
谷　勝宏「テロ対策特別措置法の政策過程―同時多発テロ以後の自衛隊派遣」『国際安全保障』第30巻第1-2合併号，2002年9月．
谷　勝宏「日米防衛協力のための指針（新ガイドライン）の策定過程とシビリアン・コントロールの強化」『名城法学』第48巻第3号，1999年2月．
谷　勝宏「有事法制の立法過程の動態分析（一）・（二）」『名城法学』第53巻第3号・第4号，2004年3月．
田丸　大「第4章官僚機構と政策形成」早川純貴・内海麻利・田丸大・大山礼子『政策過程論―「政策科学」への招待』学陽書房，2004年．
田丸　大『法案作成と省庁官僚制』信山社，2000年．
田村重信『日米安保と極東有事』南窓社，1997年．
田村重信編著『防衛省誕生―その意義と歴史』内外出版，2007年．
田村重信・杉之尾宜生『教科書・日本の安全保障』芙蓉書房出版，2004年．
田村重信・高橋憲一・島田和久『防衛法制の解説』内外出版，2006年．
塚本勝也「第4章政軍関係とシヴィリアン・コントロール」山本吉宣・河野勝編『アクセス安全保障論』日本経済評論社，2005年．
富井幸雄「わが国の公法学の文民統制に関する議論の一省察」『新防衛論集』第24巻第1号，19996年6月．
長尾雄一郎「内政の変動と政軍関係についての一考察」『新防衛論集』第24巻第1号，1996年6月．
中島信吾『戦後日本の防衛政策―「吉田路線」をめぐる政治・外交・軍事』慶應義塾大学出版会，2006年．
永久寿夫『ゲーム理論の政治経済学―選挙制度と防衛政策』PHP研究所，1995年．
中村仁威「海外派遣は自衛隊の顔だ」『Voice』2003年10月号．
H・ニコルソン（斎藤眞・深谷満雄訳）『外交』東京大学出版会，1968年．
西岡　朗『現代のシビリアン・コントロール』知識社，1988年．
西川伸一『立法の中枢知られざる官庁・新内閣法制局』五月書房，2002年．
西川吉光「戦後日本の文民統制（上）」『阪大法学』52巻1号，2002年5月．
西川吉光「戦後日本の文民統制（下）」『阪大法学』52巻2号，2002年8月．
西沢優・松尾高志・大内要三『軍の論理と有事法制』日本評論社，2003年．
「日本外交インタビューシリーズ（4）橋本龍太郎〔後編〕能動的外交をめざして」『国際問題』第505号，2002年4月．
日本共産党中央委員会出版局『徹底解明新ガイドライン』1997年．
『日本の論点』編集部『常識「日本の安全保障」』文藝春秋，2003年．
畠　基晃『憲法9条―研究と議論の最前線』青林書院，2006年．
浜谷英博「国際平和協力懇談会報告書と自衛隊の海外派遣恒久法の検討―国際平和協力活動の新段階」『松阪大学政策研究』第4巻第1号，2004年．
半田　滋『闘えない軍隊―肥大化する自衛隊の苦悩』講談社，2005年．

ピースデポ・ガイドライン法案プロジェクトチーム『自治体と市民のための「ガイドライン法案」速報』第7, 8, 10号.
彦谷貴子「シビリアン・コントロールの将来」『国際安全保障』第32巻第1号, 2004年6月.
彦谷貴子「第11章冷戦後日本の政軍関係」添谷芳秀・田所昌幸編『現代東アジアと日本第1巻日本の東アジア構想』慶應義塾大学出版会, 2004年.
久江雅彦「何のための防衛省改革か」『世界』2008年10月号.
久江雅彦『米軍再編』講談社現代新書, 2005年.
等雄一郎「「日本版NSC(国家安全保障会議)」の課題—日本の安全保障会議と米国のNSC」『調査と情報ISSUE BRIEF』第548号, 2006年9月.
広瀬克哉『官僚と軍人』岩波書店, 1989年.
樋渡展洋「「五五年」政党制変容の政官関係」『年報政治学1995現代日本政官関係の形成過程』岩波書店, 1995年.
樋渡由美「第6章政権運営」樋渡展洋・三浦まり編『流動期の日本政治—「失われた十年」の政治学的検証』東京大学出版会, 2002年.
深瀬忠一「文民統制の比較憲法的考察」『臨時増刊法律時報・憲法と平和主義』第47巻第12号, 1975年10月.
福田直行「イラク人道復興支援特措法と派遣承認案件について」衆議院調査局『RESEARCH BUREAU論究』創刊号, 2005年1月.
福元健太郎『日本の国会政治—全政府立法の分析』東京大学出版会, 2000年.
福元健太郎「第6章立法」平野浩・河野勝編『アクセス日本政治論』日本経済評論社, 2003年.
船橋洋一『同盟漂流』岩波書店, 1997年.
防衛庁防衛研究所編『東アジア戦略概観2002』財務省印刷局, 2002年.
防衛年鑑刊行会編集部『防衛年鑑(1997年版)』防衛年鑑刊行会, 1997年.
防衛年鑑刊行会編集部『防衛年鑑(2000年版)』防衛年鑑刊行会, 2000年.
防衛年鑑刊行会編集部『防衛年鑑(2005年版)』防衛メディアセンター, 2005年.
防衛法学会編『新訂世界の国防制度』第一法規出版, 1991年.
前田哲男『自衛隊—変容のゆくえ』岩波書店, 2007年.
前田哲男・飯島滋明編著『国会審議から防衛論議を読み解く』三省堂, 2003年.
正木　靖「イラクにおける人道復興支援活動及び安全確保支援活動の実施に関する特別措置法案について」『ジュリスト』第1254号, 2003年10月.
増山幹高『議会制度と日本政治—議事運営の計量政治学』木鐸社, 2003年頁.
松井芳郎『テロ, 戦争, 自衛』東信堂, 2002年.
松浦一夫「ドイツ連邦軍城外派遣の法と政治」(Ⅰ)(Ⅱ・完)『防衛法研究』第28号, 2004年10月, 第29号, 2005年10月.
丸楠恭一「第2章小泉政権の対応外交」櫻田大造・伊藤剛編著『比較外交政策—イラク戦争への対応外交』明石書店, 2004年.
丸茂雄一『公益的安全保障—国民と自衛隊』大学図書, 2006年.
水島朝穂『知らないと危ない「有事法制」』現代人文社, 2002年.
水島朝穂「普通の国へのセットアップ—新ガイドラインの内容と問題点」『法学セミナー』第518号, 1998年2月.
水島朝穂編著『世界の「有事法制」を診る』法律文化社, 2003年.
三橋善一郎「対イラク武力行使に関する英国議会の意思決定」『議会政治研究』第66号, 2003年6月.
宮川公男『政策科学入門第二版』, 東洋経済新報社, 2002年.

宮本武夫「冷戦期における日本のシビリアン・コントロール」『敬愛大学国際研究』第15号, 2005年7月.
宮脇峯生『現代アメリカの外交と政軍関係―大統領と連邦議会の戦争権限の理論と現実』流通経済大学出版会, 2004年.
武蔵勝宏「イラク復興支援特措法の立法過程」『同志社政策科学研究』第7巻, 2005年12月.
村井友秀「第7章政軍関係―シビリアン・コントロール」防衛大学校安全保障学研究会編著『最新版安全保障学入門』亜紀書房, 2003年.
村田晃嗣「新ガイドラインの効用」『Voice』1997年9月号.
三宅正樹「文民統制の確立は可能か―政軍関係の基礎理論」『中央公論』第95年第11号, 1980年9月.
三宅正樹『政軍関係研究』芦書房, 2001年.
村松岐夫『行政学教科書(第2版)』有斐閣, 2001年.
森 黒土「米議会・対イラク武力行使決議の政治過程」『議会政治研究』第66号, 2003年6月.
森本 敏「恒久法(一般法)の考え方と今後の展望」『別冊 RESEARCH BUREAU 論究・自衛隊の海外派遣法制と国会』衆議院調査局, 2005年.
森本敏・浜谷英博『有事法制―私たちの安全はだれが守るのか』PHP新書, 2003年.
森本敏編『イラク戦争と自衛隊派遣』東洋経済新報社, 2004年.
薬師寺克行『外務省―外交力強化への道』岩波書店, 2003年.
安田 寛『防衛法概論』オリエント書房, 1979年.
谷内正太郎「9.11テロ攻撃の経緯と日本の対応」『国際問題』第503号, 2002年2月.
柳澤協二「国益の観点から, 自衛隊イラク派遣の意義を考える」防衛研究所ブリーフィング・メモ, 2003年12月.
 <http://www.nids.go.jp/dissemination/briefing/2003/pdf/200312.pdf>.
山田邦夫『シリーズ憲法の論点⑬文民統制の論点』国立国会図書館調査及び立法考査局, 2007年3月.
山田真裕「2004年参院選における自民党からの離反と小泉効果」日本政治学会編『年報政治学2005-I 市民社会における参加と代表』木鐸社, 2005年.
山内敏弘「イラク特措法の批判的検討」『龍谷法学』第36巻第4号, 2004年3月.
山崎 拓『2010年日本実現』ダイヤモンド社, 1999年.
山崎 拓『憲法改正』生産性出版, 2001年.
山本吉宣「第1章政策決定論の系譜」白鳥令編『政策決定の理論』東海大学出版会, 1990年.
弓削達監修『有事法制 Q & A―何が問題か』明石書店, 2002年.
吉原恒雄「有事法制と国際武力紛争法―グローバル・スタンダード導入の必要性」『海外事情』2002年6月号.
読売新聞政治部『外交を喧嘩にした男―小泉外交2000日の真実』新潮社, 2006年.
読売新聞政治部『外交を喧嘩にした男『法律はこうして生まれた・ドキュメント立法国家』中央公論新社, 2003年.
M・ラムザイヤー, F・ローゼンブルス(加藤寛監訳, 川野辺裕幸・細野助博訳)『日本政治の経済学―政権政党の合理的選択』弘文堂, 1995年.
笠 京子「政策決定過程における「前決定」概念(二)・完」『法学論叢』第124巻第1号, 1988年7月.
渡辺 治『憲法改正の争点』旬報社, 2002年.
渡辺 治・三輪隆・小沢隆一『戦争する国へ有事法制のシナリオ』旬報社, 2002年.

渡邉斉志「短信：ドイツ・軍隊の国外出動に関する立法動向」『外国の立法』第 219 号，2004 年 2 月．
共同通信社全国電話世論調査 2002 年 5 月 1・2 日実施，2003 年 5 月 17・18 日実施．

英語文献
第一次資料
Foreign Affairs Committee, Ninth Report, *The Decision to go to War in Iraq*, HC 813-I of 2002-03, 7 July 2003.
  <http://www.publications.parliament.uk/pa/cm200203/cmselect/cmfaff/813/813.pdf>.
Report of the Select Committee on Intelligence on the U. S. Intelligence Community's Prewar Intelligence Assessments on Iraq together with Additional Views, U. S. Senate Report 108-301, 108th Cong., 2nd Sess., July 9, 2004.
  <http://intelligence.senate.gov/108301.pdf>.
The Commission on the Intelligence Capabilities of the Regarding Weapons of Mass Destruction, *Report to the President of the United States*, March 31, 2005.
  <http://www.washingtonpost.com/wp-srv/nation/nationalsecurity/wmd/wmd_report.pdf>.

第二次資料
Allison, Graham T., *Essence of Decision : Explaining the Cuban Missile Crisis*, Boston : Little, Brown, 1971. (グレアム・T・アリソン (宮里政玄訳)『決定の本質—キューバ・ミサイル危機の分析』中央公論社，1977 年).
Blechman, Barry M., *The Politics of National Security : Congress and U. S. Defense Policy*, New York : Oxford University Press, 1990.
Calvert, Randall L., McCubbins, Mathew D. and Weingast, Barry R., "A Theory of Political Control and Bureaucratic Discretion," *American Journal of Political Science*, Vol. 33, No. 3, August 1989.
Cohen, Stephen D., *The Making of United States International Economic Policy : Principles, Problems, and Proposals for Reform*, 4th ed., London : Praeger, 1994. (S・D・コーエン (山崎好裕・古城佳子他訳)『アメリカの国際経済政策—その決定過程の実態』三嶺書房，1995 年).
Cowhey, Peter F., "The Politics of Foreign Policy in Japan and the United States," in Peter F. Cowhey and Mathew D. McCubbins, eds., *Structure and Policy in Japan and the United States*, Cambridge : Cambridge University Press, 1995.
Desch, Michael C., *Civilian Control of the Military : The Changing Security Environment*, Baltimore : Johns Hopkins University Press, 1999.
Desch, Michael C., "Threat Environments and Military Missions," in Larry Diamond and Marc F. Plattner, eds., *Civil-Military Relations and Democracy*, Baltimore : Johns Hopkins University Press, 1996. (L・ダイアモンド，M・F・プラットナー編 (中道寿一監訳)『シビリアン・コントロールとデモクラシー』刀水書房，2006 年).
Feaver, Peter D., *Armed Servants : Agency, Oversight, and Civil-Military Relations*, Cambridge, Mass. : Harvard University Press, 2003.
Finer, Samuel E., *The Man on Horseback : The Role of the Military in Politics*, 2nd ed., Boulder : Westview Press, 1988.
Girald, Jeanne Kinney, "Legislature and National Defence : Global Comparisons," in Thomas C. Bruneau and Scott D. Tollefson, eds., *Who Guards the Guardians and How :*

Democratic Civil-Military Relations, Austin, Tex.：University of Texas Press, 2006.

Halperin, Morton H., *Bureaucratic Politics and Foreign Policy*, *Washington*, D. C.：The Brookings Institution, 1974.（モートン・H・ハルペリン（山岡清二訳）『アメリカ外交と官僚―政策形成をめぐる抗争』サイマル出版会，1978年）．

Huntington, Samuel P., *The Soldier and the State*：*The Theory and Politics of Civil-Military Relations*, Cambridge, Mass.：Belknap Press of Harvard University Press, 1957.（S・P・ハンチントン（市川良一訳）『軍人と国家（上）（下）』原書房，1978年）．

Huntington, Samuel P., "Reforming Military Relations," in Larry Diamond and Marc F. Plattner, eds., *Civil-Military Relations and Democracy*, Baltimore：Johns Hopkins University Press, 1996.（L・ダイアモンド，M・F・プラットナー編（中道寿一監訳）『シビリアン・コントロールとデモクラシー』刀水書房，2006年）．

Institute for National Strategic Studies, National Defense University, *The United States and Japan*：*Advancing Toward a Mature Partnership*, INSS Special Report, October 11, 2000. <http://www.ndu.edu/inss/strforum/SR_01/SR_Japan.htm>.

Janowitz, Morris, *The Professional Soldier*：*A Social and Political Portrait*, Glencoe：Free Press, 1960.

Johnson, Douglas and Metz, Steven, "American Civil-Military Relations：A Review of the Recent Literature," in Don M. Snider and Miranda A. Carlton-Carew, eds., *U. S. Civil-Military Relations in Crisis or Transition?*, Washington, D. C.：Center for Strategic and International Studies, 1995.

Kingdon, John W., *Agendas, Alternatives, and Public Policies*, 2nd ed., New York：Harpar Collins College Publishers, 1995.

Kohn, Richard H., "Out of Control：The Crisis in Civil-Military Relations," *The National Interest*, No. 35, Spring 1994.

McCubbins, Mathew D. and Schwartz, Thomas, "Congressional Oversight Overlooked：Police Patrols versus Fire Alarms," *American Journal of Political Science*, Vol. 28, No. 1, February 1984.

Mochizuki, Mike, *Managing and Influencing the Japanese Legislative Process*：*The Role of Parties and the National Diet*, Ph. D. Dissertation, Harvard University, 1982.

Murdock, Clark A., et al., *Beyond Goldwater-Nichols*：*Defense Reform for a New Strategic Era Phase 1 Report*, Washington, D. C.：Center for Strategic and International Studies, 2004.

Smith, Louis, *American Democracy and Military Power*：*A Study of Civil Control of the Military Power in the United States*, Chicago：University of Chicago Press, 1951.（L・スミス（佐上武弘訳）『軍事力と民主主義』法政大学出版局，1954年）．

初出一覧

　本書を作成するにあたり，その基となっている論文の初出は次の通りである。なお，各論文とも，本書の序章で述べた分析枠組みに基づき，構成の変更，加筆・削除，修正等を相当程度行っている。

序　章　書き下ろし
第1章　書き下ろし
第2章　「日米防衛協力のための指針（新ガイドライン）の策定過程とシビリアン・コントロールの強化」『名城法学』第48巻第3号，1999年2月。
第3章　「テロ対策特別措置法の政策過程―同時多発テロ以後の自衛隊派遣」『国際安全保障』第30巻第1-2合併号，2002年9月。
第4章　「有事法制の立法過程の動態分析（一）・（二）」『名城法学』第53巻第3号・第4号，2004年3月。
第5章　「イラク復興支援特措法の立法過程」『同志社政策科学研究』第7巻，2005年12月。
結　章　書き下ろし

あとがき

　本書で私は制服組をステレオタイプ的な軍人として描きすぎた嫌いがあるかもしれない。実際に接して感じる自衛官の個々の印象は，必ずしも「好戦的」なものではないからである。しかし，組織としての自衛隊を観察した場合，その特質として，軍事的合理性に基づく行動原理が優先されることは疑いのないところであろう。自衛隊が巨大な人員と予算，装備を抱える実力組織である以上，その統制を担うシビリアンには，それに相応した十分なリソースと権限がなければならない。にもかかわらず，本来，シビリアンが担うべき政策決定・実施過程にも制服組が過剰な影響力を及ぼしているのではないか，というのが本書の問題意識の出発点であった。本書では，シビリアンに対する制服組の影響力の増大という現状を確認した上で，安全保障の名の下での自衛隊という実力組織による国家権力の行使が，国民の権利や自由の保障との間でバランスを保つことができるような自己拘束的なものにする方途を検討した。そして，政治家による民主的統制の観点からの法制度や運用ルールを確立することを提唱し，本書の結論とした。

　最近の防衛省・自衛隊をめぐる様々な問題の噴出は，防衛省・自衛隊の組織改革として議題設定され，一定の方向性が示されつつある。しかし，どのような組織形態をとったにせよ，自衛隊の運用と統制に責任を負う政治家の役割はかつてなく重要性を増しており，その基盤となる民主主義の担い手である国民が安全保障政策に対して不断の関心を持つことが必要なことは言うまでもない。本書で示した議論がこの古くて新しい問題にどれだけの寄与をなしうるかは定かではないが，現在の安全保障政策の決定過程におけるシビリアン・コントロールのあり方を振り返るきっかけになれば幸いである。

　本書が成り立つにあたっては，浅学菲才の私には多くの方々のご教示とご協力が必要不可欠であった。そもそも本書のテーマに取り組むようになったきっかけは，平和・安全保障研究所（RIPS）の安全保障研究奨学プログラムに第8期生（1996-98年）として採用されたことによる。もともと学部時代に国際私法を専攻し，外交や経済協力に関心があったものの，最初の就職先であ

る参議院事務局に入って以降は，立法過程という国内政治が研究テーマとなった。しかし，冷戦からその崩壊に至る期間を通じて国会での安全保障問題の議論を観察してきた私には，いつかは，日本の防衛問題について本格的に取り組んでみたいとの思いがあった。RIPSでは，西原正先生と土山實男先生のご指導の下で，2年間かけてようやく「新ガイドラインの策定過程とシビリアン・コントロールの強化」という拙稿を書き上げることができた。この段階で私としては，一応の区切りをつけたつもりであったものの，2001年に発生した同時多発テロによって，テロ対策特措法，有事法制，イラク特措法等の一連の法制化が行われ，自衛隊の海外へのコミットメントが加速度的に進められることとなった。私の中で，立法過程の研究とシビリアン・コントロールの関心が結びついたのは，こうした安全保障をめぐる政治環境の大きな変化が背景にあったのである。

　そうした時に，テロ対策特措法や有事法制などについて，学会誌に寄稿する機会を得たり，同志社大学法学部，東京大学社会科学研究所，国会研究会などで報告したりしたこともあり，書き溜めた原稿を一書にまとめたいと考えるようになった。その結果，2007年3月にようやく拙稿を完成し，博士論文として，大阪大学大学院より，博士（国際公共政策）の学位を取得することとなった。大学院のセミナー等を通じてご指導いただいた星野俊也先生，論文審査において主査を務めていただいたロバート・エルドリッヂ先生，副査の黒澤満先生，栗栖薫子先生には，論文の内容に関して詳細なご指導をいただくことができた。本書が完成するにあたって，RIPSと大阪大学大学院国際公共政策研究科という2つの研究機関で受けた学恩に心より感謝申し上げたい。

　もとより，本書が実証研究である以上，政策当局者や専門の研究者からのご教示やアドバイスは本研究を進めるに当たって不可欠のものであった。ここでは，これらの方々のお名前をすべて記すことはできないが，心よりの御礼の言葉でもって感謝の意を表したい。

　著者が所属する同志社大学大学院総合政策科学研究科は，研究者と実務家の協働を特色の一つとする独立研究科である。教員や学生にもユニークな人材が多く，彼・彼女らから教えられることも多い。2004年に赴任以来，研究

に専念することができたのも同志社大学の自由な環境があったからである。

なお，本書は，独立行政法人日本学術振興会より平成20年度科学研究費補助金（研究成果公開促進費）学術図書（課題番号205106）の交付を受けて出版することが可能となった。出版事情が大変厳しい中，出版社に紹介の労をとっていただいた大谷實同志社大学総長に感謝申し上げるとともに，編集作業等で大変お世話になった成文堂編集部の土子三男，篠﨑雄彦両氏にも厚く御礼申し上げたい。

私が国会職員を辞め，研究者の道に入って今年でちょうど20年になる。私の人生のすべてを支えてくれたのは妻の敦子である。これからもお互い健康に気をつけて，充実した人生をともに歩んでいきたいと願っている。本書の完成を妻に捧げ，あとがきをしめくくることとしたい。本当にありがとう。

2008年12月

西宮，高座町の自宅にて

武 蔵 勝 宏

事項索引

あ

アーミテージ・レポート 153
アーミテージ国務副長官 118
青木幹雄自民党参議院幹事長 230,281
安倍晋三官房副長官 49,129,141
アメリカ合衆国憲法 2
新たな脅威 159,316
アリソン,グレアム 41
安全確保支援活動 269,270
安全配慮義務 272,284
安全保障会議 19,23,24,117,319
安全保障会議設置法改正案 57
安全保障基本法 172

い

イージス艦派遣 119,121,264
池田行彦外務大臣 69
石破茂防衛庁長官 28,48,235,258,264,273,279,283,286,289,298
石原信雄官房副長官 66
一元的統制 2
伊藤英成民主党ネクスト外務・安全保障大臣 224
伊藤康成内閣官房安全保障・危機管理室長 109
委任的シビリアン・コントロール 13
イラク自衛隊派遣承認案件 292
イラク戦争 265,341
イラク特措法 36,263,272,275,278,288,292,297,300,301,304,319,331
イラク特別事態 269
イラク問題対策本部 266

え

エージェンシー・スラック 30
エージェンシー理論 13
NSC →国家安全保障会議 000
延長された選挙戦 295

お

及川一夫社民党政審会長 75
太田昭宏公明党国会対策委員長 184
大野功統防衛庁長官 27
大森敬治官房副長官補 49,121,154,160
大森政輔内閣法制局長官 109
岡田克也民主党幹事長 253
岡田克也民主党政調会長 139,227
小沢一郎自由党党首 103
落合畯一等海佐 53
小渕恵三外務大臣 69
小渕恵三首相 103,119
折田正樹外務省北米局長 89

か

海外派遣の本来任務化 320,328,338
会期制 58
海上警備行動 149,179
海上幕僚監部 118,119,133
海上保安庁 179
ガイドライン関係閣僚懇談会 81
ガイドライン関連法案 84,102
外務省 51,72,85,88,101,118,119,122,123,126,133,161,266,270,278,297,301,302,304,313,316
外務省北米局 79
閣議 23,51,54,89,154,203,318

か

梶山静六官房長官 77
加藤紘一自民党幹事長 53,77,298
金丸信防衛庁長官 147
神崎武法公明党代表 192,273
監視コスト 13,30
間接的委任 205
間接的統制 42,80,135,196,279,297,302,311
菅直人民主党代表 241,244,259
官房主導型 45

き

議員立法 127
危機管理庁 245,252,254,255
北側一雄公明党政調会長 167
北朝鮮による核開発 16,65,149,316
北朝鮮による弾道ミサイル 149,151
基本計画の国会修正 330
基本的人権の保障 193,218,251,254,255,261
逆転現象型 40,309
客観的シビリアン・コントロール 4,18
キャリア・システム 40
キャンベル国防次官補代理 75
旧社会党系議員 245
95年防衛大綱 66
98年参議院選挙 103
牛歩戦術 292
久間章生自民党政調会長代理 166,195,224,258,277
久間章生防衛庁長官 69,97,110
久間・前原修正協議 246,250,252,254
給油量取り違え問題 337
強行採決 59
共産党 142,144,282,285
業務従事命令 193
協力支援活動 129,137

事項索引

共和党　342
機雷除去　71,76
緊急事態基本法　254,255
緊急事態対処・未然防止基本法案　244,246
キングダン，ジョン　157

く

工藤敦夫内閣法制局長官　71
クラウゼヴィッツ　5
栗栖弘臣統合幕僚会議議長　147
クリントン大統領　67
軍国主義　9
軍事監視を専門とする小委員会　337
軍事的合理性　29,43,56,90,101,185,196,207,238,260,312,318,319
軍隊からの安全　318,321,339

け

警告射撃　95,107
警察庁　132,175,179
警察予備隊　9
結託行為　13
限時法　124
現場主導型　45
憲法9条1項　9
憲法9条2項　9
憲法66条2項　9
憲法98条　138
憲法前文　138
憲法適合性　51,304
権力分立モデル　21
権力融合モデル　22

こ

小泉純一郎首相　17,49,56,117,121,132,135,137,142,144,145,153,155,156,158,159,170,171,177,205,223,228,239,258,259,260,268,277,279,284,285,289,298,306,311,315
小泉条項　178,180
小泉内閣　290,298

恒久法　33,276,277,328
公共の福祉優先論　190,207
攻守交代システム　37,134
江沢民国家主席　78
公聴会　226
後方地域　100,303
後方地域支援　80,91,126
高村正彦外務大臣　104,108
公明党　54,64,103,111,113,114,115,123,124,128,129,131,134,144,145,152,155,166,175,178,179,190,191,193,194,196,199,201,205,207,252,254,261,275,280,300,308,310,315
公明党防衛出動等法制検討委員会　162
コーエン国防長官　75,85
ゴールドウォーター・ニコルズ法　6
コーン，リチャード　8
古賀誠自民党幹事長　152
国際協調主義　138
国際平和協力懇談会　265
国際平和協力法案　328
国政調査権　29,30,333
国対政治　60
国防・海外政策内閣委員会　7
国防族　17,48,52,64,79,86,100,134,150,159,163,166,169,178,191,196,278,280,298,305,309,310,311,313,315
国民の協力義務　194,217
国民保護法制　196,219,237,240,252,254,256,257,261,311
国民保護法制整備本部　238
国民保護法制の骨子　243
国民保護法制の輪郭　238,242
国連決議　329
国連決議1368号　117,123
国連決議1411号　263,269
国連決議1483号　267,268,269,278
国連憲章51条　123
国連平和協力法案　35,118
国家安全保障会議　6,24,319
国会議決による対処措置の終

了　220,245,251,252,256,330
国会事後承認　142,143,144,275,295,330
国会事前承認　111,112,115,141,245,282,288,293,324,329,330
国会承認　19,29,111,139,200
国会承認案件　327
国会の行政統制機能　29,38,327,339
国会の修正機能　323
国会の統合機能　260
国会報告　88,98,101,107,131,331,340
国家重要施設警護　132
個別的自衛権　162
権鎬淵　10

さ

災害救助法　192
災害対策基本法　186
最高指揮監督権　22,55
在日米軍　66
裁量権の拡大　43,238,318,319
佐道明広　11
佐藤謙防衛庁防衛局長　108
参議院外交防衛委員会　30,143,282
参事官会議　27,45,47

し

自衛隊　32,35,37,45,179,269,270,278,284,290,293,311,316
自衛隊違憲論　59
自衛隊法　9
自衛隊法7条　10
自衛隊法8条　10
自衛隊法95条　94
自衛隊法100条の8　87
自衛隊法103条　191
施行凍結　253,256
自己の管理の下に入った者　130,133,139
自自公連立合意　152
自自公連立政権　298
自社さ連立政権　298

事項索引　363

事前協議　92
事前審査制　28,38,52
事態対処専門委員会　23
事態対処法制　198,234
自治体・民間の協力　107,115
自治体の意見陳述権　189
指定公共機関　216,245,252,256
シビリアン・コントロール　1,3,5,7,10,11,17,19,21,22,29,33,37,38,208,262,296,311,339,344
シビリアン主導型　39,116,135,160,303,304,310,311
シビリアン主導強制型　39,54,64,145,303,306,309,315,340
シビリアン主導容認型　39,55,260,306
自民党　53,79,81,83,86,111,112,113,115,124,131,166,179,190,192,201,228,231,258,302,305,316,343
自民党安全保障調査会　73
自民党国防関係部会　52,86,131,153,162
自民党国防部会防衛政策検討小委員会　328
自民党内閣・国防・外交三部会合同会議　274,276
事務次官等会議　54
社会党　59
ジャノヴィッツ、モーリス　4
社民党　54,64,74,75,76,77,78,79,80,84,89,94,96,99,102,142,144,282,285,300,308,310
衆議院安全保障委員会　30
衆議院イラク人道復興支援特別委員会　289
衆議院テロ対策特別委員会　136
衆議院日米防衛協力指針特別委員会　103
衆議院武力攻撃事態対処特別委員会　223
衆参ねじれ状態　338
修正協議　141,240
集団的自衛権　68,80,119,124,125,137
自由党　54,111,113,114,142,152,226,282,305
周辺事態　71,77,88,95,97,104,112
周辺事態の認定　88,100,115
周辺事態の6類型　105,211
周辺事態法　36,65,87,119,120,125,145,150,201,297,298,300,303
主観的シビリアン・コントロール　18
趣旨説明要求　58
首相　19,22,38,54,301,305,309
首相の指示権　187,188
首相の代執行権(直接実施権)　188,215,256
準有事論　111
消極的統制　12
常識論　137
少数者調査権　337
省庁間セクショナリズム　181
傷病兵に対する医療行為　138
情報公開請求者リスト作成問題　228
情報の非対称性　13,333
情報本部長　55
審議拒否　59
新党さきがけ　75
人道復興支援　16,278,279,285,296
人道復興支援活動　269,270,271

す

スミス、ルイス　1

せ

政官軍関係　11
政軍関係　8,14,340
政権担当能力　244,295,301
政策選好　39,41,42,55,304,311,315
政策の窓　158
政治家主導　290
政治的損得　41

政府委員　62
制服組　12,17,18,37,39,47,48,63,64,68,70,79,98,100,101,134,185,186,196,206,207,234,251,260,274,280,281,296,303,308,312,317,338,340
制服組幹部国会答弁　62,110,338
政府参考人　290
政府統一見解　115,216,220,225,334
政府内政治モデル　41
説明責任　209,343,344
全会一致ルール　29,38,59,60
1994年ドイツ連邦憲法裁判所判決　3,332
戦争権限法　6
戦闘行為　283
戦闘地域と一線を画す地域　71,72,78,86,89,101,125
船舶検査活動　78,87,95,100,113,115
船舶検査法　107,114
占領統治　267

そ

捜索救助活動　87,93,126,129
争点明示機能　137
総務省　189
組織的利害　39,41,43,48,53,64,80,101,134,135,190,196,207,260,304,309,310,312,313,324
ソビエト連邦の崩壊　148
損失補償　195

た

第一分類・第二分類先行処理　169
対応措置7項目　118
第五共和制憲法　2
第三分類　147,197
対処基本方針の国会承認　202,203,204,220
代替案提示　61
対中「あいまい」戦略　78,96
大量破壊兵器　263,269,283,341

事項索引

大量破壊兵器処理 270,271, 277,280,307
台湾問題 77,80
高野紀元外務省北米局長 96
竹内行夫外務省条約局長 96
竹内行夫外務省北米局長 109
多元的擁護者モデル 164
多国籍軍参加 343
田中均外務省北米局審議官 96
田中眞紀子外務大臣 136
単一の機関による支配モデル 186

ち

治安維持活動 270
中国政府 97
駐留米軍特措法改正 79
長官補佐権 25,26
直接的統制 17,42,116,135, 145,159,208,260,280,290, 297,311,313,340

つ

津野修内閣法制局長官 139
吊るし戦術 60

て

適正手続の原則 194
敵対的関係(敵対型政治) 292,301
デッシュ,マイケル 8
テロ攻撃及び米軍支援に関する海上自衛隊の対応案 119
テロ対策特措法 36,117,132, 143,149,201,265,291,297, 300,301,304,319,331,340
テロ・不審船対策 174,235, 237,257,259,306,311

と

土井たか子社民党党首 74
ドイツ議会関与法 332
ドイツ基本法 3
同一化型 40,165,208,302, 304,305,310,312,315
討議アリーナ型 61
党議拘束 58
統合運用 48
統合参謀本部議長 6
統合幕僚会議 47
統合幕僚会議議長 23,47
統合幕僚会議事務局 46
統合幕僚監部 48,338
統合幕僚長 22,23,320,338
同時多発テロ 16,49,117, 149,154,316
党首会談 141
統帥権の独立 22
特措法 33,88,321,328
独立調査委員会 342
トップダウン方式 54,269
努力義務規定 195

な

内閣官房 17,50,63,133,154, 174,188,236,264,276,297, 301,302,304,313
内閣官房安全保障・危機管理室 83,99
内閣官房イラク新法検討チーム 265,268,272,274,275, 277
内閣官房長官 302,309
内閣官房テロ対策法案検討チーム 121,134
内閣官房副長官補(安全保障・危機管理担当) 24,49
内閣官房有事関連法案検討チーム 160,180,190,198, 199,201,207,208,234
内閣官房有事法制検討チーム 154
内閣機能の強化 17,49
内閣総理大臣→首相 000
内閣法6条 23
内閣法12条改正 49
内閣法制局 51,70,71,72,80, 85,88,90,92,94,95,100,125, 130,162,273,280,286,302, 303,304,313,315
長尾雄一郎 14
中谷元防衛庁長官 136,154, 165,171,212,298
NATO 123

に

二階俊博保守党幹事長 163, 167,187,252
二元的統制 2
ニコルソン,ハロルド 342
西岡朗 11
西川吉光 12
日米安全保障協議委員会 (SCC) 68
日米安保共同宣言 67
日米安保条約6条 96
日米物品役務相互提供協定 (ACSA) 85,87
日米首脳会談 122,128,268
日米防衛協力のための指針 (旧ガイドライン) 47
日米防衛協力のための指針 (新ガイドライン) 47,78, 81,149
日本版国家安全保障会議 57,320
認定基準 318
任務遂行の妨害に対する武器使用 130,273

ね

粘着型 22

の

能動的統制 17,42,43,61,79, 101,134,159,207,208,280, 296,304,310,311,312,313, 315,316
野田毅自治大臣 108
能登半島沖不審船事案 151
野中広務官房長官 53,103, 300
野中広務自民党幹事長 152
野中広務自民党元幹事長 198,277
のりしろ 277
野呂田芳成防衛庁長官 105, 108
野呂田芳成元防衛庁長官 276

事項索引　365

は

パウエル国務長官　264, 265
パウエル統合参謀本部議長　8
幕僚監部　12, 45, 309
幕僚長　22
派遣中止議決権　331
橋本龍太郎首相　27, 55, 67, 78, 83, 85, 86, 97, 100, 101, 297, 306
ハト派議員　53, 121, 308, 310
鳩山由紀夫民主党代表　141, 142
ハンチントン，サミュエル　4

ひ

東アジア戦略報告（ナイ・レポート）　66
PKO協力法　16, 35, 94, 149, 200, 267, 288, 294, 316
引き延ばし戦術　59
樋口レポート　66
非軍事部門官庁　16, 37, 38, 304
彦谷貴子　13
被災民救援活動　129
非戦闘員退避活動　93
非戦闘地域　272, 281, 282, 283, 291, 293, 312, 318
秘密会　334
標準作業手続き　40
平岡裕治航空幕僚長　90
廣瀬克哉　10, 12

ふ

ファイナー，サミュエル　4, 309
フィーバー，ピーター　14
武器・弾薬の補給　76, 91
武器・弾薬の陸上輸送　129, 134, 138, 141, 142, 144, 274, 278, 282, 286, 293, 295, 304
武器使用基準　130, 133, 145, 273, 276, 278, 280, 282, 286, 293, 296, 303, 312, 318, 329
武器対等原則　94

武器の使用　113, 139, 271, 288, 319
副大臣制度　290
福田赳夫首相　147
福田康夫官房長官　49, 137, 266, 277, 289
フセイン大統領　265
部隊行動基準（ROE）　287, 319
物資の保管命令　191, 193, 218
ブッシュ大統領　122, 267, 268, 341
冬柴鉄三公明党幹事長　120, 127, 134, 141, 162, 187, 192, 206, 251, 266, 300
武力攻撃が予測される事態　183, 211, 237
武力攻撃事態　183, 210, 236, 237, 257
武力攻撃事態法　35
武力攻撃事態法案　173, 205
武力攻撃事態法案民主党修正案　244, 248
武力攻撃のおそれのある場合　210
武力行使との一体化　70, 71, 106, 125, 127, 138, 213, 278, 282, 283, 291, 318
古川貞二郎官房副長官　49, 120, 133, 160, 168, 264
ブレア首相　341, 342
プログラム法　173, 182
プロフェッショナリズム　4
文官統制　11, 302
文官優位型　10
分担管理原則　44
文民統制→シビリアン・コントロール　000
文民優位　40, 309

へ

米軍支援法制　215
米国に対する協力法案　126
平和維持軍（PKF）　35

ほ

保安隊　9
保安庁訓令9号　25, 26, 27,

47, 53, 55, 64, 317
防衛会議　28
防衛協力小委員会（SDC）　68, 79
防衛参事官　25
防衛参事官・幕僚長等会議　27
防衛出動　200
防衛出動待機命令　183, 204
防衛出動命令　204
防衛省改革会議　320
防衛省への移行　320
防衛大臣　20, 321
防衛駐在官　51
防衛庁　44, 63, 70, 72, 84, 88, 90, 97, 98, 101, 129, 161, 236, 270, 298
防衛庁国家緊急事態対処検討委員会　235
防衛庁設置法7条　32
防衛庁長官　15, 19, 22, 25, 38, 301, 309, 313, 315
防衛庁内局　10, 11, 12, 38, 44, 45, 64, 120, 130, 133, 297, 301, 302, 304, 309, 313, 316
防衛庁防衛局　79
防衛庁有事法制検討会議　161
防衛二法　21, 59, 60
防衛白書　19
防衛負担法　219
防衛問題懇談会　66
包括的処理　170, 206
包括的メカニズム　81, 82, 99
防御施設構築の措置　185
報道規制　216
法律による行政の原理　29
法令協議　51
補給支援特別措置法　327, 337, 340
ポジティブリスト方式　33
保守党　54, 152, 167, 190, 194, 305
細川護熙首相　66
補則24条修正　238
ボトムアップ方式　45

ま

前原誠司民主党ネクスト安全保障大臣　244, 248, 258, 261

事項索引

増田好平防衛庁官房審議官　234
丸茂雄一　32

み

三矢研究　19,147
民主的統制　338,344
民主党　61, 96, 102, 113, 114, 115, 140, 144, 224, 227, 229, 231, 238, 258, 261, 262, 281, 285, 286, 291, 292, 295, 301, 302, 308, 310, 315
民主党イラク調査団　281
民主党イラク特措法案修正案　291
民主党イラク問題等プロジェクトチーム　282
民主党緊急事態法制プロジェクトチーム　244
民主党全議員政策懇談会　253

む

村山富市首相　66

も

守屋武昌防衛庁防衛局長　171
森喜朗首相　152

や

役割構造のズレ　14

野党の影響力　296,301
柳井俊二外務事務次官　96
柳井俊二駐米大使　118
柳澤協二防衛庁運用局長　108
山崎拓自民党幹事長　53, 120, 128, 134, 154, 155, 158, 161, 162, 166, 187, 206, 266, 274,300,310
山崎拓自民党政調会長　74
山崎拓与党ガイドライン問題協議会座長　77
山本安正海上幕僚長　90

ゆ

有効期限付き承認制　331
有事関連法　36,146,232,268, 297,300,301,304
有事法制　74, 147, 152, 154, 156,159,238,312
有事法制反対運動　233

よ

抑制的統制　17,42,43,80,116, 134, 135, 144, 145, 196, 208, 262, 280, 295, 304, 310, 312, 323
予測的対応　143
与党安全保障プロジェクトチーム　152,162,176
与党イラク・北朝鮮問題協議会　266
与党ガイドライン問題協議会　75

与党国家の緊急事態に関する法整備等協議会　162,172, 175
与党テロ対策協議会　121
世論調査　233,294
四党幹事長・国会対策委員長会談　255

ら

ラムズフェルド国防長官　263,342

り

リーダーシップ　182, 279, 311
陸上幕僚監部　130,133,271, 273,278
陸上幕僚長　56
立法過程　19,34
立法権　29
立法コスト　15,17,30

れ

冷戦の終焉　34
連合暫定施政当局（CPA）　278

わ

湾岸危機　16,35,53,316

著者紹介
武蔵 勝宏（むさし かつひろ）
- 1961年　徳島県生まれ
- 1984年　神戸大学法学部卒業，参議院事務局入局
　　　　　名城大学法学部助教授，ロンドン大学客員
　　　　　研究員等を経て
- 2004年　同志社大学大学院総合政策科学研究科教授
　　　　　博士（法学）（神戸大学），博士（国際公共
　　　　　政策）（大阪大学）

主要著書
『現代日本の立法過程・一党優位制議会の実証研究』
　　（信山社，1995年）
『議員立法の実証研究』（信山社，2003年）

冷戦後日本のシビリアン・コントロール
の研究

2009年2月20日　初版第1刷発行

|著　者|武　蔵　勝　宏|
|発行者|阿　部　耕　一|

〒162-0041　東京都新宿区早稲田鶴巻町514番地
発行所　株式会社　成文堂

電話 03(3203)9201(代)　Fax 03(3203)9206
http://www.seibundoh.co.jp

製版・印刷　三報社印刷　　製本　弘伸製本
☆乱丁・落丁本はおとりかえいたします☆　検印省略
© 2009 K. Musashi　　Printed in Japan
ISBN978-4-7923-3258-7 C3031

定価（本体6000円＋税）